Martin Wilhelm

Instandhaltungsstrategien unter Berücksichtigung stochastischer Alterungsprozesse

Ein Beitrag zur systematischen Bewirtschaftung von Immobilien

Karlsruher Schriften zur Bau-, Wohnungs- und Immobilienwirtschaft

Band 5

Herausgeber

Karlsruher Institut für Technologie

Lehrstuhl Ökonomie und Ökologie des Wohnungsbaus

Prof. Dr.-Ing. habil. Thomas Lützkendorf

Eine Übersicht über alle bisher in dieser Schriftenreihe erschienene Bände finden Sie am Ende des Buchs.

Instandhaltungsstrategien unter Berücksichtigung stochastischer Alterungsprozesse

Ein Beitrag zur systematischen Bewirtschaftung von Immobilien

von
Martin Wilhelm

KIT Scientific Publishing

Dissertation, Karlsruher Institut für Technologie,
Fakultät für Wirtschaftswissenschaften 2011
Referent: Prof. Dr. Thomas Lützkendorf
Korreferent: Prof. Dr. Karl-Heinz Waldmann

Gedruckt mit Unterstützung der Stiftung Landesbank Baden-Württemberg

Impressum

Karlsruher Institut für Technologie (KIT)
KIT Scientific Publishing
Straße am Forum 2
D-76131 Karlsruhe
www.ksp.kit.edu

KIT – Universität des Landes Baden-Württemberg und nationales
Forschungszentrum in der Helmholtz-Gemeinschaft

KIT Scientific Publishing 2011
Print on Demand

ISSN 1863-8694
ISBN 978-3-86644-638-0

Vorwort des Herausgebers

Die Reihe von Karlsruher Schriften zur Bau-, Wohnungs- und Immobilienwirtschaft wird vom Lehrstuhl Ökonomie und Ökologie des Wohnungsbaus an der wirtschaftswissenschaftlichen Fakultät des Karlsruher Instituts für Technologie (KIT) herausgegeben. Die Schriftenreihe versteht sich als ein Medium zur Vorstellung von Ergebnissen der wissenschaftlichen Auseinandersetzung u.a. mit Fragen der Planung, Errichtung und Bewirtschaftung von Gebäuden, der Bewertung, Finanzierung und Versicherung von Immobilien, der dynamischen Entwicklung von Gebäudebeständen oder von Trends im Bedürfnisfeld Bauen und Wohnen. Durch die Beiträge soll die Weiterentwicklung von Grundlagen und Ansätzen u.a. der Integralen Planung, der Lebenszyklusanalyse, der Investitions- und Wirtschaftlichkeitsrechnung sowie der Umsetzung von Prinzipien einer nachhaltigen Entwicklung im Baubereich unterstützt und befördert werden.

Mit dem Band 5 wird die am Lehrstuhl entstandene und betreute Dissertationsschrift von Herrn Martin Wilhelm vorgestellt. Die Arbeit setzt sich mit Fragen der Weiterentwicklung von Grundlagen und Hilfsmitteln zur Unterstützung einer systematischen Instandhaltung von Einzelbauwerken und Gebäudebeständen auseinander und greift damit ein nicht nur in der Wohnungswirtschaft aktuelles Thema auf. Als Betrachtungsgegenstand und Handlungsebene werden in Anlehnung an die in der Kostenermittlung verbreitete Element-Methode Gebäudeelemente im Sinne von Bauteilen herausgearbeitet und insbesondere deren Alterungsverläufe als Auslöser von Instandhaltungsmaßnahmen diskutiert. Es wird ein stochastisches Entscheidungsmodell zur Ermittlung und Bewertung von Instandhaltungsstrategien entwickelt und erprobt sowie in ein Berechnungshilfsmittel umgesetzt. In die Beurteilung der Vorteilhaftigkeit der Instandhaltungsstrategien fließen u.a. der jeweilige Elementzustand, das Elementalter, der Betrachtungshorizont sowie die dem Element zuzuordnenden Zahlungsströme ein. Der Einfluss von Modellparametern wird durch Sensitivitätsanalysen untersucht. Eine konkrete Anwendbarkeit wird an den Fallbeispielen „Fenster“ und „Heizung“ erläutert.

Die Arbeit leistet einen wertvollen Beitrag zur Professionalisierung der Instandhaltungsplanung und -entscheidung. Sie eignet sich auch für einen Einstieg in eine komplexe Thematik und liefert für eine weitere wissenschaftliche Auseinandersetzung mit den im Ausblick aufgeworfenen Fragen eine ausgezeichnete Basis.

Karlsruhe, im Februar 2011

Prof. Dr.-Ing. habil. Thomas Lützkendorf
Leiter des Lehrstuhls für Ökonomie und Ökologie des Wohnungsbaus

Instandhaltungsstrategien unter Berücksichtigung stochastischer Alterungsprozesse

– Ein Beitrag zur systematischen Bewirtschaftung von Immobilien –

Zur Erlangung des akademischen Grades eines Doktors der Wirtschaftswissenschaften

(Dr. rer. pol.)

von der Fakultät für Wirtschaftswissenschaften des Karlsruher Instituts für Technologie (KIT)

genehmigte

DISSERTATION

von

Dipl. Wi.-Ing. Martin Wilhelm

Tag der mündlichen Prüfung: 25. Januar 2011
Referent: Prof. Dr. Thomas Lützkendorf
Korreferent: Prof. Dr. Karl-Heinz Waldmann

Karlsruhe 2011

Vorwort

Die vorliegende Arbeit ist das Ergebnis meiner Tätigkeit als wissenschaftlicher Mitarbeiter am Stiftungslehrstuhl für Ökonomie und Ökologie des Wohnungsbaus und am Institut für Finanzwirtschaft, Banken und Versicherungen des Karlsruher Instituts für Technologie (KIT). Sie wurde im Januar 2011 von der Fakultät für Wirtschaftswissenschaften angenommen.

Das Gelingen meiner Arbeit wurde in vielfältiger Art und Weise gefördert. Herrn Prof. Dr. Thomas Lützkendorf, meinem Doktorvater, danke ich sehr herzlich für die Betreuung meiner Dissertation, sein Vertrauen in meine Person sowie seine Unterstützung auch in schwierigen Phasen der Arbeit. Weiterhin gilt mein Dank Herrn Prof. Dr. Karl-Heinz Waldmann, der mich für die Thematik der stochastischen Entscheidungsprozesse begeisterte und das Korreferat übernommen hat. Ein besonderer Dank gilt Herrn Prof. em. Dr. Hermann Göppl, meinem „zweiten Doktorvater", der mir die Möglichkeit zur wissenschaftlichen Tätigkeit gab und an dessen Lehrstuhl ich wichtige Erfahrungen für diese Arbeit sammeln durfte. Auch bei den weiteren Mitgliedern der Prüfungskommission, Herrn Prof. Dr. Frank Schultmann und Herrn Prof. Dr. Wolfgang Gaul, möchte ich mich herzlich bedanken.

Weiterhin gilt ein besonderer Dank Frau Christina Schmidt für ihren wertvollen Beitrag sowie Herrn Sebastian Beck und Herrn Dominik Smasal für ihre Unterstützung. Bei meinen früheren Kollegen möchte ich mich für das äußerst angenehme Umfeld, das freundschaftliche Verhältnis sowie zahlreiche wertvolle Diskussionen bedanken. Dies gilt insbesondere für Herrn Dr. Claus Lucke, Frau Dr. Monika Bachofner, Herrn Dr. Matthias Häußler, Herrn Dr. Ralf Herrmann und Herrn Dr. Serguei Nemtsev.

Meiner Familie danke ich für den notwendigen Rückhalt, ihr unendliches Verständnis und die Geduld während dieser Zeit.

Martin Wilhelm

Inhaltsverzeichnis

Abbildungsverzeichnis

1. Einleitung

1.1 Ausgangssituation und Problemstellung

Schon der auf den griechischen Philosophen Heraklit zurückgehende Aphorismus „panta rhei“[1] zeigt eine Welterfahrung, in der ein fortwährender Stoff- und Formwechsel vorherrscht. Einem derartigen Wandlungsprozess unterliegen auch materielle bzw. physische Gebilde. Durch exogene und endogene Faktoren werden diese auf verschiedenen Ebenen beeinflusst. Dies ist prinzipiell auch bei Immobilien der Fall. Sowohl auf den Ebenen der Immobilie als auch auf den darunter befindlichen Stufen von Gebäudeelementen oder Baustoffen kommt es im Zeitablauf zu physischen Veränderungen, dem sogenannten Alterungsprozess. Aufgrund der Unsicherheit bezüglich der Entwicklung dieses Prozesses in der Zukunft handelt es sich hierbei aus heutiger Sicht um stochastische Prozesse. Diese beeinflussen letzten Endes neben den rein physischen Eigenschaften auch weitere Größen wie Funktionalität und Wert für die verschiedenen Akteure, wie z.B. Eigentümer oder Nutzer[2], die mit dieser Immobilie in Kontakt treten.

Genau so lange, wie diese Alterungsprozesse den Wert für die Akteure beeinflussen, versuchen diese selbst durch verschiedene Handlungsmöglichkeiten den Alterungsprozess hinsichtlich der eigenen Zielvorstellungen zu beeinflussen. Diese Aktivitäten werden dabei oft als Instandhaltungs- oder Instandsetzungsmaßnahmen bezeichnet, über den Zeitablauf hinweg lassen sich derartige Maßnahmen zu Strategien zusammenfassen und beschreiben. Bei einem rational denkendem Individuum sollte stets die Optimierung eines

[1] wörtlich: „Alles fließt“.

[2] Zur Einordnung der Interessenslage verschiedener Akteure vgl. z.B. Lützkendorf [123].

Zieles im Vordergrund stehen. Unter ökonomischen Gesichtspunkten ist die Optimierung der Wirtschaftlichkeit das entsprechende Zielkriterium, wobei Maß und Bewertungskriterium entsprechend zu definieren sind. In diesem Kontext lässt sich die Problemstellung als eine Art Entscheidungsprozess beschreiben, bei der Entscheidungen oder auch Strategien innerhalb eines Betrachtungshorizontes zu treffen sind, die den Alterungsprozess in der Weise beeinflussen, dass aus heutiger Sicht die bestmögliche Wirtschaftlichkeit erzielt werden kann.

Allgemein können derartige Entscheidungsprozesse je nach Betrachter und Zielstellung der Untersuchung auf verschiedenen Ebenen eine Rolle spielen: Auf volkswirtschaftlicher Ebene oder der Ebene des Gesamtbestands aller Immobilien, bei der beispielsweise der Staat die Auswirkungen von Förderungen im Rahmen von Instandhaltungen auf die Wohnungsversorgung oder Eigentumsbildung untersuchen möchte. Auf einer betriebswirtschaftlichen Ebene lassen sich Untersuchungen einerseits auf einer für ein Wohnungsunternehmen interessanten Portfolioebene z.B. im Sinne einer Finanzplanung für Instandhaltungsaktivitäten vornehmen, oder auch hinsichtlich eines Portfoliomanagementes.[3] Andererseits kann auch individuell die Einzelimmobilie oder ein spezielles Element Ausgangspunkt für eine Betrachtung sein. Nach Art der zu berücksichtigenden Ziele und der Größen, welche diese beeinflussen, lassen sich Entscheidungen in monetäre und nicht monetäre Entscheidungspolitiken einordnen. Zu den nicht monetären Entscheidungen gehören ökologische, unternehmenspolitische oder soziologische Politiken. Diese formulieren andere Zielgrößen als die Wirtschaftlichkeit, weswegen dem stochastischen Alterungsprozess sicherlich eine andere Rolle zukommt.[4]

Monetäre Entscheidungspolitiken lassen sich weiter in marktorientierte und gebäudeorientierte Strategien unterteilen. Bei marktorientierten Strategien spielt die Größe des Marktpreises, d.h. Preise zur Erlangung des Eigentums oder auch der Nutzung von Immobilien, eine wichtige Rolle. Auch dieser kann vor dem Hintergrund einer künftigen Entwicklung als stochastischer Prozess behandelt werden. Entscheidungen hinsichtlich eines Kaufs oder Verkaufs einer Immobilie oder auch hinsichtlich der zu wählenden Miethöhe müssen bei derartigen Entscheidungsprozessen getroffen werden.[5] Unter den gebäudeorientierten Entscheidungspolitiken lassen sich Instandhaltungs-, Instandsetzungs-/Modernisierungs- und Erweiterungs-/Umnutzungsstrategien subsummieren. Instandhaltungs-

[3]vgl. hierzu beispielsweise auch Wilhelm/Lützkendorf [204] oder Wilhelm/Lorenz/ Lützkendorf [203].

[4]vgl. hierzu auch Wilhelm/Lützkendorf [204].

[5]vgl. hierzu beispielsweise die Arbeit von Bachofner/Häussler/Wilhelm [2].

strategien enthalten alle Maßnahmen, die die Alterungsgeschwindigkeit beeinflussen, während Instandsetzungs- und Modernisierungsmaßnahmen für einen Ersatz oder Austausch sorgen. Erweiterungs- und Umnutzungsstrategien schließlich zielen auf eine prinzipielle Veränderung von Kapazität oder Nutzungsart der Immobilie. Eine grafische Darstellung der Kategorisierung verschiedener Entscheidungsprozesse ist in Abbildung 1.1 zusammengefasst.

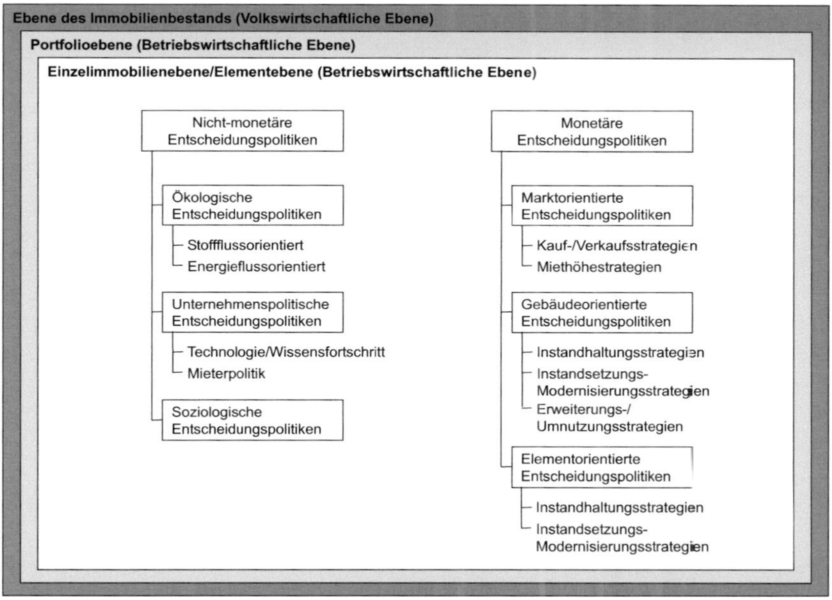

Abbildung 1.1: Kategorisierung von Entscheidungsprozessen

Diese Kategorisierung unterschiedlicher Entscheidungsprozesse mit den dahinter stehenden unterschiedlichen Zielstellungen sowie der gegenseitigen Beeinflussung derartiger Prozesse mit der Alterungs- und Instandhaltungsthematik zeigen, dass einer Einordnung eines systematischen Instandhaltungsmangements in die Entscheidungsprozesse eine wichtige Rolle zukommt. So beurteilen in einer Studie zu Erfolgspotenzialen in der Wohnungswirtschaft 84 der befragten Unternehmen „die systematische Optimierung der Instandhaltung mit Hilfe von Instrumenten zu deren Planung, Realisierung und Kontrolle sowie regelmäßigen und systematischen Verbesserungen der damit verbundenen Prozesse als sehr wichtig.“[6] Gleichzeitig zählt die Thematik der Instandhaltung und Modernisierung in dieser Studie zu den bedeu-

[6]vgl. hierzu Lohse/Pfnür [118], S. 2.

tendsten Herausforderungen, denen sich die Wohnungswirtschaft künftig zu stellen hat.[7] Eine systematische Optimierung der Instandhaltung wird damit als einer der wichtigsten Erfolgsfaktoren angesehen.

Diese Umfrage belegt die momentane Situation hinsichtlich eines unzureichenden Instandhaltungsmanagements. Eine systematische Instandhaltung findet bisher nicht statt.[8] Es herrscht eine völlig uneinheitliche Begriffswelt vor, die zu Missverständnissen und Missinterpretationen führt. Selbst der Begriff der Instandhaltung wird unterschiedlich definiert und verstanden. Bisherige Ansätze des Instandhaltungsmanagements gehen meist im Sinne einer Budgetierung vor und allokieren aus einem zur Verfügung stehenden Gesamtbudget finanzielle Mittel auf einzelne Immobilien oder Maßnahmenpakete, welche dann auskömmlich sein müssen. Der Alterungsprozess als Ursache und seine Auswirkungen werden bei derartigen Betrachtungen nicht berücksichtigt. Ein fehlendes Verständnis und mangelnde Akzeptanz für Instandhaltungsmaßnahmen führen sogar oftmals zu Budgetkürzungen, wodurch sinnvolle Instandhaltungsmaßnahmen nicht durchgeführt werden und ein sogenannter Instandhaltungsstau entsteht.[9] Eine Steuerung findet dann nur noch aufgrund von Vergleichen von Ist- und Plankosten statt, wodurch Fehlentwicklungen vorprogrammiert sind.[10] Eine derartige Vorgehensweise bedingt nicht eine Zielsetzung der Gewinnmaximierung und ist insofern kritisch zu sehen.

Auch bezüglich der Abgrenzung und Einordung zu anderen immobilienspezifischen Fragestellungen bzw. Themenkreisen stellt sich die Frage nach einer optimalen Berücksichtigung der Instandhaltungsthematik. Fragestellungen der Instandhaltung werden oftmals von anderen Fragestellungen separiert, es erfolgt somit eine isolierte Betrachtung der Wirtschaftlichkeit von Instandhaltungsentscheidungen.[11] Dies ist aufgrund der vorhandenen Komplexität durchaus verständlich, führt aber letzten Endes nicht unbedingt zu einem Gesamtoptimum. Neben dieser thematischen Abgrenzung stellt sich bei Instandhaltungsentscheidungen auch die Frage nach der Betrachtungsebene. Die für eine wirtschaftliche Bewertung relevanten Zahlungsströme resultieren normalerweise auf der Ebene der Gesamtimmobilie. Insofern findet normalerweise auch auf dieser Ebene eine Wirtschaftlichkeitsbetrachtung statt. Demgegenüber setzt ein Alterungsprozess auf darunter liegenden Ebenen an, verschiedene Elemente besitzen somit ein unterschiedliches Alterungsverhal-

[7] vgl. hierzu Lohse/Pfnür [118], S. 33.

[8] vgl. hierzu auch Bahr/Lennerts [4].

[9] vgl. hierzu auch Bahr [3] und Bahr/Lennerts [4].

[10] vgl. hierzu auch Bailitis/Dunkel/flügel [5].

[11] siehe auch Schaubild 1.1.

ten. Auch die Instandhaltungshandlungen selbst betreffen nicht notwendigerweise das ganze Gebäude, sondern lediglich einzelne Elemente. In diesem Spannungsfeld stellt sich dann letzten Endes die Frage nach der optimalen Betrachtungsebene für eine Bestimmung von Instandhaltungsstrategien.

Die Relevanz optimaler Instandhaltungsstrategien zeigt sich schon anhand des Umfangs und des aktuellen Zustands der in Deutschland vorhandenen Immobilienwerte. In der durch das statistische Bundesamt herausgegebenen Vermögensrechnung beträgt das Bruttoanlagevermögen bei Bauten in 2009 EUR 9.561 Mrd.[12], davon entfallen EUR 5.489 Mrd. auf Wohnbauten. Für 2008 berechnete das Deutsche Institut für Wirtschaftsforschung ein reales Bauvolumen in Höhe von EUR 282,47 Mrd.[13], davon EUR 148,3 Mrd. im Wohnungsbau. Dieses umfasst neben Neuinvestitionen auch Instandhaltungen und Instandsetzungen, die für den Wohnungsbau in einer Höhe von EUR 115,9 Mrd. aufgeführt werden und somit insgesamt ca. 78% der gesamten Wohnungsbauleistung ausmachen. Im Jahre 2002 betrug der Anteil ca. 64%, eine Tendenz in Richtung Bestandsmaßnahmen ist eindeutig erkennbar. Weitere Studien zeigen, dass neben der allgemeinen Verlagerung von Neubau- zu Bestandsaktivitäten auch unterlassene Instandsetzungen und Instandhaltungen zu einem sogenannten Instandhaltungsstau geführt haben, mit entsprechenden Auswirkungen auf den Immobilienwert und die Transaktionsfähigkeit. Dies ist auch das Ergebnis zweier von Dekra durchgeführten Studien. Demnach betragen die Kosten zur Nachholung der unterlassenen Aktivitäten - der Auflösung des Instandhaltungsstaus - bei Wohnungen durchschnittlich 120 EUR pro Quadratmeter, bei Einfamilienhäusern bis zu 20.000 EUR.[14] Die Tendenz eines steigenden Umfangs von Bestandsmaßnahmen dürfte sich daher künftig weiter fortsetzen.

Zusammengefasst ist die aktuelle Situation bei der Bestimmung von Instandhaltungs- sowie Instandsetzungs- und Modernisierungsstrategien vor diesem Hintergrund lediglich suboptimal, geeignete Strategien sind sowohl auf Bestands-, Portfolio und Gebäudeebene als auch auf einer Elementebene zu entwickeln. In der Praxis angewandte Strategien führen nur in den seltensten Fällen zu einer Optimierung der Wirtschaftlichkeit.[15] Infolgedessen werden Fehlentscheidungen getroffen. Die Ursachen hierfür sind vielfältig: Durch

[12]in Preisen von 2000. Vgl. hierzu auch die Daten des Statistischen Bundesamtes [168] (Stand: August 2009).

[13]in Preisen von 2008. Vgl. hierzu auch Berechnungen des Deutschen Instituts für Wirtschaftsforschung (DIW) [32] sowie den Bericht des Bundesinstituts für Bau-, Stadt- und Raumforschung (BBSR) [18].

[14]vgl. hierzu Studien der Dekra ([27] sowie [28]).

[15]Eine optimale Wirtschaftlichkeit würde lediglich erzielt werden, falls Strategien der Praxis mit den resultierenden Strategien aus einer Optimierung identisch sind.

eine kurzfristige Betrachtung oder auch einen phasenspezifischen Betrachtungshorizont finden keine lebenszyklusübergreifenden Optimierungen statt. Hierdurch werden weder der gesamte Alterungsprozess noch alle monetären Auswirkungen berücksichtigt. Weiterhin sind für eine Ermittlung optimaler Entscheidungen die richtigen, entscheidungsträgerspezifischen Ziele zu berücksichtigen. In der Praxis werden hier oftmals Strategien angewandt, die nicht unter einem Ziel der Maximierung der Wirtschaftlichkeit stehen, sondern andere Aspekte wie beispielsweise eine Budget- oder Kapazitätsplanung in den Vordergrund stellen. Daneben finden Betrachtungen unter Sicherheit statt, die Unsicherheit des Alterungsprozesses wird nicht oder nur unbewusst berücksichtigt. Die vorhandenen Ansätze betrachten lediglich isolierte Fragestellungen bzw. Entscheidungsprobleme, d.h. es werden nur Instandhaltungs- oder Instandsetzungs- und Modernisierungsentscheidungen betrachtet. Nur eine integrative Betrachtung beider Entscheidungsprobleme stellt eine optimale Lösung sicher. Zu guter Letzt basieren Praxisstrategien auch oft auf Erfahrungen oder verwenden nicht geeignete Bewertungsmethoden oder Bewertungsansätze. Nur über eine adäquate Berücksichtigung dieser Aspekte lassen sich Entscheidungsstrategien treffen, welche zu einer Optimierung der Wirtschaftlichkeit führen.

1.2 Zielsetzung

Infolge der geschilderten Problemstellung und vor dem Hintergrund der aktuellen Situation bei der Ermittlung von Instandhaltungsstrategien ist das Hauptziel dieser Arbeit die Ermittlung wirtschaftlich optimaler Instandhaltungs-/Instandsetzungs- und Modernisierungsstrategien. Diese sollen auf einem gegebenen Marktniveau und damit isoliert von anderen Entscheidungsprozessen[16] untersucht werden. Zum einen ist eine derartige Separierung im weiteren Verlauf der Arbeit im Sinne einer Komplexitätsreduktion sinnvoll. Zum anderen werden hierdurch explizit diejenigen Entscheidungen isoliert untersucht, die den stochastischen Alterungsprozess beeinflussen können. Bei marktorientierten Entscheidungen ist dies nicht der Fall. Dennoch kann dies zu wirtschaftlich suboptimalen Ergebnissen führen.

Aufgrund der sehr heterogenen Literatur soll eine Kategorisierung dieser Strategien stattfinden. Dies beinhaltet auch eine kritische Würdigung und die Entwicklung einer geeigneten Systematik für die Erstellung eines geeigneten Modells zur Bestimmung optimaler Entscheidungen. Als theoretische Grundlagen werden vorhandene Begrifflichkeiten, Ansätze und empirische Untersuchungen zur Beschreibung von Alterung und Alterungsprozessen analy-

[16] vgl. hierzu Schaubild 1.1.

siert, Handlungsmöglichkeiten zur Beeinflussung dieser Prozesse beschrieben, vorhandene Modelle zur Ermittlung von Instandhaltungsstrategien sowie diese selbst untersucht und bewertet. Weiterhin wird auch auf Zahlungsströme als monetäre Auswirkungen von Alterungsprozessen und Instandhaltungsentscheidungen eingegangen. Auf dieser Grundlage soll ein geeignetes Entscheidungsmodell aufgestellt werden, welches auf einer geeigneten Methodik basiert und damit die beschriebenen Ursachen für Fehlentscheidungen vorhandener Strategien entsprechend mitigieren kann.

Ein weiteres Ziel dieser Arbeit ist es, die für ein derartiges Modell benötigten Übergangswahrscheinlichkeiten aus empirischen Daten zu ermitteln. Der Alterungsprozess ist dabei entsprechend zu beschreiben und zu modellieren. Es soll gezeigt werden, dass sich mit Hilfe dieses Modells Instandhaltungsstrategien ermitteln lassen, die den praxisorientierten Ansätzen überlegen sind. Hierfür werden die Lösungen mit entsprechenden Strategien der Praxis verglichen. Schließlich soll diese Arbeit auch dazu dienen, eine realistische Anwendung des Modells anhand von Fallbeispielen zu zeigen und die entsprechenden Ergebnisse zu analysieren und zu interpretieren.

1.3 Vorgehensweise

Zur Erreichung der Ziele wird wie folgt vorgegangen: Nach dieser kurzen Einleitung mit einer Skizzierung der Problemstellung, deren Einordnung und einer Zielformulierung dieser Arbeit sollen zunächst die theoretischen Grundlagen und die vorhandene Literatur analysiert und systematisiert werden. In Kapitel 2 erfolgt die Darstellung grundlegender Aspekte der Alterung von Gebäudeelementen. Hierzu gehört eine Abgrenzung der Begrifflichkeiten sowie die Analyse der Beschreibungsmöglichkeiten von Alterungsprozessen ebenso wie die Formulierung einer für diese Arbeit adäquaten Zustandsmodellierung.

Im Anschluss werden in Kapitel 3 die Handlungsmöglichkeiten im Rahmen von derartigen Entscheidungsprozessen behandelt, welche die in Kapitel 2 analysierten Alterungsprozesse beeinflussen können. Zunächst wird hierbei die in verschiedenen Disziplinen sehr heterogen verwendete Begrifflichkeit systematisiert. Weiterhin wird die Einordnung derartiger Handlungen im Rahmen des Instandhaltungs- bzw. des Immobilienmanagements aufgezeigt. Die in der Praxis vorhandenen Instandhaltungsstrategien, als Resultat der Handlungsmöglichkeiten, werden klassifiziert, in der Literatur vorhandene Untersuchungen und Modelle zur Ermittlung bzw. Bewertung derartiger Strategien werden beschrieben und aus Sicht dieser Arbeit bewertet. Hieraus wird dann eine geeignete Systematik für diese Arbeit entwickelt.

Die Auswirkungen der in Kapitel 2 und 3 dargestellten Elemente des Alterungsprozesses und der Handlungsmöglichkeiten in Form monetärer Zahlungsströme werden in Kapitel 4 betrachtet. Hierbei werden Ansätze der Literatur zur Erfassung, Strukturierung und Bewertung lebenszyklusbezogener Zahlungsströme bei Immobilien aufgegriffen, beschrieben und bewertet. Das Kapitel schließt mit einer Formulierung und Betrachtung der für die spätere Modellierung relevanten Größen ab.

Nach der bis zu diesem Punkt vorgenommenen kritischen Würdigung der Literatur und den prinzipiellen Schlussfolgerungen für den Modellansatz bzw. entsprechenden Formulierung für eine Modellierung wird in Kapitel 5 das Grundmodell als Semi-Markovsches Entscheidungsmodell formuliert, mit welchem optimale Instandhaltungsstrategien bestimmbar sind. Dabei wird insbesondere auf die Beschreibung eines geeigneten Alterungsprozesses und die Ermittlung von Übergangswahrscheinlichkeiten aus empirischen Untersuchungen eingegangen. Im Anschluss an die Modellformulierung wird die sich als Lösung des Modells ergebende Grundstruktur optimaler Instandhaltungsstrategien erläutert und analysiert. Dabei wird insbesondere auch auf die Sicht verschiedener Akteure und den Vergleich der Ergebnisse mit alternativen Strategien eingegangen.

In Kapitel 6 werden Modifikationen des Grundmodells hinsichtlich berücksichtigter Handlungen und der Übergangswahrscheinlichkeiten vorgenommen, die im Sinne einer besseren Verständlichkeit zunächst ausgeklammert wurden. Weiterhin werden die Auswirkungen dieser auf die Ergebnisse untersucht.

Im Anschluss an die Modellierung soll die Anwendung mittels zweier detaillierter Fallstudien verdeutlicht werden. Hierfür werden für die Elemente Fenster und Heizung aufgezeigt, wie die einzelnen Modellgrößen zu bestimmen sind und welche optimalen Instandhaltungsstrategien sich hieraus ergeben. Die Ergebnisse werden analysiert und hinsichtlich der Auswirkungen einzelner Modellparameter untersucht. Den Abschluss dieser Arbeit bildet eine Zusammenfassung der wesentlichen Erkenntnisse dieser Arbeit und ein Ausblick auf deren potentielle weitere Verwendungen. Eine Übersicht der Vorgehensweise ist zusammenfassend in Abbildung 1.2 dargestellt.

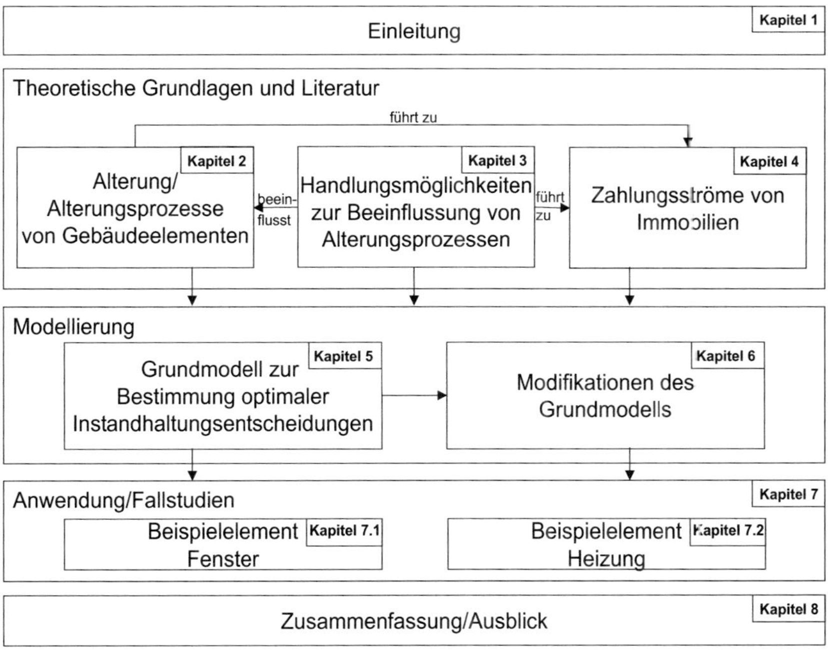

Abbildung 1.2: Aufbau der Arbeit

2. Alterungsprozesse von Gebäudeelementen

Ziel des folgenden Kapitels ist die Darstellung grundlegender Aspekte der Abnutzung von Gebäudeelementen sowie eine kritische Einordnung der Literatur und dort vorhandener Modelle im Hinblick auf eine anschließende Modellierung zur Beschreibung des Alterungsprozesses. Wie später dargelegt wird, handelt es sich dabei um einen stochastischen Prozess. Dieser bildet die Grundlage für die Ermittlung möglicher optimaler Entscheidungspolitiken.

2.1 Das Gebäudeelement als Entscheidungsobjekt

Als Ausgangspunkt soll zunächst das in dieser Arbeit betrachtete Entscheidungsobjekt, das Gebäudeelement, charakterisiert und gegenüber anderen Betrachtungsebenen abgegrenzt werden. Ein Entscheider hat prinzipiell die Möglichkeit, über verschiedene Handlungsalternativen[1] Veränderungen am gesamten Gebäude oder an einzelnen Gebäudeteilen bzw. an der Gebäudestruktur hervorzurufen, mit entsprechenden hieraus resultierenden monetären Auswirkungen.[2] Um derartige Zusammenhänge und eventuelle Abhängigkeiten klar beschreiben und abgrenzen zu können, wird eine Modellierung des Gebäudes benötigt, welche dieses entsprechend den Anforderungen eines Entscheidungsmodells strukturiert oder aufgliedert. Wie bereits in der Einleitung skizziert wurde, ist eine hinsichtlich der Entscheidungsproblematik optimale Betrachtungsebene auszuwählen.

---

[1] vgl. hierzu auch Kapitel 3.

[2] vgl. hierzu Kapitel 4.

In der Literatur werden im Wesentlichen zwei Typen für eine Gebäudemodellierung beschrieben: Das funktionale und das hierarchische Modell.[3] Das funktionale Modell unterteilt das Gebäude in Abhängigkeit von der Funktionsart in verschiedene Mengen. Diese sind notwendig, um eine Nutzung der Immobilie zu ermöglichen, d.h. diese bilden die Grundanforderungen ab, die an ein Gebäude zu stellen sind. Zu berücksichtigen sind hierbei nicht nur die Anforderungen, die sich aus den Zielen eines Eigentümers oder Nutzers ergeben, sondern auch diejenigen der Akteure, die indirekt durch ein Gebäude betroffen werden. Nach Kleinefenn können diese Funktionen in technische Funktionen und weitere nutzer- oder investorenspezifische Funktionen systematisiert werden.[4] Anforderungen an die technischen Funktionen sind aus Gründen allgemeinen Interesses in einer Richtlinie des Europäischen Rates festgelegt worden.[5] Demnach dürfen nur Bauprodukte verwendet werden, die eine Erfüllung folgender Funktionen auf Gebäudeebene gewährleisten[6]:

- Mechanische Festigkeit und Standsicherheit
- Brandschutz
- Hygiene, Gesundheit und Umweltschutz
- Nutzungssicherheit
- Schallschutz
- Energieeinsparung und Wärmeschutz

Demgegenüber kann eine Einordnung nach nutzerorientierten Funktionen erfolgen, d.h. beispielsweise über die Funktionalität der Räume.

Im Gegensatz zu dieser funktionalen Systematisierung erfolgt beim hierarchischen Modell eine Aufteilung des Gebäudes in einzelne Gebäudeelemente, die in der Literatur auch oft als Bauteile oder Baukonstruktionen bezeichnet werden. Eine geeignete Definition findet sich bei Kleinefenn[7]: "Gebäudeelemente sind abgrenzbare Teile eines Gebäudes, die in ihrer Summe das Gebäude konstituieren und unabhängig von ihrer jeweiligen Konstruktion und Ausführung bei verschiedenen Gebäuden immer die gleichen Funktionen erfüllen." Demnach besteht ein Gebäude aus unterschiedlichen Typen von Gebäudeelementen. Die Ausprägung eines Elementtyps kann dabei

[3] vgl. hierzu beispielsweise auch Schwaiger [156].
[4] vgl. Kleinefenn [106], S.4.
[5] vgl. hierzu auch europäische Richtlinie 89/106/EWG [51].
[6] vgl. hierzu auch Anhang 1 der europäischen Richtlinie 89/106/EWG [51].
[7] vgl. hierzu Kleinefenn [106].

ebenfalls unterschiedliche Formen besitzen, die als Elementtechnologien bezeichnet werden können. Dabei kann eine Elementtechnologie durchaus über verschiedene Varianten oder Produkte realisiert werden. Ein bestimmter Elementtyp kann bei verschiedenen Gebäuden auch in unterschiedlicher Anzahl auftreten. Die einzelnen Elemente wiederum setzen sich aus unterschiedlichen Baumaterialien oder auch Baustoffen zusammen, welche wiederum aus einer unterschiedlichen Anzahl von chemischen Verbindungen bestehen.[8]

Wie aus diesen Definitionen erkannt werden kann, bestehen durchaus Zusammenhänge zwischen den beiden Beschreibungsmöglichkeiten. Einzelne Elemente, aus denen ein Gebäude besteht, werden durch die Funktionsanforderungen beeinflusst. Zur Erfüllung dieser Funktionen können durchaus auch mehrere Elemente eines Gebäudes beitragen. Dadurch bestehen zwischen diesen einzelnen Elementen Interdependenzen, die sowohl technischer als auch wirtschaftlicher Art sein können. Insofern können Elemente auch als Funktionsträger bezeichnet werden.[9] Daneben bestehen zwischen Gebäudeelementen auch geometrische Anordnungsbeziehungen, die ebenfalls zu technischen und wirtschaftlichen Interdependenzen führen können. So können Ersatzinvestitionen bei einem bestimmten Element den Ersatz eines anderen Elementes ebenfalls notwendig machen, während das umgekehrt nicht unbedingt der Fall sein muss.

Entscheidend für die Wahl des Entscheidungsobjektes ist eine klare Definition der Systemgrenzen, so dass alle relevanten Größen in einem Entscheidungsmodell berücksichtigt und bewertet werden können. Wie bereits dargelegt wurde, ist es das Ziel der Arbeit, optimale Instandhaltungsstrategien unter Berücksichtigung des Alterungsprozesses zu ermitteln.

Eine Betrachtung auf Gebäudeebene scheint aufgrund der technischen und wirtschaftlichen Interdependenzen, die bei einer funktionalen oder hierarchischen Aufteilung auftreten, zunächst die geeignete Variante, da Wirtschaftlichkeitsbetrachtungen üblicherweise auf einer Gebäudeebene vorgenommen werden. Abgrenzungen bzw. Zuordnungen der auf dieser Ebene auftretenden monetären Konsequenzen wären nicht notwendig.

Demgegenüber setzen Alterungsprozesse auf der Ebene des Baumaterials an. Eine Zuordnung und Bestimmung von Alterungsprozessen werden auf dieser Ebene jedoch als schwierig erachtet, zumal dort weiterhin auch monetäre

[8]Nach dieser Systematik lässt sich die Einordnung auch auf einer dem Gebäude übergeordneten Ebene fortsetzen. So können verschiedene Gebäude auch zu einem möglichen Gebäudebestand/Portfolio zusammengefasst werden, falls eine derartige Betrachtung angebracht ist.

[9]vgl. hierzu auch Kleinefenn [106], S. 4.

und technische Interdependenzen schwer zu systematisieren sein und extrem ansteigen dürften.

Die Ebene der Gebäudeelemente ist für ein Entscheidungsmodell wesentlich geeigneter. Handlungsmöglichkeiten und damit Instandhaltungsaktivitäten finden auf dieser Ebene statt. Gleichzeitig können dort elementspezifische Alterungsprozesse dargestellt und gemessen werden. Allerdings besteht bei einer derartigen Aufteilung die Problematik der Abgrenzung aufgrund technischer und wirtschaftlicher Inderdependenzen. Hierfür sind gewisse auf Gebäudeebene oder durch mehrere Elemente verursachte monetäre Zahlungen verursachungsgerecht auf die Elemente zu verteilen. Dies betrifft beispielsweise Ausgaben für Wärme sowie Mieteinnahmen. Derartige Problematiken sind jedoch in der Betriebswirtschaft z.B. in der Kostenrechnung bekannt und können in einer vertretbaren Genauigkeit vorgenommen werden.

Technische Interdependenzen sind schwerer zu berücksichtigen. Da jedoch lediglich die monetären Auswirkungen dieser technischen Inderdependenzen für die Ermittlung wirtschaftlich optimaler Entscheidungen eine Rolle spielen, können diese quasi über Opportunitätskosten mit berücksichtigt werden. So können durch ein Element verursachte Folgeschäden bei anderen Elementen berücksichtigt werden, indem die dabei entstehenden Kosten dem verursachten Element zugerechnet werden. Das gleiche gilt auch, falls durch einen Ersatz weitere Elemente beeinflusst werden oder gar ersetzt werden müssen.

Eine Betrachtung unterhalb der Elementebene wird als nicht sinnvoll erachtet, da sowohl die Zuordnung des Alterungsprozesses als auch die Bestimmung monetärer Konsequenzen desselben auf einer derartigen Ebene als schwierig erachtet werden. Ein funktionaler Ansatz berücksichtigt weder die durch den Alterungsprozess, die Handlungssystematik noch die durch wirtschaftliche Interdependenzen gestellten Anforderungen. Eine klare und adäquate Systemeingrenzung wird auch über diesen Ansatz nicht gesehen.

Insgesamt bildet somit das Gebäudeelement die geeignetste Form, mit der das Entscheidungsobjekt dargestellt werden kann. Die bisherigen Untersuchungen zu diesem Themenkomplex finden ebenfalls meist auf Element- oder Gebäudeebene statt und bestätigen somit diese Einschätzung.[10] Die Möglichkeiten der Klassifizierung für Gebäudeelemente folgen weitgehend der Systematisierung von Zahlungsströmen, weswegen auf das entsprechende Kapitel 4 verwiesen wird.

[10] vgl. hierzu Kapitel 2 bis 4.

2.2 Der Begriff der Abnutzung in der Literatur

Gebäudeelemente unterliegen im Zeitablauf einem Veränderungsprozess, der sogenannten Abnutzung. Diese Abnutzung beschreibt nach Krug[11] „Vorgänge, durch die Gebrauchs- oder Funktionsfähigkeit einer Betrachtungseinheit infolge physikalischer, chemischer und sonstiger Einwirkungen verzehrt wird.“ Eine weitere Definiton findet sich in der DIN 31051.[12] Dort wird die Abnutzung als „Abbau des Abnutzungsvorrates, hervorgerufen durch chemische und/oder physikalische Vorgänge“ definiert und unter dem Abnutzungsvorrat der „Vorrat der möglichen Funktionserfüllungen unter festgelegten Bedingungen, der einer Betrachtungseinheit aufgrund der Herstellung, Instandsetzung oder Verbesserung innewohnt“, verstanden. Die Zeitspanne eines Elementes bis zum vollständigen Verzehr seiner Gebrauchs- oder Funktionsfähigkeit wird in der Literatur dann als technische Nutzungsdauer oder Lebensdauer bezeichnet.[13]

Neben diesem Abnutzungsbegriff existiert in der Literatur weiterhin der Begriff des Schadens. Dieser wird in der VDI-Richtlinie 3822 als „Veränderungen an einem Bauteil, durch die seine vorgesehene Funktion wesentlich beeinträchtigt oder unmöglich gemacht wird“, definiert.[14] Im Gegensatz zum Abnutzungsbegriff wird hier also nicht der Vorgang, sondern die Auswirkung bzw. das Ergebnis des Prozesses beschrieben. Dieser Schadensbegriff kann noch weiter unterteilt werden, im Rahmen dieser Arbeit ist besonders der Begriff des Folgeschadens relevant. Dieser wird als „Schaden, der durch vorangegangenen Schaden am gleichen oder einem anderen Bauteil ausgelöst wird“, bezeichnet.[15] Da eine Schadensanalyse vorrangig das Ziel hat, im Schadenseintritt (also ex post) Ursachen herauszufinden und zu beseitigen, ist diese für die in dieser Arbeit betrachteten Alterungsprozesse von nebensächlicher Bedeutung. Die VDI 3822 wird vorwiegend bei Produkten des Maschinen-, Anlagen- und Fahrzeugbaus angewandt, um für einen funktionssicheren und gefahrlosen Einsatz während der Betriebszeit zu sorgen. Bei Bauelementen sind Gefahren und Auswirkungen auf die Gesundheit von Menschen bei einem Schadenseintritt (z.B. bei Bruch eines Fensters) nicht in dem gleichen Maße vorhanden.

[11] vgl. Krug [111], S. 10.

[12] vgl. DIN 31051 [36], S.5 f.

[13] Hinsichtlich einer detaillierteren Erläuterung dieser Begriffe und deren Abgrenzung zueinander vgl. Kapitel 2.3.1.1.

[14] vgl. VDI 3822 [189]

[15] Zu weiteren Begrifflichkeiten sowie der Beschreibung der Durchführung einer Schadensanalyse vgl. VDI 3822 [189]

Im Gegensatz zur Definition des Abnutzungsbegriffes nach DIN 31051 ist der von Krug verstandene Abnutzungsbegriff etwas weiter gefasst. Es werden neben chemischen und physikalischen Vorgängen auch weitere Ursachen berücksichtigt. Er unterscheidet die Hauptursachen in materielle und immaterielle Abnutzungsarten.[16] Die immateriellen bezeichnet er auch als nichtstoffliche Abnutzung. Sie beinhaltet den möglichen Werteverlust infolge wachsender Anforderungen und Ansprüche sowie infolge neuer, technisch-wirtschaftlich verbesserter Gebäudeelemente.[17] Zu den materiellen Abnutzungsarten gehören alterungsbedingte Elementveränderungen, Verschleiß, Korrosion und plötzlich auftretende Zustandsveränderungen, diese entsprechen im wesentlichen der Definition der DIN 31051.

Insgesamt ist diese Systematisierung der Abnutzung jedoch sehr ungenau und für diese Untersuchung nicht adäquat. Aus diesem Grunde wird im Folgenden zwischen den in der Literatur gebräuchlichen Begriffen der Alterung und der Obsoleszenz unterschieden. Diese lassen sich jedoch unter dem Begriff der Abnutzung zusammenfassen.

2.2.1 Der Begriff der Alterung

Die Alterung ist ein aus der Werkstoffkunde stammender Begriff, der die über die Zeit zunehmende Veränderung von Struktur und Eigenschaften von Materialien durch Gebrauch und Lagerung beschreibt.[18] Diese Veränderung ist irreversibel.[19] Bezieht man diese Definition auf den Baubereich, so lassen sich diese Alterungsursachen hier ebenfalls lebenszyklusorientiert beschreiben. Der Gebrauch von Gebäudeelementen entspricht dem Nutzereinfluss sowie nicht anthropogenen Komponenten innerhalb der Nutzungsphase, während die Faktoren der Lagerung die Einflusskomponenten der vorgeschalteten Phasen der Gebäude- sowie Bauelementerstellung auf die Alterung beinhalten. Eine explizite Definition der Alterung im Baubereich findet sich bei Kastner:

„Vorgang, bei dem infolge gewöhnlicher Beanspruchung (Benützung, Witterung) ein chronischer Schaden (Zeitschaden) oder ein Folgeschaden, also ein

[16] vgl. Krug [111], S.12

[17] Der Begriff des Wertverlustes wird dabei allerdings nicht geklärt, insbesondere ist hierfür ein geeignetes Maß- sowie Bewertungskriterium zur Bestimmung der Auswirkung dieser zeitlichen Prozesse von Nutzeranforderungen und technischem Fortschritt aufzustellen. Der Werteverlust lässt sich keinesfalls über den Abnutzungsvorrat messen. Zur detaillierten Einordung dieser immateriellen Abnutzungsarten und deren Berücksichtigung in dieser Arbeit siehe Abschnitte 2.2.2 und 2.2.3.

[18] vgl. Brockhaus-Enzyklopädie, Band 1, A-Apt., Mannheim, 1986.

[19] Die Veränderung kann jedoch durch Handlungen der Instandhaltung verzögert werden. Siehe hierzu Kapitel 3.

konstruktiver Missstand an dem Baukörper entsteht. Die Alterung bewirkt demnach eine Verminderung des Substanzwertes. Sie kann jedoch eine Vermehrung des ideellen Wertes bewirken, die mit dem Begriff Alterswert erfasst wird.“[20]

Um diesen Alterungsprozess quantifizieren zu können, ist eine nähere Betrachtung der Einflussfaktoren respektive deren Zusammenhänge und Beziehungen notwendig. Systematisierungsansätze finden sich z.B. in der ISO 15686-1 sowie den Arbeiten von Krug, Hendriks und Homann.[21] Die Einflussfaktoren der ISO 15686 werden im Rahmen einer Methode zur Lebensdauerabschätzung von Bauelementen, der sogenannten Faktorenmethode, aufgezählt.[22] Diese sind recht allgemeiner Art und sehr ungenau spezifiziert. Die Faktoren werden prinzipiell über folgende Klassen systematisiert:[23]

- inhärente Qualitätseigenschaften
- Umwelteinflüsse
- Nutzungsbedingungen

Allerdings sind die aufgelisteten Faktorenarten auch lediglich als Rahmen gedacht, der an spezifische Bauelemente angepasst werden soll, der niedrige Detaillierungsgrad ist somit gewünscht.[24]

Die Systematisierung der Einflüsse nach Krug, Hendriks und Homann sind im wesentlichen identisch zu dieser Systematisierung. Eine detaillierte Darstellung der zu diesen Kategorien gehörenden Einzelfaktoren nach Krug findet sich in Schaubild 2.1. Es lässt sich erkennen, dass dort eine wesentlich genauere Detaillierung der Einflussfaktoren vorgenommen wird. Allerdings bleibt dort gegenüber der ISO 15686 ein wichtiger Einflussfaktor, die Instandhaltungsqualität, ungenannt.

[20] vgl. Kastner [98], S.142. Der Substanzwert in dieser Definition entspricht im wesentlichen der Definition des bereits beschriebenen Abnutzungsvorrates, der ideelle Wert beschreibt nach Kastner einen subjektiven „Gefühlswert“, der beispielsweise bei Altbauten eine Rolle spielen kann. Dieser Wertbegriff ist jedoch nicht im Sinne einer ökonomischen Beurteilung beispielsweise durch den Verkehrswert zu sehen.

[21] vgl. ISO 15686-1 [83], Annex E, Krug, S. 35 [111], Hendriks [73], S. 167 ff., Homann [79], S.331 ff.

[22] Zur Faktorenmethode siehe auch Kapitel 2.3.1.2.

[23] Zur weiteren Unterteilung in die einzelnen Faktoren wird auf Schaubild 2.1 verwiesen.

[24] Eine Anwendung findet sich in Annex F der ISO 15686 [83] anhand der Elemente Stahlsturz und Holzfenster.

Krug/ Hendriks/Homann							
Bauwerkseigenschaften			Standorteinflüsse		Nutzungseinflüsse		Sonstige Einflüsse
• Gebäudealter • Gebäudegattung (Form, Grundfläche, Geschosszahl, Gliederung) • Art der Gebäudekonstruktion • Wohnungsgröße • Lage der Wohnungen im Gebäude • Ausstattungsgrad • Installationsgrad	• Ausbildung der Ver- und Entsorgung des Gebäudes • Qualität des Bauentwurfs • Qualität der Bauausführung • Baustoffarten • Baustoffqualität (-güte, -verarbeitung, -verträglichkeit, -pflegebedarf) • Reparaturzugänglichkeit		• Klima (Temperatur, Luftfeuchtigkeit, etc.) • Verschmutzung von Luft und Grundwasser • Verkehrserschütterungen • Bodenbeschaffenheit (Setzungen, Senkungen, Auslaugungen)		• Art der Nutzung • Intensität der Nutzung (Wohnbelegungsdichte, Sozialstruktur) • Nutzungsdauer		• missbräuchliche Nutzung • Mutwillige Gewalteinwirkung • außergewöhnliche Ereignisse wie Feuer, Explosion, Havarie, Grundwasserveränderung, Sturm, Schädlinge, Erdbeben, Hochwasser
• Herstellung • Lagerung • Transport • Materialien • Schutzschichten (des Baustoffes)	• Exposition • Schutz durch Nachbarelemente • Eingliederung in Gebäudestruktur	• Bauleitung • Handwerkliche Ausführungsqualität • Klimatische Bedingungen der Arbeitsausführung	• Aggressivität • Lüftung • Kondensation	• Standort • Exposition • Mikrolage • Verkehrsemissionen • Klima-/Wetterfaktoren	• mechanische Belastung • Benutzertyp • Verschleiß/ Nutzungsintensität	• Qualität/ Häufigkeit der Instandhaltung • Zugänglichkeit	Relevante Bedingungen (Beispiele)
Elementqualität	Design-Niveau	Ausführungsqualität	Innen	Außen	Gebrauchsbedingungen	Instandhaltungsqualität	
A	B	C	D	E	F	G	Faktor
Inhärente Qualitätseigenschaften			Umwelt		Betriebsbedingungen		Ursachen
ISO 15686							

Abbildung 2.1: Einflussfaktoren der Alterung, Quelle: in Anlehnung an Krug [111], S.35 und ISO 15686-1 [83], S. 35

Eine weitere mögliche Systematisierung ist eine Einordnung der Faktoren nach den unterschiedlichen Lebenszyklusphasen eines Bauelementes. Diese lassen sich einteilen in

- Produktionsphase
- Erstellungs-/Einbauphase
- Nutzungsphase

In der Produktionsphase werden die wesentlichen Eigenschaften der Gebäudeelemente geprägt, die in der ISO 15686 auch als inhärente Qualitätseigenschaften bezeichnet werden. In der Erstellungsphase werden durch Einbaubedingungen, Verarbeitungsqualität, Standort sowie Exposition des Bauteils Art und Umfang der Einflussfaktoren und somit das Alterungsverhalten der späteren Nutzungsphase ebenso wesentlich mitbestimmt wie über die in der Produktionsphase entschiedene Elementqualität.

Betrachtet man diese Einflussfaktoren, so lässt sich vermuten, dass eine Quantifizierung vieler Faktoren nur durch detaillierte empirische Untersuchungen möglich sein dürfte, wobei die Problematik der Interdependenzen zwischen einzelnen Faktoren eine immens hohe Komplexität mit sich bringt. Oftmals ist eine eindeutige Ursachenabgrenzung nicht möglich.[25] Aus diesem Grund existieren in der Literatur vorwiegend Arbeiten, die qualitativ die Auswirkungen bestimmter Einflussfaktoren auf vorgegebene Gebäudeelemente beschreiben[26]. Bei Untersuchungen quantitativer Art besteht noch ein großer Forschungsbedarf, der auch in anderen Arbeiten erkannt wurde.[27] Allerdings könnten selbst bei einer möglichen Quantifizierung aller Beziehungen und Zusammenhänge lediglich ex post Alterungsverläufe deterministisch beschrieben und untersucht werden. Ex ante-Betrachtungen sind aufgrund unterschiedlicher möglicher künftiger Zustände und deren Eintrittswahrscheinlichkeiten immer stochastischer Natur.

[25] vgl. Leven/Oswald [116], S.4 f. Dort werden Auswirkungen von Luftverschmutzungen untersucht. Es wird darauf hingewiesen, dass jedoch die durch Luftverschmutzung verursachten Schadensbilder auch durch natürliche Alterung sowie fehlerhafte Planung und Ausführung zustande kommen können. Aus diesem Grund ist eine Quantifizierung nicht möglich.

[26] z.B. für die Auswirkungen von Luftverschmutzungen vgl. Leven/Oswald [116]. Danach können solche Luftverschmutzungen zu Lebensdauerverkürzungen von bis zu 30 Prozent führen.

[27] vgl. z.B. Tomm/Rentmeister/Finke [170], S.12.

2.2.2 Der Begriff der Obsoleszenz

Der Begriff der Obsoleszenz lässt sich vom lateinischen obsolet[28] ableiten. Anstelle der vollständigen Abnutzung eines Elementes, d.h. bis zum Zeitpunkt der technischen Lebensdauer, endet die Funktions- oder Gebrauchsfähigkeit des Elementes bereits zu einem vorherigen Zeitpunkt[29]. Obsoleszenzen können auf verschiedene Weise entstehen[30]:

- funktional
- technisch
- modisch
- wirtschaftlich

Bei der funktionalen Obsoleszenz kann das Bauelement die gewünschte Funktion aufgrund veränderter Anforderungen nicht mehr erfüllen. Hierzu gehören z.B. veraltete Grundrissstrukturen bei Gewerbeimmobilien. Durch Veränderung technischer Standards oder gesetzlicher Vorschriften können bestimmte Elemente technisch obsolet werden. Eine modische Obsoleszenz tritt vor allem bei ausstattungsbezogenen Elementen auf. Zwischen dieser sowie zwischen der funktionalen Obsoleszenz und der wirtschaftlichen Obsoleszenz besteht aufgrund damit verbundener rückläufiger Mieten auch ein Zusammenhang. Diese wirtschaftliche Obsoleszenz kann auch durch Qualität, Lage oder allgemeine Marktveränderungen hervorgerufen werden. Die technische Obsoleszenz hat aufgrund erneuter Investitionstätigkeit ebenfalls Einfluss auf die Wirtschaftlichkeit, welche jedoch positiver oder negativer Art sein können, so dass eine wirtschaftliche Obsoleszenz nicht zwangsläufig ebenfalls die Folge ist. Alle Obsoleszenzarten führen letzten Endes gegenüber der technischen Lebensdauer zu einer kleineren tatsächlichen Nutzungsdauer des Elementes.

2.2.3 Begriffsabgrenzung für diese Arbeit

Die beschriebenen unterschiedlichen Arten der Abnutzung werden im weiteren Verlauf der Arbeit differenziert mit einbezogen. Funktionale, modische und wirtschaftliche Obsoleszenz gehen als endogene Größen in die spätere Modellierung ein. Durch diese Arten der Obsoleszenz wird die monetäre Zahlungsbereitschaft, die sich über die jährlich erhaltenen Cash flows

[28]= veraltet, nicht mehr gebräuchlich.

[29]vgl. SIA D 0163 [162].

[30]vgl. auch ISO 15686-1 [83] und Building Services [15].

(Mieten) messen lässt, wesentlich beeinflusst. Dadurch werden optimale Instandhaltungs- und Instandsetzungsstrategien indirekt mit beeinflusst. Bei den damit berechneten wirtschaftlich optimalen Ersatzzeitpunkten handelt es sich somit auch indirekt um den Obsoleszenzzeitpunkt. Dagegen wird die technische Obsoleszenz in der Modellierung nicht berücksichtigt. Da es sich hierbei um eine stärkere Bedingung handelt, können diese jedoch relativ einfach in die Ergebnisse miteinbezogen werden. Vergleicht man den technischen Obsoleszenzzeitpunkt mit der optimalen wirtschaftlichen Nutzungsdauer, ist jeweils der kleinere der beiden restriktiv.

Die verschiedenen Arten von Einflussfaktoren der Alterung werden ebenfalls unterschiedlich berücksichtigt. Inhärente Qualitätseigenschaften und Umwelteinflüsse werden endogen mit einbezogen. Die Erfassung erfolgt indirekt über ermittelte Zustandswahrscheinlichkeiten der empirischen Daten einzelner Gebäudeelemente. Hierfür ist eine Zustandserfassung der Gebäudeelemente notwendig.[31] Mögliche unterschiedliche Zustände bei Gebäudeelementen gleichen Alters werden genau durch diese Einflussfaktoren verursacht und somit über Zustandswahrscheinlichkeiten beschrieben. Dies gilt ebenfalls für nutzerabhängige Faktoren, obwohl eine explizite Berücksichtigung bei Elementen[32], welche durch diese Faktoren besonders beeinflusst werden, wünschenswert wäre. Allerdings scheint eine Separation dieser Faktoren bei den verwendeten empirischen Daten nicht möglich, da es sich hierbei um historische Daten handelt und bei der Datenerfassung die Nutzungseinflüsse nicht explizit gemessen wurden. Der von diesen Einflussfaktoren verursachte Prozess wird künftig auch als Alterungsprozess bezeichnet. Da die Auswirkungen der berücksichtigten Einflussgrößen auf die Alterung stochastischer Natur sind, ist dieser Alterungsprozess auch als stochastischer Prozess zu modellieren. Zunächst sollen jedoch die in der Literatur vorhandenen Beschreibungsansätze dieser Alterungsprozesse erläutert werden.

2.3 Beschreibung des Alterungsprozesses in der Literatur

Die Beschreibung des Alterungsprozesses ist für verschiedene Untersuchungen notwendig. Beispielsweise bildet diese für bestimmte Instandhaltungsstrategien[33] eine grundlegende Basis. Als Maß wird normalerweise vorherig beschriebener Abnutzungsvorrat oder eine vergleichbare Größe verwendet. Existierende Forschungsarbeiten zu solchen zeitlichen Abnutzungsverläufen

[31] Diese wird in Kapitel 2.4 näher beschrieben.

[32] z.B. Innenausstattung oder Fenster.

[33] z.B. bei vorbeugender Instandhaltung. Zu Instandhaltungsstrategien vgl. Kapitel 3.3.

werden nach Tomm/Rentmeister/Finke[34] als weitgehend unzureichend angesehen. Mangels solcher Untersuchungen unterstellen sie daher vereinfachend einen linearen Alterungsverlauf.

Folglich ist zur Beurteilung entsprechender Ansätze zunächst zwischen dem tatsächlichen und einem fiktiven Alterungsprozess zu unterscheiden. Für bestimmte Verwendungszwecke werden oftmals fiktive Alterungsprozesse oder fiktive Lebens-/Nutzungsdauern unterstellt. Dies kann einer Vereinfachung oder Vereinheitlichung dienen. Als Beispiel sind Abschreibungssätze nach Handels- und Steuerrecht oder bei der Wertermittlung im Rahmen der anzuwendenden Wertverordnung (WertV) zu nennen. Diese Regularien führen dann zu einer Verwendung eines fiktiven Alterungsprozesses, der nicht dem tatsächlichen Alterungsprozess entsprechen muss. Für diese Arbeit ist jedoch alleine der tatsächliche Alterungsprozess maßgebend. Nur bei einer Verwendung des realen Alterungsverhaltens von Bauelementen können auch wirtschaftlich optimale Entscheidungen zur Beeinflussung dieses Alterungsverhaltens getroffen werden.

Die hauptsächliche Unterscheidung der in der Literatur vorhandenen Ansätze zur Beschreibung der Alterung muss hinsichtlich der Berücksichtigung der zeitlichen Entwicklung des Abnutzungsvorrates vorgenommen werden. Die meisten in der Literatur vorhandenen Ansätze beschreiben nicht den tatsächlichen Alterungsprozess über dessen gesamten Zeitraum, sie beschränken sich im wesentlichen auf die Ermittlung technischer Lebensdauern von Bauteilen. Damit wird nur der Zeitpunkt bestimmt, bei dem der Abnutzungsvorrat einen vorgegebenen minimalen Funktionserfüllungsgrad erreicht.[35] Bei diesem Zeitpunkt handelt es sich somit um den Endzeitpunkt des Alterungsprozesses eines Gebäudeelementes. Der zeitliche Prozess des Abnutzungsvorrates kann dadurch allerdings nicht dargestellt werden.

Im wesentlichen gehören zu diesen indirekten Beschreibungsmöglichkeiten die Bestimmung von Nutzungs- oder Lebensdauern sowie die Faktorenmethode nach ISO 15686-1.[36] Die Lebens- oder Nutzungsdauer ist eine Eigenschaft, die im allgemeinen für alle Elemente gleichen Typs gilt, unabhängig davon, welche spezifischen Einflussfaktoren auf diese Elemente einwirken, d.h. es handelt sich hierbei um eine Prognose einer durchschnittlichen Größe. Demgegenüber prognostiziert die Faktorenmethode die Lebensdauer eines individuellen Elementes, indem genau die Einflussgrößen, die auf dieses Element einwirken, explizit berücksichtigt werden. So kann z.B. die Lebensdauer eines Elementes in Island aufgrund der unterschiedlichen Einflussgröße

[34] vgl. Tomm/Rentmeister/Finke [170], S. 12.

[35] Im Normallfall ist dieser bei Null vorgegeben.

[36] vgl. ISO 15686-1 [83], Kapitel 9, Anhänge E und F.

„Wetter“ geringer sein als in Deutschland. Dies wird über entsprechende Faktoren modelliert. Diese Faktoren führen dann je nach Ausprägung zu einem prozentualen Zu- oder Abschlag.

Bezüglich des eigentlichen zeitlichen Verlaufs des Alterungsprozesses bis zu diesem Endzeitpunkt lassen sich aber mittels solcher zeitpunktbezogener Größen keine Aussagen treffen. Hierfür ist eine direkte Beschreibungsmöglichkeit notwendig, die jedem Zeitpunkt bis zur technischen Lebensdauer den entsprechenden Abnutzungsvorrat zuordnet. In der Literatur findet sich bei Schröder/IP Bau[37] eine solche funktionale Beschreibung des Alterungsverhaltens. Die aufgestellte Funktion ist das Ergebnis einer Approximation empirisch ermittelter Relationen zwischen Alter und Alterswert. Der Alterswert ist dabei bei allen Ansätzen nicht als monetärer Wert zu verstehen, sondern als fiktive Größe, die dem Abnutzungsvorrat äquivalent ist.

Weiterhin ist ein Kritikpunkt zu nennen, der all diese Ansätze betrifft. Einflussgrößen, die den Alterungsprozess explizit beeinflussen oder steuern,[38] werden nicht betrachtet oder als exogen gegeben angenommen. Solche vereinfachenden Annahmen können (insbesondere auch bei Optimierungen) für die Praxis zu nicht interpretierbaren Ergebnissen führen, falls es sich um falsche Annahmen bezüglich wesentlicher Modellparameter handelt. Um diesen Anforderungen gerecht zu werden, sind sowohl die zugrunde liegende Empirie als auch die Modellierung des Alterungsverlaufes zu überprüfen. Zum einen ist eine hinsichtlich Umfang und Qualität repräsentative Datenmenge, zum anderen eine geeignete Vorgehensweise bzw. Methodik zur Ermittlung und Beschreibung des Alterungsverhaltens vonnöten.

Nach dieser kurzen Einordnung der existierenden Ansätze werden im Folgenden die einzelnen Beschreibungsmöglichkeiten näher vorgestellt und bzgl. der Verwendbarkeit für nachfolgende Untersuchungen beurteilt.

2.3.1 Indirekte Beschreibung der Alterung durch Zeitdauern

Gegenüber einer direkten Beschreibung der Alterung findet bei der indirekten keine Abbildung des gesamten zeitlichen Verlaufs des Alterungsprozesses statt. Es wird der Zeitpunkt bzw. die Zeitspanne ermittelt, bei dem der Alterungsprozess einen gewissen festgelegten Abnutzungsgrad erreicht hat. Damit handelt es sich genau um ein Wertepaar des Alterungsprozesses. Normalerweise wird als Alterungsgrad die Funktionsuntüchtigkeit, der Endzeitpunkt der Alterung, gewählt. In diesem speziellen Fall handelt es sich dann

[37] vgl. IP Bau [82], Christen/Meyer-Meierling [24] [23] und Schröder [151].

[38] z.B. Wartung/Inspektion oder Folgeschäden.

um die Bestimmung der Zeitdauer des Alterungsprozesses. Die nach diesem Zeitpunkt weiter stattfindende Alterung ist hinsichtlich dieser Arbeit irrelevant, da der weitere Zerfall des Elementes nach dem Erreichen der Funktionsuntüchtigkeit keine zusätzlichen wirtschaftlichen Auswirkungen hat. Insofern können diese ebenfalls dem Abnutzungsgrad der Funktionsuntüchtigkeit zugeordnet werden.

2.3.1.1 Nutzungs- versus Lebensdauern

Eine einfache Möglichkeit zur Beschreibung der Alterung erfolgt oft durch Nutzungs- bzw. Lebensdauern von Elementen. Diese Begrifflichkeiten werden jedoch sowohl in der Literatur als auch im Sprachgebrauch häufig nicht exakt präzisiert oder synonym verwendet.[39] Die Betriebswirtschaftslehre verwendet den Begriff der Lebensdauer nur in Verbindung mit Lebewesen, „Lebensdauern“ von Gegenständen werden eigentlich als Nutzungsdauern bezeichnet.[40] In Lücke wird dem Begriff der Lebensdauer daher auch direkt der Begriff der technischen Nutzungsdauer zugeordnet.[41] Im Operations Research dagegen wird der Begriff der Lebensdauer im Sinne einer Zeitspanne zwischen Betriebsbeginn und Ausfall einer Komponente oder eines Systems definiert.[42] Ein solcher Lebensdauerbegriff entspricht in der Betriebswirtschaft der Definition der technischen Nutzungsdauer. Diese wird als Zeitraum verstanden, „in dem ein abnutzbarer Vermögensgegenstand in der Lage ist, seinen Verwendungszweck zu erfüllen“.[43]

Neben der technischen Nutzungsdauer existieren jedoch noch weitere betriebswirtschaftliche Arten von Nutzungsdauern. Zum einen die betriebsgewöhnliche Nutzungsdauer, die einen „Zeitraum, in dem ein Wirtschaftsgut voraussichtlich seiner Zweckbestimmung nach genutzt werden kann“, beschreibt.[44] Diese wird häufig im Zusammenhang mit handels- und steuerrechtlichen Vorschriften für eine Festlegung von Abschreibungssätzen zugrundegelegt. Zum anderen existiert der Begriff der wirtschaftlichen Nutzungsdauer, die „Nutzungsdauer, die zum gewinnmaximalen Einsatz einer Anlage im Unternehmen führt. Die wirtschaftliche Nutzungsdauer wird bei Verwendung der Kapitalwertmethode als die Nutzungsdauer mit dem höchsten Kapitalwert der Investition bestimmt.“[45] Lücke definiert unterschiedliche

[39] vgl. Herz [77], S. 8.
[40] vgl. Gabler [43], S. 2415.
[41] vgl. Lücke [115], S. 240.
[42] vgl. Gabler [43], S. 2415.
[43] vgl. Gabler [43], S. 3723.
[44] vgl. Gabler [43], S. 543.
[45] vgl. Gabler [43], S.4393.

Nutzungsdauern ebenfalls auf diese Weise.[46] Dabei ist hinzuzufügen, dass eine wirtschaftliche Nutzungsdauer somit maximal der technischen Nutzungsdauer entsprechen kann.

In ingenieurwissenschaftlichen Bereichen dagegen wird kaum von Nutzungsdauern gesprochen, es findet meist eine Verwendung des Begriffs der Lebensdauer statt. Dieser entspricht inhaltlich der Definition der technischen Nutzungsdauer. Der Grund einer andersartigen Begriffsverwendung liegt in der unterschiedlichen Verwendbarkeit dieser Größen. In der Betriebswirtschaft spielt die Fragestellung nach einer wirtschaftlich optimalen Verwendungsdauer eine entscheidende Rolle, die maximal mögliche Dauer bis zur Funktionsunfähigkeit wird als gegeben vorausgesetzt. In den Ingenieurwissenschaften dagegen befasst man sich weniger mit der Wirtschaftlichkeit, Untersuchungen zur Zuverlässigkeit stehen dort im Vordergrund, weswegen dem tatsächlichen Alterungsverhalten bis zur Funktionsunfähigkeit und den entsprechenden zugehörigen Zeitdauern eine zentrale Bedeutung zukommt.

Insgesamt lassen sich diese beiden dargestellten Begriffswelten im wesentlichen zusammenführen, wenn die Begriffe der Lebensdauer und der technischen Nutzungsdauer synonym benutzt werden. Allerdings ist diese Systematisierung für eine Betrachtung unterschiedlicher Elemente von Gebäuden nicht ausreichend. Hier ist ein weiterer Aspekt zu berücksichtigen: die Beziehungen einzelner Elemente zur Aggregationsstufe der Gesamtimmobilie. Auf dieser Gebäudeebene wird normalerweise der Rohbau als Bestimmungsfaktor der Zeitspanne bis zum Ausfall des Gebäudes gesehen. Grund hierfür ist vor allem die weitgehende Eingriffstiefe der Maßnahmen, die mit einem Ersatz des Rohbaus verbunden sind. In diesem Fall findet auf Elementebene aufgrund technischer Interdependenzen ebenfalls ein Austausch der meisten Elemente statt. Da diese jedoch für sich sehr unterschiedliche Zeitspannen bis zu einem Ausfall haben, kommt es bei einem Gebäudeausfall somit normalerweise nicht zu einem gleichzeitigen Ausfall der einzelnen Elemente. Es ist daher möglich, dass aufgrund der ausfallbedingten Zeitspanne des Gesamtgebäudes das eigentlich mögliche Potential der einzelnen Elemente nicht ausgenuzt werden kann. Als Resultat dieser Nebenbedingung kann sich neben der eigentlichen ausfallbedingten Zeitspanne eines Elementes eine zweite einschränkende Zeitspanne technischer Art ergeben: die ausfallbedingte Zeitspanne des Gesamtgebäudes.

Um diesen Sachverhalt mit berücksichtigen zu können, wird die Begrifflichkeit der Lebens- und Nutzungsdauern für diese Arbeit folgendermaßen modifiziert: Der Begriff der (technischen) Lebensdauer wird als Potential

[46]vgl. Lücke [115], S. 281.

für die Zeitspanne verstanden, die ein Element aufgrund seines Alterungsprozesses ohne Berücksichtigung von Beziehungen zu weiteren Elementen oder zur Gebäudeebene bis zu seinem Ausfallzeitpunkt hat. Dagegen bezeichnet die technische Nutzungsdauer das tatsächlich mögliche nutzbare Potential eines Elementes, das sich unter Berücksichtigung technischer Interdependenzen zwischen einzelnen Gebäudeelementen oder zwischen Einzelelement und Gesamtimmobilie ergibt. Die technische Nutzungsdauer eines Elementes ist damit stets kleiner oder gleich seiner Lebensdauer und maximal so groß wie die Lebensdauer der Gesamtimmobilie.[47] Bei Betrachtung technischer Interdependenzen verschiedener Einzelelemente entspricht die technische Nutzungsdauer jedes dieser Elemente genau der minimalen Lebensdauer der einzelnen Elementlebensdauern. Der Begriff der wirtschaftlichen Nutzungsdauer kann entsprechend der betriebswirtschaftlichen Definition übernommen werden. Diese ist auch bei dieser Modifikation stets kleiner oder gleich der entsprechenden technischen Nutzungsdauer. Eine Verdeutlichung dieser Auswirkungen unter Vernachlässiung möglicher weiterer wirtschaftlicher Nutzungsdauern und unter der Annahme, dass ein Element bei Ausfall auch ersetzt wird, findet sich in Abbildung 2.2.

Es ist erkennbar, dass in den beiden unterschiedlichen Interdependenzsituationen die jeweilige technische Nutzungsdauer eines Elementes aufgrund der Abhängigkeiten entweder seiner eigenen Lebensdauer oder der Lebensdauer eines anderen Elementes entsprechen kann. Im ersten Fall sind Lebensdauer und technische Nutzungsdauer identisch, im zweiten Fall ist die Lebensdauer größer als die technische Nutzungsdauer.

Bei der für die spätere Modellierung wichtigen Beschreibung des Alterungsverhaltens ist zunächst die Lebensdauer eines Elementes relevant, da sie sein maximales Potential der Nutzbarkeit angibt. Inwieweit am Ende dieser Lebensdauer ein Ersatz stattfinden muss, spielt bei der Beschreibung des Alterungsverhaltens zunächst keine Rolle, ist bei der Modellierung jedoch zu berücksichtigen. Bestehen keine gesetzlichen Verpflichtungen, ist die Modellierung eines zwangsläufigen Ersatzes sicher nicht sinnvoll, dadurch würden lediglich existierende Handlungsmöglichkeiten des Investors unberücksichtigt bleiben. Unterstellt man jedoch realistische negative Auswirkungen dieser Funktionsunfähigkeit auf entsprechende Mietzahlungen, so wird ein Ersatz aus wirtschaftlichen Gesichtspunkten außer bei einem geringen Rest-

[47] Diese Betrachtungsweise wird aus Sicht des Entscheidungsobjektes, des betrachteten Gebäudes, vorgenommen. Bei der Annahme einer Wiederverwendung eines Elementes in einem anderen Gebäude kann die technische Nutzungsdauer des Einzelelementes auch die Lebensdauer des Entscheidungsobjektes überdauern.

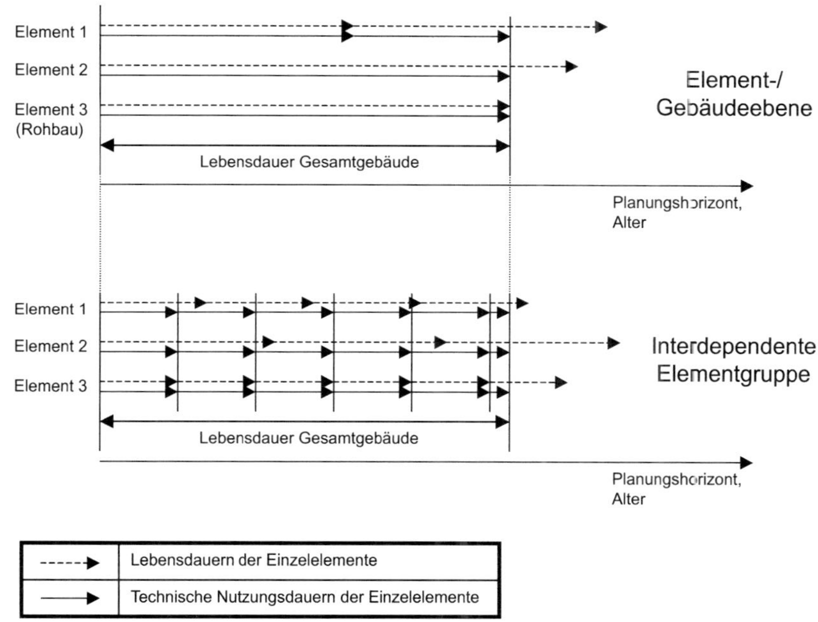

Abbildung 2.2: Die Begriffe Lebensdauer und technische Nutzungsdauer

planungshorizont immer sinnvoll sein, so dass dieser Aspekt kaum Auswirkungen auf die Ergebnisse besitzt.

Die Ermittlungen von technischen und wirtschaftlichen Nutzungsdauern werden implizit ebenfalls über Modellkomponenten berücksichtigt. Die maximale Lebensdauer des Gebäudes und der daraus resultierende Einfluss auf mögliche technische Nutzungsdauern von Einzelelementen werden über den Planungshorizont berücksichtigt. Zu diesem Zeitpunkt enden auch die Nutzungen aller Einzelelemente. Entsprechende mögliche Restwerte der einzelnen Komponenten können natürlich berücksichtigt werden. Die Ermittlung wirtschaftlich optimaler Ersatzzeitpunkte entspricht genau der Lösung der vorgegebenen Zielsetzung in einem solchen aufzustellenden Modell.

Welche Begrifflichkeit in der Literatur bei der Angabe von Lebensdauern angenommen wurde, ist meist unklar. Dies gilt auch für die Qualität der dahinter stehenden Daten. Insofern sind die angegebenen Zeitspannen nicht eindeutig interpretierbar. Hierdurch ließen sich auch stark variierende Werte für die Lebensdauern erklären, welche aus verschiedenen Arbeiten, die Vergleiche bzw. Gegenüberstellungen einzelner Untersuchungen vornehmen, entnommen werden können.[48] Bei den meisten Einzeluntersuchungen handelt es sich um Expertenschätzungen, bei denen nicht immer eindeutig erkennbar ist, ob es sich bei allen genannten Größen auch um Lebensdauern handelt. Da es sich bei in der Praxis auftretenden Größen oftmals um wirtschaftliche Nutzungsdauern handelt, können gerade bei Expertenschätzungen diese oftmals unbewusst in eine Schätzung mit einfließen. Hinzu kommt, dass aus Einfachheitsgründen und aus Gründen einer rechtlichen Absicherung auch oftmals in Gesetzen und Verordnungen vorgeschriebene Nutzungsdauern verwendet werden.[49] Insgesamt ist es daher sehr fragwürdig, wie Lebensdauern aus empirischen Daten abgeschätzt werden können, wenn bei einem Element das Potential einer Lebensdauer in der Praxis nicht ausgenutzt wird und daher empirisch nur wirtschaftliche und technische Nutzungsdauern auftreten. Hierfür sind dann zwingend Informationen aus weiteren wissenschaftlich fundierten Untersuchungen hinsichtlich Lebensdauern nötig.

Bei den meisten Angaben handelt es sich weiterhin lediglich um einen deterministischen Wert für die Lebensdauer, der dann als Erwartungswert interpretiert werden könnte. Die Unsicherheit wird bei wenigen Arbeiten mit Hilfe der Unterscheidung in minimale, durchschnittliche und maximale Lebensdauer angegeben. In den Abbildungen 2.3 und 2.4 werden die im vom Bundesministerium für Verkehr, Bau- und Wohnungswesen herausgegebenen Leitfaden für ein nachhaltiges Bauen enthaltenen Lebensdauern beispielsweise für die Bauelemente Außentüren und -fenster sowie Installationen und betriebstechnische Anlagen dargestellt.[50] Hier werden ebenfalls Zeitspannen angegeben.

Eine vollständige statistische Beschreibung der technischen Lebensdauer mittels Verteilungsfunktion der existierenden Bauteile ist im Bauwesen nicht zu finden. Solche Beschreibungen stammen aus der Zuverlässigkeitstheorie und werden oft in der Maschinen- und Anlagenwirtschaft verwendet. Die Verteilungsfunktion beschreibt hierbei die Wahrscheinlichkeit, mit der ein bestimmtes Bauelement bis zu einem bestimmten Lebensalter ausfällt. Bei Abnutzungsvorgängen wird meist die Weibull-Verteilung angenommen.[51] Diese

[48] vgl. z.B. IP Bau [82], S. 98, Krug [111], Anlage 1, Building services [15] sowie Bundesministerium für Verkehr, Bau- und Wohnungswesen [20], S. 6.11 ff.

[49] z.B. für steuerrechtliche Abschreibungen oder im Rahmen einer Wertermittlung unter Berücksichtigung der Richtlinie für die Ermittlung der Verkehrswerte von Grundstücken (WertR), Anlage 5, technische Lebensdauer von baulichen Anlagen und Bauteilen.

[50] vgl. auch www.nachhaltigesbauen.de oder Bundesministerium für Verkehr, Bau- und Wohnungswesen [20], S. 6.11 ff. Die Lebensdauern verschiedener Bauelemente finden sich in Anhang A. Diese werden aktuell überarbeitet, ein Zwischenbericht [19] liegt hierzu vor.

[51] vgl. Weibull [195] und [194], Reichelt [141] und Deutsche Gesellschaft für Qualität e.V. [33]

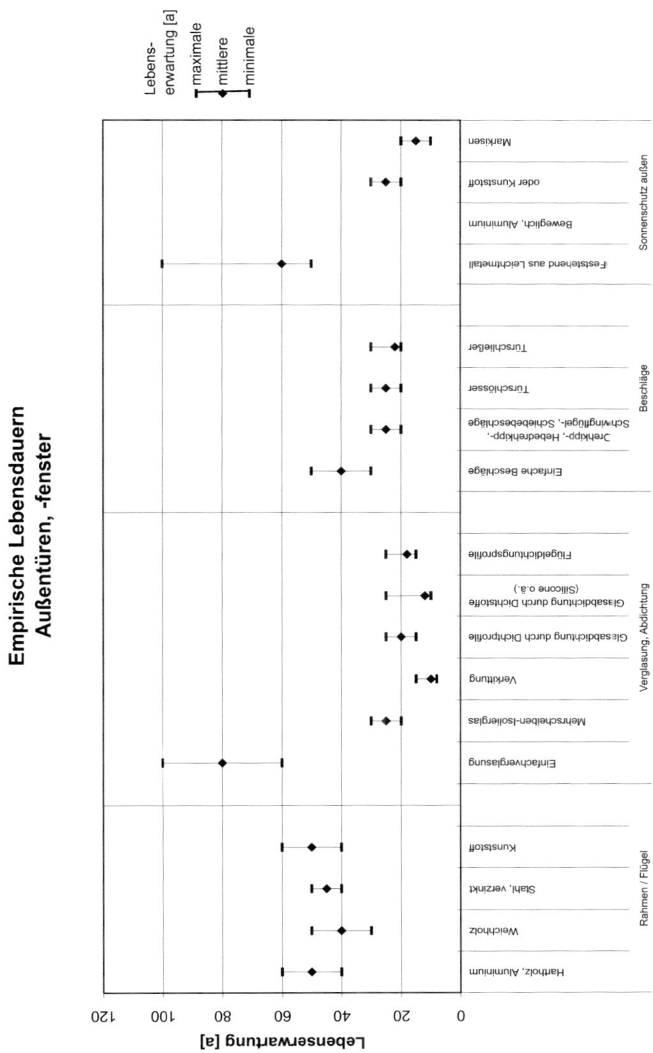

Abbildung 2.3: Lebensdauern der Bauelemente Außentüren und -fenster, Quelle: in Anlehnung an Daten des Bundesministeriums für Verkehr, Bau- und Wohnungswesen [20], S. 6.11 ff.

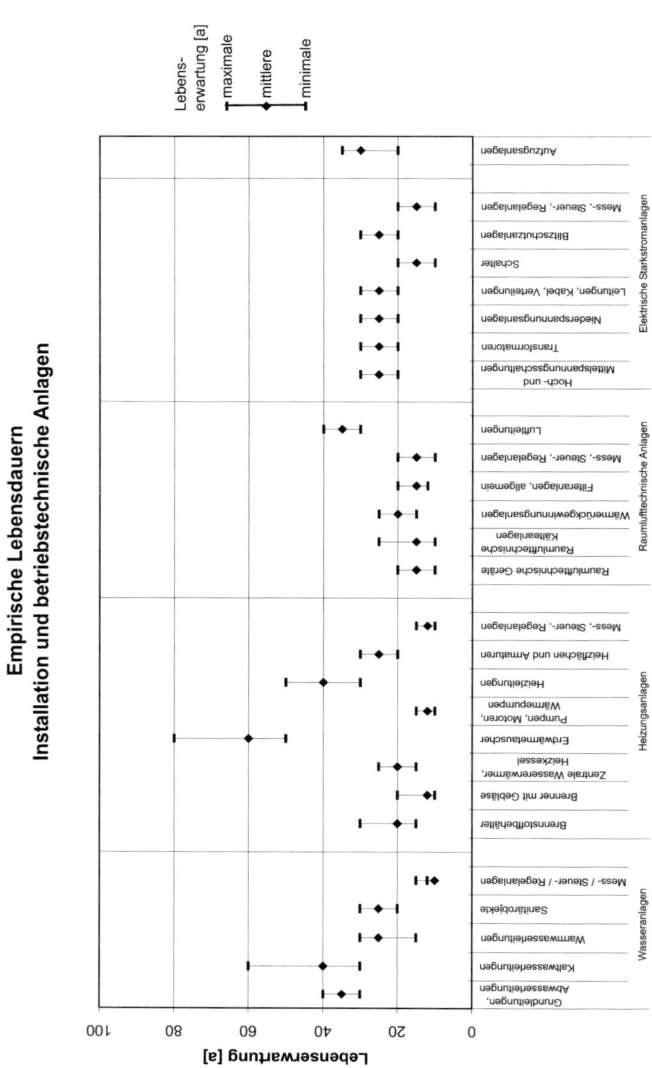

Abbildung 2.4: Lebensdauern der Bauelemente Installationen und betriebstechnische Anlagen, Quelle: in Anlehnung an Daten des Bundesministeriums für Verkehr, Bau- und Wohnungswesen [20], S. 6.11 ff.

eignet sich besonders gut zur Beschreibung von Alterung und Verschleiß, insbesondere auch im Baubereich. Dabei handelt es sich im wesentlichen um Untersuchungen hinsichtlich des Alterungsverhaltens der technischen Infrastruktur.[52] Eigenschaften, Ermittlung sowie Verwendung der Weibull-Verteilung werden im Rahmen der Modellierung detaillierter erläutert.

Der wesentlichste Kritikpunkt der Verwendung von Lebensdauern für eine Beschreibung der Alterung betrifft jedoch deren Eignung für diesen Zweck. Wie bereits beschrieben handelt es sich hierbei nicht um eine Beschreibung des Prozesses, sondern lediglich um eine Messung der Zeitspanne bis zum Aufbrauchen des Abnutzungsvorrates eines Elements. Das Verhalten innerhalb dieser Zeitspanne kann damit jedoch nicht beschrieben werden.

2.3.1.2 Faktorenmethode nach ISO 15686-1

Die im Jahr 2000 veröffentlichte ISO 15686 (Buildings and construction assets - Service life planning -) ist eine internationale Norm mit dem Ziel, Prinzipien und Vorgehensweisen der Planung von Lebensdauern für Gebäude und Infrastruktur zu beschreiben. Dabei soll erreicht werden, dass bereits im Planungsstatus lokale Bedingungen und deren Einfluss auf die Lebensdauer berücksichtigt werden, damit mit einer sehr hohen Wahrscheinlichkeit die Lebensdauer mindestens so groß ist wie die vorgegebene Auslegungslebensdauer. Damit soll die Funktionalität in diesem Auslegungszeitraum gewährleistet werden. Diese Norm ist in neun unterschiedliche Teile aufgegliedert:

- Teil 1: Allgemeine Grundlagen (General principles)
- Teil 2: Methoden der Lebensdauervorhersage (Service life prediction procedures)
- Teil 3: Prüfungen und Audits der Funktionalität (Performance audits and reviews)
- Teil 4: Datenvoraussetzungen (Data requirements)
- Teil 5: Kostenberechnung für die Gesamtlebensdauer (Life cycle costing)

[52] vgl. Arbeiten im Bereich Infrastruktur: vgl. Herz [77], S. 12., Kleiner [107] [108], Kleiner/Adams/Rogers [109], McKim/Kathula/Nassar [131], Kathula/McKim [99], Lounis/Lacasse/Siemes/Moser [119], Lounis/Vanier [120], Guignier/Mandanat [56] und Mandanat/Mishalani/Ibrahim [127]; Arbeiten im Bereich Gebäude/Hochbau: vgl. Krug [111], S. 17, Marteinsson [130], S. 424, Spedding [166], S. 177 f., Kyle/Vanier/Lounis [113] und Lounis/Vanier [122] [121].

- Teil 6: Richtlinie zur Berücksichtigung von Umweltauswirkungen (Procedures for considering environmental impacts)
- Teil 7: Leistungsbewertung für die Rückmeldung von Daten aus der Praxis (Performance evaluation for feedback of service-life data from practice)
- Teil 8: Referenznutzungsdauer und Bestimmung der Nutzungsdauer (Reference service life and service-life estimation)
- Teil 9: Leitfaden für die Bewertung von Lebensdauerdaten (Guidance on assessment of service-life data)

Für diese Arbeit sind vor allem mögliche Vorgehensweisen zur Lebensdauervorhersage und deren Methoden interessant. Diese werden vorwiegend in den ersten beiden Teilen dieser Norm dargestellt. Es erfolgt dabei eine Unterteilung in grundsätzliche Methoden und Vorgehensweisen zur Bestimmung einer sogenannten Referenzlebensdauer (reference service life) und in die Faktorenmethode. Die Referenzlebensdauer entspricht dabei im wesentlichen auch der im vorherigen Kapitel dargestellten Lebensdauer, also der durchschnittlichen, nicht hinsichtlich detaillierter Einsatzbedingungen spezifizierten Lebensdauer eines Elementes. Die generellen Rahmenbedingungen, Prinzipien und Voraussetzungen für solche Studien werden in der ISO 15686-2 (Part 2: Service life prediction procedures) detaillierter beschrieben. Meist erfolgen solche Lebensdauerermittlungen über Tests und Simulationen. Demgegenüber handelt es sich bei der Faktorenmethode[53] um die Ermittlung der Lebensdauer eines individuellen Elementes unter Berücksichtigung projektspezifischer und lokaler Einflussfaktoren. Diese Einflussfaktoren werden über verschiedene Faktoren repräsentiert, welche zu einer Korrektur der vorgegebenen Referenzlebensdauer führen. Formal wird dies über folgende Gleichung ausgedrückt:

$$\begin{aligned} ESLC &= RSLC \cdot FaktorA \cdot FaktorB \cdot FaktorC \cdot \\ &\quad FaktorD \cdot FaktorE \cdot FaktorF \cdot FaktorG \end{aligned} \tag{2.1}$$

mit

- *ESLC*: geschätzte Lebensdauer (estimated service life)
- *RSLC*: Referenzlebensdauer (reference service life)

[53] vgl. ISO 15686-1, Kapitel 9, Anhänge E und F.

- *FaktorA*: Qualität der Komponenten
- *FaktorB*: Design-/Planungsqualität
- *FaktorC*: Ausführungs-/Einbauqualität
- *FaktorD*: innere Umwelteinflüsse (Raumkonditionen)
- *FaktorE*: äußere Umwelteinflüsse
- *FaktorF*: Gebrauchsbedingungen
- *FaktorG*: Instandhaltungsqualität

Die Referenzlebensdauer gibt dabei wie bereits erwähnt eine erwartete Lebensdauer in einer wohldefinierten Umgebung an, die im wesentlichen den bisherigen Lebensdauern entspricht, während die Korrekturfaktoren die spezifischen Bedingungen und Einflussfaktoren ausdrücken, denen das Element, dessen Lebensdauer bestimmt werden soll, ausgesetzt ist. Diese Korrekturfaktoren wurden bereits im Zusammenhang mit der Darstellung von Einflussfaktoren der Alterung diskutiert.

In Anhang F der ISO 15686-1 wird diese Methode exemplarisch an den Gebäudeelementen Stahlschwellen und Holzfenstern erläutert. Deren praxisbezogene Anwendung wurde weiterhin z.B. an Holzfenstern in Island untersucht.[54] In diesem Zusammenhang wird auch auf grundlegende Schwächen der Faktorenmethode hingewiesen. Grundsätzlich handelt es sich dabei um eine Expertenmethode. Eine Einschätzung und Auswahl der Einflussfaktoren sowie deren Ausprägung ist dabei unerlässlich. Hierfür sind zum einen sowohl Erfahrungen mit den Bauelementen selbst als auch mit den jeweiligen lokalen und projektspezifischen Bedingungen notwendig. Zum anderen sind entsprechende Daten und Untersuchungen vonnöten, die jedoch nur spärlich vorhanden sind. Dies gilt auch für die benötigte Referenzlebensdauer. Hier stellt sich selbst bei Verfügbarkeit noch das Problem der Verlässlichkeit der auf diese Weise ermittelten Referenzlebensdauern. Weiterhin sind Informationen notwendig, unter welchen Bedingungen diese ermittelt wurden, damit dies bei den entsprechenden Faktoren berücksichtigt werden kann. Ansonsten könnten bestimmte Einflussfaktoren mehrmals oder überhaupt nicht mit einfließen. Dies kann auch durch mögliche Synergieeffekte zwischen den

[54] vgl. Marteinsson [130].

Faktoren geschehen, welche in der Faktorenmethode ebenfalls unberücksichtigt bleiben. Sind zwei Synergieeffekte nicht additiv[55], können zusätzliche Abschätzungsfehler entstehen.[56]

Insgesamt ist die nach der Faktorenmethode ermittelte Lebensdauer eines individuellen Elementes deterministischer Art. Da eine künftige Lebensdauer jedoch nie mit Sicherheit prognostiziert werden kann, bleiben Lebensdauern eigentlich stochastischer Natur und sollten dementsprechend auch modelliert bzw. dargestellt werden. Die ermittelte Lebensdauer könnte somit höchstens als Erwartungsgröße interpretiert werden, ein Maß für die Schwankungsbreite fehlt jedoch gänzlich. Folglich wäre weiterhin die Ermittlung einer Verteilungsfunktion sinnvoll. Gegenüber der Referenzlebensdauer ist jedoch die Eintrittswahrscheinlichkeit der nach der Faktorenmethode ermittelten Lebensdauer auf jeden Fall größer und besitzt somit gegenüber der Ermittlung von Referenzlebensdauern dann Vorteile, wenn lokale und projektabhängige Größen bekannt sind und explizit mit berücksichtigt werden sollen. Bei der Ermittlung optimaler Strategien eines gesamten Elementtyps dürfen jedoch gerade nicht diese spezifischen Einflussfaktoren betrachtet werden. Diese stellen unsichere, stochastische Größen dar, die die Verteilungsfunktion der Lebensdauer beeinflussen.

Wie bei der Ermittlung von Nutzungs- und Lebensdauern ist auch bei der Faktorenmethode der wesentlichste Kritikpunkt die fehlende explizite Beschreibung des Alterungsprozesses an sich. Diese Beschreibung findet durch die im nächsten Kapitel beschriebene Alterswertfunktion von Schröder statt.

2.3.2 Direkte Beschreibung des Alterungsprozesses durch Alterswertfunktionen

Die Beschreibung des Alterungsverhaltens von Schröder und Christen/Meyer-Meierling basiert auf einem schweizerischen Forschungsvorhaben zur Beurteilung des Alterungsverhaltens von Gebäudeelementen und wird in unterschiedlichen Arbeiten vorgestellt.[57] Dabei wurden anhand eines größeren Gebäudebestandes Zustand, Alter und Alterungsverhalten verschiedener Gebäudeelemente untersucht. Auf Grundlage dieses Datenmaterials folgt nach

[55] d.h. eine Kombination zweier Einflussfaktoren führt nicht zu der gleichen Veränderung wie bei einer Addition der beiden isoliert betrachteten Einflussveränderungen. Sie ist größer oder kleiner.

[56] vgl. Martinsson [130], S. 423.

[57] vgl. die Arbeiten von IP Bau [82], Christen/Meyer-Meierling [24] [23] und Schröder [151].

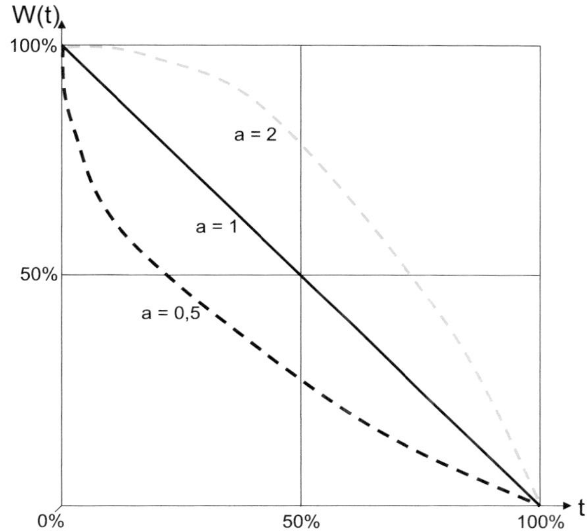

Abbildung 2.5: Kurvenscharen der Altersentwertungsfunktion für unterschiedliche Entwertungsexponenten nach Schröder, Quelle: in Anlehnung an Schröder [151], S. 452

Christen/Meyer-Meierling[58] und Schröder[59] die empirisch ermittelte Altersentwertung von Bauteilen einer allgemeinen Altersentwertungsfunktion:

$$W = 1 - t^a \tag{2.2}$$

mit

- W: relativer Wert eines Bauteiles
- t: relatives Alter eines Bauteiles
- a: Entwertungsexponent

Diese wird in Abbildung 2.5 dargestellt. Betrachtet man diese Funktion, so stellt man fest, dass der relative Wert somit im Laufe seines Lebenszyklusses von eins am Anfang bis null am Ende fällt. Es handelt sich hierbei um die

[58]vgl. Christen/Meyer-Meierling [24], S. 75.
[59]vgl. Schröder [151], S. 75.

relative Alterung. Die absolute Alterung, die in dieser Modellierung nicht behandelt wird, für die spätere Ermittlung von Übergangswahrscheinlichkeiten jedoch vonnöten ist, ist zusätzlich von der technischen Lebensdauer abhängig. Handelt es sich dabei um eine stochastische Größe, erhält man damit auch für unterschiedliche Ausprägungen der technischen Lebensdauer unterschiedliche absolute Alterungsverläufe. Die Alterungsfunktion von Schröder berücksichtigt jedoch explizit keine Unsicherheiten, die aber durch die relative Betrachtung der Altersentwertung implizit berücksichtigt werden könnten. In der Untersuchung des IP-Bau wird diese funktionale Approximation mit empirischen Daten verifiziert, wobei Vorgehensweise und Methodik nicht beschrieben werden und aus diesem Grund auch nicht beurteilt werden können. Die Alterungsverläufe werden dort für verschiedene Gebäudeelemente absolut dargestellt. Dabei werden drei unterschiedliche Entwertungskurven ermittelt: Eine minimale (L_{min}), eine durchschnittliche ($L_{\varnothing}$)und eine maximale Alterungskurve (L_{max}).[60] Der Entwertungsexponent der Funktion stellt ein Maß für den Verlauf der Entwertungsgeschwindigkeit dar. Diese kann folglich je nach Exponent linear, degressiv oder progressiv verlaufen, ist jedoch nach Festlegung für den gesamten Lebenszyklus gültig. Unterschiedliche Alterungsverläufe in verschiedenen Phasen können somit durch diese Modellierung nicht dargestellt werden.

Schröder modifiziert aus diesem Grunde seine Altersentwertungsfunktion. Er unterteilt sie in zwei Phasen: Eine sogenannte Einbauphase und die darauf folgende Nutzungsphase. Begründet wird dies durch z.B. kleinere Montagedefekte oder Verschmutzung, welche zu einer sofortigen Entwertung führen. Beschrieben wird dies durch die modifizierte Alterungsfunktion für die zweite Lebensphase:[61]

$$W = \begin{cases} 1 - t_{ü}(\frac{t}{t_{ü}})^{a_1} & \text{für} \quad t \leq t_{ü} \quad \text{(Phase 1)} \\ W_{ü} - W_{ü}(\frac{t-t_{ü}}{W_{ü}})^{a_2} & \text{für} \quad t > t_{ü} \quad \text{(Phase 2)} \end{cases} \tag{2.3}$$

mit

- $W_{ü}$: relativer Wert des Bauteils zum Übergangszeitpunkt der 1. zur 2. Lebensphase
- $t_{ü}$: Übergangszeitpunkt von 1. zu 2. Lebensphase

[60] Eine graphische Verdeutlichung erfolgt im Rahmen der Modellierung.

[61] vgl. Schröder [151], S. 452 ff. Es ist zu bemerken, dass hier eine Einschränkung des Wertebereiches des Parameters $W_{ü} \neq 0$ erfolgen müsste, damit eine Definitionslücke des zweiten Funktionsabschnittes vermieden wird. Dies bedeutet somit gleichzeitig, dass eine Existenz dieser zweiten Phase vorausgestzt wird.

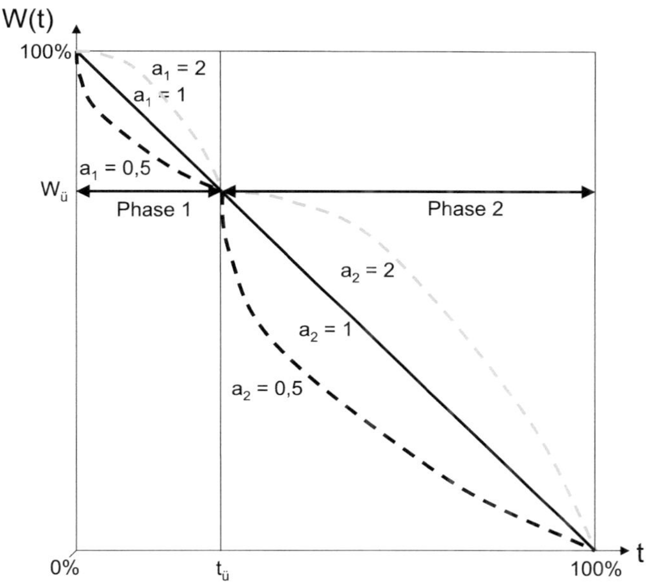

Abbildung 2.6: Kurvenscharen der zweiphasigen Altersentwertungsfunktion bei unterschiedlichen Entwertungskomponenten nach Schröder, Quelle: in Anlehnung an Schröder [151], S. 453

- t: relatives Alter eines Bauteils
- a_1, a_2: Entwertungsexponenten für Phase 1 und 2
- W: relativer Wert eines Bauteils

In Abbildung 2.6 wird diese phasenweise definierte Alterungsfunktion für unterschiedliche Entwertungsexponenten dargestellt. Im allgemeinen wird als Entwertungsexponent der ersten Phase $a_1 = 1$ gewählt, die Wahl des Exponenten für die zweite Phase kann jedoch je nach Element unterschiedlich gewählt werden.[62]

Betrachtet man diese Beschreibung des Alterungsverhaltens nach Schröder und dessen Anwendung durch IP-Bau, so besitzt diese gegenüber den anderen vorhandenen Ansätzen den Vorteil, dass empirische Daten verwendet werden und der Altersverlauf funktional dargestellt werden kann. Es lässt

[62]Für bestimmte Elemente wird dies auch vorgeschlagen. Vgl. hierzu auch Abbildung 5.8.

sich mangels der Verfügbarkeit der verwendeten Daten jedoch nicht überprüfen und somit beurteilen, wie gut diese funktionale Approximation ist. Weiterhin lässt sich auch wenig über die Qualität der verwendeten empirischen Daten sagen. Zu bemängeln ist auf jeden Fall die geringe Diversifikation des Einflussfaktors „Standort" der verwendeten Gebäude des Datensamples. Durch die standortabhängigen Einflussgrößen auf die Alterung ist das Ergebnis (der ermittelte Alterungsprozess) eigentlich nur für diesen Standort gültig. Zusätzlich wurde auch nicht berücksichtigt, inwieweit der Alterungsprozess durch Wartung und Inspektion beeinflusst wurde. Dies wurde jedoch bewusst ausgeklammert.

Kritisch anzumerken ist weiterhin die fehlende Möglichkeit der Berücksichtigung weiterer Phasen mit differierendem Alterungsverhalten. Diese können z.B. durch Schäden anderer Bauelemente herrühren, die Folgeschäden am betrachteten Element auslösen. Hierdurch wird dann das Alterungsverhalten des Bauteils verändert, es kommt zu einer schnelleren Alterung. Weiterhin besitzen bestimmte Elemente[63], die in Schichten aufgebaut sind, eine andere Alterungscharakteristik. Bei diesen altert im wesentlichen die äußere Schicht, während die weiter innen liegenden Schichten quasi durch diese äußere Schicht geschützt werden und nur bei Schäden dieser Schutzschicht altern. Dies könnte jedoch relativ einfach über eine Modifikation modelliert werden.

Für die hier aufgeführten Kritikpunkte des Grundmodells werden zum Teil in weiteren Arbeiten Modifikationen vorgestellt, die allerdings nicht mehr empirisch verifiziert wurden.

Die Auswirkungen der Instandhaltungsqualität auf den Alterungsprozess wurden in einer Arbeit von Christen/Meyer-Meierling modelliert.[64] Diese unterstellt, dass bei einer 100%-igen Instandhaltungsqualität, die die Durchführung aller Instandhaltungsmaßnahmen gemäß eines Unterhaltsplanes[65] voraussetzt, die normale technische Lebensdauer eines Bauteiles erreicht wird. Die Reduktion dieser Qualität durch Verzicht auf bestimmte Instandhaltungsmaßnahmen führt zu einer Reduzierung der technischen Lebensdauer. Dabei wird die Relation als linear angenommen:

$$L_{iH} = L \cdot (1 - r_{iH} \cdot (1 - iH_{Qual})) \tag{2.4}$$

[63] z.B. Fassade.

[64] vgl. Christen/Meyer-Meierling [24], S.32.

[65] Solche Unterhaltspläne werden z.B. in der Dokumentation SIA 469 des schweizerischen Ingenieur- und Architekten-Vereins aufgestellt.

mit

- L_{iH}: Lebensdauer bei Instandhaltungsqualität iH_{Qual}
- L: Lebensdauer bei 100% Instandhaltungsqualität
- r_{iH}: Reduktionsfaktor für 0% Instandhaltungsqualität
- iH_{Qual}: Instandhaltungsqualität

Ebenfalls durch Christen/Meyer-Meierling wird eine Möglichkeit der Berücksichtigung von Folgeschäden vorgestellt.[66] Die Veränderung des Alterungsverlaufes des Bauteils durch den durch das Nachbarelement verursachten Folgeschaden wird mit dem Einführen einer dritten Phase modelliert. Dabei findet eine Reduktion der Restlebensdauer des Bauteils zu diesem Zeitpunkt um einen Faktor r statt:

$$RLD_{Neu} = RLD \cdot r \tag{2.5}$$

mit

- RLD_{Neu}: Neue Restlebensdauer
- RLD: Restlebensdauer vor Eintritt Folgeschaden
- r: Reduktionsfaktor der Restlebensdauer

Aufgrund fehlender alternativer Ansätze und empirischen Datenmaterials wird für die nachfolgenden Untersuchungen davon ausgegangen, dass diese funktionale Beschreibung auch dem tatsächlichen Alterungsverlauf entspricht. Dennoch ist die Beschreibung weder mathematisch exakt noch vollständig, so dass im weiteren Verlauf der Arbeit eine allgemeine, für die Problemstellung ausreichende und adäquate Modellierung des Alterungsverhaltens erfolgt. Die entsprechenden Parametrisierungen und der Vergleich zu den Werten der Literatur werden in Kapitel 5.2.1 vorgenommen.

[66] vgl. Christen/Meyer-Meierling [24], S. 29.

2.4 Zustandsmodellierung zur adäquaten Beschreibung des Abnutzungsvorrates

Die Ermittlung des Abnutzungsvorrates ist nun über diese funktionale Beschreibungsmöglichkeit grundsätzlich möglich. Wird von einem deterministischen Alterungsverlauf ausgegangen, so kann zu jedem Alter der dazu gehörende Abnutzungsvorrat bestimmt werden. Um diese funktionale Beschreibung zu bestimmen, ist jedoch zunächst eine empirische Untersuchung von Gebäuden notwendig, bei der sowohl Alter als auch Abnutzungsvorrat ermittelt werden. Die Bestimmung des Abnutzungsvorrates birgt jedoch gegenüber der Bestimmung des Elementalters die Schwierigkeit einer exakten Messung. Es stellt sich die Frage, wie der Abnutzungsvorrat, der ja den Grad der Funktionserfüllung angibt, gemessen werden kann. Bei dieser Größe handelt es sich um eine fiktive Maßzahl, die meist durch bestimmte Elementcharakteristika gemessen wird. Die Ausprägungen dieser Charakteristika bestimmen dann den Grad der Funktionserfüllung. Schon eine explizite Nennung dieser Eigenschaften ist jedoch äußerst komplex und zudem von Bauteil zu Bauteil unterschiedlich. Die Messung dieser Charakteristika in einer Feinheit, die für eine stetige funktionale Beschreibung notwendig wäre, ist, wenn überhaupt, nur mit hoher Intensität möglich und damit auch mit hohen Kosten verbunden. Aus diesem Grunde ist eine Aufteilung des Abnutzungsvorrates in einzelne Klassen mit eindeutig erkennbaren Elementcharakteristika notwendig. Diese Klassen können auch als Elementzustände bezeichnet werden. In der Praxis wird häufig der Begriff der Bauzustandsstufen verwendet. Eine Aufteilung in solche Zustandsstufen wird ebenfalls von Krug aufgrund überlagernder Abnutzungsursachen sowie nicht ausreichender Messgenauigkeiten empfohlen. Aufgrund einer möglichst scharfen Zustandsabgrenzung sollte zwischen drei bis fünf Abnutzungsstufen unterschieden werden.[67]

Für die Bestimmung solcher Elementzustände existieren einige Forschungsarbeiten, bei denen einzelne Zustände unterschiedlicher Gebäudeelemente mit deren spezifischen Merkmalen identifiziert werden:

- IP Bau - Zustandserfassung und Kostenschätzung von Gebäuden[68]
- MER HABITAT - Methode zur Erfassung von Schäden, Mängeln und Erneuerungskosten von Wohnbauten[69]

---

[67] vgl. Krug [111], S. 49 f.
[68] vgl. IP Bau [81] und [80].
[69] vgl. Merminod/Vicari [132] und Marco/Haas/Willemin/Edelman [129].

- EPIQR (für Wohngebäude) und TOBUS (für Bürogebäude)[70]

Die prinzipielle Vorgehensweise ist bei all diesen Modellen ähnlich. Als Grundlage von EPIQR wird auch explizit die IP-Bau Grobdiagnose genannt.[71] Das Ziel dieser Methoden ist meistens eine Abschätzung der einzelnen Elementzustände, aus denen sich der gesamte Gebäudezustand ergibt. Aus diesem werden Kosten für eventuelle Handlungen, die den Gebäudezustand wieder verbessern, abgeschätzt.[72] Die Beurteilung der Schäden, Abnützungen und Mängel erfolgt bei all diesen Untersuchungen über vier Zustände[73]:

1. guter Zustand
2. leichte Abnutzung
3. größere Abnutzung
4. schadhaftes Teil/ Ende der Lebensdauer

Diese Zustände der einzelnen Gebäudeelemente können in einer Begehung aufgenommen werden. Hierfür werden z.B. Datenblätter zur Verfügung gestellt, die für jedes Bauelement den einzelnen Zuständen entsprechende Merkmale enthalten, mit denen eine Zustandseinordnung stattfinden kann. Die Beschreibungen sind jedoch oft sehr spärlich und beeinhalten meist lediglich optische Merkmale. Ob damit eine eindeutige objektive Einordnung möglich ist, müsste noch empirisch verifiziert werden. Auf jeden Fall handelt es sich bei diesen Methoden um Expertensysteme. Dieser Zustandsdiagnose folgt anschließend eine Ermittlung der Kosten, die anfallen, um die Elemente wieder in einen guten Zustand zu versetzen.[74] Diese Abschätzung findet über

[70]zu EPIQR vgl. Wetzel/Lindauer [197], Wetzel [196], Flourentzou/Genre/Roulet/Caccavelli [55], zu TOBUS vgl. Flourentzou/Genre/Roulet [54] und Flourentzou/Genre/Roulet/Caccavelli [55].

[71]vgl. Wetzel [196], S. 4.

[72]Zu weiteren Erläuterungen solcher Handlungen mit Einfluss auf das Alterungsverhalten siehe auch Kapitel 3.

[73]Diese Abnutzungsstufen werden auch bereits von Krug vorgeschlagen. Vgl. Krug [111], S. 52.

[74]Neben diesen Methoden der Zustandsdiagnose existiert eine Vielzahl weiterer Methoden zur Bauwerksdiagnose, die in einer vom Bundesministerium für Verkehr, Bau- und Wohnungswesen geförderten Forschungsarbeit nach unterschiedlichen Problembereichen (z.B. Untersuchungen zur Tragfähigkeit, Feuchte- und Salzuntersuchungen, bauklimatische Untersuchungen, Schadstoffuntersuchungen, etc.) systematisiert und dargestellt werden. Diese sind für den weiteren Verlauf dieser Arbeit jedoch nicht von Interesse. Vgl. hierzu auch Bauer et al. [8].

geometrische Koeffizienten des Gebäudes sowie entsprechende Kostendaten, welche über Baukostenindizes zeitlich und örtlich anpassbar sind, statt.

Auch die im letzten Kapitel beschriebenen Untersuchungen zum Alterungsverhalten teilen den Abnutzungsgrad auf Grundlage der Zustandserfassung nach IP Bau in verschiedene Klassen ein, denen dann entsprechende Charakteristika zugeordnet werden. Gegenüber anderen Untersuchungen findet auch eine explizite Zuordnung einzelner Intervalle des Abnutzungsvorrates zu den einzelnen Zuständen statt.[75] Diese Zuordnungen werden auch als Grundlage für die spätere Zustandsaufteilung innerhalb der Modellierung benötigt und verwendet.[76] Die Zustandsgrenzen differieren dabei von Element zu Element.

Solch eine zustandsorientierte Beschreibung des Abnutzungsvorrates ist aus mehreren Gründen wesentlich besser für die spätere Modellierung geeignet als eine rein funktionale Beschreibung. Als erstes werden für die Modellierung stochastischer Entscheidungsprozesse Zustände benötigt. Da dort jedoch eine sehr große Anzahl an Zuständen modelliert werden kann[77], könnten die entsprechenden Klassen des Abnutzungsvorrates auch sehr klein gewählt werden, so dass dieses Argument lediglich aus Gründen der Problemgröße sowie oben erläuterter Messproblematik eine Rolle spielen kann.

Ein weiterer Grund ist die zustandsorientierte Modellierung der monetären Auswirkungen des jeweils erreichten Abnutzungsvorrates.[78] Diese Zahlungsströme sind bei marginal unterschiedlichen Abnutzungsvorräten gleich, es sind keine Unterschiede messbar, so dass unterschiedliche Zustände mit gleichen monetären Auswirkungen zu gleichen optimalen Handlungen führen würden. Somit können diese auch gleich zu einem Zustand zusammengefasst werden. Bei der Bestimmung der Klassen des Abnutzungsvorrates sollten also die daraus resultierenden Zahlungen ebenfalls eine Rolle spielen, d.h. Zustände dürfen maximal die Intervalle des Abnutzungsgrades beinhalten, welche zu gleichen monetären Auswirkungen führen.

Diese zustandsorientierte stochastische Modellierung des Alterungsprozesses wird auch in weiteren Arbeiten verwendet. Meist handelt es sich dabei um Modelle, die den Alterungsprozess als stochastischen Markovschen Pro-

[75]Solche expliziten Zuordnungen sind bei den anderen erwähnten Untersuchungen nicht vorhanden, allerdings verwenden diese auch nicht die von Schröder aufgestellte Alterswertfunktion, so dass eine solche Zuordnung nicht nötig ist.

[76]Auf die einzelnen Ausprägungen wird im Zusammenhang der Modellierung näher eingegangen.

[77]Es wird nur eine endliche Zahl an Zuständen gefordert.

[78]Statt monetärer Folgen können natürlich auch andere Zielgrößen, z.B. ökologischer Art, verwendet werden.

zess formulieren.[79] In diesen zustandsorientierten Modellierungen verweilt das Element eine bestimmte Zeit in den einzelnen Zuständen. Diese Zeit wird auch als Verweilzeit bezeichnet. Diese Verweilzeiten sind stochastische Größen, die dann einer bestimmten Verteilung unterliegen. Inwieweit ein Alterungsverhalten innerhalb dieser Zustände stattfindet, wird über diese Modellierung nicht beschrieben. In dem Forschungsprojekt MEDIC (einer Modifikation von EPIQR) wird diese wahrscheinlichkeitsorientierte Beschreibung des Alterungsverhaltens über Verweilzeiten untersucht.[80]

[79]vgl. hierzu Kleiner [107] [108], Kleiner/Adams/Rogers [109], McKim/Kathula/Nassar [131], Kathula/McKim [99], Lounis/Vanier [120] [122] [121], Lounis/Lacasse/Siemes/Moser [119], Kyle/Vanier/Lounis [113], Guignier/Mandanat [66] und Mandanat/Mishalani/Ibrahim [127]. Zur Definition und Beschreibung Markovscher Prozesse im Rahmen der späteren Modellierung siehe Kapitel 5.1.

[80]vgl. Flourentzou/Brandt/Wetzel [53].

3. Handlungsmöglichkeiten zur Beeinflussung von Alterungsprozessen

Nachdem im vorherigen Kapitel die in der Literatur vorhandenen Ansätze zur Beschreibung des Alterungsverhaltens von Gebäudeelementen erläutert und hinsichtlich der späteren Modellierung kritisch gewürdigt wurden, soll in diesem Kapitel auf die in der Literatur beschriebenen Einflussmöglichkeiten auf diese Alterungsprozesse eingegangen werden. Dabei wird hier eine Trennung bzgl. des Handelnden vorgetroffen, es wird zwischen Handlungen des Gebäudeeigentümers und des Gebäudenutzers unterschieden. Bei den Steuerungsmöglichkeiten des Gebäudenutzers handelt es sich vorwiegend um Art, Umfang und Intensität der Nutzung. Diese Beeinflussungen sind dauerhaft über den gesamten Nutzungszeitraum und wurden bereits in Kapitel 2 vorgestellt. Solche Einflussfaktoren sind durch den Gebäudeeigentümer schwer beeinflussbar und weiterhin auch durch mögliche Nutzerwechsel während der Lebensdauer nicht prognostizierbar. Aus diesem Grund werden diese über das stochastische Alterungsverhalten mit abgebildet. Dies gilt auch für den Fall, dass Gebäudeeigentümer und -nutzer identisch sind und das Nutzungsverhalten eigentlich bekannt ist, da eine Quantifizierung einzelner Einflussfaktoren auf den Alterungsprozess kaum möglich ist.[1]

Später in der Arbeit modellierte Handlungen stellen also lediglich Beeinflussungsmöglichkeiten aus Sicht eines Gebäudeeigentümers dar. Diese sind im Gegensatz zu den nutzerbezogenen Einflussmöglichkeiten nicht dau-

[1] Dies wurde bereits in Kapitel 2 dargestellt.

erhaft, sondern zeitpunktbezogen, d.h. sie finden nur zu einzelnen festen Zeitpunkten statt, der Einfluss dieser Handlungen auf den Alterungsprozess ist quantifizierbar. Diesen Handlungen lassen sich weiterhin die damit verbundenen monetären Zahlungsströme zuordnen. Eine detailliertere Darstellung dieser findet sich in Kapitel 4.

Grundsätzlich ist es natürlich möglich, solche Handlungen und die damit verbundenen Risiken über sogenannte Wartungsverträge zu übertragen.[2] Dafür wird meist eine vertragliche Festsetzung entsprechender durchzuführender Handlungen bei entsprechenden Elementzuständen getroffen. Gleichzeitig werden Preise für diese durchzuführenden Tätigkeiten festgelegt. Aus Sicht des Überträgers dieser Handlungen findet dann sozusagen eine Umwandlung eines stochastischen, risikobehafteten (oder evtl. auch unsicheren) in einen deterministischen, risikolosen Zahlungsstrom statt. Die Ermittlung optimaler Entscheidungen findet dann nicht mehr beim Überträger statt, sondern sollte stattdessen vom Übernehmer durchgeführt werden. Falls die gesamten Entscheidungsmöglichkeiten übertragen und die Entscheidungsspielräume durch die Regelungen des Wartungsvertrages nicht eingeengt werden, ergibt sich die gleiche Problematik der Ermittlung wirtschaftlich optimaler Strategien. Jedoch sind nur in diesem Falle auch die optimalen Strategien gleich. Die Motivation der Übernahme des Risikos durch den Anbieter kann durch vorhandenen Größeneffekte (economies of scale) oder auch explizite Preisaufschläge erklärt werden. Solche Wartungsverträge existieren vor allem bei technischen Anlagen wie Datenverarbeitungsgeräten, Kopierern oder im Gebäudebereich bei haustechnischen Anlagen. Hier wird im Rahmen von Wartungsverträgen meist nur die Wartungsfrage geregelt, darüber hinaus gibt es jedoch auch bereits sogenannte Vollwartungsverträge, welche auch Instandhaltungsmaßnahmen mit berücksichtigen. Im weiteren Verlauf der Arbeit werden lediglich optimale Entscheidungen ohne die Beeinflussung durch mögliche Wartungs- oder Vollwartungsverträge untersucht.

Die Beschreibung solcher Handlungen erfolgt in der Betriebswirtschaftslehre im Rahmen von Investitionsdauerentscheidungen, in ingenieurwissenschaftlichen/technischen Bereichen unter dem Begriff der Instandhaltung. Im Folgenden werden beide hinsichtlich der für die spätere Modellierung geeignetsten Beschreibungsform untersucht, das Ergebnis soll eine eindeutige Begrifflichkeit und Abgrenzung der späteren Handlungsarten sein.

Die Wahl einzelner Handlungen im Lebenszyklus einer Immobilie ist an den Zielen des Gebäudeeigentümers auszurichten, die in dieser Arbeit verwende-

[2] Zu Inhalten und rechtlichen Regelungen dieser Wartungsverträge bietet Fischer [52] eine gute Übersicht.

te Zielstellung ist wie bereits beschrieben die Optimierung der Wirtschaftlichkeit. Es stellt sich also die Frage der Lösung dieses Optimierungsproblems. In diesem Kapitel erfolgt die Einordnung und Charakterisierung in der Literatur beschriebener möglicher Lösungsansätze sowie üblicherweise angewendeter Strategien.

3.1 Möglichkeiten der Beschreibung von Handlungen in der Literatur

Die Begrifflichkeiten möglicher Handlungen werden nicht nur im allgemeinen Sprachgebrauch sehr uneinheitlich verwendet, auch die in der Literatur verwendeten Definitionen sind sehr heterogen, die beinhaltenden Teilbegriffe teilweise auch unscharf voneinander abgegrenzt. Dies gilt insbesondere zwischen den Begriffswelten der Betriebswirtschaftslehre und der technischen Bereiche und hier insbesonders für den Instandhaltungs- und den Instandsetzungsbegriff. Während im technischen Bereich Instandhaltung bis auf eine Ausnahme als Überbegriff für alle möglichen Handlungen (Instandsetzung ist damit eine Teilmenge der Instandhaltung) definiert wird, sind Instandhaltung und Instandsetzung im betriebswirtschaftlichen Sinne zwei disjunkte Mengen bzw. Handlungen. Zahlreiche weitere Begrifflichkeiten existieren nur in jeweils einer der beiden Begriffswelten. Im Folgenden werden diese beiden Begriffswelten sowohl einander als auch den später im Modell verwendeten Handlungsbegriffen und -möglichkeiten gegenübergestellt.

3.1.1 Betriebswirtschaftlich orientierte Beschreibungsmöglichkeit im Rahmen von Investitionsdauerentscheidungen

Die Ermittlung optimaler wirtschaftlicher Nutzungsdauern einschließlich der dazu notwendigen Handlungen wird in der Betriebswirtschaftslehre auch häufig als Problem der Investitionsdauerentscheidung beschrieben.[3] Dabei ist zwischen zwei unterschiedlichen Entscheidungssituationen und -problematiken zu unterscheiden: Zum einen ist vor Beginn einer Investition zu klären, wie lange diese genutzt werden soll. Diese Entscheidung wird auch als Nutzungsdauerentscheidung bezeichnet. Zum anderen ist nach dem Nutzungsbeginn zu entscheiden, wie lange die Nutzung ausgedehnt werden soll. Bei dieser Entscheidung wird von Ersatzentscheidungen gesprochen. Diese Überlegung wird notwendig, da aufgrund von Unsicherheiten bzw. veränderten Informationszuständen Anpassungen notwendig werden, und ist daher auch ständig zu wiederholen.

[3] vgl. hierzu z.B. Kruschwitz [112], S. 143 ff.

Der betriebswirtschaftlich übliche Instandhaltungsbegriff stammt vorwiegend aus dieser Ersatztheorie. Dieser beschreibt hauptsächlich die Ersatzproblematik der einem Verschleiß unterliegenden Produktionsfaktoren.[4] Der Verschleißbegriff wird dabei in der betriebswirtschaftlichen Literatur meist synonym zum Abnutzungsbegriff verwendet.[5] Dabei findet im Gegensatz zu den bereits beschriebenen Alterungsursachen lediglich eine Unterscheidung zwischen kontinuierlichem und plötzlichem Verschleiß statt. Diese Unterscheidung erfolgt aufgrund einer unterschiedlichen Modellierung dieser beiden Arten.[6]

Dieser Instandhaltungsbegriff beinhaltet jedoch nur einen Teil derjenigen Maßnahmen eines Gebäudeeigentümers, die den Alterungsprozess beeinflussen können. Dahmen unterteilt solche Maßnahmen hinsichtlich der Verschleißbeeinflussung in:

- Ersatzinvestitionen[7]
- Maßnahmen der Verschleißbeseitigung (Ersatz von Teilen oder Reparaturen)
- Maßnahmen der Verschleißhemmung (Wartung, Pflege)
- Maßnahmen der Inspektion

Instandhaltungen werden bei dieser Aufteilung zwar nicht eindeutig definiert, aber zusammen mit Reparaturen als diejenigen Maßnahmen verstanden, die nötig sind, um eine Anlage länger in Betrieb halten zu können[8], d.h. zur Verschleißhemmung und -beseitigung im Sinne von Dahmen. Bei Lücke dagegen wird unter Instandhaltung verstanden, „einen gegebenen Zustand des Anlagevermögens zu erhalten. Dies kann durch Beseitigung auftretender Mängel oder dadurch erreicht werden, dass dem Verschleiß ausgesetzte Teile vorzeitig ausgewechselt und Folgeschäden vermieden werden.“[9] Es werden also

[4]Eine erste gute Übersicht zu Einordnung und grundsätzlichen Verfahren findet sich in Göppl [62], S.358 ff. Weitere detailliertere Beschreibungen zu Begrifflichkeit und Ansätzen enthalten Dahmen [25], Ederer [47] und Schulte [153].

[5]vgl. hierzu Dahmen [25], S. 9 ff.

[6]Die Modellierung plötzlichen Verschleißes erfolgt meist stochastisch, der kontinuierliche deterministisch oder stochastisch, näheres hierzu in Kapitel 3.3.2.

[7]Diese werden auch häufig als Erneuerungs- oder Reinvestitionen bezeichnet.

[8]vgl. Ederer [47], S. 21.

[9]vgl. Lücke [115].

damit die den Verschleiß beseitigenden Maßnahmen bezeichnet. Der Instandhaltungsbegriff ist damit insgesamt nicht scharf abgegrenzt[10], bei der Zuordnung konkreter Einzelmaßnahmen in der Praxis ist dies noch frappierender. Auch trotz dieser schwierigen Abgrenzung können jedoch zwei grundsätzlich unterschiedliche Handlungsgruppen einander gegenübergestellt werden: Instandhaltung und Instandsetzung.

Dies zeigt eine Abgrenzung in der Management Enzyklopädie: „Das Wort Instandhaltung wird im Sinne von Erhaltung gebraucht und tendiert zu den Begriffen Wartung, Reinigung, vorbeugender Instandhaltung. Demgegenüber wird das Wort Instandsetzung im Sinne von Ersatz verwendet und deutet auf Auswechseln, Beseitigung von Verschleiß, Erneuerung usw. hin." In Dr. Gablers Wirtschafts-Lexikon wird unter Instandhaltung die Beseitigung kleiner Schäden und unter Instandsetzung die völlige Überholung einzelner Gegenstände des Anlagevermögens verstanden.

Für den Begriff der Instandsetzung, der mit denen der Ersatz- oder Reinvestition gleichzusetzen ist, erfolgt oft eine weitere Systematisierung hinsichtlich der Ersatzhäufigkeit und -art in:[11]

- einmalige Investition
- endlich häufige Reinvestition (identisch/nicht-identisch)
- unendlich häufige Reinvestition (identisch/nicht-identisch)

Bei der Betrachtung von Gebäudeelementen ist im wesentlichen die endlich häufige Reinvestition von Relevanz. Dies kommt aufgrund der verwendeten Gebäudemodellierung zustande. Gebäudeelemente besitzen unterschiedliche Lebensdauern, es stellt sich somit eigentlich zunächst bei einer Betrachtung als einmalige Investition die Frage, was denn dann die Lebensdauer der Summe dieser Elemente, der gesamten Immobilie, ist bzw. bei Investitionsketten, wann ein Ersatz des gesamten Hauses stattfindet.

Bei einer zunächst unterstellten Betrachtung als einmalige Investition müsste diese Fragestellung eigentlich simultan beantwortet werden. Zur Ermittlung global optimaler Entscheidungen ist ein Modell zu formulieren, welches simultan die Problemstellungen der optimalen Nutzungsdauer des Hauses und der optimalen Ersatzentscheidungen der einzelnen Elemente betrachtet. Durch die gegenseitige Beeinflussung beider Probleme kommt es zu einem

[10] vgl. auch Management Enzyklopädie [126], S. 99.
[11] vgl. Kruschwitz [112], S.153, Göppl [62], S. 358.

zirkulären Problem. Eine Lösung scheint durch diese Komplexität und auch die damit verbundene Problemgröße außerordentlich schwierig.

Aus diesen Gründen wird in dieser Arbeit modelltechnisch die Annahme getroffen, dass für das gesamte Haus die Lebensdauer der Primärstruktur, welche normalerweise durch den Rohbau gebildet wird, als maximale technische Nutzungsdauer unterstellt wird. Diese Annahme kann über folgenden Sachverhalt motiviert werden: Die Primärstruktur verursacht ein relativ hohes Investitionsvolumen, d.h. diese könnte gegenüber anderen Elementen als „Hauptinvestition" angesehen werden. Zum anderen ist eine relativ große Eingriffstiefe bei Handlungen auf der Ebene der Primärstruktur notwendig, d.h. aufgrund technischer Interdependenzen müssen Handlungen bei einer Vielzahl weiterer Elemente vorgenommen werden, so dass damit fast das gesamte Gebäude betroffen ist. Damit wäre eine vollständig neue Investition zu betrachten.

Einer möglichen Auffassung einer Investitionskette auf der Gesamtimmobilienebene soll aufgrund der gleichzeitig sehr langen Lebensdauer des Rohbaus in dieser Arbeit nicht gefolgt werden. Einerseits ist der Informationsmangel über mögliche nachfolgende Investitionsmöglichkeiten über diesen Zeithorizont relativ groß, andererseits sind die Maßnahmen der Ersatzentscheidungen auf Elementebene auf den Planungshorizont des Gesamthauses auszurichten, so dass auf Hausebene die Annahme einer einmaligen Investition sinnvoll erscheint. Auf Einzelelementebene ergibt sich somit die Problemstellung einer endlich häufigen Investitionskette.

Da es sich bei der Lebensdauer des Rohbaus natürlich ebenfalls wie bei anderen Lebensdauern um eine stochastische Größe handelt, besteht nun weiterhin noch die Problematik, welche Lebensdauer des Rohbaus denn nun als Planungshorizont für alle Einzelelemente unterstellt werden soll. Diese Fragestellung müsste eigentlich als stochastisches Entscheidungsmodell mit stochastischem Planungshorizont modelliert werden. Aus vereinfachenden Gründen wird bei der späteren Modellierung lediglich ein deterministischer Planungshorizont unterstellt. Da jedoch die Ergebnisse für unterschiedliche Planungshorizonte interpretierbar sind, kann damit zumindest eine Sensitivitätsanalyse der Ergebnisse hinsichtlich des Planungshorizontes vorgenommen werden.

Eine Unterteilung in nicht-identischen und identischen Ersatz findet in der späteren Modellierung ebenfalls statt. Grundsätzlich werden dort beide Möglichkeiten modelliert und simultan behandelt, demgegenüber wird in der betriebswirtschaftlichen Literatur meist nur eine der beiden Ersatzmöglichkeiten betrachtet. Eine Berücksichtigung der in diesem Zusammenhang auch oft erwähnten Erweiterungsinvestition, welche eine Kapazitätsanpassung zum Ziele hat, wird in dieser Arbeit nicht vorgenommen. Diese Möglichkeit lässt sich bei Entscheidungen auf Elementebene auch kaum begründen, da durch die grundlegende Gestaltung der Immobilie respektive des Rohbaus auf Elementebene quasi keine Kapazitätsanpassungen stattfinden können. Technischer Fortschritt anderer Art wird jedoch natürlich über nicht-identischen Ersatz berücksichtigt.

3.1.2 Technisch orientierte Beschreibungsmöglichkeit im Rahmen des Instandhaltungsbegriffs

Es bestehen nicht nur zwischen dem betriebswirtschaftlichen und dem technisch-ingenieurwissenschaftlichen Instandhaltungsbegriff wesentliche Unterschiede, auch innerhalb des technisch-ingenieurwissenschaftlichen Bereichs ist der Instandhaltungsbegriff uneinheitlich. Für diese Arbeit relevante Definitionen finden sich in verschiedenen Normen und normenähnlichen Regelungen. Dazu gehören[12]:

- DIN 31051: Grundlagen der Instandhaltung,
- DIN 32736: Gebäudemanagement - Begriffe und Leistungen,
- GEFMA 108: Betrieb - Instandhaltung - Unterhalt von Gebäuden und gebäudetechnischen Anlagen - Begriffserläuterungen,
- GEFMA 122: Betriebsführung von Gebäuden, gebäudetechnischen und Außenanlagen,
- SIA Norm 469: Erhaltung von Bauwerken.

Im Rahmen der DIN 31051 wird die Instandhaltung als „Kombination aller technischen und administrativen Maßnahmen sowie Maßnahmen des Managementes während des Lebenszyklus einer Betrachtungseinheit zur Erhaltung des funktionsfähigen Zustandes oder der Rückführung in diesen, so dass sie die geforderte Funktion erfüllen kann“ definiert. Hierdurch werden alle Maßnahmen bzw. Handlungsmöglichkeiten eines Entscheiders zusammengefasst, welche den im vorherigen Kapitel dargestellten Alterungsprozess beeinflussen können. Zu diesen Grundmaßnahmen gehören:

- Wartung
- Inspektion

[12] vgl. hierzu DIN 31051 [36], DIN 32736 [38], GEFMA 108 [59], GEFMA 122 [57] und SIA 469 [160].

- Instandsetzung
- Verbesserung

Dabei wird die Wartung als „Maßnahme zur Verzögerung des Abbaus des vorhandenen Abnutzungsvorrates“ definiert, Inspektion umfasst „Maßnahmen zur Feststellung und Beurteilung des Istzustandes einer Betrachtungseinheit einschließlich der Bestimmung der Ursachen der Abnutzung und dem Ableiten der notwendigen Konsequenzen für eine künftige Nutzung“. Unter Instandsetzung werden alle „Maßnahmen zur Rückführung einer Betrachtungseinheit in den funktionsfähigen Zustand, mit Ausnahme von Verbesserungen“ zusammengefasst. Diese Definition beinhaltet die im Rahmen der betriebswirtschaftlichen Begriffswelt beschriebenen Ersatzinvestitionen. Es sind jedoch streng genommen auch weitere Maßnahmen denkbar, die ohne einen Ersatz die Funktionsfähigkeit wieder herstellen. Eine Abgrenzung ist daher unscharf. Unter dem in dieser Norm enthaltenen Verbesserungsbegriff wird die „Kombination aller technischen und administrativen Maßnahmen sowie Maßnahmen des Managementes zur Steigerung der Funktionssicherheit einer Betrachtungseinheit, ohne die von ihr geforderte Funktion zu ändern“ verstanden.

Neben diesen Maßnahmen werden weiterhin häufig die Begriffe der Modernisierung, Sanierung und des Umbaus verwendet. Diese sind jedoch eigentlich nach ihrer Definition in der DIN 32736 streng von diesem Begriff der Instandhaltung zu trennen.

Als Modernisierung werden dort alle „Leistungen zur Verbesserung des Istzustandes von baulichen und technischen Anlagen mit dem Ziel, diese an den Stand der Technik anzupassen und die Wirtschaftlichkeit zu erhöhen“ bezeichnet, Sanierungen sind die „Leistungen zur Wiederherstellung des Sollzustandes von baulichen und technischen Anlagen, die nicht mehr den technischen, wirtschaftlichen und/oder ökologischen sowie gesetzlichen Anforderungen entsprechen“, und Umbauten umfassen die „Leistungen, die im Rahmen von Funktions- und Nutzungsänderungen von baulichen und technischen Anlagen erforderlich sind.“

Die Handlungen der DIN 32736 sind gegenüber den Maßnahmen der Instandhaltung nicht nur primär als Maßnahmen zur Beeinflussung des Abnutzungsprozesses zu sehen, sondern können eher als Einflussmöglichkeiten auf bereits beschriebene verschiedene Arten der Obsoleszenz verstanden werden. Weiterhin ist die Betrachtungsebene beider Normen unterschiedlich. Eine Betrachtungseinheit nach DIN 31051 ist ein einzelnes Bauelement bzw. jede Funktionseinheit, die für sich betrachtet werden kann. Es erfolgt somit eine Betrachtung auf der Einzelelementebene, sie ist aber nicht nur speziell auf den Baubereich bezogen. Bei den in der DIN 32736 beschriebenen Maßnahmen handelt es sich explizit um Leistungen im Sinne des technischen Gebäudemanagements, die neben dem Betreiben (wozu Instandhaltungsmaßnahmen im Sinne der DIN 31051 gezählt werden) und anderen Leistungen erforderlich sind. Die Betrachtungseinheit hier ist nicht das einzelne Gebäudeelement, sondern gesamte bauliche und technische Anlagen. Somit handelt es sich bei diesen Leistungen um Maßnahmenbündel.[13]

Der Effekt ist jedoch bei allen Begriffen der DIN 32736 gleich: Es findet ein Austausch von Gebäudeelementen statt. Daher sind diese streng genommen lediglich den in der DIN 31051 definierten Begriffen der Instandsetzung und Verbesserung gegenüberzustellen und nicht Maßnahmen der Wartung und Inspektion. Die Wahl des Ersatzelementes (oder auch der Ersatzalternative) ist jedoch unterschiedlich. Bei Instandsetzung erfolgt ein identischer Austausch, während bei den anderen Begrifflichkeiten ein nicht-identischer Austausch unterstellt wird. Dabei kann es sich bei dieser Ersatzalternative sowohl um ein technisch fortschrittlicheres Element handeln im Sinne einer Verbesserung oder Modernisierung, als auch um ein völlig andersartiges Element, welches andere Funktionen beeinhaltet im Sinne eines Umbaus. Weiterhin ist zu bemerken, dass es sich hierbei insgesamt um alternative Maßnahmen handelt.

Die Abgrenzung dieser Begriffe ist also insgesamt unscharf, in der DIN 32736 wird auch darauf hingewiesen, dass die Grenzen zwischen diesen Leistungen fließend sein können. Weiterhin führt die Zuordnung von mit diesen Handlungen verbundenen Zahlungsströmen zu bestimmten Zahlungsarten bzw. Kostengruppen innerhalb entsprechender vorhandener Systematisierungsansätze im Baubereich zu Abgrenzungsproblemen.[14] Aus diesem Grund führt der Deutsche Verband für Facility Management (GEFMA) eine andere Systematisierung ein, bei der eine saubere Trennung der Instandhaltungsmaßnahmen bzgl. der Zahlungswirksamkeit erfolgt. Gegenüber der DIN 31051 findet eine Aufteilung der Instandsetzung in kleine und große Instandsetzung statt (vgl. auch Abbildung 3.1).

Dabei werden diese folgendermaßen definiert: Die kleine Instandsetzung „besteht im wesentlichen aus dem Austausch von Verschleißteilen, einer

[13]Natürlich könnten die beiden Betrachtungsebenen leicht ineinander übergeführt werden, so dass eine Zusammenführung der Begrifflichkeiten grundsätzlich möglich ist.

[14]So gehören neben Inspektion und Wartung nur bestimmte Instandsetzungen nach der Betriebskostenverordnung bzw. der gängigen Rechtssprechung zu den Betriebskosten, die dann auf den Mieter umlegbar sind. Ansonsten müssen Instandsetzungen den nicht umlegbaren Unterhaltskosten zugeordnet werden. Auf einzelne Zahlungsarten und mögliche Systematisierungsansätze wird in Kapitel 4 näher eingegangen.

Abbildung 3.1: Gegenüberstellung der Struktur der Instandhaltung nach DIN 31051 und GEFMA 122, Quelle: in Anlehnung an GEFMA 122 [57]

Leistung, die in der gängigen Praxis vom Betriebspersonal oder im Zuge der Wartung ausgeführt wird, und deren Kosten als Betriebskosten anerkannt werden.“ Eine große Instandsetzung wird definiert als „jede Wiederherstellung des Sollzustandes, die über die kleine Instandsetzung hinausgeht, früher auch als Reparatur bezeichnet.“[15] Die Beschreibung nach GEFMA lehnt sich somit an die Beschreibung nach DIN 31051 an. Es wird lediglich eine detailliertere Beschreibung des Instandsetzungsbegriffes vorgenommen. Auch hier ist eine Abgrenzung gegenüber der betriebswirtschaftlichen Begriffswelt nicht eindeutig.

Die für diese Arbeit relevanten und in Kapitel 2 dargestellten Modelle zur Beschreibung des Alterungsverhaltens, vor allem die Arbeiten des IP Bau und Christen/Meyer-Meierling[16], stammen größtenteils aus der Schweiz. Daher werden in der Literatur auch immer wieder entsprechende schweizerische Normen und deren Begrifflichkeiten verwendet. Die in der entsprechenden SIA Norm 469 enthaltenen Definitionen von Instandhaltung, Instandsetzung und Erneuerung/Ersatz sind jedoch gänzlich unterschiedlich zur Beschreibung nach DIN 32736, DIN 31051 und der daran anlehnenden Beschreibung nach GEFMA. Sie folgen eher der betriebswirtschaftlichen Systematisierung. Unter Instandhaltung wird das „Bewahren der Gebrauchstauglichkeit durch einfache und regelmäßige Maßnahmen“ verstanden. Nach Christen/Meyer-Meierling und IP BAU umfasst diese werterhaltende Maßnahmen wie z.B. Reinigung sowie Wartung im Sinne der DIN 31051. Diese Maßnahmen führen zu einer Verzögerung des Alterungsprozesses, sie entsprechen den ver-

[15] nach GEFMA 108 [59] und GEFMA 122 [57].

[16] vgl. IP Bau [82], S. 12 und 93 und Christen/Meyer-Meierling [24], S. 31 ff. und S. 73.

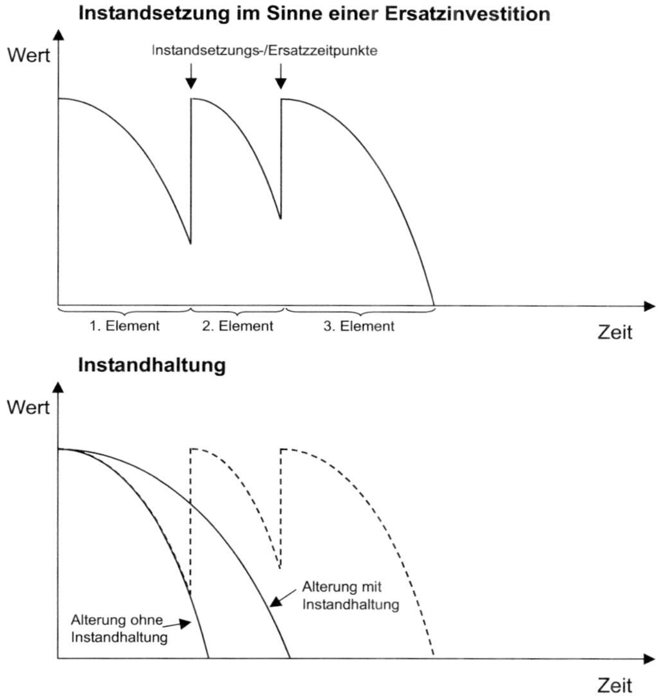

Abbildung 3.2: Auswirkungen unterschiedlicher Handlungen auf den zeitlichen Verlauf des Abnutzungsvorrates, Quelle: in Anlehnung an Christen/Meyer-Meierling [24], S. 31 und 35

schleißhemmenden Maßnahmen der betriebswirtschaftlichen Unterteilung. Demgegenüber definiert die Instandsetzung das „Wiederherstellen der Gebrauchstauglichkeit und Sicherheit für eine festgelegte Dauer." Hierunter können Reparaturen, die zu einer Verbesserung des Zustandes führen, verstanden werden. Im Sinne der betriebswirtschaftlichen Systematisierung handelt es sich um Maßnahmen der Verschleißbeseitigung. Unter der Erneuerung wird das „Wiederherstellen eines gesamten Bauwerks oder Teilen desselben in einen mit dem ursprünglichen Neubau vergleichbaren Zustand" bezeichnet. Diese ist somit identisch mit dem Begriff der Ersatzinvestition. Diese Begriffe werden in Abbildung 3.2 verdeutlicht. Die Auswirkungen der unterschiedlichen Handlungen auf den zeitlichen Ablauf des Zustandswertes bzw. Abnutzungsvorrates werden dort dargestellt.

Bei all diesen Maßnahmen handelt es sich um Pakete unterschiedlicher Einzelmaßnahmen. Diese werden innerhalb verschiedener Forschungsarbeiten, z.B. der DUEGA-Methode (Diagnosemethode für die Unterhalts- und Erneuerungsplanung verschiedener Gebäudearten)[17], einer Weiterentwicklung der Forschungsergebnisse des IP Bau Programmes, zusätzlich zur Zustandsbeschreibung detailliert dargestellt und erläutert. Dabei findet dort z.B. eine Unterteilung in die Maßnahmen Instandhaltung, kleinere Instandsetzung, größere Instandsetzung und Ersatz statt.

Dieses Kapitel hat die Uneinheitlichkeit von Begrifflichkeiten und Systematisierung der Maßnahmen, die eine Einflussmöglichkeit auf das Alterungsverhalten von Gebäudeelementen haben, verdeutlicht. Vor allem der Instandhaltungsbegriff wird sehr widersprüchlich verwendet, was leicht zu Missverständnissen führen kann. Diese diffuse Begriffsverwendung setzt sich logischerweise auch in der Literatur bei entsprechenden Arbeiten fort. Das Steuerungssystem solcher Handlungen wird dort als Instandhaltungsmanagement, mögliche Handlungsstrategien als Instandhaltungsstrategien bezeichnet, auch bei manchen Modellen zur Lösung solcher Entscheidungsprobleme wird der Begriff der Instandhaltung als Oberbegriff verwendet. Bis zu einer endgültigen Definition der für diese Arbeit relevanten Begrifflichkeiten bzw. Handlungen in Kapitel 3.4 wird der Begriff der Instandhaltung, falls nicht explizit auf eine andere Verwendung hingewiesen wird, daher ebenfalls als Oberbegriff für alle Handlungen verstanden.

3.2 Instandhaltungsmanagement als Steuerungssystem von Instandhaltungsentscheidungen

Die Entscheidungsfindung über mögliche Instandhaltungshandlungen wird in der Literatur dem Instandhaltungsmanagement zugeordnet. Dieses wiederum kann als ein Subsystem innerhalb des Immobilienmanagements der Nutzungsphase aufgefasst werden.

Das Immobilienmanagement ist ein Steuerungssystem, welches eine unternehmenszielorientierte Verwendung der Ressource Immobilie über ihren gesamten Lebenszyklus sichern soll.[18] Dabei ist es unerheblich, ob es sich bei dem Immobilieneigentümer um ein Immobilienunternehmen, für welches dies der originäre Geschäftszweck darstellt, um ein Unternehmen, welches

[17] vgl. DUEGA [65].
[18] vgl. Schulte [154], S.710 ff.

Immobilien im Sinne eines Produktionsfaktors oder einer finanziellen Anlage neben dem eigentlichen Betriebszweck hält, oder um einen privaten Investor als Nutzer oder Anleger handelt. Allerdings ergeben sich aus den unterschiedlichen übergeordneten Zielsetzungen dieser Gruppen natürlich auch andere Zielsetzungen hinsichtlich des Instandhaltungsmanagements, Instrumente und Methoden sind jedoch nach Schulte im wesentlichen gleich.[19] Die wesentlichen unterstützenden Führungsinstrumente werden oft unter dem Begriff des Controllings zusammengefasst.[20]

Insofern handelt es sich bei dem Instandhaltungsmanagement ebenfalls um ein Steuerungswerkzeug mit der Hauptaufgabe der Planung, Steuerung und Kontrolle aller Instandhaltungsaktivitäten im Rahmen des Immobilienmanagements. Das Instandhaltungscontrolling hat entsprechend die Aufgabe, das Instandhaltungsmanagement mit notwendigen Führungsinstrumenten zu unterstützen.[21]

Eine Beschreibung der daraus folgenden Teilziele und -aufgaben dieses Instandhaltungscontrollings findet sich vor allem in verschiedenen Arbeiten der Anlagenwirtschaft. Die grundsätzlichen für die Anlagenwirtschaft formulierten Zielsetzungen bestehen laut VDI-Richtlinie 2896[22] aus Transparenzschaffung, der Aufstellung und Kontrolle von aus den Unternehmenszielen abgeleiteten Teilzielen für die Instandhaltung, der Bereitstellung von Methoden zur Bewertung sowie der Informationsgewinnung und -verarbeitung.

Diese Ziele und Aufgaben sind recht allgemein und vorwiegend aus Sicht der Anlagenwirtschaft formuliert. Die Immobilie kann zwar grundsätzlich auch als eine Art Anlage interpretiert werden, dennoch sind immobilienspezifische Besonderheiten zu berücksichtigen. Homann hat dahingehend ein lebenszyklusorientiertes Controllingkonzept unter Berücksichtigung immobilienwirtschaftlicher Spezifika entwickelt. Er nennt folgende unterschiedliche Ziele und Aufgaben für eine Gebäudeinstandhaltung:[23]

- Optimierung der Flächenverfügbarkeit im Sinne einer Ausfallvermeidung
- Optimierung des Nutzungsgrades

[19]vgl. Schulte [154], S. 711.

[20]vgl. z.B. Homann [79], S. 8.

[21]vgl. zum Thema Instandhaltungsmangement auch VDI Richtlinien 2884-2899 [173]-[187] mit entsprechenden Komponenten und Methoden des Instandhaltungsmangements für die Anlagenwirtschaft.

[22]vgl. VDI-Richtlinie 2896 [176].

[23]vgl. Homann [79], S. 316 ff.

- Optimierung der Zuverlässigkeit betriebstechnischer Einrichtungen
- Optimierung der Nutzungsqualität
- Transparenz von Kosten und Leistungen
- Minimierung bzw. Optimierung von Instandhaltungs- und Schadenfolgekosten (bzw. Optimierung der Gesamtkosten)

Welche dieser Zielstellung(-en) entscheidungsrelevant sind und betrachtet werden sollen bzw. welche Zielsetzungen welche Wichtigkeit besitzen, ist abhängig von der Zielformulierung des Immobilieneigentümers auf einer strategischeren Ebene. Sieht man von Wohnungsunternehmen mit kommunalen Zielstellungen und Selbstnutzern ab, so sollte dies die Maximierung der Wirtschaftlichkeit sein, so dass alle obig formulierten Ziele lediglich im Sinne der Optimierung dieser Wirtschaftlichkeit oder eventuell aufgrund nicht beeinflussbarer Rahmenbedingungen[24] als Nebenbedingung zu berücksichtigen sind. Betrachtet man die formulierten Ziele bezüglich dieses Oberzieles der Wirtschaftlichkeit, so stellt man fest, dass es sich häufig um konkurrierende Zielstellungen handeln dürfte.[25] Teilweise handelt es sich um technische Zielsetzungen bzgl. des Gebäudezustandes bzw. daraus hervorgehender möglicher Schäden. Diese beeinflussen zwar die Wirtschaftlichkeit über damit verbundene Zahlungen, eine Optimierung dieser technischen Zielsetzung führt aber keinesfalls automatisch zu einer Optimierung der Wirtschaftlichkeit.[26]

Neben diesen technischen Zielsetzungen werden auch Ziele der Optimierung von Kosten und Leistungen genannt. Auch diese führen nicht unbedingt zur Optimierung der Wirtschaftlichkeit, sondern meist lediglich aufgrund ihres statischen, durchschnittlichen Charakters zu einer suboptimalen Lösung. Daher sollte letzten Endes bei wirtschaftlicher Sichtweise die Optimierung der mit der Instandhaltung verbundenen monetären Zahlungsströme das Ziel sein und damit die permanente Wirtschaftlichkeitsbetrachtung von Instandhaltungsentscheidungen über dynamische Investitionsrechnungen die Hauptrolle eines Instandhaltungscontrollings bzw. -managements spielen. Dabei gilt es allerdings zu berücksichtigen, dass die Investitionsrechnung in den entsprechenden Arbeiten meist als eigenständiges, phasenübergreifendes Modul angesehen wird und auf entsprechende Daten des Instandhaltungscontrollings

[24] z.B. durch Vorschriften oder Gesetze zum Brandschutz und zur Anlagensicherheit.

[25] Dabei wird bei dem Begriff der Wirtschaftlichkeitsoptimierung immer von einer dynamischen Betrachtung im Sinne einer Investitionsrechnung ausgegangen.

[26] Hierfür müsste der bestmögliche Zustand im Sinne der technischen Optimierung auch gleichzeitig Zahlungsströme verursachen, die optimal hinsichtlich der Wirtschaftlichkeit sind. Dies ist zwar theoretisch denkbar, aber im allgemeinen eher nicht der Fall.

zurückgreift.[27] Es wird dort daher nicht speziell dem Instandhaltungscontrolling zugeordnet. Das Instandhaltungscontrolling selbst besitzt eher einen operativen Charakter zur Operationalisierung und Umsetzung dieser innerhalb des Investitionscontrollings ermittelten optimalen Entscheidungen. Dies lässt sich auch an den formulierten Aufgaben des Instandhaltungsmanagements erkennen:[28]

- Erfassung und Strukturierung relevanter Informationen sowie Verdichtung hinsichtlich einer Verarbeitung und Bewertung.
- Analyse und Bewertung dieser Informationen hinsichtlich ihrer Bedeutung für Wirtschaftlichkeit, Sicherheit, Qualitätssicherung, usw. im Rahmen der Gesamtzielsetzung.
- Gegenüberstellung unterschiedlicher Daten und Bewertungsergebnisse hinsichtlich vorgegebener Ziele im Sinne eines Soll-/Ist-Vergleiches (evtl. inklusive der Festlegung kritischer Grenzwerte).
- Erkennen und Beheben von Schwachstellen über ein Schwachstellensystem.
- Festlegung von Instandhaltungsablauf und -organisation.
- Die Budget- und Finanzplanung von Instandhaltungsmaßnahmen ist sicherzustellen.
- Informationsbereitstellung für parallele Systeme wie z.B. Investitionsrechnungen oder Betriebskostenabrechnungen.
- Dokumentation von technischen Daten, Lebensläufen, Instandhaltungsverfahren, -aufwand und -organisation.

Neben der Bewertung von Instandhaltungsaktivitäten hinsichtlich gegebener Zielsetzungen besitzen die weiter genannten Aufgaben der Datenbereitstellung, der Ausführungs- und Umsetzungsplanung sowie der Dokumentation und Kontrolle einen umsetzungs- bzw. organisations-/prozessorientierten Charakter und dienen der Beherrschung und Steuerung der Komplexität des Systems sowie der Unsicherheitskomponente durch mögliche auftretende Veränderungen des Informationszustandes. Diese Stochastik wäre eigentlich über ein ständiges Investitionscontrolling besser beherrschbar, allerdings

[27] vgl. Homann [79], S. 110 und 366 ff.

[28] in Anlehnung an VDI-Richtlinie 2896 [176].

wird der Umfang hierfür als zu hoch angesehen und das Investitionscontrolling nur in bestimmten Zeitabständen durchgeführt. Zwischenzeitlich erfolgen dann lediglich Anpassungen über Kennzahlen mit statischem Charakter. Dies führt dann natürlich wieder nur zu einem Suboptimum. Auch die entsprechenden Komponenten des Instandhaltungscontrollings verdeutlichen diesen Sachverhalt:[29]

- Kostenplanung/Budgetierung, Kostenermittlung
- Abweichungsermittlung
- Berichtswesen
- qualitative Beurteilungen
- Ableitung von vorausschauenden Instandhaltungsstrategien
- permanente Wirtschaftlichkeitsbetrachtung der Instandhaltungsaktivitäten

Hierbei handelt es sich vorwiegend um Instrumente des internen Rechnungswesens im Sinne einer periodenbezogenen Erfolgsrechnung sowie Komponenten der Organisation und Umsetzung, die in dieser Arbeit nicht behandelt werden. Die in dieser Arbeit ermittelten optimalen Entscheidungsstrategien sind im Sinne der permanenten Wirtschaftlichkeitsbetrachtung zu sehen. Dabei werden unter solchen Wirtschaftlichkeitsbetrachtungen nicht zwangsläufig adäquate Methoden der Investitionsrechnung verstanden und verwendet.[30]

Zwischen dem beschriebenen Ansatz eines Instandhaltungscontrollings bzw. -managements und der aktuellen Situation innerhalb der Gebäudeinstandhaltung besteht jedoch eine große Diskrepanz, nach Homann und VDI 2896 lassen sich einige Schwachpunkte finden:[31]

- unzureichende Bestandsdaten
- unzureichende Instandhaltungsdaten
- ungenaue Aussagen über Abnutzungsverhalten

[29] vgl. hierzu VDI 2896 [176].
[30] entsprechende verwendete Methoden werden in Kapitel 3.3.2 dargestellt.
[31] vgl. Homann [79], S. 324 ff. und VDI 2896 [176].

- fehlende Instandhaltungsplanung
- fehlende Instandhaltungsstrategien/Dominanz von Havariestrategien
- fehlende Instandhaltungsziele
- fehlendes Instandhaltungscontrolling

Auf die nicht ausreichende Beschreibung des Abnutzungsverhaltens sowie spärlich vorhandene empirische Daten wurde bereits eingegangen. Die weiteren Schwachstellen decken auf, dass die Instandhaltungsplanung, wenn überhaupt, nur in geringem Maße stattfindet. Es fehlen die dafür notwendigen Systeme des Instandhaltungscontrollings ebenso wie die dafür notwendigen Daten und Informationen. Folglich können auch keine Methoden der Instandhaltungsplanung verwendet werden, eine durch Optimierung von Instandhaltungsentscheidungen abzuleitende Instandhaltungsstrategie ist somit nicht möglich. Aus diesem Grund finden sich in der Praxis oftmals sehr einfache Strategien, z.B. der Ersatz eines Elementes nach Ausfall oder in einem regelmäßigen Zyklus. Instandhaltungsmaßnahmen im Sinne von Wartungen werden über bestimmte Wartungspläne festgelegt, die bei bestimmten Elementen über gesetzliche Bestimmungen geregelt sind, ansonsten aber auch eher dem Ziel einer Optimierung der Zuverlässigkeit dienen. Eine Überprüfung der Wirtschaftlichkeit solcher Strategien findet nicht statt.

Die aktuelle Bedeutung des Instandhaltungsmanagements ist jedoch unumstritten und wird in der Zukunft weiter zunehmen. Die Ursachen hierfür bilden verschiedene Entwicklungstendenzen:[32]

Die Gebäudeinstandhaltung besitzt wie bereits erwähnt eine enorme volkswirtschaftliche Bedeutung. Laut Statistischem Bundesamt betrug das Brutto-Bauanlagevermögen des Jahres 2009 rund 9,56 Bill. Euro, davon entfallen 57,4 % auf Wohngebäude (5,49 Bill. Euro) und 42,6 % auf Nichtwohngebäude (4,07 Bill. Euro). Für die Erhaltung und Modernisierung des Wohnungsbestandes wurden in 2008 115,9 Mrd. Euro (also rund 1,22 % des Brutto-Bauanlagevermögens) eingesetzt. Dabei ist der Anteil der Bauleistungen des Bestandes gegenüber dem Neubau ständig gestiegen. Anfang der neunziger Jahre lag er noch bei 57,88 Mrd. Euro. Dabei ist die zeitliche Entwicklung des jährlichen Investitionsvolumens abhängig von der Gebäudestruktur sowie der Instandhaltungspolitik der Eigentümer. Innnerhalb des Forschungsvorhabens von Oswald et al.[33] wurde zum Stand des Beginns dieses Jahrtausends untersucht, ob dieses Investitionsvolumen durchschnittlich ausreichen würde, um

[32] vgl. hierzu Krug [111], S. 1 f., Jehle [92], S. 1 ff. und Oswald et al. [137], S. 7 ff. und S. 21 ff.

[33] vgl. Oswald et al. [137].

den Gebäudebestand dauerhaft zu erhalten oder ob sich durch eine hinauszögernde Instandhaltungspolitik ein allmählich zunehmender Instandsetzungs- und Modernisierungsstau ergibt. Die Ergebnisse sind regional unterschiedlich. Es wird ein durchschnittlicher Instandsetzungsbedarf (ohne Modernisierung) in Deutschland von 58,72 Mrd. Euro ermittelt, so dass die tatsächlichen Bauleistungen diese decken und weiterhin zusätzliche Modernisierungsmaßnahmen beinhalten. Im Vergleich zwischen alten und neuen Bundesländern ergibt sich jedoch ein anderes Bild. Während in den alten Bundesländern die tatsächlichen Bauleistungen in Höhe von 59,6 Mrd. Euro den tatsächlichen Instandsetzungsbedarf von 23,92 Mrd. Euro weit übersteigen, d.h. auch hier entsprechende Modernisierungen stattfinden, ist die Situation in den neuen Bundesländern anders. Nach Oswald werden ein Instandsetzungsbedarf von 34,8 Mrd. Euro und Modernisierungskosten von 153,34 Mrd. Euro prognostiziert, die tatsächlichen Bauleistungen betragen jedoch nur 17,7 Mrd. Euro, d.h. dort besteht ein enormer Instandhaltungs- und Modernisierungsstau. Auch die Berücksichtigung des Einflusses der Leerstandsproblematik bei einem möglichen Abriss von 350.000 Wohneinheiten verringert den Mitteleinsatz nur um 1,2 %. Insgesamt handelt es sich um ein relativ großes Investitionsvolumen. Gleichzeitig werden für die Finanzierung dieser Instandhaltungstätigkeiten immer weniger Mittel zur Verfügung gestellt bzw. eingeplant[34], eine Finanzplanung findet damit so gut wie überhaupt nicht statt, steigende Instandhaltungspreise[35] verstärken Mittelknappheit dann noch zusätzlich. Hierdurch werden eventuell wirtschaftlich sinnvolle (und auch optimale) Instandhaltungsentscheidungen zeitlich verzögert. Dies wiederum kann Folgeschäden auslösen, wodurch dann das notwendige Investitionsvolumen zusätzlich erhöht und die Wirtschaftlichkeit gleichzeitig negativ beeinflusst wird. Auch zwei weitere Studien der DEKRA belegen einen vorhandenen Instandsetzungs- und Modernisierungsstau.[36] Wie spätere Ergebnisse zeigen werden, ist die Differenz zwischen wirtschaftlich optimalen und bisherigen Instandhaltungsstrategien daher nicht unwesentlich, eine entsprechende Planung durch ein geeignetes Instandhaltungsmanagement spielt bei diesem Investitionsvolumen damit sowohl auf volkswirtschaftlicher als auch auf betriebswirtschaftlicher Ebene eine wichtige Rolle.

Aber nicht nur aufgrund wirtschaftlicher Ziele ergibt sich die Notwendigkeit eines Instandhaltungsmanagements, auch weitere Dimensionen der Nachhaltigkeit wie Ökologie, Ressourcenökonomie und Soziologie lassen sich hierdurch wesentlich beeinflussen. Hierfür müssen entsprechende, geeignete Zielformulierungen bei der Entscheidungsfindung über Instandhaltungs-

[34]vgl. Spilker/Oswald [167], S. 1 und Hermann et al. [74], S. 1.

[35]vgl. Jehle [92], S. 1 ff.

[36]vgl. hierzu Dekra [27] sowie [28].

maßnahmen berücksichtigt werden. Dadurch können dann Stoff- und Energieflüsse innerhalb des Lebenszyklusses effizient gesteuert werden, wodurch Ressourcen geschont und Schadstoffe vermieden werden können. Dies mag bei Betrachtung einer Einzelimmobilie aus Sicht eines Investors zunächst widersprüchlich erscheinen, da dieser eine Maximierung der Wirtschaftlichkeit zur Zielsetzung hat. Allerdings gewinnen diese Ziele bei ansteigender Knappheit bestimmter Ressourcen auch wirtschaftlich an Bedeutung. Weiterhin führen umweltpolitische Zielsetzungen zu entsprechenden schärferen Regularien sowie finanziellen Steuerungsmaßnahmen[37] und damit zwangsläufig auch zu einer Berücksichtigung dieser Ziele bei Instandhaltungsmaßnahmen und -management.

Krug betrachtet neben der Sichtweise der Immobilieneigentümer auch die Bedeutung von Instandhaltung aus Sicht von Kommunen und Bewohnern bzw. Mietern. Hierzu gehören die bereits erwähnten umweltpolitischen Zielsetzungen sowie weiterhin sozialpolitische Verpflichtungen, bestimmte Wohnstandards zur Verfügung zu stellen, um steigenden sozialen Spannungen in Wohnquartieren schlechter Qualität entgegenzuwirken. Entsprechende fiskalische Konsequenzen sind zu berücksichtigen. Auch wirtschaftliche Überlegungen können eine Rolle spielen. Beispielsweise kann gegenüber der Alternative von Instandhaltungsmaßnahmen, dem Neubau, die Bereitstellung zusätzlich benötigter und zu finanzierender Infrastruktur wirtschaftlich sinnvoller sein.[38]

Nachdem die Notwendigkeit eines Instandhaltungsmangements dargelegt wurde, stellt sich nun im Zusammenhang mit der Einführung eines solchen Systems aus Sicht verschiedener Gruppen von Immobilieneigentümern die Frage des dafür notwendigen bzw. sinnvollen Umfangs dieses Systems des Instandhaltungsmanagements und den daraus folgenden Konsequenzen für diese Arbeit.

Grundsätzlich dürfte die Relevanz bestimmter Komponenten in Abhängigkeit von der Größe des Immobilienbestandes variieren. Je kleiner der Immobilienbestand, desto geringer wird ein Instandhaltungscontrolling ausfallen. Bei Einzelimmobilien besteht eine geringere Komplexität, es müssen keine Interdependenzen zwischen verschiedenen Immobilien berücksichtigt werden. Weiterhin existieren aufgrund des geringeren Immobilienbestandes Skalennachteile, ein umfangreiches Instandhaltungscontrolling verursacht eventuell höhere Ausgaben als die dadurch verursachten Einsparungen.

---

[37] z.B. durch Förderungen oder Subventionen entsprechender Technologien.

[38] vgl. Krug [111], S. 2.

Bei einer Einzelbetrachtung sind daher bestimmte Controllingelemente gegenüber einer Portfoliobetrachtung nicht unbedingt notwendig und werden daher in diesem Falle nicht verwendet. Hierbei handelt es sich vorwiegend um die Elemente Informationsmanagement sowie Organisation und Steuerung solcher Instandhaltungsmaßnahmen und den dazu gehörenden Prozessen. Methoden zur Ermittlung der hinsichtlich vorgegebener Ziele optimaler Entscheidungen sind auf beiden Betrachtungsebenen sinnvoll, wenn Kosten dieser Entscheidungsfindung vernachlässigt werden.[39] Da Entscheidungen über Instandhaltungsaktivitäten auf jeden Fall getroffen werden müssen, stellt jede andersartige Entscheidungsfindung z.B. über nicht adäquate Methoden oder Regeln insofern eine suboptimale Lösung dar. Mangels vorhandener adäquater Modellierung solcher Entscheidungsprobleme werden Instandhaltungsstrategien bisher lediglich aufgrund einfacher Regeln aufgestellt, wobei meistens Ziele der Ausfallsicherheit hierfür eine Rolle spielen.[40]

Da in dieser Arbeit keine Portfoliobetrachtung stattfindet, muss allerdings auch umgekehrt die Frage gestellt werden, ob die in dieser Arbeit verwendete Methodik für eine Betrachtung auf Portfolioebene ausreicht oder ob dort andere Lösungsansätze innerhalb des Immobiliencontrollings einzusetzen sind, welche eine simultane Planung von Instandhaltungsaktivitäten unterschiedlicher Gebäude ermöglichen. Diese Frage stellt sich natürlich auch bei Vergleich der Ebenen Gebäude und Gebäudeelement. Letzten Endes hängt die Antwort auf diese Frage von den formulierten Modellannahmen ab. Eine Aufteilung dieses Gesamtproblems in verschiedene Einzelprobleme ist nur möglich, wenn diese Teilprobleme unabhängig voneinander sind, d.h. Budget- oder Finanzierungsbeschränkungen, Losgrößeneffekte z.B. durch Zusammenlegung von Instandhaltungsaktivitäten, technische Interdependenzen sowie Probleme der Zahlungszurechnung dürfen nicht existieren bzw. müssen ausgeschlossen werden.[41] Werden diese Annahmen nicht

[39]Berücksichtigt man die Kosten der Entscheidungsfindung, dürfen diese maximal in Höhe der Differenz zwischen bisherigem Ergebnis und dem optimalen Ergebnis mit Entscheidungsfindung betragen. Diese werden in dieser Arbeit nicht berücksichtigt, über den späteren Vergleich optimaler und bisheriger Strategien lässt sich jedoch die Höhe der maximalen akzeptablen Kosten der Verwendung eines solchen Entscheidungssystemes bestimmen.

[40]Eine detailliertere Darstellung sowie Einordnung dieser Strategien erfolgt in Kapitel 3.3.

[41]Die Grundvoraussetzungen eines vollkommenen Kapitalmarktes (keine Transaktionskosten und Steuern, homogene Erwartungen sowie Anlage und Kreditaufnahmemöglichkeit am Kapitalmarkt zum gleichen Zinssatz) zur Anwendung der Investitionsrechnungen bzw. Trennung von Investitions- und Finanzentscheidungen wird vorausgesetzt. Dies folgt bei sicheren Erwartungen durch das Fisher-Separationstheorem und bei Unsicherheit aus der Modigliani-Miller-Hypothese 1 (vgl. hierzu z.B. Franke/Hax [56], S. 153 ff. und 336 f.). Ansonsten wäre eigentlich eine simultane Investitions- und Finanzierungsprogrammplanung notwendig.

getroffen, so handelt es sich um Programmentscheidungen, die simultan zu lösen sind. Für jede dieser Annahmen lassen sich in der realen Welt Gegenbeispiele finden. Betrachtet man z.B. Ausgaben für Raumheizung unter dem Aspekt des Zurechnungsproblems, so stellt sich auf Elementebene die Frage, welchem Element diese Ausgaben zuzurechnen sind, bzw. welches diese Zahlungen verursacht. Das gleiche grundsätzliche Problem besteht auch auf den anderen Ebenen mit unterschiedlichen Zahlungsarten. Lässt man diese Annahmen jedoch wegfallen, so stellen die mit Verfahren, welche diese Annahmen voraussetzen, ermittelten Lösungen lediglich Suboptima dar. Allerdings ist demgegenüber ein bzgl. dieser Annahmeänderungen adäquates Modell wesentlich komplexer, die Lösung entsprechend aufwändiger und bei bestimmten Problemgrößen in annehmbarer Zeit lediglich über numerische Verfahren lösbar. Da ein solches Modell zur Ermittlung optimaler Lösungen von Instandhaltungsentscheidungen auf Portfolioebene bisher nicht existiert, können die in dieser Arbeit ermittelten optimalen Entscheidungspolitiken somit auch als erste Näherungen an eine optimale Strategie angesetzt werden. Verbesserungen auf Portfolioebene durch z.B. Berücksichtigung von Losgrößeneffekten könnten dann z.B. mittels weiterer numerischer Verfahren untersucht werden.

Um später einen Vergleich zwischen bisher eingesetzten und wirtschaftlich optimalen Strategien zu ermöglichen, erfolgt anschließend eine Darstellung unterschiedlicher Formen möglicher Instandhaltungsstrategien sowie in der Literatur existierender Modelle zur Ermittlung solcher Entscheidungen.

3.3 Instandhaltungsstrategien in der Literatur

Wie im letzten Kapitel dargelegt wurde, ist eine der Hauptaufgaben des Instandhaltungsmanagements die Ermittlung optimaler Handlungen im Sinne der vorgegebenen Ziele eines Entscheiders. Diese optimal durchzuführenden Entscheidungen werden dann als Instandhaltungsstrategien oder -politiken bezeichnet. Sie stellen eine Art Entscheidungsregeln dar, welche mittels einer Entscheidungsfunktion gebildet werden. Diese ordnet möglichen Variablen (z.B. Alter, Zustand und/oder Planungszeitpunkt) diejenigen Handlungen zu, welche vorgegebene Ziele bestmöglichst unterstützen. Zur Ermittlung dieser Entscheidungsfunktion sind dann entsprechende Modelle notwendig. In der Literatur existieren sowohl verschiedenstartige Instandhaltungsstrategien als auch Modelle zur Ermittlung bzw. Optimierung dieser. Dabei besteht jedoch nicht der zwischen diesen beiden Komponenten dargelegte Zusammenhang: Es existieren Ansätze von Instandhaltungsstrategien, welche ohne den Einsatz entsprechender Modelle ermittelt wurden. Diese basieren meist auf rein deskriptiven Untersuchungen bisheriger Ersatztätigkeiten verschiedener Akteure der Immobilienwirtschaft. Weiterhin finden sich Instandhaltungsstrategien, die mittels im Sinne einer Optimierung nicht adäquaten Modellansätzen ermittelt werden. Dennoch werden entsprechende Systematisierungsansätze dieser Instandhaltungsstrategien in der Literatur oft dargestellt, in der Praxis aus diesen möglichen Strategieansätzen die passende ausgewählt. Dabei werden allerdings die Ziele des Entscheiders nicht unbedingt optimiert. Es handelt sich höchstens um suboptimale Strategien, was später durch entsprechende Vergleiche zwischen diesen und einer optimalen Strategie auch gezeigt wird. Umgekehrt lassen sich die durch Optimierungsmodelle ermittelten Instandhaltungsstrategien nicht immer eindeutig den entsprechenden in der Literatur dargestellten Strategiekategorien zuordnen. Für die Einordnung optimaler Instandhaltungspolitiken ist diese Systematisierung zu modifizieren. Im Folgenden wird zunächst der übliche Systematisierungsansatz mit den einzelnen möglichen Kategorien von Instandhaltungsstrategien diskutiert und hinsichtlich einer möglichen Einordnung der in dieser Arbeit ermittelten optimalen Strategien modifiziert. Anschließend erfolgt ein Überblick über in der Literatur vorhandene Untersuchungen und Modellansätze für die Ermittlung von Instandhaltungsentscheidungen.

3.3.1 Klassifizierung von Instandhaltungsstrategien

Zunächst ist zu bemerken, dass es sich bei den im Folgenden in der Literatur unter dem Begriff der Instandhaltungsstrategie beschriebenen Politiken eigentlich lediglich um Strategien der Ermittlung des Ersatzzeitpunktes handelt. Wartungsmaßnahmen und Reparaturen werden hier häufig nicht berücksichtigt oder als gegeben vorausgesetzt, meist im Sinne eines vorgegebenen Wartungsplanes, Reparaturen werden nur vorgenommen, wenn entsprechende Teile ausfallen. Ist dies der Fall, unterstellt man damit ebenfalls bestimmte Strategien für diese Handlungen, die nicht unbedingt optimal im Sinne der Wirtschaftlichkeit sein müssen. Da diese Maßnahmen steuerbar sind und durch eine Veränderung des Alterungsprozesses entsprechende unterschiedliche Zahlungsströme verursachen, wird die Wirtschaftlichkeit dadurch mit beeinflusst. Diese Handlungen dürfen daher im Sinne einer Optimierung dieser Wirtschaftlichkeit unter Berücksichtigung des maximalen Freiheitsgrades[42] eines Entscheiders nicht unberücksichtigt bleiben. In der späteren Modellierung und der Ermittlung optimaler Strategien werden alle möglichen Handlungen mit einbezogen, eine entsprechende Systematisierung wird später aufgestellt.

[42] Dieser umfasst alle Handlungen, die den Alterungsprozess beeinflussen können.

In der Literatur werden verschiedene Arten von Instandhaltungspolitiken meist grundsätzlich den Kategorien

- vorbeugende Strategien oder
- ausfallbedingte Strategien

zugeordnet.[43] Bei der ausfallbedingten Strategie erfolgt ein Austausch zum Zeitpunkt des Eintrittes der Funktionsunfähigkeit eines Elementes, d.h. sein Abnutzungsvorrat ist zu diesem Zeitpunkt aufgebraucht. Der Ersatz wird nicht zu einem bestimmten Zeitpunkt geplant, sondern im Bedarfsfall durchgeführt. Diese Politiken werden auch oft als Ausfall-, Korrektiv- oder Feuerwehrstrategien bezeichnet. Demgegenüber findet bei vorbeugenden Strategien eine Planung des Ersatzzeitpunktes statt, mit dem Ziel des Ersatzes bereits vor dem eigentlichen Ausfall. Grund für diese Einteilung ist der hierfür unterschiedliche Informationsbedarf. Vorbeugenden Strategien wird ein gewisser Informationsgrad über Abnutzungsverläufe und Ausfallzeitpunkte unterstellt, während bei ausfallbedingten Strategien keine Informationen über mögliche Ausfallverhalten der Instandhaltungsobjekte nötig sind. Oftmals sind die für eine vorbeugende Instandhaltung notwendigen Daten ohnehin nicht vorhanden, so dass eine ausfallbedingte Politik zwangsläufig die Folge ist. Natürlich könnten diese Strategien auch unter vollständigen Informationen durchgeführt werden. Dies ist oft bei Elementen der Fall, deren Ausfall keine entscheidenden Auswirkungen wirtschaftlicher, technischer oder gar gesundheitlicher Art verursachen. In jedem Fall ist bei einer Entscheidung hinsichtlich einer dieser beiden Arten zu überprüfen, ob die bei einer vorbeugenden Instandhaltungsstrategie vermiedenen Auswirkungen und deren monetäre Zahlungen gegenüber den zusätzlich entstehenden Informations- und Planungsausgaben wirtschaftlicher sind.

Die vorbeugenden Politiken lassen sich weiter hinsichtlich der Art der Informationsgewinnung unterteilen in:[44]

- Präventivstrategien und
- Inspektionsstrategien.

Bei beiden Strategien erfolgt in der Regel der Ersatz zu einem Zeitpunkt vor dem eigentlichen Ausfall. Zur Ermittlung dieses Zeitpunktes werden bei der

[43] vgl. Jehle [92], S. 93 ff.

[44] vgl. hierzu Jehle [92], S. 93 ff., Krug [111], S. 27 ff. und Homann [79], S. 334 ff.

Präventivstrategie Informationen über die Verteilung des Ausfalls des Elementes benötigt. Mittels der Auswahl einer bestimmten maximalen Eintrittswahrscheinlichkeit eines Schadens lässt sich dann dieser Ersatzzeitpunkt ermitteln. Demgegenüber wird bei der Inspektionsstrategie keine auf empirischen Daten basierende Verteilung zur Berechnung des Ersatzzeitpunktes benötigt, sondern explizit der tatsächlich vorliegende Abnutzungsgrad, der über eine Inspektion ermittelt wird. Dabei wird ein Ersatz vor, aber möglichst nahe dem Ausfallzeitpunkt angestrebt. Es werden also keine Informationen über die Verteilung von Ausfallzeiten, sondern zum grundsätzlichen Alterungsverlauf benötigt. Die auftretenden Unsicherheiten werden über eine ständige Ermittlung des Ist-Zustandes und eventuelle Korrekturen des weiteren Alterungsverlaufes mit den entsprechenden Ersatzzeitpunkten berücksichtigt. Ein Austausch findet dann statt, wenn das korrigierte Alterungsverhalten einen Ausfall bis zum nächsten Inspektionszeitpunkt aufweist. Dies unterstellt jedoch die Messbarkeit des Abnutzungsvorrates. In Abbildung 3.3 werden die Einflussmöglichkeiten der drei verschiedenen Grundstrategien auf Ersatzzeitpunkt und Abnutzungsvorrat nochmals verdeutlicht. Die Darstellung konzentriert sich hierbei lediglich auf die Ersatzthematik und nicht auf eine Bewertung aus Sicht der Wirtschaftlichkeit. Vor- und Nachteile der jeweiligen Strategien werden in Abbildung 3.4 zusammengefasst.

Bezüglich der Abgrenzung dieser Strategien muss an dieser Stelle noch die Frage gestellt werden, welche Handlungen im Rahmen der vorbeugenden Instandhaltung getroffen werden, falls es zu einem unerwarteten plötzlichen Ausfall kommt. Findet dann ein sofortiger Ersatz statt, würde es sich im eingentlichen Sinne um keine reine vorbeugende Strategie handeln, sondern um eine kombinierte vorbeugende/ausfallbedingte Strategie. Konsequenterweise müsste ansonsten bei der Inspektionsstrategie ein Ersatz zum nächsten Inspektionszeitpunkt, bei der Präventivstrategie zum bereits festgelegten Ersatzzeitpunkt erfolgen. Sind Entscheidungs- und Inspektionszeitpunkt identisch, würde allerdings nur bei der Präventivstrategie das Element eventuell über einen längeren Zeitraum in einem funktionsuntüchtigen Zustand verweilen. Falls dem keine technischen Gründe entgegensprechen, stellt sich aus wirtschaftlichen Gesichtspunkten die Frage, welche die bessere der beiden Varianten ist. Weder diese Frage noch die Frage, welche Handlungen den einzelnen Strategien bei diesen unerwarteten Ausfällen unterstellt werden, lässt sich durch die Literatur beantworten. Im Rahmen eines späteren Vergleichs bisheriger Strategien mit einer optimalen Strategie werden jedoch beide Varianten betrachtet und hinsichtlich der Wirtschaftlichkeit verglichen.

In der Praxis hängt die Wahl der Strategie sehr stark von den vorhandenen sowie ermittelbaren Informationen ab. Unterstellt man, dass die Infor-

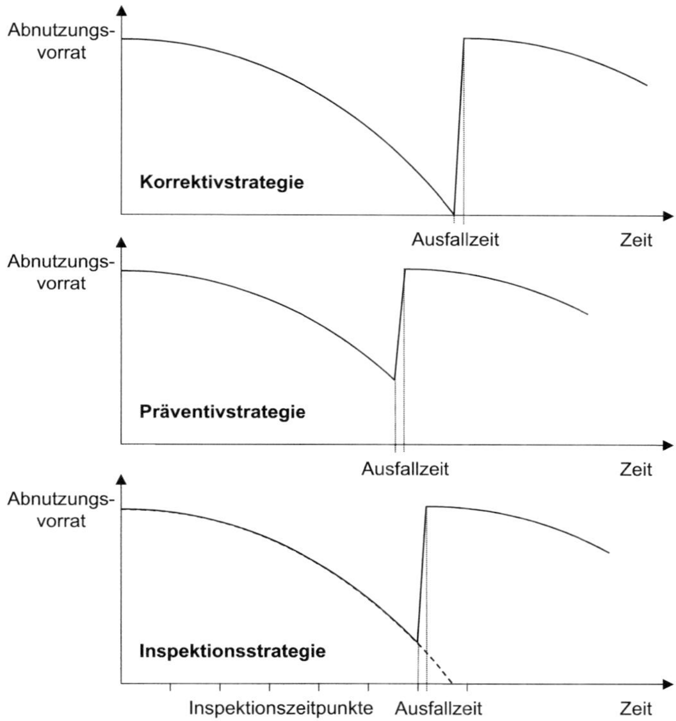

Abbildung 3.3: Auswirkungen von Instandhaltungsstrategien auf Abnutzungsvorrat bzw. Ersatzzeitpunkt

mationsgewinnung uneingeschränkt möglich ist, gilt hier ebenso wie bei der Wahl zwischen vorbeugenden und ausfallbedingten Strategien die Relevanz der Zielkriterien eines Eigentümers für die Strategieentscheidung. Bei den wirtschaftlichen Kriterien wird meist die unterschiedliche Relevanz der Zahlungsgrößen Schadens-, Schadensfolgekosten sowie Ausgaben für Information und Planung berücksichtigt. Daneben spielen hier oft gesetzliche, normative und gesundheitliche/sicherheitsspezifische Aspekte eine Rolle. Da hierzu bisher keine entsprechenden Untersuchungen vorliegen, unterteilt Jehle die verschiedenen Bauelemente in seiner Arbeit hinsichtlich dieser unterschiedlichen Kriterien der Auswirkung und des benötigten Informationsgrades in sechs verschiedene Klassen. Damit sollen Inspektions- und Planungsaufwand verringert werden, indem eine Beurteilung der Wichtigkeit vorgenommen wird.[45] Inspektionsstrategien sind vor allem bei Elementen notwendig, die eine hohe Sicherheit erfordern bzw. hohe Ausgaben oder Einnahmenausfälle verursachen. Die Präventivstrategie wird empfohlen bei Elementen, die ohnehin einen hohen und regelmäßigen Wartungsgrad erfordern sowie gesetzlichen Regelungen bezüglich Instandhaltungsmaßnahmen unterliegen. Die ausfallbedingte Strategie wird für Elemente vorgeschlagen, bei denen während des Planungshorizontes mit keinen Ersatzmaßnahmen zu rechnen ist oder die aufgrund schwieriger und aufwändiger Messbarkeit von Alterungsverläufen keine vorbeugenden Instandhaltungsmaßnahmen zulassen. Die mit diesen Strategien verbundenen Vor- und Nachteile werden ebenfalls in diesen Arbeiten beschrieben, eine Zusammenfassung erfolgt in Abbildung 3.4.

	Ausfallbedingte Strategien	**Vorbeugende Strategien**	
	Korrektivstrategien	**Präventivstrategien**	**Inspektionsstrategien**
Vorteile	• Optimale Ausnutzung der technischen Lebensdauer • Geringer Planungsaufwand • Scheinbare Kostenminimierung	• Planung und Abstimmung der Maßnahmen möglich • Konkrete Kriterien für Outsourcingentscheidungen • Garantierte Flächenverfügbarkeit möglich • Senkung der Ausfallkosten	• Geringer Genauigkeitsgrad bzgl. Abnutzungsverhalten erforderlich • Optimale Ausnutzung der technischen Lebensdauer möglich • Gute Planbarkeit der Maßnahmen • Hohes Maß an Flächenverfügbarkeit erreichbar
Nachteile	• Hohe Schadenfolgekosten möglich • Verkürzung der Lebensdauer betroffener Gebäudeelemente • Hoher zeitlicher Druck bei der Schadensbehebung mit negativer Beeinträchtigung der Ausführungsqualität • Mögliche Engpässe und höhere Preise bei der Ersatzteilbeschaffung • ungleichmäßige Auslastung von Instandhaltungskapazitäten • Eingeschränkte Outsourcingmöglichkeiten • Keine hohe garantierte Flächenverfügbarkeit	• Hoher Planungsaufwand (Datengenerierung und Datenpflege) • Uneinheitliche Aussagen über Verschleißverhalten von Gebäudeelementen • Technische Lebensdauer wird nicht optimal ausgenutzt • Höhere Anzahl an Maßnahmen erhöht Fehlerwahrscheinlichkeit	• Mögliche Kostennachteile durch zusätzliche Anzahl an Inspektionen und erforderliche Qualifikation des Personals (handwerkliche Fähigkeiten und detaillierte Kenntnisse der technischen Diagnostik)

Abbildung 3.4: Vor- und Nachteile grundsätzlicher Instandhaltungsstrategien, Quelle: in Anlehnung an Homann [79], S. 341

[45] vgl. Jehle [92], S. 83 ff. und S. 93 ff.

Neben dieser Einteilung in die drei Grundstrategien Ausfall-, Präventiv- und Inspektionsstrategie finden sich in der Literatur weitere Ordnungskriterien bezüglich einer detaillierteren Einteilung der vorbeugenden Instandsetzungsstrategien:

- Zustand
  - einstufige Strategie
    Es wird nur zwischen den Zuständen „funktionsfähig“ und „nicht funktionsfähig“ unterschieden.
  - mehrstufige Strategie
    Es wird zwischen mehreren Zustandsstufen unterschieden.
- Kopplung von Instandsetzungen
  - einfache Strategie
    Unabhängige Entscheidung über Instandsetzungsstrategien verschiedener Elemente.
  - opportunistische Strategie
    Simultane Entscheidungen über Instandsetzungsstrategien verschiedener Elemente.
- Instandsetzungsintervall
  - periodische Strategie
    Einmalige Berechnung fester Instandsetzungsintervalle.
  - sequentielle Strategie
    Erneute Berechnung der Instandsetzungsintervalle nach jeder Instandhaltungshandlung.

Eine Unterteilung nach diesen Kriterien ist sicher sinnvoll, steht jedoch teilweise auch im Widerspruch zu den Beschreibungen der Grundstrategie. So ergibt eine Unterscheidung in mehrere Zustandsstufen bei einer Präventivstrategie, bei der der Ersatz zu einem bestimmten, ermittelten Alter erfolgt, keinen Sinn; bei einer Inspektionsstrategie nur, wenn diese für die Bestimmung des Abnutzungsverhaltens notwendig ist, oder wenn ein Ersatz nicht notwendigerweise möglichst nahe dem Ausfallzeitpunkt sein soll. Weiterhin ist fraglich, inwieweit eine periodische Strategie mit einer Inspektionsstrategie vereinbar ist. Die Diskrepanz zwischen einer Anpassung des Ersatzzeitpunktes nach jeder Inspektion und einer einmaligen Berechnung fixer Instandsetzungsintervalle ist offensichtlich.

Insgesamt sind derartige Systematisierungsmöglichkeiten jedoch zu starr im Sinne einer in dieser Arbeit angestrebten Optimierung von Instandhaltungsentscheidungen. Entweder erfolgt hier eine zeitabhängige Strategie, bei der eine Entscheidung über Instandhaltungsmaßnahmen aufgrund des Elementalters erfolgt. Hierzu lässt sich die Präventivstrategie zählen, bei der periodische Instandsetzungsintervalle verwendet werden.[46] Oder es werden zustandsabhängige Strategien vorgeschlagen: Hierzu gehört die Ausfallstrategie, wobei es sich dabei lediglich um eine einstufige Strategie handelt.

Die Einordnung der Inspektionsstrategie ist nicht eindeutig. Einerseits könnte sie als zeitabhängige Strategie verstanden werden, bei der sequentiell nach jeder Inspektion der Instandhaltungszeitpunkt bzw. die technische Lebensdauer über die Korrektur der Restlebensdauer angepasst wird. Allerdings ist das Alter bzw. der vorgegebene Ersatzzeitpunkt gleichzeitig auch die Eintrittszeit in einen bestimmten Zustand, so dass hier auch von einer einstufigen zustandsabhängigen Strategie gesprochen werden kann. Für diese Einordnung spricht auch die damit eher verbundene Nähe zur Ausfallstrategie. Bei beiden ist ein Ersatz möglichst nahe dem Ausfallzeitpunkt gewünscht: Bei der Inspektionsstrategie möglichst knapp vor, bei der Ausfallstrategie möglichst kurz nach diesem. Insofern wären Zeitunterschiede zwischen dem Ersatz beider Strategien unter Vernachlässigung von Reaktionszeiten und eventuellen Planungsproblemen bei ausfallbedingten Politiken marginal.[47] Weiterhin muss auch bei der Ausfallstrategie ein Informationsfluss erfolgen, woher sollte sonst der Tatbestand des Ausfalls dem Entscheider bekannt sein. Hier wird meist unterstellt, dass eventuelle Informationen dann durch den Mieter erfasst und übermittelt werden. Allerdings wird dieser auch Informationen über andere Zustände an den Vermieter weitergeben, indem er eventuelle Mängel rügt oder gar Mietminderungen vornimmt. Der wesentliche Unterschied dürfte eher in der Informationsquantität und -qualität liegen. Zustandsorientierte Strategien verursachen gegenüber zeitorientierten Strategien also einen zusätzlichen Informationsbedarf[48], der dann auch entsprechende

[46]Falls sich während dieser Zeit keine signifikanten Änderungen des Ausfallverhaltens sowie des gewünschten Risikogrades im Sinne der maximal erlaubten Ausfallwahrscheinlichkeit ergeben, bleiben die Instandsetzungsintervalle konstant, es ergibt sich eine periodische Strategie. Ändern sich diese Voraussetzungen, lassen sich die Instandsetzungsintervalle neu berechnen, eine sequentielle Strategie ist die Folge.

[47]Weiter ist zu berücksichtigen, dass wie bereits beschrieben aufgrund der Unsicherheit sowie weiterer möglicher, unvorhersehbarer Ereignisse auch ein Ersatz erst nach einem Ausfall auftreten kann. Dies ist der Fall, wenn bei einer Inspektion ex ante eine Restlebensdauer größer dem Inspektionsintervall unterstellt wird und bis zur nächsten Inspektion das Element dennoch ausfällt.

[48]Gegenüber dem Elementzustand besteht beim Gebäudealter ein deterministischer Zusammenhang der Entwicklung zwischen zwei aufeinanderfolgenden Planungsperioden, das

zusätzliche Ausgaben verursachen kann. Inwieweit Inspektionsstrategien eine Rolle spielen bzw. optimiert werden können, wird in dieser Arbeit nicht untersucht. Es kann an den späteren Ergebnissen lediglich abgelesen werden, wieviel für diese Inspektionen für die Ermittlung eines Zustandes maximal ausgegeben werden darf. Insgesamt dürfen diese die Differenz der entsprechenden Barwerte einer zustandsabhängigen und einer zeitabhängigen Strategie nicht überschreiten. Ansonsten ist eine rein zeitabhängige Strategie unter wirtschaftlichen Gesichtspunkten vorteilhaft.

Da in dieser Arbeit wirtschaftlich optimale Strategien ermittelt werden sollen, sind diese abhängig von allen Kriterien zu treffen, welche diese beeinflussen, d.h. welche zu veränderten moentären Auswirkungen führen. Daher müssen weder rein zeitabhängige noch rein zustandsabhängige Strategien optimal sein, eine Betrachtung kombinierter zustands- und zeitabhängiger Strategien muss ebenfalls berücksichtigt werden. Insgesamt lassen sich drei Größen identifizieren, welche die Wirtschaftlichkeit beeinflussen:

- Elementzustand
- Elementalter
- Planungshorizont

Der Elementzustand wirkt sich direkt über differenzierte Zahlungen auf die Wirtschaftlichkeit aus. Diese kommen aufgrund unterschiedlicher Betriebsausgaben und auch Mieteinnahmen verschiedener Elementzustände zustande.[49] Das Elementalter beeinflusst über das dazugehörige Alterungsverhalten die Ausfallwahrscheinlichkeiten der einzelnen Zustände und so das Übergangsverhalten zwischen diesen. Damit treten auch die jeweiligen damit verbundenen Zahlungsströme auf. Der Planungshorizont schließlich hat vor allem einen Einfluss auf Ersatzhandlungen. Durch mit diesen Handlungen verbundene Auswirkungen auf den Elementzustand werden zum einen künftige Zahlungen positiv beeinflusst[50], zum anderen verursachen diese Handlungen ebenfalls Ausgaben, d.h. sie können als eine Art Investitionsausgabe verstanden werden. Je kürzer der verbleibende Planungshorizont ist, desto größer müssen entsprechende monetäre Auswirkungen dieser Investition sein, damit diese wirtschaftlich sinnvoll ist. Dabei wird die Annahme eines zustandsunabhängigen Restwertes getroffen. Dies lässt sich durch die Annahme der

Gebäudealter steigt gerade um das vorgegebene Planungsintervall und muss daher nicht ständig neu bestimmt werden.

[49]vgl. hierzu auch Kapitel 4.

[50]d.h. ausgabensenkend oder einnahmenerhöhend.

technischen Lebensdauer des Rohbaus als Planungshorizont motivieren. Zu diesem Zeitpunkt ist die Eingriffstiefe so groß, dass alle anderen Elemente ausgetauscht werden müssen. Da bisher weder geeignete Technologien für einen Elementausbau noch entsprechende Märkte für eine Wiederverwendung existieren, spielt allenfalls die Wiederverwendung des Rohstoffs eine Rolle. Diese ist eher zustandsunabhängig. Wären diese Voraussetzungen gegeben, d.h. wäre der Restwert zustandsabhängig, würde sich der Effekt des Planungshorizontes auf die Wirtschaftlichkeit verringern bzw. im besten Fall und unter Vernachlässigung entstehender Ausbau- sowie Transaktionskosten sogar eliminieren lassen. Dies lässt sich durch die dann auftretende Differenz zwischen dem Restwert eines Elementes im schlechtesten und dem Restwert im aktuellen Zustand am Planungsende erklären, der dann als zusätzlicher Zeitwert für eine künftige mögliche Weiterverwendung dieses Elementes nach Ende des Betrachtungszeitpunktes an anderer Stätte interpretiert werden kann.[51]

Insofern lassen sich Instandhaltungsstrategien im Sinne dieser Arbeit am besten hinsichtlich der betrachteten Beeinflussungsgröße kategorisieren in:

- zustandsabhängige Strategien
- zeitabhängige Strategien
- zustands- und zeitabhängige Strategien
  - zeitabhängig im Sinne der Betrachtung des Alters
  - zeitabhängig im Sinne der Betrachtung von Alter und Planungshorizont

Bei den später ermittelten optimalen Strategien handelt es sich um zustands- und zeitabhängige (im Sinne der Betrachtung von Alter und Planungshorizont) Strategien. Diese werden mit herkömmlichen zustandsabhängigen und zeitabhängigen Strategien verglichen. Dabei werden neben reinen Ausfallstrategien und Inspektionsstrategien auch Zustandsstrategien betrachtet, bei denen ein Ersatz nicht nur bei dem schlechtesten, sondern auch bei dem nächstbesseren Zustand erfolgt. Zeitabhängige Strategien werden für alle möglichen festen Instandsetzungsintervalle betrachtet, so dass sich auch ein optimales Instandsetzungsintervall für zeitabhängige Strategien ermitteln lässt. Weiterhin werden auch Kombinationen zustands- und zeitabhängiger

[51]hierbei wird allerdings auch unterstellt, dass ein effizienter und vollkommener Markt besteht.

Politiken berücksichtigt. Hiermit lässt sich z.B. die kombinierte Präventiv-/ Ausfallstrategie beschreiben.[52]

3.3.2 Untersuchungen und Modelle zur Ermittlung von Instandhaltungsstrategien

Die Auswahl einer durchzuführenden Instandhaltungsstrategie unterliegt wie bereits beschrieben einer bestimmten Zielsetzung des Immobilieneigentümers. Für die Bewertung und Auswahl möglicher alternativer Politiken sind daher entsprechende Instrumente und Methoden zu verwenden. In der Literatur gibt es eine Vielzahl unterschiedlicher Arbeiten, welche mittels sehr heterogener Ansätze durchzuführende Strategien ermitteln bzw. vorschlagen und nachstehend diskutiert werden. Zum einen existieren rein deskriptive Ansätze, welche durch Auswertung empirischer Daten bisherig verwendete Instandhaltungsstrategien ermitteln und beschreiben. Ob sich eine Anlehnung an Ergebnisse dieser Untersuchungen empfiehlt, ist sehr kritisch zu hinterfragen. Hierfür muss vorausgesetzt werden, dass diese empirischen Strategien auch aufgrund entsprechender vorgegebener Ziele und eines konsequenten Instandhaltungsmanagements bestimmt wurden. Weiterhin sind auch die dafür verwendeten Methoden von Relevanz hinsichtlich der Aussagekraft solcher Untersuchungen.

Bei Oswald und Spilker/Oswald findet eine empirische Befragung von Wohnungsunternehmen statt mit dem Ziel zu untersuchen, inwieweit Entscheidungsprozesse bei Wohnungsunternehmen über Instandhaltungen und Modernisierungen systematisiert werden und welche Methoden dort Verwendung finden.[53] Dadurch sollen Konzepte für eine sinnvolle, praxisorientierte Instandhaltungsplanung entwickelt werden. Die Ergebnisse bekräftigen jedoch die These, dass zwischen bisher angewandten und wirtschaftlich optimal zu treffenden Instandhaltungspolitiken lediglich zufällig Übereinstimmungen bestehen. Der überwiegende Teil der befragten Unternehmen besitzt bisher keine umfassende und adäquate Datenbasis, um solche Entscheidungen treffen zu können. Folglich werden auch keine Methoden zur Ermittlung von Instandhaltungsstrategien angewandt, es werden lediglich Handlungen aufgrund verpflichtender Rahmenbedingungen, vorgegebener Budgets oder auftretender Schäden getroffen. Dabei handelt es sich also um ausfallbedingte Strategien, ein überdurchschnittlich großer Instandhaltungsstau ist die Folge. Vorbeugende Instandhaltungspolitiken werden nicht verwendet.

[52] zu einer detaillierteren Darstellung, Ergebnissen und Interpretation dieser Vergleiche siehe Kapitel 5 bis 7.

[53] vgl. Oswald [137], S. 47 ff., Spilker/Oswald [167], S. 17 ff.

Auf diesen Tatbestand baut die Forschungsarbeit von Tomm/Rentmeister/Finke auf, mit dem Ziel, entsprechende Hilfsmittel für eine Ermittlung und Planung notwendiger Instandhaltungsentscheidungen und den damit verbundenen Kosten zur Verfügung zu stellen.[54] Hierbei bilden die bereits beschriebene Bestimmung und Berücksichtigung des Alterungsverhaltens sowie ein zu installierendes Instandhaltungsmanagement die Basis für diese Hilfsmittel. Es werden Bauelementkataloge und Ablaufdiagramme zur Unterstützung einer Planung von Instandhaltungsmaßnahmen und Kosten aufgestellt. Die Aufstellung der Strategie erfolgt über vorgeschlagene Intervalle verschiedener Handlungsmaßnahmen, die Berechnung der Kosten mittels zusätzlicher Kostendatenbanken. Einen weiteren Beitrag zur Budgetierung des Instandhaltungsaufwandes liefert auch Bahr.[55] Ziele der Wirtschaftlichkeit, Finanzplanung und Schadensminimierung, an denen sich die Instandhaltungsplanung auszurichten hat, werden insgesamt zwar genannt, Methoden oder Modelle zur Bewertung und Optimierung der Instandhaltungsstrategien hinsichtlich dieser Zielkriterien dort aber nicht beschrieben.

Dennoch können gerade empirische Untersuchungen die Ausgangs- und Datenbasis für Analysen und Modelle bilden. Dadurch, dass fast nur ausfallbedingte Entscheidungen getroffen werden, findet ein Ersatz entsprechender Elemente am Ende deren Lebenszyklen, zum Zeitpunkt der technischen Lebensdauer, statt. Hierdurch durchläuft dieses Element den kompletten Alterungsprozess, wodurch überhaupt erst Aussagen hinsichtlich diesem ermittelbar sind. Die entsprechenden Arbeiten des IP-Bau-Programmes und von Christen/Meyer-Meierling wurden bereits in Kapitel 2 vorgestellt.[56] Allerdings ist eine entsprechend dafür notwendige Aufbereitung der Daten nur bei diesen Arbeiten publiziert worden. Die Motive andere Arbeiten sind eher aus volkswirtschaftlicher Sicht zu sehen. Sie sollen einen Aufschluss über die Entwicklung des Gebäudebestandes liefern und bilden somit eine Grundlage für Untersuchungen verschiedener Akteure der Wohnungswirtschaft hinsichtlich z.B. eventueller politischer Steuerungsmaßnahmen der öffentlichen Hand oder Marktanalysen von Anbietern von Bauleistungen.

Neben den in Oswald bereits zitierten Daten des Statistischen Bundesamtes ist in diesem Zuge ein von Jakob/Jochem bearbeitetes Forschungsprojekt zu nennen.[57] In diesem wurde das Erneuerungsverhalten für Wohnungsgebäude der Schweiz erhoben und analysiert. Diese Untersuchung ist quantitativer Art und berücksichtigt sowohl energetisch als auch nicht energetisch

[54]vgl. Tomm/Rentmeister/Finke [170].

[55]vgl. Bahr [3].

[56]vgl. auch IP Bau [82] und Christen/Meyer-Meierling [24].

[57]vgl. Jakob/Jochem [91].

verursachte Instandhaltungsentscheidungen für unterschiedliche Gebäudetypen. Dabei wird auch überprüft, inwieweit Maßnahmen der Instandsetzung mit eventuellen energetischen Maßnahmen gekoppelt werden, ob Handlungen verschiedener Elemente zu einem Paket zusammengefasst werden oder welche Motive/Ursachen überhaupt zu Ersatzmaßnahmen führen. Die Ergebnisse sind heterogen bzw. bauteilspezifisch.[58] Es lässt sich jedoch erkennen, dass technische Zielsetzungen die Entscheidung über durchzuführende Maßnahmen dominieren. Da, wie bereits dargelegt, Methoden zur Beurteilung dieser Handlungen hinsichtlich der Wirtschaftlichkeit kaum in der Praxis eingesetzt werden, ist dieses Ergebnis nachvollziehbar.

Dennoch wird die Notwendigkeit einer systematischen Instandhaltungsplanung in all diesen Arbeiten zum Ausdruck gebracht. Hierfür werden letzten Endes auch adäquate Modelle zur Bewertung unterschiedlicher Strategien hinsichtlich wirtschaftlicher Zielkriterien bzw. eventuell Modelle zur Optimierung solcher Entscheidungen benötigt.[59] Neben Untersuchungen des Instandhaltungsverhaltens aus volkswirtschaftlicher sowie aus technischer Sicht werden in der Literatur auch betriebswirtschaftliche Modelle zur Ermittlung von Instandhaltungsentscheidungen aufgestellt. Dabei lassen sich diese bezüglich unterschiedlicher modellierungsrelevanter Größen unterscheiden:

- verwendete Zielsetzung
- Zeitbezug und damit verbundenes Bewertungskriterium
- berücksichtigter Unsicherheitsaspekt
- Planungshorizont
- berücksichtigte Handlungen

Die sich aufgrund unterschiedlicher Annahmen bzgl. dieser Größen ergebenden Modellansätze sind sehr heterogen hinsichtlich entsprechender benötigter Lösungsansätze. Sich daraus ergebende Instandhaltungsstrategien sind mit hoher Wahrscheinlichkeit nicht identisch. Aufgrund unterschiedlich gestellter Annahmen lassen sich jedoch keine Aussagen über den Vergleich dieser Ergebnisse treffen, daher werden später nur Instandhaltungsstrategien unter einheitlich verwendeten Annahmen gegenübergestellt. Aus diesem Grund erfolgt zunächst eine Eingrenzung hinsichtlich in der Literatur getroffener

[58] bzgl. detaillierter Ergebnisse vgl. Jakob/Jochem [91], S. 3 ff.

[59] vgl. auch Hermann et al. [74].

Annahmen bezüglich obiger modellierungsrelevanter Größen. Es werden nur Ansätze detaillierter betrachtet, die für eine Lösung der Problemstellung dieser Arbeit relevant sind.

Die wesentlichste Annahme ist bezüglich der Zielsetzung zu treffen. Hier existieren z.B. Ansätze mit der Zielsetzung einer Finanzplanung bzw. eventuellen Liquiditätssicherung. Diese unterstellen nur beschränkt vorhandene Finanzmittel für Instandhaltungsmaßnahmen und werden vorwiegend auf Portfolioebene von Unternehmen verwendet. Ein Einsatz auf Einzelimmobilienebene wäre grundsätzlich jedoch ebenfalls sinnvoll.[60] Weitere Zielsetzungen sind möglich und wurden auch bereits in Kapitel 3.2 vorgestellt.

Die am häufigsten verwendete und zugleich auch wesentliche Zielsetzung dieser Arbeit ist die Maximierung der Wirtschaftlichkeit. Modelle mit dieser Zielsetzung lassen sich nach dem berücksichtigten Zeitbezug weiter in statische und dynamische Modelle unterteilen. Gegenüber dynamischen Modellen bleibt bei statischen Ansätzen die zeitliche Struktur der monetären Auswirkungen unberücksichtigt. Dadurch findet eine durchschnittliche Betrachtung statt, anstelle tatsächlicher Ein- und Auszahlungen werden periodisierte Rechnungsgrößen verwendet. Bei den im Anschluss vorgestellten statischen Ansätzen in der Literatur ist eine weitere Differenzierung nicht nötig, der Unsicherheitsaspekt wird nicht berücksichtigt, es handelt sich um deterministische Ansätze, eine simultane differenzierte Betrachtung unterschiedlicher Handlungen findet ebenfalls nicht statt.

3.3.2.1 Statische Modelle

Als statische Modelle zur Ermittlung von Ersatzentscheidungen finden sich in der Literatur vor allem Anwendungen der Kostenvergleichsrechnung. Diese sind bezüglich der zu berücksichtigenden Handlungen zu unterscheiden. Es gibt Ansätze, welche den optimalen Ersatzzeitpunkt ermitteln. Die hierfür als relevant betrachteten Kostenarten sind jedoch ebenfalls verschieden. Die meisten Modelle ermitteln einen optimalen Ersatzzeitpunkt über eine Kostenminimierung von Betriebskosten und Abschreibungen als Maß für den Werteverzehr:[61]

$$DK(t) = B_0 + dB \cdot t + \frac{AP}{t} \longrightarrow min \tag{3.1}$$

[60] Als Beispiel hierfür sind die Arbeiten von Heß/Meinen ([71] und [72]) zu nennen. Diese stellen ein Modell zur Budgetplanung von Instandhaltungsmaßnahmen mit einem individuell festzulegenden Risikoniveau auf, bei welchem künftig benötigte Mittel mittels Zeitreihenanalyse prognostiziert werden.

[61] vgl. Biedermann/Wolfbauer [12].

mit

- $DK(t)$: Gesamtkosten pro Zeiteinheit
- B_0: fixe Betriebskosten
- dB: variable Betriebskosten pro Zeiteinheit
- AP: Abschreibung

Verwendet man dann entsprechende Kostenverläufe, z.B. einen über die Zeit linear steigenden Betriebskostenverlauf und einen sinkenden Anteil der auf die Nutzungsdauer verteilten Abschreibung, so kann der optimale Ersatzzeitpunkt als der Zeitpunkt ermittelt werden, bei dem die entsprechenden Gesamtkosten minimal sind. Ist die Gesamtkostenfunktion aus Gleichung 3.1 zweimal differenzierbar, lässt sich dieser über eine Ermittlung der Nullstellen der Ableitungen ermitteln (siehe auch Abbildung 3.5). Andere Kostenarten könnten ebenfalls berücksichtigt werden.[62] Wünschenswert wäre jedoch die Berücksichtigung aller entscheidungsrelevanter Kostenarten.

Ein ähnlicher Ansatz findet sich auch bei Schröder, der auf die in Kapitel 2.3.2 beschriebene Alterswertfunktion aufbaut.[63] Der optimale Ersatzzeitpunkt t_s ergibt sich in dieser Arbeit durch die Minimierung der relativen Instandsetzungskosten pro Zeiteinheit s_q. Dabei sind bei der Ermittlung der Instandsetzungsausgaben zwei gegenläufige Aspekte zu berücksichtigen: Je neuer ein Bauteil, desto geringer ist die wiederherzustellende Differenz zwischen aktuellem und dem maximal wiederherstellbaren Abnutzungsvorrat $1 - W$, dadurch sind weniger Handlungen durchzuführen, die Kosten entsprechend geringer. Demgegenüber führen Fixkosten zu einer höheren durchschnittlichen Belastung, je früher ein Element ersetzt wird. Dieser Tatbestand wird bei Schröder über den Sanierungsfaktor f berücksichtigt. Die Zielfunktion lautet also:

$$s_q = \frac{s}{t_s} = \frac{f \cdot (1 - W)}{t_s} \longrightarrow \min_{t_s} \tag{3.2}$$

Bei den meisten von Schröder untersuchten Elementen ergibt sich im Normalfall ein Verlauf nach Schaubild 3.6 und ein von ihm ermittelter optimaler

[62] vgl. z.B. auch die Ansätze von Christen/Meyer-Meierling ([23] und [24]), Kleiner [107], S. 188 ff. und [108], S. 140 ff.

[63] vgl. Schröder [151], S. 453 ff.

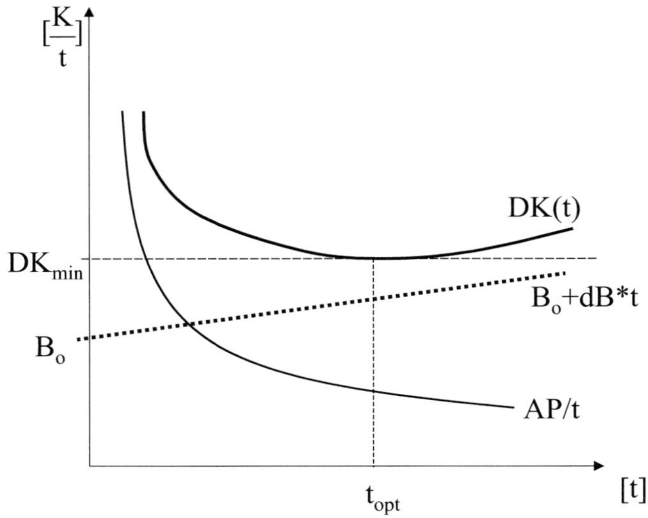

Abbildung 3.5: Statische Optimierung des Ersatzzeitpunktes durch Minimierung der durchschnittlichen Gesamtkosten, Quelle: in Anlehnung an Biedermann/Wolfbauer [12].

Ersatzzeitpunkt bei ungefähr 53% der technischen Lebensdauer, der entsprechende Wert des Bauteils zu diesem Zeitpunkt beträgt 70%. Allerdings ist aus der Abbildung leicht ersichtlich, dass es sich bei dem ermittelten lokalen Minimum keineswegs auch um ein globales Minimum handelt. Dieses befindet sich am Ende der technischen Lebensdauer. Demnach müsste der Ersatz eigentlich zu diesem Zeitpunkt stattfinden, nur wenn es sich bei dem lokalen Minimum gleichzeitig um ein globales Minimum handelt, wäre dieser Zeitpunkt als Ersatzzeitpunkt zu wählen. Dies ist parameterabhängig. Insgesamt ist die Aussagekraft der Ergebnisse aufgrund einer unvollständigen Berücksichtigung aller relevanter Kostenarten entsprechend gering bezüglich wirtschaftlich optimaler Ersatzzeitpunkte.

Neben diesen Ansätzen zur Ermittlung des Austauschzeitpunktes sind auch statische Modelle zu finden, welche eine Optimierung der Instandhaltungsintensität im Sinne von Wartung, Inspektion und Instandsetzung vornehmen.[64] Hierfür werden die Gesamtkosten bestehend aus den Kostenarten Schadens-, Schadensfolgekosten und Instandhaltungskosten minimiert. Die Vorgehensweise ist identisch, aufgrund der ebenfalls gegenläufigen Verläufe einzelner

[64] vgl. Homann [79], S. 322 ff. und Jehle [92], S. 53 ff.

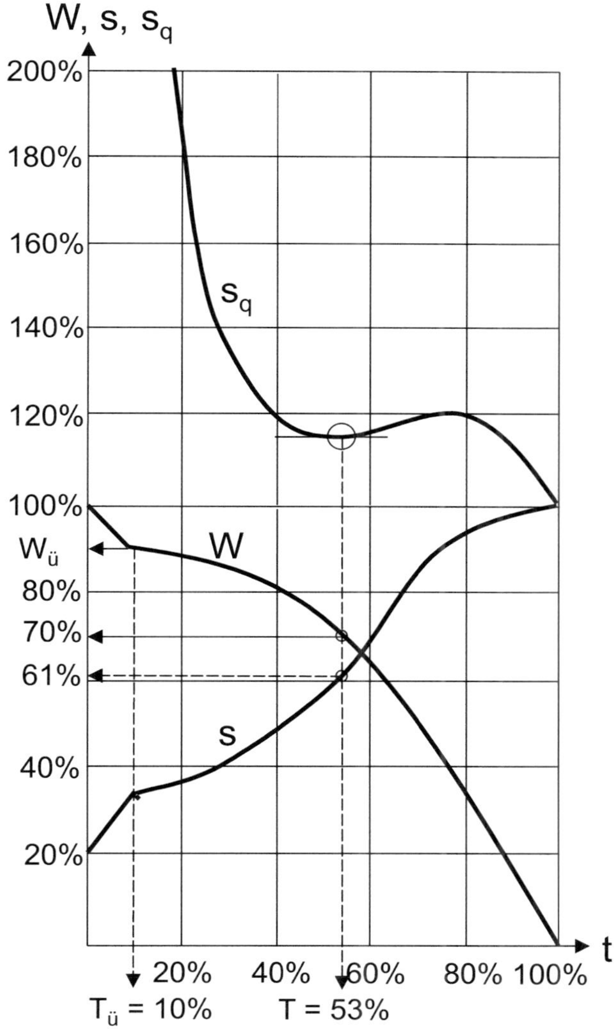

Abbildung 3.6: Statische Optimierung des Ersatzzeitpunktes nach Schröder - Normalfall, Quelle: Schröder [151], S. 454.

Kostenarten ergibt sich eine ähnliche Gesamtkostenkurve mit entsprechendem Optimum (siehe auch Abbildung 3.7).

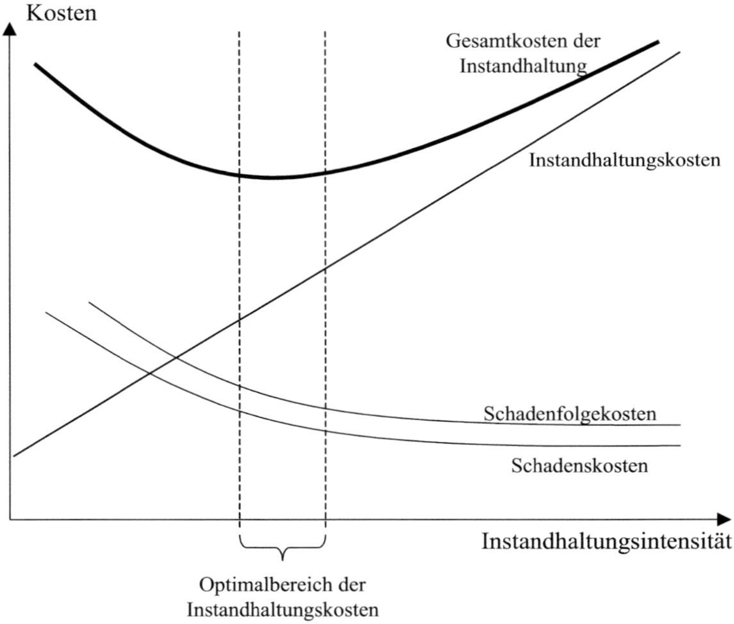

Abbildung 3.7: Statische Optimierung der Instandhaltungsintensität durch Minimierung der Gesamtkosten der Instandhaltung, Quelle: Homann [79], S. 322 und Jehle [92], S. 53.

Beurteilt man diese statischen Modelle, so sind diese recht einfach umzusetzen, Informationsbedarf und Rechenaufwand sind verhältnismäßig gering. Demgegenüber besitzen sie allerdings auch aufgrund ihrer Prämissen schwerwiegende Nachteile. Sie sind einperiodischer Natur, weder die zeitliche Struktur der Zahlungen noch die Auswirkungen des Gebäudezustandes auf die Rückflüsse können berücksichtigt werden. Weiterhin besteht das Problem der Vergleichbarkeit zwischen den unterschiedlichen Alternativen, dies ist vor allem der Fall, wenn sich diese in Kapitaleinsatz oder Nutzungsdauer voneinander unterscheiden. Gerade diese beiden Punkte spielen jedoch bei unterschiedlichen Elementalternativen eine entscheidende Rolle. Oftmals (wenn auch nicht immer) besitzen Elemente höherer Investitionsausgaben eine längere technische Lebensdauer als Elemente mit geringerem Investitionsvolumen. Insgesamt kann es somit zu Fehlentscheidungen kommen, die Ziele der Wirtschaftlichkeit eines Gebäudeeigentümers werden nur suboptimal erfüllt.[65] Daher wird in dieser Arbeit statt der statischen die dynamische Sichtweise verwendet, bei der Zeithorizont und damit die Zeitwertigkeit des Geldes berücksichtigt werden.

3.3.2.2 Dynamische Modelle

Auch die in der Literatur vorhandenen dynamischen Modelle zur Entscheidungsunterstützung von Instandhaltungsmaßnahmen sind aufgrund unterstellter Annahmen bzgl. bereits genannter modellierungsrelevanter Größen sehr heterogen, weshalb im Rahmen dieser Arbeit lediglich eine grundsätzliche Einordnung sowie eine kritische Beurteilung dieser gegenüber dem verwendeten Modellierungsansatz vorgenommen werden kann. Hinsichtlich einer detaillierteren Einzeldarstellung wird dann auf die entsprechende Literatur verwiesen.

Allen dynamischen Modellen gemeinsam ist die ausschließlich zahlungsorientierte Messung aller entscheidungsrelevanter Größen. Damit werden nur liquiditätsverändernde Auswirkungen berücksichtigt, und zwar genau zu dem Zeitpunkt, an dem diese auftreten. Das verwendete Bewertungs- bzw. Entscheidungskriterium hängt dann von den unterstellten Annahmen ab. Es wird innerhalb dieser Arbeit der vollkommene Kapitalmarkt angenommen. Weiterhin sind monetäre Auswirkungen von Handlungen an verschiedenen Elementen ebenso unabhängig voneinander wie die zahlungswirksamen Auswirkungen alternativer Handlungen eines Elementes. Dadurch lässt sich eine Aufsplittung des Gesamtproblems, wie bereits in Kapitel 3.2 dargestellt, auf Elementebene erreichen, Entscheidungen über Finanzierungen lassen sich ebenfalls separieren.[66] Zusätzlich ist eine Abgrenzung hinsichtlich der Zielsetzung der Gewinnmaximierung eines Investors notwendig. Es besteht die Wahl zwischen Entnahme- oder Endwertmaximierung, die aber unter der bereits getroffenen Annahme eines vollkommenen Kapitalmarktes keine konkurrierenden Zielsetzungen sind.[67] Bei einer Entnahmemaximierung sind jedoch entsprechende Annahmen über die Entnahmepräferenzen des Investors zu treffen. In dieser Arbeit steht jedoch die Bestimmung allgemeiner optimaler Instandhaltungsentscheidungen unabhängig von individuellen Präferenzen einzelner Investoren im Vordergrund, so dass eine Endwertmaximie-

[65] Eine detailliertere Diskussion der Kritik der statischen Verfahren findet sich beispielsweise in Kruschwitz [112], S. 41 ff.

[66] Hinsichtlich einer guten Darstellung und Übersicht möglicher Entscheidungsmodelle zur Lösung von solchen Programmentscheidungen sei auf Kruschwitz [112], S. 169 ff. verwiesen.

[67] vgl. hierzu Kruschwitz [112], S. 43 ff.

rung unterstellt wird. Entsprechende Ansätze zur Lösung von optimaler Nutzungsdauer sowie Ersatzzeitpunkt bei Entnahmemaximierung finden sich bei Schulte.[68]

Das Ziel der Endwertmaximierung bei sich gegenseitig ausschließenden Alternativen besteht aus der Realisierung derjenigen Handlungsalternative $h \in (1, ..., n)$, die zum größtmöglichen Vermögen am Ende des Planungshorizontes führt. Unter der Annahme eines vollkommenen Kapitalmarktes lässt sich diese mittels Kapitalwertmethode unter endlichem Planungshorizont und zeitdiskreter Betrachtung bestimmen[69]:

$$C_{0,h} = -I_{0,h} + \sum_{t=1}^{T_h} \frac{e_{t,h} - a_{t,h}}{(1+i_h)^t} + \frac{L_{T,h}}{(1+i_h)^{T_h}} \longrightarrow \max_h \tag{3.3}$$

mit

- $C_{0,h}$: Kapitalwert der Alternative h
- $I_{0,h}$: Investitionsausgabe der Alternative h zum Zeitpunkt $t = 0$
- $e_{t,h}$: Einzahlungen der Alternative h zum Zeitpunkt t
- $a_{t,h}$: Auszahlungen der Alternative h zum Zeitpunkt t
- $L_{T,h}$: Liquidationserlös/Restwert der Alternative h zum Zeitpunkt T
- i_h: Kalkulationszinsfuß der Alternative h
- T_h: Planungshorizont der Alternative h

Auf dem Grundprinzip der Maximierung des Kapitalwertes basieren alle folgenden Modelle, es ist jedoch eine Anpassung an die jeweiligen vorgegebenen Annahmen bzgl. der modellierungsrelevanten Größen (beispielsweise des Unsicherheitsaspektes) vorzunehmen. Die einzelnen zu berücksichtigenden Zahlungsströme werden in Kapitel 4 näher behandelt.

Ein weiterer wesentlicher Gesichtspunkt der Abgrenzung ist die Modellierung des Abnutzungsprozesses. Die Modelle lassen sich dahingehend in drei Gruppen unterteilen:

[68] vgl. Schulte [153]. Dabei handelt es sich um deterministische Ansätze, welche Handlungen des Ersatzes berücksichtigt. Verschleißhemmende Maßnahmen werden nicht berücksichtigt.

[69] Eine Anpassung an einen unendlichen Planungshorizont oder eine zeitstetige Betrachtung ist ohne Probleme möglich.

- Deterministische Modelle
- Gemischt deterministisch-stochastische Modelle
- Rein stochastische Modelle

Deterministische Modelle berücksichtigen lediglich kontinuierlichen Verschleiß, d.h. den bereits beschriebenen Alterungsprozess, und zwar in deterministischer Form. Demgegenüber modellieren stochastische Ansätze neben diesem kontinuierlichen Verschleiß auch einen plötzlich eintretenden zufälligen Ausfall des Elementes. Dieser wird grundsätzlich stochastisch modelliert. Die Modellierung des Alterungsprozesses kann jedoch deterministisch (gemischt deterministisch-stochastische Modelle) oder stochastisch (rein stochastische Modelle) erfolgen. Die bereits unterstellten Annahmen gelten unabhängig von dieser Modellierung des Abnutzungsprozesses. Aufgrund der gleichen verwendbaren Lösungsansätze werden die gemischt stochastischen Modelle gemeinsam mit den rein stochastischen Modellen behandelt.

Deterministische Modelle

Die der Literatur vorhandenen deterministischen Modelle lassen sich zunächst noch weiter hinsichtlich berücksichtigter Handlungen von Ersatz, Verschleißbeseitigung im Sinne von Reparaturen und teilweiser Instandsetzung sowie Maßnahmen der Verschleißhemmung im Sinne von Wartung und Pflege unterscheiden.[70] Modelle, welche lediglich Ersatzmaßnahmen berücksichtigen, werden in der Literatur häufig unter dem Begriff der Investitionsdauerentscheidungen zusammengefasst. Bei diesen ist die Nutzungsdauer T nach Gleichung 3.3 nicht fest vorgegeben, sondern selbst optimal zu bestimmen. Investitionsdauerentscheidungen können sowohl als Nutzungsdauerprobleme als auch als Ersatzprobleme oder Ersatzzeitpunktprobleme vorliegen. Nutzungsdauerprobleme stellen die Frage nach der optimalen Nutzungsdauer vor Realisierung der Investition, während Ersatzprobleme die Nutzungsdauer bei bereits realisierten Investitionsobjekten ermitteln sollen. Zur Lösung dieser Probleme existieren Modelle unter Berücksichtigung weiterer zusätzlicher Annahmen bezüglich des Ersatzverhaltens[71]: Es wird unterschieden zwischen einmaligen oder mehrmaligen Investitionen, die auch als Investitionsketten bezeichnet werden. Diese können mit endlichem oder unendlichem Planungshorizont modelliert werden. Weiterhin kann hinsichtlich der Art der Ersatzinvestition eine Einteilung in identischen und nicht-identischen Ersatz

[70] vgl. auch Dahmen [25], S. 20 ff.
[71] vgl. Kruschwitz [112], S. 143 ff.

vorgenommen werden. Hiermit kann indirekt technischer Fortschritt mit berücksichtigt werden. Eine Übersicht dieser möglichen Einteilungen findet sich in Abbildung 3.8.

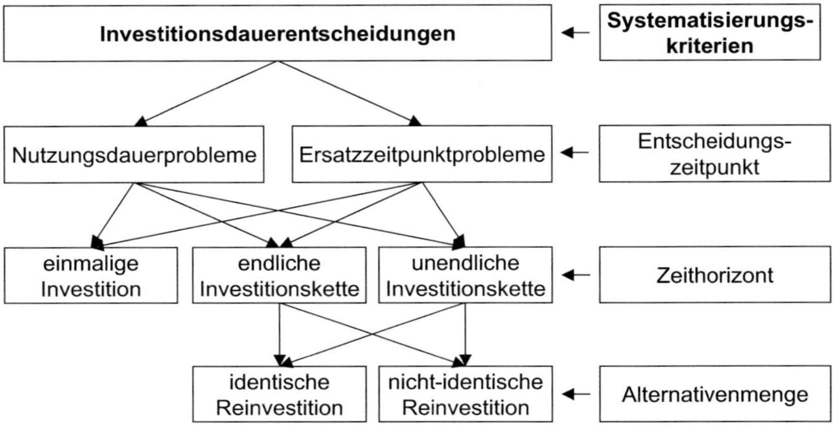

Abbildung 3.8: Systematik der Investitionsdauerentscheidungen

Je nach Art der Fragestellung existieren unterschiedliche Lösungsansätze, bei denen die entscheidungsrelevanten Zahlungsströme gemessen und mittels modifizierter Kapitalwertmodelle bewertet bzw. optimale Ersatzzeitpunkte bestimmt werden.[72] Wie bereits beschrieben lässt sich die in dieser Arbeit behandelte Problematik als endliches Problem formulieren, da der maximale Planungshorizont durch die technische Lebensdauer des Rohbaus vorgegeben ist. Bei diesen Problemen lassen sich die gleichen Lösungsansätze sowohl für das Nutzungsdauer- als auch das Ersatzproblem anwenden, so dass im Folgenden diesbezüglich keine Unterscheidung mehr vorgenommen wird.[73]

Bei identischen Reinvestitionen unter diskreter Modellierung der Nutzungsdauern[74] lässt sich der optimale Ersatzzeitpunkt über zwei Möglichkeiten bestimmen, die Kapitalwertmethode und den zeitlichen Grenzgewinn. Hierbei ist entscheidend, dass die Nutzungsdauern der einzelnen Investitionen unabhängig voneinander sind und somit separiert werden können. Da die letzte Investition einer Kette kein Folgeobjekt besitzt, kann der Kapitalwert aller

[72]vgl. z.B. Kruschwitz [112], S. 143 ff., Göppl [62], S. 359 ff., Ederer [47], S. 12 ff. und Dahmen [25], S. 41 ff.

[73]vgl. Kruschwitz, S. 160.

[74]Werden diese kontinuierlich modelliert, können unter bestimmten Voraussetzungen auch analytische Lösungen mit Hilfe der Differentialrechnungen ermittelt werden. Vgl. hierzu Dahmen [25], S. 42 ff.

möglichen Nutzungsdaueralternativen dieser letzten Investition mittels Gleichung 3.3 berechnet und maximiert werden.[75] Darauf aufbauend können sukzessive die Nutzungsdauern der jeweiligen vorherigen Investitionen bis hin zur ersten bestimmt werden. Insgesamt wird somit auch der Kapitalwert der gesamten Investitionskette maximiert. Demgegenüber werden bei der Grenzgewinnbetrachtung lediglich die veränderten Größen bei einer Nutzungsdauerverlängerung um eine Periode $\tilde{t}$ betrachtet. Hierfür muss für die Investition f der Grenzgewinn $G_{\tilde{t}}$ aus den Überschüssen $e_{\tilde{t}} - a_{\tilde{t}}$ und dem Liquidationserlös $L_{\tilde{t}} - L_{\tilde{t}-1}$ größer als die Verzinsung des maximalen Kapitalwertes der Folgeinvestition $f+1$ ($i \cdot C_{n_f}^{f+1}$) und des Restwertes ($i \cdot L_{\tilde{t}}$) über eine Periode sein:

$$G_{\tilde{t}} = (e_{\tilde{t}} - a_{\tilde{t}}) + (L_{\tilde{t}} - L_{\tilde{t}-1}) - i \cdot L_{\tilde{t}-1} - i \cdot C_{n_f}^{f+1} \quad (3.4)$$

Als Ergebnis lässt sich das „Gesetz der Ersatzinvestition“ (general law of replacement) formulieren: Die optimale Nutzungsdauer eines Projektes ist immer länger als die ihres Vorgängers und kürzer als die ihres Nachfolgers.[76] Allerdings ist hierbei zu beachten, dass bei einem sukzessiven Vorgehen nicht automatisch ein globales Optimum gefunden wird. Je nach Struktur der Zahlungsströme kann es sich bei einem gefundenen Optimum auch nur um ein lokales Optimum handeln. Es ist also entweder die Struktur der Zahlungen zu überprüfen oder sukzessive alle möglichen Nutzungsdauern bzgl. einer eventuellen Verbesserung zu vergleichen.

Für das Problem nicht-identischer Ersatzentscheidungen ist diese Vorgehensweise jedoch nur bedingt einsetzbar, der Rechenaufwand ist dabei stark ansteigend.[77] Aus diesem Grund wird bei nicht-identischen Reinvestitionen häufig die vollständige Enumeration (Entscheidungsbaumverfahren) verwendet.[78] Hierbei findet eine vollständige Betrachtung aller möglichen denkbaren Alternativen statt. Mit steigendem Planungshorizont wächst die Alternativenmenge jedoch sehr stark an, daher ist deren Einsatz eher kritisch zu beurteilen.

Eine nach Dahmen, Ederer und Kruschwitz besser geeignete Möglichkeit stellt die Lösung dieses nicht-identischen Ersatzproblems mittels der Dyna-

---

[75] Dabei ist zu berücksichtigen, dass die in Gleichung 3.3 zu maximierende Variable der Handlungen durch die Nutzungsdauer T zu ersetzen ist. Als mögliche Handlung steht bei diesen Ansätzen nur die Ersatzinvestition zur Verfügung, so dass diese Entscheidungsvariable wegfällt.

[76] vgl. hierzu z.B. Kruschwitz [112], S. 152 und Dahmen [25], S. 49.

[77] z.B. bei einem einmaligen Ersatz mit dieser nicht-identischen Ersatzalternative und darauf folgendem identischen Ersatz. Vgl. hierzu Dahmen [25], S. 51.

[78] vgl. z.B. Kruschwitz [112], S. 155 f.

mischen Optimierung dar, hierfür ist die Problemstellung entsprechend zu modellieren.[79] Dieser Ansatz ist bzgl. den genannten modellierungsrelevanten Größen wesentlich flexibler als die bisher dargestellten Modelle. Ein Einsatz ist nicht nur bei nicht-identischem Ersatz, sondern auch bei allen Investitionsdauerentscheidungen möglich. Dabei lassen sich auch neben Ersatzhandlungen weitere Handlungsmöglichkeiten mit einbeziehen. So werden in der Literatur z.B. die simultane Betrachtung von Ersatz- und Verschleißbeseitigungsmaßnahmen sowie von Ersatz- und verschleißhemmenden Maßnahmen untersucht.[80]

Ein deterministisches Modell zur Bestimmung optimaler Ersatzentscheidungen bei Gebäudeelementen findet sich bei Bachofner/Wilhelm.[81] Durch die Betrachtung der Entscheidungssituation unter Sicherheit sind alle heute und künftig einsetzbaren Alternativen $\tau\,(\tau = 1,\ldots,s)$ aus heutiger Sicht bekannt und können somit auch berücksichtigt werden. Damit werden sowohl identischer als auch nicht-identischer Ersatz ermöglicht. Ziel ist es, den Kapitalwert innerhalb einer vorgegebenen Betrachtungsperiode T zu maximieren. Dabei ist der Kalkulationszins i vorgegeben. Es ist über den möglichen Einsatz der unterschiedlichen, sich gegenseitig ausschließenden Alternativen τ zu entscheiden.

Hierfür müssen auch sämtliche Zahlungsströme dieses Elementes berücksichtigt werden. Die Gesamtzahlungsreihe eines Gebäudes ist dementsprechend aufzusplitten, die entscheidungsrelevanten Zahlungen sind dabei den jeweiligen Elementen zuzuordnen. Die Zahlungsreihen beinhalten von Element zu Element unterschiedliche Zahlungsarten. Je nachdem können sowohl Ausgaben im Sinne von Bewirtschaftungs- und/oder Betriebskosten als auch Einnahmen im Sinne von Mieten eine Rolle spielen. Weiterhin sind die Ausgaben für den Ersatz zu berücksichtigen. Diese Größen sind ebenfalls bezüglich möglicher Alternativen τ unterschiedlich. Diese Zahlungsarten sind zusätzlich abhängig vom Zustand des Elementes bzw. dessen Alter x_t. Da ein deterministischer Alterungsverlauf angenommen wird, ist bekannt, in welchem Alter sich das Element in welchem Zustand befindet. Die Handlungen der Verschleißhemmung und deren Auswirkungen auf den Alterungsprozess werden als gegeben vorausgesetzt, folglich findet keine Optimierung dieser Entscheidungen statt. Unter diesen Voraussetzungen formulieren Bachofner/Wilhelm folgendes Optimierungsproblem:[82]

[79] vgl. hierzu z.B. Neumann/Morlock [136], S. 595 f.

[80] vgl. Dahmen [25], S. 88 ff. und S. 111 ff. sowie Ederer [47], S. 63 ff.

[81] vgl. Bachofner/Wilhelm [202].

[82] vgl. Bachofner/Wilhelm [202].

$$\left\{\begin{array}{l}
\text{Max.} \sum_{\tau=1}^{s}\sum_{t=1}^{T}[p_{t,\tau}r_{t,\tau}m_{t,\tau}(x_{t+1}) - p_{t,\tau}r_{t,\tau}a_{t,\tau}(x_{t+1}) \\
\qquad -p_{t,\tau}r_{t,\tau}u_t r_{t,\tau}I_{t,\tau}(x_t)]q^{-t} \quad (\text{mit } q = 1+i) \\
\text{u.d.N. } x_{t+1} = x_t(1-u_t)+1 \quad (t=1,\ldots,T) \\
\qquad x_1 = 0 \\
\qquad x_{t+1} \in \{1,\ldots,t\} \\
\qquad u_t \in \{0,1\} \\
\qquad u_t := \begin{cases} 1 & \text{falls das Element zu Beginn} \\ & \text{von Periode } t \text{ erneuert wird} \\ 0 & \text{sonst} \end{cases} \\
\qquad p_{t,\tau} := \begin{cases} 1 & \text{Alternative } \tau \\ & \text{existiert zum Zeitpunkt } t \\ 0 & \text{Alternative } \tau \\ & \text{existiert nicht zum Zeitpunkt } t \end{cases} \\
\qquad r_{t,\tau} := \begin{cases} 1 & \text{Alternative } \tau \text{ ist zum Zeitpunkt } t \\ & \text{im Einsatz} \\ 0 & \text{Alternative } \tau \text{ ist zum Zeitpunkt } t \\ & \text{nicht im Einsatz} \end{cases} \\
\qquad (1-u_t)(r_{t-1,\tau} - r_{t,\tau}) = 0 \quad (t=1,\ldots,T) \\
\qquad \sum_{\tau} r_{t,\tau} = 1 \quad (t=1,\ldots,T)
\end{array}\right. \tag{3.5}$$

Die Zielfunktion soll den Kapitalwert aller auftretenden Zahlungsströme innerhalb des vorgegebenen Planungshorizontes T maximieren. Die Entscheidungsvariable u_t modelliert dabei mögliche Handlungsentscheidungen. Bei $u_t = 1$ findet zu Beginn einer Periode t ein Ersatz statt, über die erste Nebenbedingung wird gleichzeitig das Elementalter zu diesem Zeitpunkt zurück auf null gesetzt. Dabei fallen Investitionsausgaben $I_{t,\tau}$ an, abhängig vom Alter x des auszutauschenden Elementes. Diese beinhalten den Restwert des alten Elementes sowie die Investitionsausgaben des neuen Elementes. Weiterhin fallen unabhängig von einem Ersatz für die sich am Ende einer Periode t im Einsatz befindliche Alternative τ Ausgaben $a_{t,\tau}$ und Einnahmen $m_{t,\tau}$ an, die ebenfalls vom Alter abhängig sind. Pro Periode ist jeweils nur eine Alternative einsetzbar, dies wird mittels der Variable $r_{t,\tau}$ modelliert.

Dabei sind zwei weitere Nebenbedingungen zu berücksichtigen. Die Ausschließlichkeitsbedingung $\sum_{\tau} r_{t,\tau} = 1 \quad (t = 1,\ldots,T)$ stellt sicher, dass nur eine Alternative pro Periode eingesetzt werden kann, die Kontinuitätsbedingung $(1-u_t)(r_{t-1,\tau} - r_{t,\tau}) = 0$ garantiert, dass zwischen zwei aufeinanderfolgenden Perioden nur unterschiedliche Alternativen im Einsatz sein können, wenn ein Ersatz stattgefunden hat. Die Variable $p_{t,\tau}$ modelliert die Verfügbarkeit der unterschiedlichen Alternativen τ. Hiermit können Alternativen, die aufgrund technischen Fortschritts in der Zukunft zur Verfügung stehen, miteinbezogen werden. Allerdings wird unterstellt, dass dieser technische Fortschritt bereits aus heutiger Sicht bekannt ist, es können somit nur vorhersehbare Entwicklungen berücksichtigt werden. Hiervon muss bei einer deterministischen Formulierung eines Modells jedoch ohnehin ausgegangen werden, ansonsten müsste richtigerweise eine stochastische Modellierung erfolgen. Weiterhin wird durch die Startbedingung $x_1 = 0$ der Einsatz eines neuen Elementes zu Beginn des Betrachtungszeitraumes angenommen.

Die Lösung des Problems kann mittels Verfahren der Dynamischen Optimierung erfolgen, z.B. über die Bellmannsche Funktionalgleichungsmethode.[83] Hierfür ist eine entsprechende Optimalitätsgleichung aufzustellen, anschließend werden in einem ersten Schritt durch Rückwärtsrechnung zunächst jeweils bis zum Beginn des Planungshorizontes sukzessive die optimalen Zeitwerte der jeweiligen Periode errechnet, in einem zweiten Schritt mittels Vorwärtsrechnung wird die optimale Strategie bzw. werden die optimalen Ersatzhandlungen bestimmt.

Mittels Dynamischer Optimierung lassen sich also entsprechende Probleme der Ermittlung wirtschaftlicher Instandhaltungsentscheidungen adäquat lösen. Die bisherig behandelten Modelle unterliegen jedoch der Prämisse, dass künftige Alterungsprozesse mit Sicherheit vorausgesehen werden können. Im Folgenden werden Modelle vorgestellt, welche diese Annahme nicht treffen und einen stochastischen Alterungsprozess berücksichtigen.

Stochastische Modelle

Stochastische Modelle berücksichtigen unsichere Komponenten. In dieser Arbeit wird der Alterungsprozess als stochastische Komponente modelliert. Dieser führt zu unsicheren bewertungsrelevanten Zahlungsströmen in der Zukunft. Zur Bewertung der monetären Auswirkungen ist das entsprechende Bewertungskriterium, der Kapitalwert aus Gleichung 3.3, entsprechend zu modifizieren. Hierbei müssen das mit den Handlungsmöglichkeiten verbundene Risiko sowie die Risikoeinstellung des Entscheiders berücksichtigt wer-

[83] vgl. z.B. Neumann [136], S. 602 ff.

den. Nach dem Bernoulli-Prinzip sind verschiedene Alternativen unter Unsicherheit mittels des dazugehörigen Nutzenerwartungswertes zu beurteilen.[84] In unserem Fall wird der Nutzen über monetäre Zahlungsströme gemessen. Dann lassen sich diese unsicheren Cash Flows mit Hilfe ihres Erwartungswertes bewerten, die Nutzenfunktion des Entscheiders als Maß der Risikoeinstellung wird über eine entsprechend zu entrichtende Risikoprämie berücksichtigt. Diese kann als Differenz zwischen dem Erwartungswert der Zahlungsströme und dem sogenannten Sicherheitsäquivalent bestimmt werden. Dieses gibt gerade den Betrag an, bei dem ein Entscheider indifferent zwischen diesem sicheren Betrag und den unsicheren Zahlungsströmen ist. Ein risikoneutraler Entscheider wird demnach keine Risikoprämie verlangen.[85] Realistischer ist allerdings die Annahme eines risikoaversen Investors, bei dem der Bernoulli-Nutzen durch eine konkave Funktion ausgedrückt wird. In diesem Fall kann gezeigt werden[86], dass das Sicherheitsäquivalent stets kleiner als der Nutzenerwartungswert ist und somit vom Investor für die Annahme dieser Alternative stets eine positive Risikoprämie verlangt wird. Im Folgenden wird von dieser Annahme eines risikoaversen Investors ausgegangen.

Bei Verwendung der Kapitalwertmethode existieren zwei Möglichkeiten der Berücksichtigung des Investitionsrisikos sowie der Risikoeinstellung des Investors:

- Risikoanpassung des Zählers durch Sicherheitsäquivalentverfahren
- Risikoanpassung des Nenners durch Verwendung eines risikoangepassten Diskontierungsfaktors

Beide Verfahren führen nur zum gleichen Ergebnis, wenn risikoangepasster Diskontierungsfaktor und Sicherheitsäquivalentfaktor entsprechend gebildet werden.[87]

Wie bereits beschrieben werden beim Sicherheitsäquivalentverfahren unsichere Zahlungsströme durch das gleichwertige Sicherheitsäquivalent ersetzt. Hierfür ist ein entsprechender Sicherheitsäquivalentfaktor zu ermitteln, der im Falle eines risikoaversen Investors zu einem Abschlag vom Erwartungswert führt. Die entsprechenden Zahlungen können dann mit dem risikolosen Zins diskontiert werden.

[84] vgl. z.B. Bamberg/Coenenburg [6], S. 82 ff., Manz et al. [128], S. 36 ff. und Sorger [165], S. 53 ff.

[85] vgl. Bamberg/Coenenburg [6], S. 99.

[86] vgl. Bamberg/Coenenburg [6], S. 95 f.

[87] vgl. Kilka [101], S. 11.

Im Falle der Risikoanpassung des Nenners wird der risikolose Zins i um einen Risikozuschlag z_r erhöht, der risikoangepasste Diskontierungsfaktor i_r ergibt sich damit zu:

$$i_r = i + z_r \tag{3.6}$$

Dieser beeinhaltet sowohl Zeitwert als auch das Investitionsrisiko, mit diesem sind die erwarteten Zahlungsströme zu diskontieren. Für die Risikoerfassung bzw. Ermittlung von risikoangepasstem Diskontierungsfaktor und Sicherheitsäquivalentfaktor existieren in der Literatur verschiedene Modelle, u.a. das auf Arbeiten von Sharpe, Treynor, Mossin und Lintner basierende Capital Asset Pricing Modell (CAPM) sowie die von Ross entwickelte Arbitrage Pricing Theorie (APT).[88] Die Anwendung dieser Modelle wird in der Praxis aufgrund einschränkender Modellannahmen sowie empirischer Tests, welche diese Modelle nicht stützen, stark diskutiert. Insofern ist die Bestimmung der Risikoprämie eines der zentralen Probleme stochastischer Modelle.

Die Anwendung der Kapitalwertmethode zur Bewertung von Investitionsentscheidungen unter Unsicherheit wird in der Literatur aufgrund einer nur bedingten Modellierung zukünftiger Handlungsmöglichkeiten kritisiert. Hierzu gehören folglich auch Ersatzentscheidungen. Meist werden nur Entscheidungen der aktuellen Periode modelliert. Die durch spätere bedingte Entscheidungen hervorgerufenen Zahlungsströme werden daher ebenfalls nicht erfasst.[89] Dies liegt jedoch nach Bühler/Uhrig-Homburg lediglich an der unvollständigen Modellierung der Alternativenmenge.[90] Allerdings muss berücksichtigt werden, dass diese Menge entsprechend dieser möglichen Handlungen und des betrachteten Planungshorizontes leicht sehr groß werden kann, mit entsprechenden Auswirkungen auf Lösbarkeit und Übersichtlichkeit.

Zur Berücksichtigung mehrperiodiger Handlungsmöglichkeiten bei Investitionsentscheidungen unter Unsicherheit existieren in der Literatur aufbauend auf der Kapitalwertmethode unter Unsicherheit im wesentlichen zwei weitere unterschiedliche Modellierungsansätze:

- Entscheidungsorientierte Methoden des Operations Research
- Realoptionen

[88] vgl. bzgl. CAPM Sharpe [159] [158], Treynor [171], Mossin [134] und Lintner [117] sowie bzgl. APT Ross [144].

[89] vgl. Trigeorgis [172], S. 32 ff.

[90] vgl. Bühler/Uhrig-Homburg [11], S. 139.

Die Verwendung entscheidungsorientierter Methoden des Operations Research erfolgt meistens mittels des Entscheidungsbaumverfahrens[91] oder stochastischer Entscheidungsprozesse[92], bei denen die Stochastik mittels Markovprozessen modelliert wird. Bei beiden Ansätzen handelt es sich um sequentielle Entscheidungsprobleme, die bei endlichem Planungshorizont mittels gleicher Ansätze lösbar sind und zu gleichen Ergebnissen führen. Der Unterschied liegt lediglich in der Modellformulierung. In dieser Arbeit werden zur Modellierung stochastische Entscheidungsprozesse verwendet. In diesem Fall lässt sich zur Ermittlung optimaler Strategien unter gewissen Voraussetzungen eine Optimalitätsgleichung ermitteln, deren Lösung mit verschiedenen Methoden bestimmt werden kann. Diese stellen dann optimale Strategien dar. Eine detailliertere Erläuterung erfolgt in Verbindung mit der eigentlichen Problemmodellierung. Bei Dahmen erfolgt eine prizipielle Darstellung, wie Ersatzmodelle mittels Markovschen und Semi-Markovschen Entscheidungsmodellen aufgestellt werden können. Dabei werden neben reinen Ersatzentscheidungen auch simultane Betrachtung von Ersatz- und Verschleißbeseitigungsmaßnahmen sowie von Ersatz- und verschleißhemmenden Maßnahmen modelliert. Eine konkrete Bestimmung einzelner Modellgrößen findet jedoch nicht statt. Vor allem die vereinfachende Annahme stationärer Übergangswahrscheinlichkeiten ist hinsichtlich dieser Arbeit ungeeignet. Aus den vorgestellten Modellen des Alterungsprozesses in Kapitel 2.3 ist leicht erkennbar, dass diese bei Gebäudeelementen altersabhängig sind.

Als Kritikpunkt dieser Methode wird oft die schwierige Abschätzung der Wahrscheinlichkeiten künftig eintretender Zustände genannt. Wie in vorhergehenden Kapiteln gezeigt wurde, existieren jedoch in diesem Fall geeignete Ansätze zur Beschreibung des stochastischen Alterungsprozesses. Aus diesem lassen sich entsprechende Wahrscheinlichkeiten zuverlässig bestimmen. Der Frage des korrekten Diskontierungsfaktors kommt eine wesentlich größere Bedeutung zu. Eine aus Vereinfachungsgründen stattfindende Verwendung zeit- und zustandsunabhängiger Diskontierungsfaktoren lässt sich nicht mit der Theorie des CAPM vereinbaren. Nach CAPM ändert sich der Diskontierungsfaktor mit der Zeit und dem Wert der der Option zugrundeliegenden Zustandsvariable.[93] Nach Bühler/Uhrig-Homburg ist diese Kritik jedoch nicht gerechtfertigt.[94] Zum einen wird gezeigt, dass sehr wohl eine zustands- und zeitabhängige Ermittlung der Diskontierungsfaktoren möglich ist. Wei-

[91]vgl. z.B. Bühler/Uhrig-Homburg [11], Teisberg [169] und Kasanen/Trigeorgis [97].

[92]vgl. z.B. Waldmann [191], S. 6.1 ff., Göppl [63], Girlich [60], S. 93 ff., Girlich et al. [61], Ross [145], White [199] und Beichelt [9].

[93]vgl. Kilka [101], S. 29 f.

[94]vgl. Bühler/Uhrig-Homburg [11], S. 139 ff.

terhin wird ebenfalls in Frage gestellt, ob eine zeit- und zustandsunabhängige Diskontierung grundsätzlich falsch ist.

Diese Problematik tritt bei einer weiteren Möglichkeit der Lösung dieses Entscheidungsproblemes, dem Realoptionsansatz, nicht auf.[95] Dieser kann der Gruppe der Sicherheitsäquivalent-Methoden zugeordnet werden.[96] Prinzipiell werden dabei die ursprünglichen Wahrscheinlichkeiten in risikoneutrale Wahrscheinlichkeiten transformiert, die Diskontierung des mit diesen berechneten Erwartungswertes kann dann mit dem risikolosen Zins erfolgen. Die Bewertung erfolgt mittels Instrumenten der Optionspreistheorie. Allerdings unterstellt dieser Ansatz eine Replizierbarkeit der Investition durch gehandelte Werte. Handelt es sich bei den betrachteten Risiken um nicht absicherbare Risiken, ist die Erfüllbarkeit dieser Voraussetzung jedoch kritisch zu sehen.

Bei vollständig absicherbaren Risiken führen beide Ansätze unter der Annahme, dass bei stochastischen Entscheidungsprozessen zeit- und zustandsabhängige Diskontierungsfaktoren verwendet werden, zum selben Ergebnis. Nach Teisberg[97] hängt die Wahl der geeigneten Methode sehr stark vom Kontext ab. Alle Ansätze treffen zur Lösung des grundsätzlichen Problems der Risikobewertung verschiedene Annahmen. Nach Meinung des Verfassers ist der später in dieser Arbeit verwendete Ansatz der Modellierung durch stochastische Entscheidungsprozesse am geeignetsten. Die Duplikation des auf Elementebene betrachteten Investitionsprojektes dürfte schwierig sein. Die entsprechenden entscheidungsrelevanten Zahlungsströme werden nicht abhängig von Markt- bzw. Preisrisiken, sondern von den Risiken des Alterungsprozesses modelliert. Für die Absicherung solcher Risiken existieren bisher keine geeigneten Finanzinstrumente. Daher scheint die Verwendung eines bzgl. dieser Zustände unabhängigen Diskontierungsfaktors als geeignet. Gleichwohl ist dieser den Risiken der Gesamtimmobilie entsprechend zu wählen. Hier spielen vor allem bei Mieten auftretende Marktrisiken eine Rolle. Weiterhin ist der zusätzliche Modellierungsaufwand bei der Betrachtung verschiedener Handlungsmöglichkeiten bei stochastischen Entscheidungsprozessen wesentlich geringer als bei Realoptionen.[98]

Insgesamt ist erkennbar, dass zur Ermittlung von Instandhaltungsstrategien sehr unterschiedliche Modellwelten und deren Methoden herangezogen werden können. Aus Sicht eines Investors spielt vorwiegend die betriebswirtschaftliche Sichtweise eine Rolle. Berücksichtigt man neben dem daraus fol-

[95] Detailliertere Ausführungen finden sich z.B. in Kilka [101] und Trigeorgis [172].

[96] vgl. Bühler/Uhrig-Homburg [11], S. 139.

[97] vgl. Teisberg [169], S. 45.

[98] Zur Modellierung und Bewertung von Investitionsprojekten mit mehreren Realoptionen siehe Lucke [125].

genden Zielkriterium der Maximierung der Wirtschaftlichkeit die Unsicherheit des Alterungsprozesses von Gebäudeelementen, so ist eine Problemmodellierung über stochastische Modelle am geeignetsten. Diese sind wesentlich realitätsnäher als die bereits beschriebenen deterministischen Ansätze. Sie berücksichtigen unsichere Alterungsprozesse der Zukunft. Allerdings besitzen sie den Nachteil eines größeren Modellierungs- und Planungsaufwandes. Bei einer stochastischen Modellierung ist ein umfangreicheres Instandhaltungsmanagement notwendig. Im wesentlichen betrifft dies Informationsumfang und -qualität. Es ist zu vergleichen, ob die damit verbundenen Mehrausgaben durch Verbesserungen der Zielgröße bei Berücksichtigung der Unsicherheitskomponente kompensiert werden können.

Grundsätzlich wäre dann eine Lösung mittels Realoptionsansatz oder stochastischen Entscheidungsprozessen möglich. Allerdings ist die spezifische Problemstellung zu berücksichtigen. Die Ermittlung entsprechender Wahrscheinlichkeiten stellt aufgrund des vorhandenen Datenmaterials sowie entsprechender Methoden kein Problem dar. Weiterhin sind mögliche Erweiterungen beispielsweise hinsichtlich zusätzlicher Handlungen oder der Berücksichtigung weiterer Nebenbedingungen, z.B. energetischer oder ökologischer Art, im Gegensatz zum Modellansatz der Realoptionen wesentlich einfacher umzusetzen. Insgesamt ist hierdurch der Modellierungsansatz der stochastischen Entscheidungsprozesse am flexibelsten anpassbar und wird als am adäquatesten bezüglich der in dieser Arbeit gestellten Fragestellung angesehen.

3.4 Handlungssystematik für eine spätere Modellierung

Wie in Kapitel 3.1 verdeutlicht wurde, findet in der Literatur keine einheitliche Begriffsverwendung statt. Hinsichtlich einer späteren Modellierung ist eine korrekte Beschreibung der Auswirkungen einer Handlung wesentlich wichtiger als die einer Handlung zugeordneten Begrifflichkeit, weswegen der verwendete Handlungsbegriff diese ausreichend berücksichtigen muss. Dazu gehören sowohl Auswirkungen von Handlungen auf den Gebäudezustand bzw. den Alterungsprozess als auch daraus folgende monetäre Auswirkungen.

Bei der Zuordnung monetärer Auswirkungen existieren jedoch gesetzliche Rahmenbedingungen, die die Relevanz dieser monetären Zahlungsströme beeinflusst. Zum einen ist die Verteilung von Besitz- und Nutzungsrechten mitentscheidend. Werden diese Rechte auf mehrere Personen aufgeteilt, d.h. es existieren Vermieter und Mieter, so sind bestimmte Zahlungsströme aus Sicht des Entscheiders (in Person des Vermieters) durchlaufende Posten, d.h. diese werden vom Mieter getragen.[99] Diese werden auch als Betriebskosten bezeichnet. Hierdurch sind diese aus Sicht des Vermieters nicht entscheidungswirksam und somit unter wirtschaftlichen Zielen zu vernachlässigen. Allerdings können diese indirekt doch von Relevanz sein, wenn durch die damit größere werdenden Gesamtausgaben auf Mieterseite z.B. das Leerstandsrisiko beeinflusst wird. Bei Betrachtung der Selbstnutzung[100] sind diese Zahlungen natürlich relevant.[101] Zum anderen existieren bestimmte rechtliche Vorschriften zur Regelung der Miethöhe während eines Vertragsverhältnisses. In §559 BGB wird die Möglichkeit der Mieterhöhung bei Modernisierung geregelt, dadurch sind neben der normalen Anpassung der Miete an die ortsübliche Vergleichsmiete Mieterhöhungen nur bei Modernisierungshandlungen möglich. Diese werden als Handlungen beschrieben, welche „den Gebrauchswert der Mietsache nachhaltig erhöhen, die allgemeinen Wohnverhältnisse auf Dauer verbessern oder nachhaltig Einsparungen von Energie und Wasser bewirken...“. Die Art und Beschreibung der Handlung hat somit einen Einfluss auf die Zahlungsströme. Für eine detailliertere Beschreibung dieser Zahlungsströme und deren Modellierung wird auf Kapitel 4 verwiesen.

Die in dieser Arbeit verwendeten Handlungen werden nachfolgend nach dem Grad der Beeinflussung des Alterungsprozesses bzw. des Gebäudezustandes systematisiert und beschrieben. Die entsprechende Zuordnung der Begrifflichkeit erfolgt im wesentlichen nach der betriebswirtschaftlichen Begriffswelt sowie den Forschungsarbeiten von IP-Bau und Christen/Meyer-Meierling. Die Verwendung dieser scheint am zweckmäßigsten für diese Arbeit, da die spätere Modellierung auf dort vorhandene Ansätze und Ergebnisse aufbaut. Modellierte Handlungen werden folgendermaßen definiert:

1. Instandhaltungen:
   Hierunter werden diejenigen Maßnahmen verstanden, die im deterministischen Fall zu einer Verlängerung der technischen Nutzungsdauer bzw. im stochastischen Fall zu einer veränderten Verteilung der technischen Nutzungsdauer mit einer größeren erwarteten technischen Nutzungsdauer führen. Somit kommt es auch zu einer Veränderung bzw. Verlangsamung des Alterungsprozesses.

2. Instandsetzungen/Ersatzinvestitionen:
   Hierunter werden alle Maßnahmen verstanden, die zu einer Verbesserung des Abnutzungsvorrates bzw. des Gebäudezustandes führen. Da-

[99] z.B. die Ausgaben für Heizung und Warmwasser.

[100] Bei diesem Fall handelt es sich bei Vermieter und Mieter um dieselben Personen.

[101] Ob diese Unterteilung Einfluss auf die Handlungsentscheidungen hat, wird in den späteren Modellen durch unterschiedliche Fälle untersucht.

bei kann der Übergang in den durch diese Verbesserung resultierenden Gebäudezustand ebenfalls deterministisch oder stochastisch modelliert werden. Diese Maßnahmen lassen sich weiter unterteilen in:

(a) teilweise Instandsetzung:
Hierunter werden alle Maßnahmen verstanden, die zu einer teilweisen Auffüllung des Abnutzungsvorrates führen. Dadurch wird quasi ein bestimmter besserer Gebäudezustand erreicht, nicht jedoch der beste. Es findet also kein Austausch/Ersatz des Elementes statt. Der Alterungsprozess nach dieser Handlung verläuft wieder entsprechend ab diesem verbesserten Abnutzungsvorrat. Diese Art der Handlung wird oft im Anlagen- und Maschinenbau modelliert, ist bei Gebäudeelementen jedoch schwierig umzusetzen. Es existieren bei manchen Gebäudeelementen einzelne Maßnahmen, die dieser Handlungsart zugeordnet werden können, nicht jedoch bei allen. Die meisten Maßnahmen bei Gebäudeelementen, welche nicht einen Austausch beinhalten, sind eher im Sinne von Instandhaltungen zu sehen. Wichtiger ist, dass sich nirgends eine Zuordnung findet, inwieweit eine Auffüllung des Abnutzungsvorrates durch eine solche Maßnahmen erfolgt. Ohne eine solche sind jedoch die Ergebnisse bei einer Modellierung wenig aussagekräftig. Daher wird diese Art von Maßnahmen in dieser Arbeit nicht modelliert.[102]

(b) vollständige Instandsetzung durch identisches Element/Ersatzinvestitionen:
Hierunter werden alle Maßnahmen verstanden, die zu einer vollständigen Wiederherstellung des bestmöglichen Abnutzungsvorrates des bisherigen Elementes führen, es findet ein Austausch/Ersatz mit dem gleichen Elementtyp statt. Dadurch entspricht der Alterungsprozess des neuen Elements prinzipiell dem des alten Elements. Im deterministischen Fall sind die entsprechende Nutzungsdauern, im stochastischen Fall die Verteilungen der technischen Nutzungsdauern beider Elemente identisch.

(c) vollständige Instandsetzung durch nicht-identisches Element/Ersatzinvestitionen:
Hierunter werden alle Maßnahmen verstanden, die zu einer vollständigen Wiederherstellung des bestmöglichen Abnutzungsvorrates des neuen Elementes führen, es findet ein Austausch mit einem nicht-identischen Element statt. Wird der entsprechende

[102]Die eigentliche Modellierung wäre jedoch nicht schwierig und im Grunde mit der Modellierung vollständiger Instandsetzung vergleichbar.

bestmögliche Abnutzungsvorrat absolut dargestellt, kann dieser dann größer, gleich oder kleiner dem alten sein.[103] Meist wird dieser jedoch relativ betrachtet. Dann ist der darauf folgende Verlauf des Alterungsprozesses prinzipiell gegenüber dem des alten Elementes durch die Lebensdauer des Elementes determiniert.

Gegenüber diesen Handlungsmöglichkeiten steht dem Investor natürlich auch immer eine Unterlassungsalternative zu, also keine dieser Handlungen zu wählen und quasi nichts zu tun. Hierdurch wird dann natürlich das Alterungsverhalten nicht beeinflusst, das Element altert weiter entsprechend seinem bisherigen Alterungsverhalten. Eine Verdeutlichung der Auswirkungen entsprechender Maßnahmen im deterministischen Fall kann aus den Abbildungen 3.9 und 3.10 entnommen werden.[104]

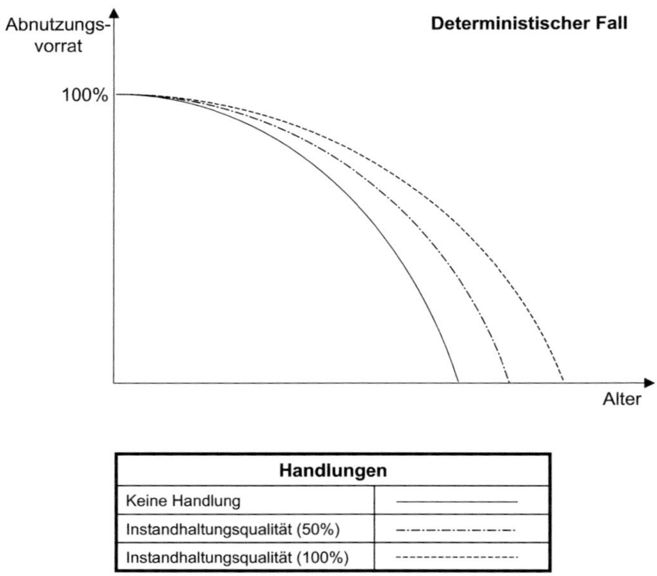

Abbildung 3.9: Auswirkungen modellierter Handlungen auf den zeitlichen Verlauf des Abnutzungsvorrates - Teil 1

[103]Bei einem nicht-identischen Ersatz stellt sich in der Praxis auch die Frage, ob es sich um eine Instandsetzung oder eine Modernisierung nach den unter 3.1.2 beschriebenen Normen handelt. Dies hat auch mietrechtliche Auswirkungen auf mögliche Mieterhöhungen. Derartige rechtliche Effekte werden in dem Modell jedoch nicht berücksichtigt.

[104]Zur Instandhaltungsqualität vgl. hierzu Kapitel 2.3.2.

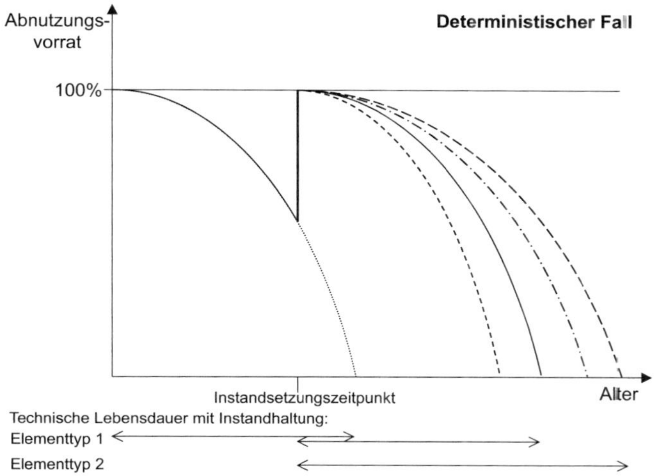

Handlungen	
Instandsetzung identisch (Typ 1) mit anschl. Instandhaltung	————
Instandsetzung identisch (Typ1) ohne anschl. Instandhaltung	- - - - - - - -
Instandsetzung nicht identisch mit anschl. Instandhaltung (Typ2: längerlebigeres Element)	– – – – –
Instandsetzung nicht identisch ohne anschl. Instandhaltung (Typ 2: längerlebigeres Element)	–·–·–·–

Abbildung 3.10: Auswirkungen modellierter Handlungen auf den zeitlichen Verlauf des Abnutzungsvorrates - Teil 2

Die Entscheidungen werden immer für eine Periode getroffen. Es handelt sich dabei um alternative Handlungsmöglichkeiten. Dabei ist die Wirkungsweise von Instandhaltungen im obigen Sinne im Gegensatz zu Instandsetzungen grundsätzlich verschieden. Instandsetzungen werden als zeitpunktbezogene Maßnahmen modelliert, d.h. diese Maßnahmen führen zu einer Änderung des Gebäudezustandes exakt zu dem Zeitpunkt, an dem sie getroffen werden. In der darauffolgende Periode bis zum nächsten Entscheidungszeitpunkt altert das Element bereits wieder entsprechend seinem Alterungsverhalten. Dieser Übergang kann sowohl deterministisch als auch stochastisch modelliert werden. Im deterministischen Fall erfolgt bei einer vollständigen Instandsetzung ein Übergang in den bestmöglichen Zustand entweder des identischen oder des nicht-identischen Elementes. Bei einer stochastischen Betrachtungsweise kann auch mit einer gewissen Wahrscheinlichkeit keine vollständige Wiederherstellung des Abnutzungsvorrates eintreten. Hierdurch können eventuell mögliche Einbaufehler oder nicht erkannte Qualitätsmängel und damit verbundene Minderungen des Abnutzungsvorrates modelliert werden.

Demgegenüber sind Instandhaltungen periodenbezogene Maßnahmen. Die Entscheidung zur Durchführung dieser Maßnahme wird zwar jeweils zum Zeitpunkt des Periodenbeginns getroffen, die Auswirkungen gelten jedoch für die gesamte nächste Periode, d.h. im Verlauf dieser findet ein gewisser Verzehr des Abnutzungsvorrates statt. Damit geht das Element von einem gegebenen Zustand zum Entscheidungszeitpunkt zu Beginn einer Periode innerhalb dieser Periode[105] in einen neuen Zustand über. Dieser Übergang hängt von dem grundsätzlichen Alterungsverhalten des Elementes sowie eben der Beeinflussung durch entsprechende Instandhaltungsaktivitäten ab. Da einerseits diese Handlungen alternativ modelliert werden und somit zu einem bestimmten Zeitpunkt lediglich eine Entscheidung getroffen werden kann, andererseits Instandsetzungen zeitpunktbezogen sind, stellt sich noch die Frage, wie bei Instandsetzungsmaßnahmen nach dem sofortigen Zustandsübergang, das Verhalten der nächsten Periode modelliert wird. Grundsätzlich könnte hierfür ein Alterungsverhalten mit oder ohne Instandhaltung unterstellt werden. In der Arbeit wird unterstellt, dass durch die Instandsetzung das Alterungsverhalten der nächsten Periode dem Alterungsverhalten mit Instandhaltung gleicht. Diese Annahme lässt sich folgendermaßen motivieren: Viele Maßnahmen der Instandhaltung beinhalten Korrekturmaßnahmen, welche bei einer Instandsetzung nicht mehr nötig sind bzw. automatisch mit geschehen, z.B. das Nachjustieren von Fensterscharnieren.[106] Eine Verdeutlichung dieser Maßnahmen und deren Auswirkungen wird in der Modellierung formal und über entsprechende Übergangsgraphen dargestellt.

Insgesamt muss also zwischen den Maßnahmen, die den Alterungsprozess verändern bzw. verlangsamen und Maßnahmen, die zu einer Veränderung des Gebäudezustandes führen, unterschieden werden. Hierzu gehören Maßnahmen, die zu einer vollständigen Wiederherstellung des Abnutzungsvorrates führen, also einem Austausch des Elementes, ebenso wie Maßnahmen, die nur zu einer teilweisen Auffüllung des Abnutzungsvorrates führen; bei diesen wird quasi ein besserer Gebäudezustand erreicht, nicht jedoch der beste.

[105] d.h. bis zum nächsten Entscheidungszeitpunkt am Ende dieser Periode, bzw. zu Beginn der nächsten Periode.

[106] Die Wahl der Annahme aus beiden Möglichkeiten besitzt allerdings wenig Relevanz. Die Differenz des Alterungsverhaltens mit und ohne Instandhaltung ist bei neuen Elementen so gering, dass hierdurch keine Veränderung des Entscheidungsverhaltens, sondern lediglich eine minimale Verschlechterung des entsprechenden Wirtschaftlichkeitsmaßes, dem Kapitalwert, zustande kommt.

4. Zahlungsströme von Immobilien als monetäre Auswirkungen von Alterungsprozessen und Handlungen

Sowohl bereits beschriebene Alterungsprozesse im Lebenszyklus einer Immobilie als auch mögliche Handlungen zur Beeinflussung dieser verursachen monetäre Auswirkungen, die für eine Bewertung hinsichtlich der Ermittlung optimaler Instandhaltungsstrategien erfasst und ermittelt werden müssen. Hierfür finden sich in der Literatur spezifische Ansätze für die Bauwirtschaft zur Messung von Lebenszykluskosten. Hinsichtlich der Anwendung dieser für die jeweilige Bewertungsmethodik sind diese entsprechend abzugrenzen. Lediglich zahlungswirksame und entscheidungsrelevante Größen sind im Sinne einer Optimierung der Wirtschaftlichkeit relevant. Gesetzliche und normative Vorgaben bezüglich Umfang und Höhe einzelner Zahlungsarten sind ebenfalls zu berücksichtigen. Im Anschluss an eine Darstellung erfolgt eine weitere Abgrenzung sowie Aufbereitung der Zahlungsströme hinsichtlich der spezifischen Problemstellung dieser Arbeit. Zum einen sind lediglich auf Elementebene entscheidungsrelevante Zahlungsströme zu berücksichtigen. Zum anderen sind diese abhängig von den jeweiligen Elementzuständen zu ermitteln sowie monetäre Auswirkungen einzelner Handlungen zu berücksichtigen.

4.1 Erfassung und Strukturierung lebenszyklusbezogener Zahlungsströme in der Literatur

In der Literatur existierende Ansätze zur Erfassung und Strukturierung lebenszyklusbezogener Zahlungsströme lassen sich grundsätzlich in verschiedene Kategorien aufteilen:

- Ansätze zur Erfassung und Strukturierung unterschiedlicher Arten von Zahlungsströmen
- Ansätze zur Abschätzung oder Ermittlung des Betrages einzelner Zahlungsarten

Bei den vorhandenen Ansätzen zur Erfassung und Strukturierung lebenszyklusbezogener Zahlungsströme handelt es sich vorwiegend um nationale und internationale Normen und Richtlinien, die eine Systematisierung verschiedener Größen beinhalten und somit als eine Art Kostenartenrahmen verstanden werden können. Im wesentlichen sind hier die DIN 276 - Kosten im Bauwesen - Teil 1: Hochbau[1] sowie die DIN 18960 - Nutzungskosten im Hochbau[2] zu nennen. Eine Abgrenzung beider kann anhand der berücksichtigenden Phasen im Lebenszyklus einer Immobilie erfolgen. Generell lässt sich die DIN 276 der Planungs- und Bau- bzw. Erstellungsphase zuordnen, während die DIN 18960 Kosten in der Betriebsphase betrifft.

4.1.1 Die DIN-Normen 276 und 18960

Die DIN 276 liefert neben einer Beschreibung möglicher Formen der Kostenermittlung während der Erstellungsphase auch einen Beitrag zur Kostengliederung. Diese erfolgt über folgende sieben Hauptkostengruppen, welche auf einer zweiten und dritten Ebene weiter detailliert werden können[3]:

- 100 Grundstück
- 200 Herrichten und Erschließen
- 300 Bauwerk - Baukonstruktionen
- 400 Bauwerk - Technische Anlagen

[1]vgl. DIN 276 [35].
[2]vgl. DIN 18960 [34].
[3]vgl. DIN 276 [35].

- 500 Außenanlagen
- 600 Ausstattung und Kunstwerke
- 700 Baunebenkosten

Die dritte Ebene enthält zusätzlich Anmerkungen zu den einzelnen Positionen und deren Abgrenzung untereinander. Diese Systematisierung ist insgesamt gewerkeorientiert. Im Sinne dieser Arbeit ist eine solche Unterteilung jedoch nicht zwingend notwendig. Sämtliche Positionen können summarisch als Investitionsausgaben behandelt werden. Wie sich aus der Unterteilung erkennen lässt, stellt die Norm eine Investition aus Sicht der Gesamtimmobilie dar. Die Betrachtung auf Elementebene betrifft somit nur einzelne Positionen und ist damit jedoch auch implizit mit berücksichtigt. Die DIN 276 beinhaltet jedoch keine Aussage über die Anwendbarkeit im Rahmen von Instandsetzungen auf Elementebene mittels eines identischen oder nicht identischen Ersatzes, welche ebenfalls als Investitionsausgaben anzusehen sind. Prinzipiell wäre der Rahmen der DIN 276 jedoch auch hierfür geeignet, die entsprechende Betrachtung von Instandsetzungen erfolgt jedoch innerhalb der DIN 18960.

Die DIN 18960 beinhaltet neben den Grundsätzen der Kostenermittlung während des Betriebs auch eine Gliederung möglicher Kostenarten in dieser Phase. Wie bei der DIN 276 erfolgt auf oberster Ebene eine Aufteilung in Hauptgruppen, welche auf zwei weiteren Gliederungsebenen detaillierter spezifiziert werden können:

- 100 Kapitalkosten
- 200 Objektmanagementkosten
- 300 Betriebskosten
- 400 Instandsetzungskosten

Bei den hier beschriebenen Positionen handelt es sich im Gegensatz zur DIN 276 um regelmäßig anfallende Kosten, welche im Rahmen der Nutzung einer Immobilie entstehen. Auch diese sind somit nicht auf der Elementebene angesiedelt. Prinzipiell ist dort jedoch ebenfalls eine Anwendung der Norm denkbar. Es ergibt sich dann jedoch die bereits in den vorherigen Kapiteln erwähnte Problematik der Abgrenzung bzw. Zuordnung einzelner Positionen auf die einzelnen Elemente. Betriebskosten enthalten neben eindeutig zuordnenbaren Kosten wie z.B. Bedienung, Inspektion und Wartung (Kostengruppe 350) auch Arten wie z.B Ver- und Entsorgungskosten oder Reinigung, welche im Sinne einer Kostenrechnung als Gemeinkosten verstanden werden können. Im Sinne der Ermittlung optimaler Instandhaltungsstrategien sind jedoch nur entscheidungsrelevante Kostenarten zu berücksichtigen. Positionen, welche durch die untersuchten Handlungen in ihrer Höhe nicht beeinflusst werden können, haben keine Auswirkungen auf die Ergebnisse und können somit außen vor gelassen werden. Beispielsweise ist dies bei Kosten für den Hausmüll oder für Strom der Fall. Bei Positionen, deren Höhe durch mehrere Elemente determiniert wird, ist dies problematischer. Als Beispiel können hier Kosten für die Wärmeversorgung genannt werden. Diese werden zum einen durch die Bereitstellungstechnologie (z.B. Heizung) verursacht, deren Höhe ist aber auch aufgrund möglicher Wärmeverluste durch die Elemente Fassade und Fenster beeinflussbar. Eine optimale Lösung kann somit eigentlich nur über eine simultane Betrachtung aller Elemente erfolgen, die einen Einfluss auf die entsprechende Kostenart besitzen. Dies würde sich jedoch wie bereits beschrieben negativ auf die Komplexität des Problems auswirken. Zur Position der Instandsetzungskosten ist im Rahmen dieser Arbeit anzumerken, dass diese als Investitionsausgabe verstanden wird. D.h. sie sind in jedem Fall zu dem jeweiligen Zahlungszeitpunkt in voller Höhe zu berücksichtigen. Die in der statischen Kostenrechnung übliche Verwendung von Durchschnittskosten ist nicht geeignet.

Aus betriebswirtschaftlicher Sicht ist prinzipiell zu beiden Normen anzumerken, dass dort der Begriff der Kosten verwendet wird. Dieser sagt nichts bezüglich einer Zahlungswirksamkeit einzelner Positionen aus. Eine solche ist jedoch Voraussetzung zur Anwendung der beabsichtigten Methodik. Demnach wären Kostenpositionen, welche keine Zahlungswirksamkeit besitzen, entsprechend auszuklammern.[4] Ebenfalls nicht relevant im Sinne einer Verwendbarkeit für eine dynamische Investitionsrechnung sind Positionen hinsichtlich der Finanzierung.[5]

[4] Als Beispiel hierfür wäre die Position der Abschreibungen der DIN 18960 zu nennen. Diese stellen ein Maß für den Werteverzehr der Investition dar und sind damit beispielsweise für statische Investitionsrechnungen interessant. Im Rahmen einer dynamischen Investitionsrechnung ist allerdings die Investition in ihrem gesamten Betrag zum Zahlungszeitpunkt zu berücksichtigen. Dies ist normalerweise der Zeitpunkt der Erstellung bzw. Erneuerung.

[5] Dies gilt im wesentlichen jedoch nur für die DIN 18960. Die in der DIN 276 enthaltene Position der Finanzierungskosten ist für die Zwischenfinanzierung während der Bauphase vorgesehen. Bei langen Betrachtungszeiträumen ist die Verwendung von jährlichen Perioden durchaus üblich, die Dauer der Bauphase fällt demgegenüber kaum ins Gewicht. Dementsprechend ist eine Einbeziehung der Bauzwischenfinanzierungskosten in die Investition durchaus adäquat. Hierdurch werden die Zahlungen quasi auf den Übergangszeitpunkt zwischen Bau- und Betriebsphase aufgezinst.

Im Sinne der Abbildung aller Kosten, die im Lebenszyklus einer Immobilie anfallen, enthält jedoch keiner der dargestellten Ansätze explizit Kosten für die Außerbetriebnahme. Die DIN 276 könnte jedoch für die Bestimmung dieser prinzipiell herangezogen werden. Hierzu gehören beispielsweise Kosten für[6]:

- Abriss
- Beseitigung
- Entsorgung
- Recycling
- Verwertung
- Umwidmung

Wie bei den bisherigen Kostenarten ist im Rahmen der späteren Modellierung wichtig, dass diese Kosten zum Zeitpunkt der Auszahlung berücksichtigt werden. Auch hier besteht das beschriebene Allokationsproblem auf der Elementebene. Die Kosten für eine Außerbetriebnahme fallen auf dieser Ebene auch bei den Instandsetzungshandlungen gemeinsam mit Zahlungen für die Investition des Ersatzelementes an.

4.1.2 Weitere Erfassungs- und Strukturierungsansätze

Neben diesen deutschen Normen existieren noch eine Reihe weiterer, teilweise internationaler Regelungen:

- GEFMA 108: Betrieb-Instandhaltung-Unterhalt von Gebäuden[7]
- GEFMA 200: Kostenrechnung im Facility Management - Nutzungskosten von Gebäuden und Diensten[8]
- VDI 2884: Beschaffung, Betrieb und Instandhaltung von Produktionsmitteln unter Anwendung von Life Cycle Costing (LCC)[9]
- ISO 15686-5: Building and Constructed Assets - Service Life Planning - Part 5: Life cycle costing[10]

[6] vgl. auch Homann [79], S. 53 ff.
[7] vgl. auch GEFMA 108 [59].
[8] vgl. auch GEFMA 200 [58].
[9] vgl. auch VDI 2884 [183].
[10] vgl. auch ISO 15686-5 [86].

Die GEFMA 108 sowie die GEFMA 200 enthalten beide Gliederungen hinsichtlich der Nutzungskosten, welche allerdings gegenüber der DIN 18960 keine grundsätzlich neuen Erkenntnisse liefern und wesentlich interessanter im Sinne der Definition bestimmter Begrifflichkeiten sind. Ein Vergleich der entsprechenden vorhandenen Unterschiede in der Begrifflichkeit wurde bereits in den vorherigen Kapiteln ausgiebig diskutiert. Ergänzend sei noch darauf hingewiesen, dass die GEFMA 108 auch auf die Kostenbegriffe und Systematisierung in weiteren Werken von untergeordneter Bedeutung wie bspw. der Wertverordnung (WertV) oder der II. Berechnungsverordnung[11] eingeht. Diese Verordnungen können jedoch ebenfalls keine zusätzlichen Beiträge im Rahmen dieser Arbeit liefern.

Die VDI-Richtlinie 2884 stammt zwar aus dem Produktions-/Anlagenbereich, bietet aber eine gute Einordnung der unterschiedlichen Kostenarten anhand des zeitlichen Auftretens, die insgesamt jedoch ebenfalls stark den beiden DIN Normen ähnelt. Sie verwendet auch die mittlerweile übliche Begrifflichkeit der Lebenszykluskosten (Life Cycle Costing). Diese ist definiert als „totale Kosten, die ein System während seiner Lebensdauer aus Betreibersicht verursacht.“[12] Die Begrifflichkeit und auch die Norm zielen darauf ab, die gesamten Kosten und Erlöse während der Lebensdauer zu optimieren. Infolgedessen geht diese Richtlinie auch bereits über eine reine Erfassung und Strukturierung von Zahlungsarten hinaus.

Als internationale Richtline ist die ISO 15686-5 zu nennen. Im Gegensatz zur VDI-Richtline 2884 verwendet diese neben der Begrifflichkeit des „Life Cycle Costing“ auch eine Definition des „Whole Life Costing“, die neben den üblichen Größen der Lebenszykluskosten auch durch Umweltauswirkungen verursachte Effekte über externe Kosten berücksichtigt. Diese werden jedoch im Rahmen dieser Arbeit nicht behandelt. Weiterhin werden auch Kosten, die nicht als direkte Baukosten verstanden werden können, wie z.B. Finanzierungskosten oder Steuern, unter dem Begriff des „Whole Life Costing“ subsummiert. Im Gegensatz zu den bisherigen Werken beinhaltet er darüber hinaus auch verschiedene Einnahmengrößen. Die Richtlinie ist speziell für den Immobilienbereich erstellt. Auch bei diesem Werk steht nicht die Zahlungswirksamkeit der einzelnen Größen im Vordergrund. Einen großen Anteil nehmen mögliche Methoden zur Analyse und Bewertung der Kostenarten ein. Bemerkenswert ist hier, dass auch dynamische Methoden und Ansätze zur Berücksichtigung von Unsicherheiten erwähnt werden, auch wenn es sich

[11]Die II. Berechnungsverordnung ist im Rahmen der Mietrechtsreform und der neuen Betriebskostenverordnung (BetrkV) von 2003 zwischenzeitlich außer Kraft gesetzt.

[12]vgl. VDI 2884 [183], S.3.

bei letzteren lediglich um Sensitivitätsanalysen und numerische Verfahren[13] handelt.

Bis auf die Norm ISO 15686 ist allen diskutierten Ansätzen gemeinsam, dass lediglich eine Berücksichtigung der Kosten bzw. Ausgabenseite erfolgt. Einnahmen und auch prinzipielle Interdependenzen zwischen beiden Seiten werden nicht behandelt bzw. vernachlässigt. Dies ist teilweise verständlich, da die Einnahmensituation gerade bei Immobilien zum größten Teil durch die entsprechende Marktsituation determiniert wird. Allerdings sind gewisse Beziehungen zwischen diesen Größen durchaus vorhanden. Damit ein derartiges Immobilienangebot am Markt existieren kann, muss über lange Sicht eine Wirtschaftlichkeit gegeben sein, d.h. bei einer gegebenen Ausgabensituation lassen sich entsprechend notwendige minimale Einnahmen ausrechnen. Des weiteren werden Betriebskosten teilweise direkt umgelegt und resultieren damit in Einnahmen. Auch die Auswirkungen bestimmter zusätzlicher Kosten, z.B. im Rahmen von Modernisierungen oder Ersatz durch höherwertigere Elemente, auf die Qualität der Immobilie führen letzten Endes mit einer großen Wahrscheinlichkeit zu einer Beeinflussung der Einnahmenseite.[14]

4.1.3 Beiträge zur Ermittlung und Bewertung von Zahlungsströmen

Neben diesen prinzipiellen Arbeiten zur Systematisierung unterschiedlicher Arten von Zahlungsströmen existieren in der Literatur auch einige Arbeiten zur Ermittlung und Bewertung von Zahlungsströmen. Weiterhin finden sich auch zahlreiche Baukostendatenbanken und Softwareinstrumente, welche derartige Informationen beinhalten. Hinsichtlich der Investitionskosten sind entsprechende Werte jedoch stark abhängig vom aktuellen Marktumfeld und entsprechenden Preisen und sind somit ständig auf dem aktuellen Stand zu halten. Weiterhin ist zu berücksichtigen, dass sich auch die zur Verfügung stehenden Elemente selbst ändern können. Dies kann durch technologische Entwicklungen, aber auch durch andere Gründe wie z.B. Änderungen des Produktportfolios eines Anbieters bedingt sein. Hinzu kommt auch, dass ein gleichartiges Produkt bei unterschiedlichen Anbietern zu unterschiedlichen Preisen oder auch unterschiedlicher Qualität[15] zur Verfügung stehen kann.

[13] im Rahmen von Monte-Carlo-Analysen.

[14] vgl. hierzu auch Bachofner/Häussler/Wilhelm [2]. Diese Arbeit zeigt, dass ein Mietzins auch abhängig von der Qualität der Immobilie ist. Auch Kirchner [103] sieht einen solchen Einfluss.

[15] Die Qualität muss dabei nicht immer offensichtlich sein und kann eventuell auch erst im Verlauf der Nutzungsphase endgültig beurteilt werden.

Diese extreme Abhängigkeit vom Erhebungszeitpunkt gilt auch für die Zahlungen während der Nutzungsphase. Bei den Betriebskosten werden die verbrauchten Mengen teilweise durch die Elemente, teilweise aber auch durch externe Faktoren induziert.[16] Der Preis für den entsprechenden Mengenbedarf ist ebenfalls abhängig von der aktuellen Marktsituation. Das gleiche gilt für andere Auszahlungsarten und für die Mieten. Hierdurch ist ein Vergleich unterschiedlicher Werte und Datenbanken schwierig. Ein solcher spielt für diese Arbeit jedoch keine wesentliche Rolle, da die prinzipielle Methodik zur Berechnung optimaler Entscheidungen im Vordergrund steht. Bei sich ändernden Zahlungsströmen können jederzeit neue Berechnungen mit den sich verändernden Inputwerten durchgeführt werden.

Aufgrund dieser skizzierten Gegebenheiten behandeln entsprechende weitere Beiträge in der Literatur meist die Methodik, Verfahrensvorschläge, Hilfsmittel oder Hinweise zur Vorgehensweise zur Ermittlung solcher Zahlungsströme. Darüber hinaus finden sich auch einzelne Berechnungen bzw. Fallstudien zur Bewertung solcher Zahlungsströme, wobei bei diesen die verwendete Methodik nicht im Vordergrund steht. Im wesentlichen beziehen sich all diese jedoch auf die Auszahlungsseite.

Bei Mieten stehen Daten im wesentlichen nur über entsprechende Marktbeobachtungen zur Verfügung. In Deutschland vorhandene Mietspiegel sind bzgl. der Datenaktualität und -qualität jedoch kritisch zu sehen. Es erfolgt vorwiegend nur eine unregelmäßige Aktualisierung, die Daten sind insgesamt stark pauschalisiert und können bei einzelnen Immobilien stark abweichen. Lediglich zu dem Thema der Mietminderung aufgrund bestimmter Mängel der Immobilie bzw. Wohnung finden sich Arbeiten, die entsprechende Urteile aus der Rechtspraxis aufzählen und erläutern.[17] Bei dem Thema Mietminderung handelt sich nicht um eine Zahlungsart an sich, sondern lediglich um Folgen spezieller Einflüsse des aktuellen Zustands einer Immobilie oder auch eines Elementes auf die Höhe der Miete. Da diese Mietminderungen eher prozentual bemessen werden und sich die Rechtssprechung nur über einen längeren Zeitraum hin stärker verändert, ist die zeitliche Abhängigkeit nicht ganz so groß wie bei der prinzipiellen Miethöhe. Durch die Zustandsabhängigkeit sind Mietminderungen natürlich relevant für eine spätere Modellierung. Sie bilden einen der Gründe für Instandhaltung und Instandsetzung.

---

[16]Ein Beispiel hierfür wäre der Wärmeverbrauch. Die benötigte Grundmenge, um die Raumtemparatur auf einem gewissen Niveau zu halten, ist sicher abhängig von der Effizienz der Heizungstechnologie und der Fenster bzw. Fassade, allerdings spielen beispielsweise Nutzerverhalten oder Standort sowie Wetter/Klima eine wichtige Rolle.

[17]vgl. z.B. Deutscher Mieterbund [31].

Eine Arbeit zu Kostenermittlungsverfahren und deren Eignung in den einzelnen Planungsphasen wurde von Ruf[18] erstellt. Diese ist in den Bereich der Investitionskosten einzuordnen und untersucht exemplarisch 20 verschiedene Objekte. Ähnlich einzuordnen ist die Arbeit von Baron[19], die sich aber speziell mit der technischen Gebäudeausrüstung beschäftigt. Demgegenüber ist die Studie von Kandel neben der Arbeit von Kleinefenn eine der ersten, die sich mit den Baunutzungskosten und den Auswirkungen der Investitionskosten auf diese beschäftigt.[20] Als Ergebnis dieser Arbeit wurden Kostendiagramme erstellt, mit welchen Investitions-, Instandsetzungs- und Betriebskosten in Abhängigkeit von Wohnfläche, Haustyp und Ausführungsstandard berechnet werden können. Diese Arbeit bleibt jedoch auf der Ebene der Gesamtimmobilie. Weitere Arbeiten in dieser Richtung wurden u.a. auch von Schub und Herzog verfasst.[21] Kleinefenn dagegen stellt eher Hilfen zur systematischen Erfassung von Zahlungsgrößen aus den Gerüsten der DIN 276 und 18960 für eine anschließende Bewertung mit der Kapitalwertmethode auf einer Elementebene zur Verfügung. Auf Schwierigkeiten der Abgrenzung geht aber auch er nicht adäquat ein. Insgesamt befassen sich jedoch all diese Arbeiten nicht speziell mit der Instandhaltungsproblematik und der Ermittlung optimaler Strategien unter Berücksichtigung eines stochastischen Alterungsprozesses und sind somit für diese Arbeit nur von stark untergeordneter Bedeutung.

Es gibt allerdings auch Untersuchungen, welche sich mit der Thematik Instandhaltungskosten auseinandersetzen. Beiträge zur Budgetierung liefern Heß und Bahr.[22] Eigentliches Ziel dieser Arbeiten ist jedoch die Entwicklung eines Berechnungsverfahrens zur Bestimmung von Budgets zur Instandhaltung von Immobilienportfolios. Diese finden infolgedessen ebenfalls auf einer anderen Betrachtungsebene statt. Die Studie von Deters[23] ermittelt für verschiedene Bauteile Datenblätter, die alle Kostenarten über den gesamten Lebenszyklus ermitteln. Die Zeitwertigkeit wird hier mit berücksichtigt. Weiterhin werden Modelluntersuchungen auf Gebäudeebene durchgeführt, um herauszufinden, wie sich verschiedene Elementkombinationen auf die Wirtschaftlichkeit auswirken. Eine ähnliche Zielsetzung besitzt auch die Arbeit von Hirschberger.[24] Diese bleibt jedoch auf der Ebene des Elementvergleiches. Insgesamt bieten diese Arbeiten neben der für dieses Kapitel relevan-

[18] vgl. Ruf [147].

[19] vgl. Baron [7].

[20] vgl. hierzu Kandel [96] und Kleinefenn [106].

[21] vgl. hierzu Schub [152] und Herzog [76].

[22] vgl. Heß [71] und Bahr [3].

[23] vgl. Deters [29].

[24] vgl. Hirschberger [78].

ten Ermittlung von Zahlungsarten auch erste gute Ansätze einer Bewertung, beleuchten jedoch stets nur Teilaspekte im Sinne dieser Arbeit. Die Berücksichtigung von Unsicherheit sowie die Ermittlung optimaler Strategien findet nicht in einem adäquaten Maß statt.

Zusammengefasst finden sich in der Literatur gute Ansätze zur Ermittlung von Zahlungsströmen. Aufgrund der Aktualität des Datenmaterials und der spezifische Betrachtung bzgl. spezieller Gebäude oder Bauteile lassen sich allerdings keine allgemeinen Schlüsse daraus ziehen. Die in einigen Arbeiten über die Erfassung hinausgehende verwendete Methodik berücksichtigt lediglich Teilaspekte bzw. ist unter größeren Einschränkungen oder zahlreicheren Annahmen ausgewählt worden und somit ungeeignet zur Ermittlung optimaler Entscheidungen unter einem unsicheren Alterungsprozess. Im folgenden Abschnitt wird als Resultat die Verwendung der Zahlungsströme im Rahmen der späteren Modellierung definiert und erläutert.

4.2 Entscheidungsrelevante Zahlungsströme auf Elementebene für eine spätere Modellierung

Zahlungsströme einer Immobilie stellen die Konsequenzen (bzw. Ergebnisfunktion im Sinne der betriebswirtschaftlichen Entscheidungslehre) vorwiegend folgender beider Komponenten dar:

- Eintretende (Umwelt-)Zustände
- Handlungen des Entscheidungsträgers

Dabei lassen sich die eintretenden Umweltzustände weiter in zwei Arten unterteilen:

- Marktzustände
- Gebäude-/ Elementzustand

Unterschiedliche Marktzustände mit entsprechend zugeordneten Preisen können durch einen Preisprozess abgebildet werden. Ursachen für sich im Zeitablauf ändernde Preise können z.B. wechselnde Angebots-/Nachfragesituation, Änderung von Rahmenbedingungen oder des Informationszustandes sein. Im Immobilienbereich spielen verschiedenartige Preise eine Rolle.

Es ist zu unterscheiden zwischen Mietpreisen und Preisen für bestimmte Betriebsmittel sowie Bauleistungen. Bei der zweiten Kategorie handelt es sich um den Gebäude-/Elementzustand, welcher durch den stochastischen Alterungsprozess als Ergebnisfunktion des in Kapitel 2 beschriebenen Alterungsverhaltens sowie den in Kapitel 3 dargestellten Handlungsmöglichkeiten des Entscheidungsträgers angesehen werden kann. Durch den stochastischen Alterungsprozess werden bestimmte Zahlungsarten beeinflusst. Dabei kann es sich zum einen um Einnahmen im Sinne von Mieten handeln. Bei bestimmten Zuständen einzelner Gebäudeelemente kann der Mieter Mietminderungen vornehmen. Zum anderen findet eine Veränderung der Ausgaben durch diesen Alterungsprozess statt. Sind bestimmte Gebäudeelemente bereits in einem schlechteren Zustand, so können sie ihre Funktionserfüllung nicht mehr vollständig garantieren bzw. benötigen einen höheren Mitteleinsatz, um diese zu gewährleisten. Dies betrifft vor allem Elemente, die in Verbindung mit Ausgaben für Wärme stehen sowie betriebstechnische Anlagen, bei denen ein Ressourceneinsatz notwendig ist. Beispielsweise erhöht sich bei einem schlechten Zustand von Gebäudeelementen der Außenhülle der Wärmeverlust aufgrund höherer Transmission. Bei der Heizungsanalage reduziert sich der Wirkungsgrad der Anlage in einem schlechten Zustand, ein höherer Rohstoffeinsatz ist die Folge. Insgesamt werden hierdurch höhere Ausgaben verursacht.

Durch Handlungsmöglichkeiten des Entscheidungsträgers werden ebenfalls die Ein- und Ausgabenseite beeinflusst. Für Immobilien mit schlechterer Qualität wird ein Eigentümer lediglich eine geringere Marktmiete erzielen können. Der Entscheidungsträger hat die Möglichkeit, die in Kapitel 3.4 dargestellten Handlungen, Instandhaltungen und Instandsetzungen, durchzuführen mit den dargestellten Auswirkungen auf den Gebäude-/Elementzustand. Durch diese Handlungen werden direkte Zahlungen verursacht. Diese betreffen bei der Instandhaltung entsprechende Zahlungen für die Beschaffung dieser Aktivitäten. Über die Auswirkungen der Aktivitäten auf den Alterungsprozess und die künftig eintretenden Zustände werden jedoch indirekt auch die eintretenden laufenden Zahlungen beeinflusst. Diese indirekte Beeinflussung gilt natürlich auch für Instandsetzungen. Direkte Zahlungen werden hierbei durch Ausbau und Entsorgung bzw. Verwertung des alten Elementes und Beschaffung und Einbau des neuen Elementes induziert. Als Alternative zu diesen Handlungen hat der Entscheidungsträger aber auch die Möglichkeit, nichts zu tun, wodurch lediglich der stochastische Alterungsprozess abläuft und die dementsprechenden Zahlungen resultieren. Direkte Zahlungen fallen hierbei somit nicht an.

Im Hinblick auf die in der späteren Modellierung verwendete Methodik werden alle Zahlungsströme betrachtet, die entscheidungsrelevant sind. Dementsprechend ist noch eine Einordung vorzunehmen, bei welchen Arten dies der Fall ist. Diese Entscheidungsrelevanz ist von folgenden Kriterien abhängig:

- Entscheidungsträger
- Entscheidungsobjekt

Als Entscheidungsträger kommen prinzipiell sowohl Mieter, Vermieter als auch Eigennutzer einer Immobilie in Frage. Je nachdem, um welche Gruppe es sich bei dem Entscheidungsträger handelt, spielen nur Zahlungen eine Rolle, die dieser Akteur auch zu tragen hat. Ein Eigennutzer hat Zahlungen für alle Handlungen sowie alle Auszahlungsarten zu tragen. Er erhält jedoch keine Mieteinnahmen, dementsprechend sind diese nicht direkt entscheidungsrelevant. Demgegenüber sind diese aus Vermietersicht inklusive eventueller Mietminderungen zu berücksichtigen. Dafür sind die Betriebskosten aus seiner Sicht nebensächlich. Diese wird er im Normallfall auf den Mieter umlegen können. Sie stellen somit einen durchlaufenden Posten dar. Aus Sicht des Mieters fallen sowohl Zahlungen für die Miete als auch für die Betriebskosten an. Kosten für Handlungen wie Investitionen, Instandhaltung oder Instandsetzung hat er jedoch nicht direkt zu tragen. Eine solche Sichtweise hat jedoch auch gewisse Schwächen. Unterstellt man einen wirtschaftlich denkenden und handelnden Entscheidungsträger, so sollten die unterschiedlichen Gruppen auch nicht anfallende Größen kalkulatorisch mit berücksichtigen. Der Selbstnutzer wird unter dieser Annahme seine Situation immer wieder mit der Alternative des Mietens einer Immobilie vergleichen. Der Vermieter muss berücksichtigen, dass aus Sicht des Mieters die gesamte Miete inklusive Betriebskosten entscheidend ist. D.h. falls diese steigen, wird die Höhe der für den Mieter akzeptablen Kaltmiete dementsprechend sinken. Der Mieter wiederum trägt bei funktionierenden Marktmechanismen indirekt über die Kaltmiete auch alle Kosten, die für Handlungen wie Investition, Instandhaltung und Instandsetzung anfallen, allerdings über mehrere Zeitpunkte verteilt. Ansonsten würden dementsprechende Immobilienangebote vom Markt verschwinden. Aus den skizzierten Gründen ist insgesamt eine Unterteilung nach Entscheidungsträger aus Sicht der gesamten Immobilie nicht unbedingt vorteilhaft. In den späteren Beispielrechnungen werden dennoch diese unterschiedlichen Sichtweisen mit berücksichtigt, um entsprechende Auswirkungen aufzuzeigen. Die Unterstellung wirtschaftlich denkender Entscheidungsträger und funktionierender Marktmechanismen werden in der Realität auch nicht immer vollständig anzutreffen sein.

Für das Kriterium des Entscheidungsobjektes wird in dieser Arbeit die Ebene des Gebäudeelementes betrachtet. Bei der Kategorisierung entscheidungsrelevanter Zahlungsströme sind daher alle Arten heranzuziehen, welche dieses Entscheidungsobjekt beeinflussen. Dies betrifft alle Zahlungen in Verbindung mit möglichen Handlungen an diesem Element. Es sind aber auch Zahlungen entscheidungsrelevant, die durch die unterschiedlichen möglichen Zustände dieses Elementes bzw. durch Alternativen eines Elementtyps mit verschiedener Qualität[25] induziert werden. Größen, die in jedem Zustand bzw. bei verschiedenen Alternativen eines Elementtyps identisch anfallen, sind hierbei nicht entscheidungsrelevant. Diese können durch die Handlungen und damit letzten Endes durch die Instandhaltungsstrategie nicht beeinflusst werden, sie sind aus diesem Blickwinkel als fix anzusehen. Insgesamt lässt sich also zusammenfassen, dass alle Zahlungsarten berücksichtigt werden müssen, die element- bzw. zustandsabhängig sind. Elemen- und zustandsunabhängige Zahlungsströme sind nicht entscheidungsrelevant.[26] Besonders hervorzuheben ist in diesem Zusammenhang die Zahlungsart Miete. Die Grundmiete fällt in jedem Falle an, sie ist nicht abhängig von dem Elementzustand. Lediglich mögliche Unterschiede aufgrund verschiedener Alternativen eines Elementtyps oder Mietminderungen sowie Mietausfälle sind heranzuziehen.

Die bereits mehrfach erwähnte Problematik der verursachungsgerechten Allokation einzelner Zahlungsarten auf die einzelnen Elemente bleibt jedoch eine prinzipielle Schwierigkeit des Ansatzes. Weiterhin sind für die Bestimmung der einzelnen Zahlungen in den verschiedenen Zuständen teilweise größere empirische Untersuchungen notwendig, die momentan nicht vorhanden sind. Beispielsweise müsste die Zustandsabhängigkeit der Restwerte oder der Einfluss unterschiedlicher Qualitäten eines Elementtyps auf die Mieten untersucht werden. Beides wird in dieser Arbeit ausgeklammert. Letzteres ergibt sich allerdings auch indirekt aus den berechneten Ergebnissen: Prinzipiell kann bei einer wirtschaftlichen Betrachtungsweise davon ausgegangen werden, dass die Miete unabhängig vom Elementtyp ist. Lassen sich jedoch bei einer qualitiativ höherwertigen Alternative die Auszahlungen reduzieren, führt dies zu einer Verbesserung der Wirtschaftlichkeit, was sich dann je nach Marktumfeld auch auf die Mieten auswirken könnte.

Eine weitere Größe, die im Rahmen der verursachungsgerechten Allokation von Zahlungen eine Rolle spielt, sind an anderen Elementen verursachte Fol-

[25]Dies ist für die Betrachtung von nicht identischem Ersatz notwendig.

[26]Bestimmte Zahlungsarten werden als element- und zustandsunabhängig angenommen, beispielsweise Ausgaben für Verwaltung. Diese könnten zwar auch als element- oder zustandsabhängig unterstellt werden, was aus Sicht der Modellierung kein Problem darstellen würde. Aus Sicht des Verfassers lassen sich hierfür jedoch keine schlüssigen Argumente finden, die diese Annahme rechtfertigen würden.

geschäden. Ein Element kann sich in einem bestimmten Zustand befinden, in welchem es Nachbarelemente direkt oder auch indirekt über ein beschleunigtes Alterungsverhalten schädigt. Da die entsprechend auftretenden zusätzlichen Zahlungen durch das verursachende Element hervorgerufen werden, müssen solche dementsprechend auch diesem zugeordnet werden. Eine derartige Zuordnung ist jedoch äußerst schwierig, zumal Folgeschäden zu einem großen Teil auch durch Verarbeitungsfehler verursacht werden können und somit zu einem gewissen Grad auch immobilienspezifisch sind. Für die Ermittlung von Folgeschäden müssen Interdependenzen zwischen den Gebäudeelementen exakt ermittelt und quantifiziert werden. Eine alternative Lösung ist auch die Verknüpfung von Elementen mit Interdependenzen zu einem einzigen Element, wordurch eine integrative Behandlung eng verflochtener Elemente erfolgen kann. Dies könnte z.B. bei der Fassade über eine modifizierte Beschreibung des Alterungsprozesses mittels eines Schichtenmodells erfolgen.

Insgesamt lassen sich die für eine Modellierung zu berücksichtigenden element- und zustandsabhängigen Arten von Zahlungsströmen aufgrund der dargestellten Charakterisierung der Entscheidungsrelevanz in folgende drei Gruppen klassifizieren:

- Aktionszahlungen
- Restwertzahlungen
- jährliche (wiederkehrende) Zahlungsarten

Aktionszahlungen beinhalten Zahlungen für Investitionen, Instandsetzungen und Instandhaltungen (inklusive Wartung, aber ohne Inspektion). Die Inspektion wird separat behandelt, da sowohl Strategien mit als auch ohne Inspektion existieren.[27] Zu den Restwertzahlungen gehören Einzahlungen für das Recycling oder die Verwertung sowie Auszahlungen für den Ausbau bzw. den Rückbau, die Entsorgung, Deponierung oder Wiederverwertung. Die jährlichen Zahlungsarten lassen sich in Zahlungen für Inspektion, Heizung, Reinigung sowie Zahlungsrückgänge für Mietminderungen, Mietausfälle sowie Folgeschäden einteilen. Subventionszahlungen werden in dieser Betrachtung nicht berücksichtigt. Ziel dieser Arbeit ist die Ermittlung optimaler Entscheidungen ohne Berücksichtigung möglicher, evtl. nur temporär bedingter Förderungen, die zu einer Verzerrung der Ergebnisse führen könnten. Eine Übersicht der Aufteilung findet sich in Abbildung 4.1. In dieser erfolgt auch eine Beurteilung der Entscheidungsrelevanz.

[27] vgl. hierzu auch Kapitel 3.3.

Arten	Unterarten	Beschreibung	Abhängigkeit von Zustand	Abhängigkeit von Elementalternative	Bemerkung
Aktionszahlungen	Auszahlungen für Investitionen und Instandsetzungen	Zahlungen für die Beschaffung und den Einbau des Elementes	nein*	ja	*Es wird kein Einsatz gebrauchter Elemente berücksichtigt, dies ist in der Praxis seltenst der Fall
	Auszahlungen für Instandhaltungen (inkl. Wartung, ohne Inspektion)	Zahlungen für alle Aktivitäten, um eine bestimmte Instandhaltungsqualität zu erreichen*	nein	ja	*Normalerweise wird die bestmögliche gewählt (full service). Im Sinne einer Optimierung kann die Betrachtung von Zwischenlösungen meist außen vor gelassen werden
Restwert-zahlungen	Einzahlungen für Recycling/Verwertung		nein*	nein*	*Wird in dieser Arbeit nicht betrachtet, da bisher keine Märkte und keine empirische Daten vorhanden sind. Prinzipiell dürfte diese Abhängigkeit jedoch existieren
	Auszahlungen für Ausbau/Rückbau/ Deponierung/Entsorgung		nein*	nein*	*Da diese nur im Zusammenhang mit der Aktion Instandsetzung anfallen, sind diese trotzdem entscheidungsrelevant
jährliche (wiederkehrende) Zahlungen	Auszahlungen für Inspektionen	Jährliche Zahlungen für Inspektion	nein*	nein*	*Wird lediglich für den späteren Vergleich gegenüber Strategien ohne Inspektion betrachtet
	Auszahlungen für Heizung/Wärme (nicht bei allen Elementtypen)	Zusätzliche jährliche Ausgaben für Wärme gegenüber dem bestmöglichen Zustand der besten Elementalternative*	ja	ja	*Die darüber hinausgehenden Zahlungen für Wärme fallen immer an und sind daher irrelevant im Sinne der Entscheidungsproblematik
	Auszahlungen für Reinigung	Jährliche Zahlungen für Reinigung	nein*	nein*	*Könnten abhängig von Zuständen oder Elementalternativen sein (z.B. Teppich ggü. Fliesen). Dies wird aber in dieser Arbeit nicht betrachtet
	Kalkulatorische Auszahlungen für Mietminderungen	Jährliche Mietausfälle durch schlechte Elementzustände verursacht (Mietkürzungen aufgrund von Mängeln)	ja	nein*	*Mietkürzungen sind per Definition lediglich aufgrund eines schlechten Zustandes möglich. Prinzipiell geringere Miethöhen aufgrund schlechterer Qualität werden unter Mietausfällen definiert
	Kalkulatorische Auszahlungen für Mietausfälle	Jährliche Mietausfälle durch Leerstände verursacht, aufgrund schlechter Elementqualität oder durch Auswirkungen auf die prinzipiell mögliche Marktmiete durch die Elementqualität	nein*	ja	*Mietausfälle sind per Definition lediglich aufgrund einer Elementalternative geringerer Qualität möglich. Kürzungen der Miete aufgrund des schlechteren Zustandes werden unter Mietminderungen definiert
	Kalkulatorische Auszahlungen für Folgeschäden	Jährliche an anderen Elementen durch Folgeschäden verursachte Zahlungen	ja	nein*	*Bei allen Alternativen tritt dies nur in bestimmten Zuständen auf. Alternativen mit einem anderen Alterungsverhalten könnten natürlich in diese Zustände zu einem anderen Zeitpunkt gelangen

Abbildung 4.1: Klassifizierung und Beschreibung element- und zustandsabhängiger Zahlungsarten

Nachdem die Verwendung der unterschiedlichen Zahlungsarten definiert wurde, ist noch die Frage des Auftretungszeitpunktes zu klären. Prinzipiell ist dieser gemäß der späteren Modellierung den einzelnen Entscheidungszeitpunkten zuzuordnen. Die Wahl einer diskreten Betrachtung ist hierbei vorzuziehen, da dies auch der Realität entsprechen dürfte. Sinnvoll ist eine hinsichtlich des gesamten Planungshorizonts angemessene und an dem Alterungsprozess ausgerichtete Intervallgröße. Infolgedessen wird eine jährliche Betrachtungseinheit gewählt. Innerhalb dieses Zeitraumes sind Auswirkungen des Alterungsprozesses als marginal anzusehen, so dass eine kleinere Einheit nicht sinnvoll erscheint. Durch die Auswahl einer anderen Intervallgröße ließe sich eine Betrachtungseinheit jedoch auch beliebig klein wählen. Im Sinne einer zeitpunktsbezogenen Zuordnung der jährlich wiederkehrenden Zahlungen wird die Annahme getroffen, dass diese jeweils zum Ende einer entsprechenden Betrachtungsperiode anfallen. Die sich hieraus ergebenden Ungenauigkeiten sind auch vor dem Hintergrund eines langen Planungshorizontes akzeptabel. Die mit den Entscheidungen anfallenden Aktionszahlungen fallen ebenso wie die hierdurch verursachten Restwertzahlungen zu dem Zeitpunkt an, zu welchem die entsprechende Handlung durch den Entscheider gewählt wurde. Die aus der Handlung resultierenden Auswirkungen auf den Alterungsprozess sind dann für das nächste Betrachtungsintervall gültig. Bei Instandhaltungen und Instandsetzungen wird hierdurch der Alterungsprozess entsprechend verlangsamt. Bei Instandsetzungen ist diese Modellierung zunächst nicht offensichtlich, kann aber plausibel begründet werden. Durch eine Instandsetzung findet ein Austausch statt, der Abnutzungsvorrat wird somit wieder vollständig aufgefüllt, eine Instandhaltung verlangsamt lediglich den Alterungsprozess. Insofern ist eine Instandsetzung im Sinne des Einflusses auf den Abnutzungsvorrat immer die bessere Alternative gegenüber einer Instandhaltung. Da zwischen zwei Instandsetzungen jedoch längere Zeit vergehen dürfte, ist es schwierig, den Alterungsprozess für die eine Periode, in der eine Instandsetzung durchgeführt wurde, zu bestimmen. Die vereinfachende Unterstellung, dass in der Periode nach einer Instandsetzung das Alterungsverhalten wie bei der Handlung Instandhaltung angenommen wird, hat bei einem solchen kurzen Zeitraum, der folglich auch lediglich eine geringe Alterung beinhaltet, nur geringe Auswirkungen und ist somit besser als die Annahme, dass die Alterung analog der Handlung keiner Instandhaltung erfolgt. Die Verdeutlichung des durch die Handlung induzierten Alterungsprozesses sowie eine Darstellung der resultierenden Zahlungszeitpunkte zu einem Zeitpunkt t für die möglichen Handlungen erfolgt in Schaubild 4.2. Hierbei wird folgende Notation gewählt:

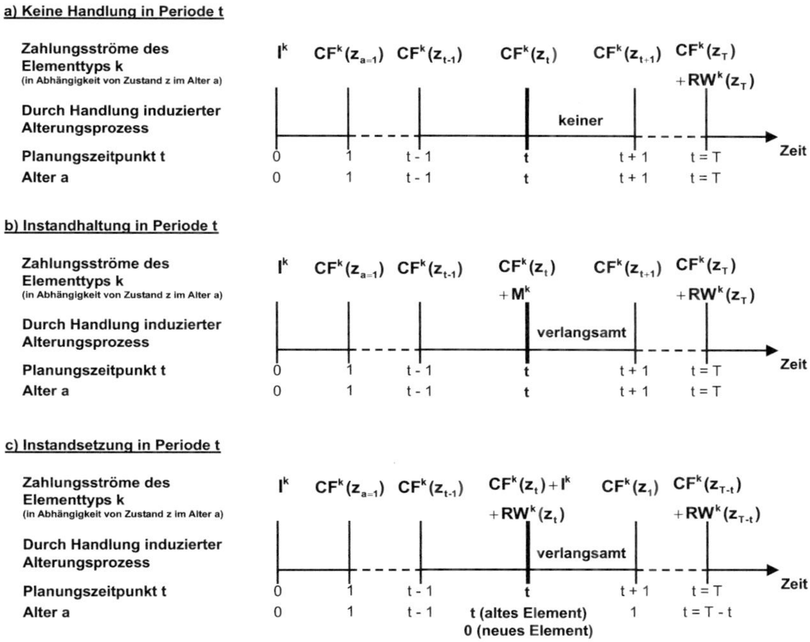

Abbildung 4.2: Summe der Zahlungsströme zu einem Betrachtungszeitpunkt t bei unterschiedlichen Handlungen

- I^k: Aktionszahlung Investition oder Instandsetzung mit der Elementalternative k
- M^k: Aktionszahlung Instandhaltung für die Elementalternative k
- $RW^k(z_a)$: Restwertzahlung für die Elementalternative k in Abhängigkeit vom Zustand z im Elementalter a
- $CF^k(z_a)$: Jährliche Zahlungsarten für die Elementalternative k in Abhängigkeit vom Zustand z im Elementalter a
- a: Elementalter
- t: Planungszeitpunkt
- T: Planungshorizont

Bei den unterschiedlichen Handlungen summieren sich folglich die Zahlungen zu einem Zeitpunkt $t \in [1, \ldots, T-1]$ auf:

- $CF^k(z_a)$ bei keiner Handlung zum Zeitpunkt t
- $CF^k(z_a) + M^k$: bei Instandhaltung zum Zeitpunkt t
- $CF^k(z_a) + I^k + RW^k(z_a)$: bei Instandsetzung zum Zeitpunkt t

Zum Zeitpunkt $t = 0$ erfolgt eine Zahlung in Höhe der Investition I^k, am Ende des Betrachtungshorizontes, in $t = T$, sind noch Zahlungen in Höhe der Summe aus den jährlichen Zahlungsarten und des Restwertes zu tätigen $(CF^k(z_a) + RW^k(z_a))$.

Nachdem in den vergangenen Kapiteln eine Darstellung entsprechender in der Literatur vorhandener Werke sowie eine Systematisierung der für diese Arbeit wichtigen Komponenten im Vordergrund stand, werden in den folgenden Kapiteln die Modellierung und Lösung des Entscheidungsproblems erläutert.

5. Das Grundmodell zur Bestimmung optimaler Instandhaltungsstrategien

Die Diskussion der Literatur in den vorherigen Kapiteln bildet die Basis für die nachfolgende Modellierung des Entscheidungsproblems und dessen Lösung. Ausgehend von der Einordnung und der Darstellung der für diese Arbeit relevanten Grundlagen wurde jeweils eine Systematik der einzelnen Komponenten für diese Arbeit entwickelt. Darauf aufbauend wird nun nachfolgend ein allgemeines Grundmodell aufgestellt, welches prinzipiell für alle Arten von Gebäudekomponenten einsetzbar ist. Dieses Grundmodell geht davon aus, dass ein Ersatz prinzipiell durch ein identisches Element erfolgt. Die hierfür notwendigen Komponenten werden entsprechend definiert bzw. hergeleitet. Insbesondere wird hier der Herleitung und Ermittlung von Übergangswahrscheinlichkeiten aus den in der Literatur vorhandenen Daten als Resultat des stochastischen Alterungsprozesses eine besondere Beachtung geschenkt. Hierfür ist auch eine detaillierte Modellierung des Alterungsprozesses notwendig. Zur Lösung des Entscheidungsproblems wurde ein entsprechendes Software-Modul in der Programmiersprache Java implementiert. In einem nächsten Schritt werden mögliche Modifkationen bzw. Erweiterungen dieses Entscheidungsmodells vorgenommen. Hierzu gehört der Ersatz durch nicht identische Elemente sowie die Berücksichtigung zusätzlicher Unsicherheiten. Diese sind zum einen im Ersatzprozess vorhanden. Hier besteht beispielsweise die Wahrscheinlichkeit eines fehlerhaften Einbaus oder des Austausches mit einem fehlerhaftem Element. Zum anderen kann im Alterungsprozess ein Element auch direkt ausfallen. Dies kann beispielsweise durch besondere externe Ereignisse wie z.B. Naturgewalten oder Vandalismus, aber auch durch andere Elemente verursachte Folgeschäden bedingt sein. Die prinzipiellen aus der Lösung der Modelle resultierenden Strategien werden vorgestellt, analysiert und auch mit den herkömmlichen Instandhaltungsstrategien der Literatur und Praxis verglichen. Hierfür werden auch exemplarische Fallbeispiele herangezogen. Hierbei wird auch auf unterschiedliche Gruppen von Entscheidern eingegangen.

Als Betrachtungsobjekt wird für diese Arbeit das Gebäudeelement herangezogen. Eine gute Definition dieses Begriffes findet sich bei Kleinefenn.[1] Demnach sind Gebäudeelemente „...abgrenzbare Teile eines Gebäudes, die in ihrer Summe das Gebäude konstituieren und unabhängig von ihrer jeweiligen Konstruktion und Ausführung bei verschiedenen Gebäuden immer die gleichen Funktionen erfüllen.“ Diese einzelnen Elemente wiederum setzen sich aus unterschiedlichen Baumaterialien oder auch Baustoffen zusammen, welche wiederum aus einer unterschiedlichen Anzahl von chemischen Verbindungen bestehen. Die nächsthöhere Ebene des Gebäudeelementes bildet das Gebäude selbst, welches sich wiederum in einen Bestand oder ein Gebäudeportfolio eingliedern lässt. Wie bereits diskutiert sind Entscheidungen und Instandhaltungsstrategien auf all diesen Ebenen möglich, dementsprechend könnte die Grundstruktur des Modells ebenfalls auf diesen Ebenen eingesetzt werden. Entscheidend ist lediglich eine richtige Definition und Abgrenzung der einzelnen Modellkomponenten. Auf den höheren Gliederungsebenen bestehen durch die Aggregation verschiedenartiger Gebäudeelemente mit unterschiedlichem Alterungsverhalten prinzipielle Schwierigkeiten der Definition eines Alterungsprozesses und der Ermittlung von Zuständen sowie der dazugehörenden Übergangswahrscheinlichkeiten. Demgegenüber werden unterhalb der Elementebene keine Handlungen mehr durchgeführt, weswegen eine dortige Betrachtungsweise mangels Entscheidungsrelevanz nicht sinnvoll ist. Im Sinne des Alterungsverhaltens bietet infolgedessen die Ebene der Gebäudeelemente die beste Ausgangsbasis. Allerdings besteht hier, wie bereits verdeutlicht, eine Zuordnungsproblematik monetärer Auswirkungen des Alterungsprozesses sowie eine Vernachlässigung eventueller Synergieeffekte durch ein gemeinsames Betrachten verschiedener Elemente[2]. Diese Nachteile ließen sich prinzipiell lösen, indem verschiedene Teilmodelle zu einem Gesamtmodell kombiniert werden würden. Hierdurch würde allerdings die Problemgröße enorm ansteigen. Bereits auf der Elementebene ist diese in einem Umfang, der einen größeren Ressourceneinsatz zur Lösung benötigt. Eine Alternative wären auf der Gebäude- oder Portfolioebene infolgedessen

[1] vgl. Kleinefenn [106], S. 4.

[2] Diese bestehen beispielsweise durch Kostendegressionseffekte.

numerische Verfahren zur Lösung oder die Kombination verschiedener Ergebnisse auf der Elementebene mittels Sensitivitäts-/Szenarioanalysen. Diese Arbeit konzentriert sich jedoch lediglich auf die Elementebene.

Die Aufgliederung eines Gebäudes in seine Elemente erfolgt in der Literatur weitgehend orientiert an der Gliederung der bereits vorgestellten DIN 276[3]. Für diese Arbeit wird jedoch die in den Untersuchungen von IP Bau und Christen/Meyer-Meierling[4] verwendete Gliederung zugrunde gelegt, da die dort betrachteten Elemente auch hinsichtlich des Alterungsverhaltens mittels empirischer Daten untersucht wurden. Es werden dementsprechend folgende zwölf Elemente betrachtet:

- E1: Rohbau massiv
- E2: Rohbau übriges
- E3: Dachhaut
- E4: Fassaden
- E5: Fenster
- E6: Elektro
- E7: Heizung
- E8: übrige Haustechnik
- E9: Sanitär
- E10: Tapeten/Teppich
- E11: Küche
- E12: übriger Innenausbau

Eine Zuordnung der wesentlichen, relevanten Kostengruppen der DIN 276 auf die untersuchten Elemente der IP-Bau-Studie kann aus Abbildung 5.1 entnommen werden. Dabei fällt auf, dass die Elementgliederung nach IP-Bau teilweise funktionsspezifische Elemente, wie z.B. Sanitär oder Küche, verwendet, die in der DIN 276 nicht speziell aufgeführt werden. In der DIN 276 existieren weitere, in dem Schaubild nicht aufgelistete Kostengruppen, wie

[3] vgl. DIN 276 [35].

[4] vgl. hierzu auch IP-Bau [82] und Christen/Meyer-Meierling [24], S. 25ff.

z.B. Herrichten und Erschließen oder allgemeine Baunebenkosten. Diese fallen auf Gebäudeebene an und stellen damit aus Sicht einzelner Gebäudeelemente eine Art Gemeinkosten dar, welche bei einer elementorienterten Betrachtung auf die jeweiligen Elemente umgelegt werden sollten.

Wesentliche, relevante Kostengruppen DIN 276				Verwendete Elemente bei IP-Bau											
Nummer	1. Ebene	Nummer	2. Ebene	Rohbau massiv	Rohbau übriges	Dachhaut	Fassaden	Fenster	Elektro	Heizung	übrige Haustechnik	Sanitär	Innenausbau Tapeten/Teppich	Innenausbau Küche	Innenausbau übriges
300	Bauwerk-Baukonstruktionen	320	Gründung	■	■										
		330	Aussenwände	■			■	■							
		340	Innenwände	■								■	■	■	■
		350	Decken	■								■	■	■	■
		360	Dächer		■	■									
400	Bauwerk-Technische Anlagen	410	Abwasser-, Wasser-, Gasanlagen									■		■	
		420	Wärmeversorgungsanlagen							■					
		430	Lufttechnische Anlagen								■				
		440	Starkstromleitungen						■						
		450	Fernmelde- u. informationstechnische Anlagen								■				
600	Ausstattungen	610	Ausstattungen									■		■	■

Abbildung 5.1: Zuordnung wesentlicher, relevanter Kostengruppen der DIN 276 zu der in IP-Bau verwendeten Elementgliederung

Jedes dieser Elemente kann prinzipiell über verschiedene Alternativen realisiert werden. Diese können sich in verschiedenen Kriterien unterscheiden, sei dies über eine andere Art der Technologie, die Qualität des Elementes, durch den Hersteller und damit eventuell in den Beschaffungskosten oder durch eine andere Spezifikation des Elementes. Im Sinne dieser Arbeit sind lediglich Alternativen interessant, die sich in dem Alterungsverhalten oder in den monetären Auswirkungen unterscheiden. Da das Alterungsverhalten neben externen Einflüssen, die über den stochastischen Prozess berücksichtigt werden, und der Handlungsmöglichkeit im Sinne von Instandhaltungsmaßnahmen meist durch die Qualität bedingt wird[5], werden im Rahmen der Untersuchung jeweils zwei Alternativen betrachtet, die zunächst im Sinne von technisch funktionalen Kriterien eine verschiedene Qualität besitzen[6]:

[5]vgl. hierzu auch Kapitel 2 und Abbildung 2.1.

[6]Normalerweise resultieren aus unterschiedlichen, technisch funktionalen Qualitäten auch unterschiedliche monetäre Konsequenzen, sei dies bei den Aktions- Restwert- oder auch jährlichen Zahlungen.

- A1: Hochwertige Qualität (nachfolgend auch als gute Qualität bezeichnet)
- A2: Geringwertige Qualität (nachfolgend auch als schlechte Qualität bezeichnet)

Da die Spezifikation der Elemente bekannt ist und prinzipiell ein gleichartiger Alterungsverlauf unterstellt wird, unterscheiden sich diese hauptsächlich in der Instandhaltungsgeschwindigkeit[7] und den verschiedenen Zahlungspositionen. Auf die notwendigen Parameter zur Spezifikation dieser Elemente wird noch im Rahmen der späteren Modellierung eingegangen.

5.1 Modellierung des stochastischen Entscheidungsprozesses

Die Wahl einer geeigneten Modellierung ist im allgemeinen abhängig von der Art des zu lösenden Problems. Die bisherigen Kapitel zusammenfassend lässt sich dieses folgendermaßen charakterisieren: Gebäudelemente unterliegen einem gewissem Alterungsprozess. Dieser ist abhängig von elementspezifischen Größen, die normalerweise bekannt und daher deterministischer Natur sind. Weiterhin wird er beeinflusst von externen Größen. Deren Auswirkungen sind unsicher und daher stochastischer Art. Messen lässt sich die Alterung über den noch vorhandenen Abnutzungsvorrat, der am geeignetsten über verschiedene diskrete Zustände beobachtet werden kann. In jeder Betrachtungsperiode besteht nun eine gewisse Wahrscheinlichkeit, dass das Element durch die Auswirkungen externer Faktoren in den nächstschlechteren Zustand übergeht oder dass er in dem bisherigen Zustand verbleibt. Diese Übergangswahrscheinlichkeiten hängen dabei lediglich vom Alter und vom zuletzt beobachteten Zustand des Elementes ab. Je älter ein Element ist, umso eher wird es in den nächstschlechteren Zustand wechseln, die Vorgeschichte des Elementes, d.h. zu welchem vorherigen Zeitpunkt sich das Element in welchem Zustand befand, spielt jedoch keine Rolle. Es sind folglich lediglich die Einflüsse der nächsten Periode relevant für das Alterungsverhalten. Insgesamt kann die Verweilzeit in einem Zustand somit als stochastische Größe mit einer entsprechenden Verteilungsfunktion dargestellt werden. Abhängig von dem entsprechenden Zustand und der gewählten Elementalternative verursacht das Element jährliche Zahlungen während seines gesamten Lebenszyklusses, die als deterministisch angenommen werden. Ein Entscheider hat nun die Handlungsmöglichkeit der Instandhaltung, die sich auf die Alterungsgeschwindigkeit bzw. die Verweildauer in einem Zustand auswirkt, die aber

[7] vgl. hierzu auch Kapitel 3.4 und Schaubild 3.10.

auch gewisse Zahlungen verursacht. Weiterhin kann er zu jedem Entscheidungszeitpunkt ebenfalls gegen gewisse Zahlungen ein Element ersetzen und somit den Zustand verbessern. Sein Ziel ist es nun, die Handlungen geeignet zu wählen, d.h. eine gewisse Strategie zu erstellen, so dass diese zu einem wirtschaftlichem Optimum führen. Als Kriterium kann hierfür der Erwartungswert des Kapitalwertes herangezogen werden. Dabei wird der risikoangepasste Diskontierungsfaktor als gegeben sowie zeit- und zustandsunabhängig angenommen.[8] Auf Elementebene erscheint eine zustandsabhängige Unterscheidung als unangebracht, der Einfluss auf dieser Ebene dürfte eher marginal sein, eine Entscheidungsrelevanz kann nicht erkannt werden. Auf Gebäudeebene wäre diese Annahme eher zu diskutieren. Wie ebenfalls ausgeführt wurde, wird die Planungsdauer an der erwarteten Lebensdauer des Rohbaus ausgerichtet, da eine Planung darüber hinaus von dem Rohbau selbst abhängig ist. Insofern könnte dann das gleiche Entscheidungsmodell zum Planungszeitpunkt Null betrachtet werden. Insgesamt ergibt sich aus dieser Problembeschreibung die Fragestellung der Ermittlung optimaler Entscheidungen in Abhängigkeit vom Gebäudezustand, vom Alter und vom Planungshorizont.

Prinzipiell lässt sich eine derartige Problemstellung als Semi-Markovsches Entscheidungsmodell beschreiben. Solche Modelle stellen eine Verallgemeinerung der Markovschen Entscheidungsmodelle dar, bei der die Verteilungen der allgemeinen Aufenthaltsdauern nicht notwendigerweise exponentialverteilt sind.[9] Dies ist bei Alterungsprozessen der Fall und wird im Rahmen der Ermittlung von Übergangswahrscheinlichkeiten noch belegt. Derartige Entscheidungsmodelle werden durch die Markov-Eigenschaft charakterisiert, die ausdrückt, dass die Entwicklung des weiteren Prozesses lediglich vom aktuellen Zustand abhängt und damit unabhängig von der Vorgeschichte des Prozesses ist. Dies drückt sich speziell in den Übergangswahrscheinlichkeiten aus. Die Beschreibung derartiger Modelle kann über ein Tupel $(T, Z, h, P, C, C_T, \alpha)$ erfolgen mit:

- T: Planungshorizont mit $T \in \mathbb{N}$
- Z: Zustandsraum, eine nichtleere, endliche und abzählbare Menge
- h: Aktionenraum, eine nichtleere, endliche und abzählbare Menge

[8] Die Verwendung zeit- und zustandsabhängiger Diskontierungsfaktoren wäre innerhalb der späteren Modellierung jedoch grundsätzlich möglich.

[9] Zur prinzipiellen Darstellung Markovscher und Semi-Markovscher Entscheidungsmodelle sei unter anderen auf die Arbeiten von Waldmann [191], Waldmann/Stocker [192], Girlich [60], Girlich/Köchel/Küenle [61], Ross ([145] und [146]), White [199] und Beichelt [9] verwiesen.

- P: Übergangsgesetz bzw. Übergangswahrscheinlichkeiten, eine Funktion in Abhängigkeit von Zustand, Handlung und Folgezustand
- C: Funktion der resultierenden jährlichen Zahlungsströme in Abhängigkeit von Zustand und Handlung
- C_T: Funktion des Restwertes zum Zeitpunkt des Planungshorizontes
- α: Diskontierungsfaktor

Als Planungshorizont wird für die Modellierung die Lebensdauer des Rohbaus herangezogen. Bei den Arbeiten von IP Bau und Christen/Meyer-Meierling wird dieser mit 150 Jahren angesetzt.[10] Infolgedessen wird auch in dieser Untersuchung ein maximaler Wert von $T = 150$ angesetzt. In der Praxis dürfte in diesem Zeitraum mindestens eine Sanierung des Rohbaus erfolgen, so dass eine Überschreitung dieses Wertes sehr unwahrscheinlich ist. Ein längerer Zeitraum dürfte selbst bei der Verwendung eines geringen Diskontierungsfaktors kaum zu wesentlichen Veränderungen der Strategie führen. Dies belegen auch die späteren Ergebnisse. Lediglich bei kurzen Planungshorizonten treten differenzierte Strategien auf, da gerade bei Handlungen mit höheren Zahlungen, z.B. Instandsetzungen, diese Zahlungen wirtschaftlich nicht mehr gerechtfertigt sind. Optimale Strategien bei einem Planungshorizont, der kleiner als 150 Jahre gewählt wird, werden bei der Betrachtung implizit mit berechnet.

Eine Klassifizierung der Zustände erfolgt ebenfalls in Anlehnung an existierende Arbeiten.[11] Es werden fünf unterschiedliche Zustände betrachtet: Z_1, Z_2, Z_3, Z_4 und Z_5. Diese stellen jeweils Intervalle des Abnutzungsvorrates dar, welchen bestimmte Charakteristika zugeordnet werden können, die sich in der Praxis über verschiedene Diagnosemethoden gut bestimmen lassen. Die oberen Intervallgrenzen sind in Abbildung 5.2 dargestellt. Zuständen mit einem niedrigeren Ordnungsgrad wird in dieser Arbeit dabei ein höherer noch vorhandener Abnutzungsvorrat zugeordnet, sie stellen damit einen höherwertigeren Zustand dar. Bei dem Zustand Z_4 handelt es sich in der Literatur bereits um den schlechtesten Zustand, der ein bereits schadhaftes Teil, welches entsprechend auch Folgeschäden verursachen kann, darstellt. Zur Vollständigkeit wird in dieser Arbeit noch ein weiterer, fünfter Zustand eingeführt, der eine völlige Funktionsuntüchtigkeit des Zustandes darstellen soll. Diesem, nicht in der Tabelle 5.2 aufgelisteten Zustand wird ein Abnutzungsvorrat von Null zugeordnet.

[10] vgl. hierzu auch IP Bau [82] und Christen/Meyer-Meierling [24], S. 25ff.

[11] vgl. hierzu auch Kapitel 2.4.

Elementtyp		Alternative		Zustandsgrenzen Z_I Z_1	Z_2	Z_3	Z_4
Quelle				IP-Bau, S.83			
E1	Rohbau massiv	E1-A1	Gute Qualität	1	0,8	0,5	0,2
		E1-A2	Schlechte Qualität				
E2	Rohbau übriges	E2-A1	Gute Qualität	1	0,8	0,5	0,2
		E2-A2	Schlechte Qualität				
E3	Dachhaut	E3-A1	Gute Qualität	1	0,8	0,5	0,2
		E3-A2	Schlechte Qualität				
E4	Fassaden	E4-A1	Gute Qualität	1	0,8	0,5	0,2
		E4-A2	Schlechte Qualität				
E5	Fenster	E5-A1	Gute Qualität	1	0,8	0,5	0,2
		E5-A2	Schlechte Qualität				
E6	Elektro	E6-A1	Gute Qualität	1	0,8	0,5	0,2
		E6-A2	Schlechte Qualität				
E7	Heizung	E7-A1	Gute Qualität	1	0,8	0,5	0,2
		E7-A2	Schlechte Qualität				
E8	übrige Haustechnik	E8-A1	Gute Qualität	1	0,8	0,5	0,2
		E8-A2	Schlechte Qualität				
E9	Sanitär	E9-A1	Gute Qualität	1	0,8	0,5	0,2
		E9-A1	Schlechte Qualität				
E10	Tapeten/Teppich	E10-A1	Gute Qualität	1	0,8	0,5	0,2
		E10-A2	Schlechte Qualität				
E11	Küche	E11-A1	Gute Qualität	1	0,8	0,5	0,2
		E11-A2	Schlechte Qualität				
E12	übriger Innenausbau	E12-A1	Gute Qualität	1	0,8	0,5	0,2
		E12-A2	Schlechte Qualität				

Abbildung 5.2: Modellierung der Zustandsgrenzen für diese Arbeit (jeweils Angabe der oberen Intervallgrenze)

Die Modellierung der Aktionen bzw. Handlungen orientiert sich an der in Kapitel 3.4 beschriebenen Systematik. Im Grundmodell bestehen, bei Betrachtung eines identischen Ersatzes, folgende drei verschiedenen Handlungsmöglichkeiten:

- h_1: Keine Aktivität, d.h. kein Eingriff
- h_2: Instandhaltung (bestmögliche Instandhaltungsqualität)
- h_3: Instandsetzung (vollständig durch ein identisches Element)

Theoretisch wären weitere Instandhaltungshandlungen in einer schlechteren Qualität modellierbar. Der Einfluss auf das Alterungsverhalten sollte sich jedoch dann im Bereich zwischen den Handlungen h_1 und h_2 abspielen, die somit als „extreme" Handlungen angesehen werden können, in deren Umfeld sich entsprechende Handlungsstrategien abspielen. Ähnliches gilt für Handlungen der Instandsetzung. Die Betrachtung eines teilweisen Ersatzes und eines nicht identischen Ersatzes führt zu weiteren Handlungsmöglichkeiten, die später noch im Rahmen der entsprechenden Kapitel verdeutlicht werden.

Ein weitere Systemgröße ist die Funktion der jährlichen Zahlungsströme C. In Abhängigkeit vom Zustand und der entsprechenden gewählten Handlung entstehen zu jedem Zeitpunkt t während des gesamten Planungshorizontes T unterschiedliche Zahlungsströme. Eine entsprechende Klassifizierung dieser Zahlungsströme wurde bereits in Kapitel 4.2 vorgenommen. Die Summe der Zahlungsströme zu einem gewissen Zeitpunkt $t \in [1,\ldots,T-1]$ kann über folgende Funktion beschrieben werden:

$$C_t(z,h_{i,t}) = \begin{cases} CF(z) & \text{für } i=1\text{:} \\ & \text{keine Handlung zum Zeitpunkt } t \\ CF(z)+M & \text{für } i=2\text{:} \\ & \text{Instandhaltung zum Zeitpunkt } t \\ CF(z)+I+RW & \text{für } i=3\text{:} \\ & \text{Instandsetzung zum Zeitpunkt } t \end{cases} \tag{5.1}$$

mit

- $C_t(z,h_{i,t})$: Summe aller Zahlungen zum Zeitpunkt t in Abhängigkeit von Zustand z und Handlung i
- $h_{i,t}$: Handlung i zum Zeitpunkt t
- I: Aktionszahlung Investition oder Instandsetzung
- M: Aktionszahlung Instandhaltung
- RW: Restwertzahlung[12]
- $CF(z)$: Jährliche Zahlungsarten in Abhängigkeit vom Zustand z
- t: Planungszeitpunkt mit $t \in [1,\ldots,T-1]$
- T: Planungshorizont

[12]Der Restwert wird in dieser Arbeit unabhängig vom Zustand angenommen. Vgl. hierzu auch Kapitel 4 und Abbildung 4.1.

Für die einzelnen Beträge der Zahlungsgrößen bei den verschiedenen Elementen sei auf die spezifischen Kapitel der Fallbeispiele verwiesen. Sollte es sich um die Betrachtung einer Neuinvestition handeln, wäre zum Zeitpunkt $t = 0$ eine Zahlung für diese Investition in Höhe von I zu berücksichtigen, d.h. es wäre $C_0(z, h_{3,0}) = I$. Die Funktion der Restwertzahlung zum Zeitpunkt des Planungshorizontes C_T ergibt sich teilweise aus der Funktion der resultierenden Zahlungsströme. Es wird angenommen, dass zum Ende des Betrachtungszeitraumes das Gebäudeelement entsprechend seinem Restwert veräußert wird. Dies bedeutet, dass unabhängig von der Handlung eine Restwertzahlung in Abhängigkeit vom Zustand z erfolgt. Im Sinne der wirtschaftlichen Optimierung kann sofort gefolgert werden, dass die Handlungen Instandhaltung und Instandsetzung zu diesem Zeitpunkt suboptimal sind, da bei diesen Handlungen weitere Zahlungen anfallen würden. Infolgedessen findet zum Ende des Planungshorizontes keine Handlung mehr statt und die Funktion lässt sich folgendermaßen bestimmen:

$$C_T(z) = CF(z) + RW \tag{5.2}$$

Insgesamt sind sämtliche Zahlungsströme unabhängig vom Alter des Elementes. Auf die Wahl des Diskontierungsfaktors α wurde bereits in Kapitel 3.3.2.2 eingegangen. Er ergibt sich aus

$$\alpha = 1 + i_r$$

Hierbei stellt i_r den risikoangepassten Diskontierungszinsfuß dar. Die Wahl eines geeigneten Wertes ist zeitabhängig und daher im jeweiligen Zeitkontext zu bewerten. Als langfristig sinnvoller Zinsfuß wurde ein Ausgangswert von 5% verwendet. Dieser Wert ist jedoch durchaus diskutabel. Infolgedessen wurden weitere Berechnungen mit den Werten 0% und 10% durchgeführt. Der Diskontierungszinsfuß sollte sich mit hoher Wahrscheinlichkeit in diesem Intervall befinden. Die Betrachtung eines Wertes von 0% dürfte zwar in der Praxis nicht auftreten, dort wird jedoch häufig ohne die Betrachtung des Zeitwertes gerechnet. Weiterhin ist dieser auch aus einem anderen Gesichtspunkt interessant. Bei einem Zinssatz von 0% werden alle Zahlungsströme über die Laufzeit undiskontiert aufsummiert. Eine solche Betrachtungsweise findet sich oft in multikriteriellen Entscheidungssystemen, bei denen nachhaltige Aspekte mit berücksichtigt werden. In diesem Zusammenhang ist es durchaus diskutabel, inwiefern spätere Betrachtungsperioden einen geringeren Wert besitzen sollen als frühere Betrachtungsperioden.

Die Bestimmung des Übergangsgesetzes P bzw. der Übergangswahrscheinlichkeiten ist etwas komplexer und damit ein zentraler Punkt dieser Arbeit.

Diese werden aus empirischen Untersuchungen hergeleitet. Infolgedessen erfolgt die Bestimmung in dem separaten, nachfolgenden Kapitel 5.2. Generell ist P eine Funktion, die jeder möglichen Kombination aus aktuellem Zustand $Z(t)$ zum Zeitpunkt t mit der gewählten Handlung h_i eine Wahrscheinlichkeit zuordnet, mit der ein Übergang in einen Zustand $Z(t+1)$ zum nachfolgenden Betrachtungszeitpunkt $t+1$ erfolgt. In dem Grundmodell wird zunächst angenommen, dass ein Element in einer Periode nur in den nächstschlechteren Zustand übergehen kann oder dass es in dem aktuellen Zustand verbleibt. Hierdurch wird die Übergangsmatrix dementsprechend „ausgedünnt“. Es ergibt sich damit folgendes Übergangsgesetz für einen Übergang von Zustand i in den Nachfolgezustand j bei Handlung h_1 (keine Aktivität) und in Abhängigkeit vom Elementalter a:

$$P_{i,j}(h_1,a) = \begin{cases} p_{i,i+1}(h_1,a) & \text{für } i \in [1,\ldots,4], \\ & j = i+1 \\ p_{i,i}(h_1,a) = 1 - p_{i,i+1}(h_1,a) & \text{für } i \in [1,\ldots,4], j = i \\ 1 & \text{für } i = j = 5 \\ 0 & \text{sonst} \end{cases} \tag{5.3}$$

Für das Elementalter gilt hierbei: $a \in [1,\ldots,T-1]$. Bei Handlung h_2 (Instandhaltung) gilt entsprechend:

$$P_{i,j}(h_2,a) = \begin{cases} p_{i,i+1}(h_2,a) & \text{für } i \in [1,\ldots,4], \\ & j = i+1 \\ p_{i,i}(h_2,a) = 1 - p_{i,i+1}(h_2,a) & \text{für } i \in [1,\ldots,4], j = i \\ 1 & \text{für } i = j = 5 \\ 0 & \text{sonst} \end{cases} \tag{5.4}$$

Dabei darf das Elementalter im Bereich $a \in [0,\ldots,T-1]$ liegen. Wie bereits erläutert wird davon ausgegangen, dass ein Alter von Null nur bei einer durchgeführten Neuinvestition oder bei einer Instandsetzung auftreten kann. Grundsätzlich kann davon ausgegangen werden, dass diese Maßnahmen auch alle Aktivitäten, die bei einer Instandhaltung durchgeführt werden würden, beinhalten. Daher wird zu diesem Zeitpunkt auch der dementsprechend langsamere Alterungsprozess angenommen, die Übergangsfunktion für Handlung h_1 ist Null für $a=0$. Infolgedessen ergibt sich auch folgendes Übergangsgesetz für die Aktivität h_3 (Instandsetzung):

$$P_{i,j}(h_3,a) = \begin{cases} p_{i,j}(h_3,a) = 1 - p_{1,2}(h_2,0) & \text{für } j = 1 \\ p_{i,j}(h_3,a) = p_{1,2}(h_2,0) & \text{für } j = 2 \\ 0 & \text{sonst} \end{cases} \tag{5.5}$$

Hierbei ist $a \in [1, \dots, T-1]$. Die hier nicht berücksichtigte Annahme, dass ein Element auch direkt ausfallen kann, d.h. von jedem Zustand direkt in Z_5 übergehen kann, wird als Modellmodifikation im späteren Verlauf ebenfalls behandelt.

Das bisher erläuterte Grundmodell kann zusammenfassend in Schaubild 5.3 anhand eines Übergangsgraphen verdeutlicht werden.

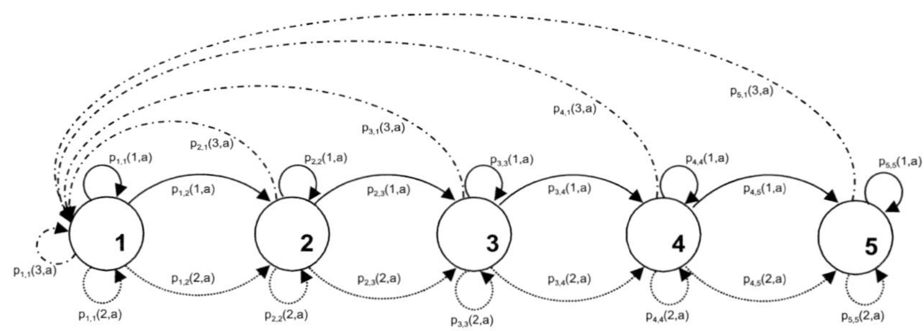

h=1	Keine Handlung	————————
h=2	Instandhaltung	···················
h=3	Instandsetzung	-·-·-·-·-·-

mit $p_{i,j}(h,a)$ Übergangswahrscheinlichkeit von Zustand i nach j im Alter a bei Handlung h

Abbildung 5.3: Übergangsgraph des inhomogenen Grundmodells

Hierbei ist zu berücksichtigen, dass die Übergangswahrscheinlichkeiten abhängig vom Alter sind. Entscheidungsmodelle, deren Übergangsgesetze abhängig vom Zeithorizont sind, werden als inhomogen charakterisiert, bei einer Unabhängigkeit werden diese als homogen bezeichnet. Das Alter verläuft natürlich mit der allgemeinen Zeitentwicklung, d.h. parallel zum Planungshorizont, mit. Infolgedessen kann das Alter den gewählten Planungshorizont von 150 Jahren nicht übersteigen. Allerdings ist zu berücksichtigen, dass bei Handlungen der Instandsetzung das Alter des Gebäudeelementes wieder auf Null zurückgesetzt wird und somit ein Elementalter von 150 Jahren nicht unbedingt erreicht wird. Dementsprechend unterliegt das Modell der folgenden Nebenbedingung:

$$a(t+1) = \begin{cases} a(t)+1 & \text{für die Handlungen } h_{1,t}, h_{2,t} \\ 1 & \text{für die Handlung } h_{3,t} \end{cases} \tag{5.6}$$

Diese Bedingung führt zu einem Auseinanderdividieren der beiden Größen Planungszeitpunkt und Alter, sobald in einer Periode die Handlungsalternative Instandsetzung gewählt wird. In diesem Fall ist die bisherige Modellformulierung und damit auch die Darstellung im Übergangsgraph nicht ausreichend, da das Alter über die Zustände nicht eindeutig erkennbar ist. Die bisherige Formulierung wäre infolgedessen nur bei einer Problematik ohne Instandsetzungsalternativen adäquat. Um diese Nebenbedingungen berücksichtigen zu können, erfolgt eine kleine Modifikation der Modellierung. Damit die Zustände die entsprechende Information der Nebenbedingung mit beinhalten, werden diese entsprechend erweitert und erhalten als zusätzliche Größe das Elementalter. Die Zustände können somit über $\widetilde{Z}_{i,a}$ klassifiziert werden. Hierbei verdeutlicht $i \in [1,\ldots,5]$ die bisherigen fünf Zustände Z_i und $a \in [0,\ldots,T=150]$ das Elementalter. Infolgedessen besitzt das Modell insgesamt $i \cdot a = 755$ verschiedene Zustände. Es ist jedoch zu bemerken, dass die Zustände dementsprechend weniger oft durchlaufen werden können. Jeder Zustand kann maximal entsprechend der Anzahl der durchgeführten Instandsetzungen und der Anfangsinvestition eintreten. Durch diese Modifikation wird die Modellgröße insgesamt zwar deutlich vergrößert, den entsprechenden Nachteilen bei einer Lösung des Problems stehen jedoch auch Vorteile aufgrund der hierbei erzielten Unabhängigkeit der Übergangsfunktion vom Planungshorizont gegenüber. Das Entscheidungsmodell kann somit auch als homogen charakterisiert werden. Im weiteren Verlauf der Arbeit wird der Begriff Zustand weiterhin auch in Verbindung mit dem Gebäudezustand Z_i verwendet, in Bezug auf die neuen Zustände des Entscheidungsmodells $\widetilde{Z}_{i,a}$ wird dementsprechend der Begriff Modellzustand verwendet oder es wird explizit hierauf verwiesen.

Infolge dieser Modifikation ist dementsprechend auch das Übergangsgesetz anzupassen. Dabei kann ein neuer Modellzustand $\tilde{i}$ wie bereits dargestellt über die Kombination (i,a) der beiden Größen Elementzustand i und Alter a dargestellt werden. Prinzipiell ergeben sich die Übergangswahrscheinlichkeiten der Modellzustände somit aus

$$P_{\tilde{i},\tilde{j}}(h) = P_{(i,a)(j,a)}(h) = P_{i,j}(h,a) \tag{5.7}$$

Bei Handlung h_1 (keine Aktivität) resultiert hieraus folgendes Übergangsgesetz:

$$P_{(\tilde{i},\tilde{j})}(h_1) = \begin{cases} p_{(i,a)(i+1,a+1)}(h_1) = p_{i,i+1}(h_1,a) \\ \text{für } i \in [1,\ldots,4], j = i+1, \\ p_{(i,a)(i,a+1)}(h_1) = p_{i,i}(h_1,a) = 1 - p_{i,i+1}(h_1,a) \\ \text{für } i \in [1,\ldots,4], j = i, \\ 1 \quad \text{für } i = j = 5, \\ 0 \quad \text{sonst} \end{cases} \tag{5.8}$$

Hierbei ist $a \in [1,\ldots,T-1]$. Entsprechend gilt für Handlung h_2 (Instandhaltung):

$$P_{(\tilde{i},\tilde{j})}(h_2) = \begin{cases} p_{(i,a)(i+1,a+1)}(h_2) = p_{i,i+1}(h_2,a) \\ \text{für } i \in [1,\ldots,4], j = i+1, \\ p_{(i,a)(i,a+1)}(h_2) = p_{i,i}(h_2,a) = 1 - p_{i,i+1}(h_2,a) \\ \text{für } i \in [1,\ldots,4], j = i, \\ 1 \quad \text{für } i = j = 5, \\ 0 \quad \text{sonst} \end{cases} \tag{5.9}$$

Für das Elementalter gilt $a \in [0,\ldots,T-1]$. Schließlich kann das Übergangsgesetz für Handlung h_3 beschrieben werden über:

$$P_{(\tilde{i},\tilde{j})}(h_3) = \begin{cases} p_{(i,a)(j,1)}(h_3) = 1 - p_{(i,a)(2,1)}(h_2) = 1 - p_{1,2}(h_2,0) \\ \text{für } j = 1, \\ p_{(i,a)(j,1)}(h_3) = p_{(i,a)(2,1)}(h_2) = p_{1,2}(h_2,0) \\ \text{für } j = 2, \\ 0 \quad \text{sonst} \end{cases} \tag{5.10}$$

Dabei ist $a \in [1,\ldots,T-1]$. Das Grundmodell einer identischen Ersatzinvestition lässt sich nun mit dieser Modifikation anhand des Übergangsgraphen verdeutlichen. Der Übersicht halber sind diese getrennt für die Handlungen h_1 und h_2 in Schaubild 5.4 und für die Handlung h_3 in Schaubild 5.5 dargestellt, die Notierung der Übergangswahrscheinlichkeiten erfolgt wie bisher.

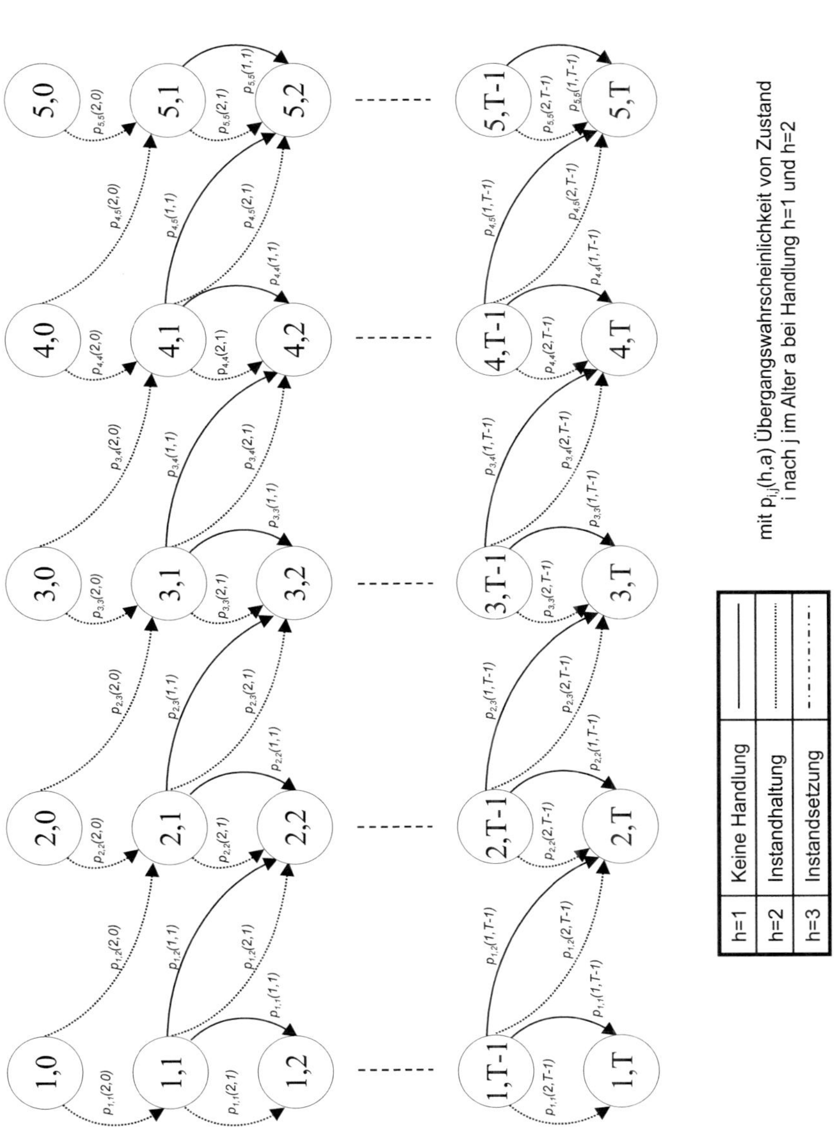

Abbildung 5.4: Übergangsgraph des Grundmodells - Handlungen h_1 und h_2

Wie sich aus Abbildung 5.4 erkennen lässt, findet bei keiner Aktivität oder bei Instandhaltungen in einem Betrachtungszeitraum jeweils ein Übergang mit einer gewissen Wahrscheinlichkeit in den nächstschlechteren Zustand statt, mit der Komplementärwahrscheinlichkeit verbleibt das Element in dem aktuellen Zustand. Beiden Handlungen sind dabei die bereits definierten Übergangswahrscheinlichkeiten zugeordnet, wobei von einem Zustand, der ein Elementalter von Null beschreibt, lediglich ein Übergang mit den Wahrscheinlichkeiten von h_2 möglich ist. Das Alter steigt bei einem Übergang unter Durchführung dieser Handlungen stets um eins an.

Bei den in Abbildung 5.5 verdeutlichten Instandsetzungshandlungen erfolgt, wie bereits in Kapitel 4.2 erläutert wurde, zum jeweiligen Betrachtungszeitpunkt ein sofortiger Austausch des Elementes, das neue Element besitzt ein Alter von Null und ist im besten Zustand. In der dem Austauschzeitpunkt folgenden Periode findet automatisch der bei Instandhaltungsaktivitäten unterstellte verlangsamte Alterungsprozess statt, da aus einem Ersatz mindestens die gleichen Einflüsse auf diesen Prozess resultieren. Dementsprechend findet bei einem Ersatz ein Übergang von einem beliebigen Zustand mit beliebigen Alter in die Elementzustände Eins oder Zwei, jeweils mit dem Alter Eins statt. Infolgedessen können die Modellzustände $\widetilde{Z}_{i,0}$ für $i \in [2, \ldots, 5]$ über diese Handlungen zunächst nicht erreicht werden. Eine entsprechende Modifikation, bei der ein Austausch nicht mehr deterministisch ist, sondern bei dem mit einer gewissen Wahrscheinlichkeit auch ein Ersatz in einen schlechteren Zustand erfolgen kann, wird im weiteren Verlauf der Arbeit noch behandelt werden.

Nachdem nun das Grundmodell mit seinen wesentlichen Zügen dargestellt wurde, soll in einem nächsten Schritt auf die Ermittlung der Übergangswahrscheinlichkeiten eingegangen werden, bevor die geeignete Lösungsmethode vorgestellt wird und eine prinzipielle Analyse der Ergebnisse erfolgt.

5.2 Ermittlung der Übergangswahrscheinlichkeiten

Wie bereits skizziert wurde, wird davon ausgegangen, dass die Verweilzeiten innerhalb der verschiedenen Elementzustände stochastischer Natur sind und einer dementsprechenden Verteilung unterliegen. Die Bestimmung dieser erfolgt in dieser Arbeit über zur Verfügung stehende Alterswertfunktionen, die auf der Basis empirischer Daten für verschiedene Elemente ermittelt wurden. Hierbei wurde die Stochastik berücksichtigt, indem verschiedene Funktionsverläufe für eine minimale, durchschnittliche und maximale Alterung erstellt

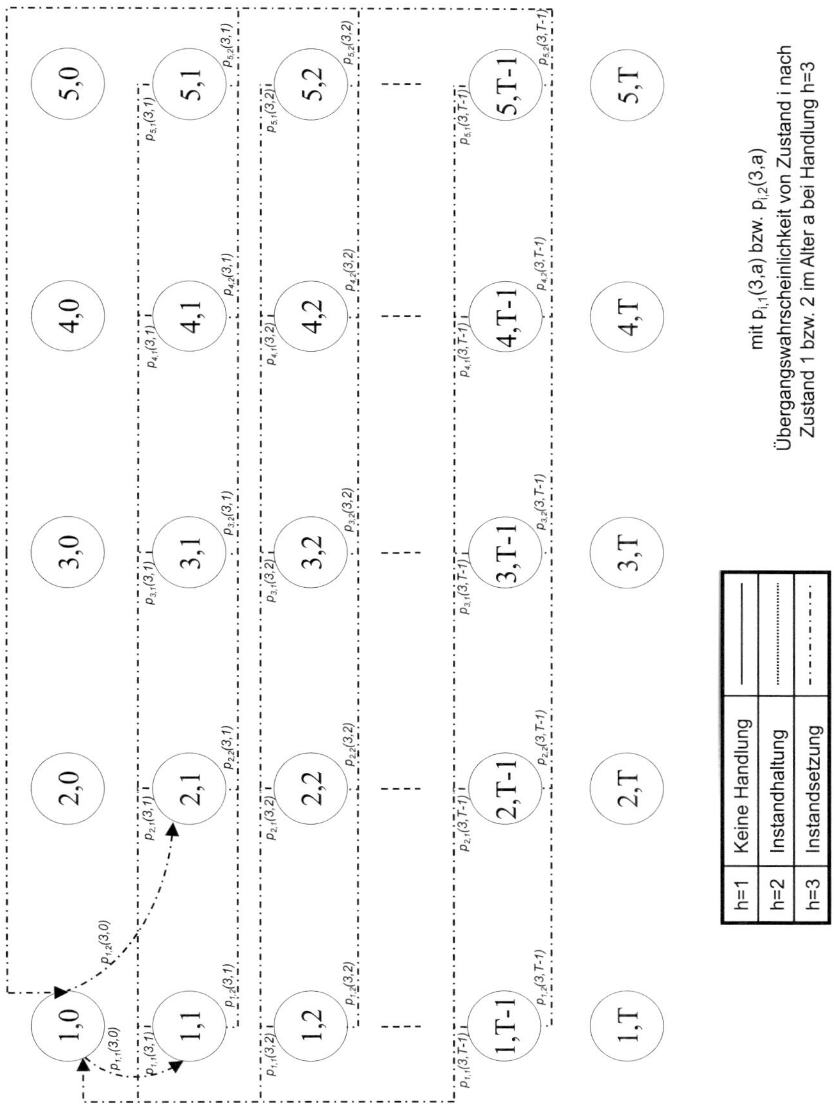

Abbildung 5.5: Übergangsgraph des Grundmodells - Handlung h_3

wurden. Diese können somit als entsprechende Quantile interpretiert werden und für eine Ermittlung der Verweilzeiten und deren Verteilungen herangezogen werden. Aus diesen Verweilzeiten lassen sich dann mittels einer Monte-Carlo-Simulation die Verteilungen der kumulativen Verweilzeiten[13] bestimmen und hieraus die Übergangswahrscheinlichkeiten berechnen.

5.2.1 Funktionale Beschreibung des Alterungsprozesses

Ausgangsbasis der Berechnung der Übergangswahrscheinlichkeiten bildet die in den Arbeiten von Schröder, Christen/Meyer-Meierling und IP Bau vorgestellte direkte Beschreibung von Alterswertfunktionen auf der Basis empirischer Untersuchungen von Gebäudebeständen, die bereits in Kapitel 2.3.2 diskutiert wurde.[14] Diese Beschreibung ist jedoch nicht mathematisch exakt und ausreichend für diese Arbeit, weshalb nachfolgend eine systematische Beschreibung des Alterungsprozesses erfolgt. Weiterhin werden die für die spätere Berechnung benötigten Daten aus diesen Arbeiten abgeleitet.

Grundlage für diese funktionale Beschreibung bildet die technische Lebensdauer eines Elementes TND als Resultat des Alterungsprozesses. Diese ist infolgedessen ebenfalls nicht deterministisch, sondern unterliegt einer Verteilung. Für ein bestimmtes Quantil j kann TND abhängig von einer gegebenen Instandhaltungsqualität Q_i in Anlehnung an die von Christen/Meyer-Meierling verwendete Gleichung 2.4 beschrieben werden:

$$TND_{i,j} = TND_j \cdot (1 - r_{IH} \cdot (1 - Q_i)) \tag{5.11}$$

mit

- $TND_{i,j}$: Technische Nutzungsdauer bei gegebener Instandhaltungsqualität Q_i für Quantil j
- $Q_i \in [0;1]$: Instandhaltungsqualität
- $TND_j \geq 0$: Technische Nutzungsdauer bei 100% Instandhaltungsqualität für Quantil j
- $r_{IH} \in [0;1]$: Reduktionsfaktor für 0% Instandhaltungsqualität

Die empirisch ermittelte Altersentwertung von Elementen folgt nach Christen/Meyer-Meierling und Schröder einer allgemeinen Alterswertfunktion, die sich in zwei verschiedene Phasen aufteilen lässt.[15] Die Beschreibung erfolgt

[13] d.h. die Verweilzeiten innerhalb mehrerer Zustände.

[14] vgl. die Arbeiten von IP Bau [82], Christen/Meyer-Meierling [24] [23] und Schröder [151].

[15] vgl. auch Kapitel 2.3.2 und insbesondere Gleichung 2.3.

dort relativ zur technischen Nutzungsdauer. In Anlehnung an diese Modellierung lässt sich ein funktionales Alterungsverhalten $V_{i,j}$ bei gegebener Instandhaltungsqualität i für ein Quantil j zunächst in allgemeinerer Form für mehrere Lebensphasen $p \in [1,\ldots,k]$ beschreiben. Die von Meyer/Meierling ebenfalls beschriebenen Auswirkungen von Folgeschäden auf die Alterung werden hierbei durch die Phase k mit berücksichtigt. Treten derartige Folgeschäden durch benachbarte Elemente auf, findet zu diesem Zeitpunkt t_{FS} ein Phasenwechsel statt. Die technische Nutzungsdauer $TND_{i,j}$ wird hierdurch analog zu Gleichung 2.5 reduziert, dementsprechend ist die technische Nutzungsdauer in Abhängigkeit von den verschiedenen Phasen über $TND_{i,j,k}$ zu modellieren. Absolut ergibt sich hiermit folgende allgemeine Alterswertfunktion:

$$V_{i,j}(t) = \begin{cases} v_{i,j,0} - (v_{i,j,0} - v_{i,j,1}) \cdot \left(\frac{t - t_{i,j,0}}{TND_{i,j,1} \cdot (1 - \frac{t_{i,j,0}}{TND_{i,j,1}})}\right)^{a_{i,j,1}} \\ \text{für } t_{i,j,0} \leq t \leq t_{i,j,1} \text{ (Phase 1)}, \\ \\ v_{i,j,1} - (v_{i,j,1} - v_{i,j,2}) \cdot \left(\frac{t - t_{i,j,1}}{TND_{i,j,2} \cdot (1 - \frac{t_{i,j,1}}{TND_{i,j,2}})}\right)^{a_{i,j,2}} \\ \text{für } t_{i,j,1} < t \leq t_{i,j,2} \text{ (Phase 2)}, \\ \vdots \\ v_{i,j,k-1} - (v_{i,j,k-1} - v_{i,j,k}) \cdot \left(\frac{t - t_{i,j,k-1}}{TND_{i,j,k} \cdot (1 - \frac{t_{i,j,k-1}}{TND_{i,j,k}})}\right)^{a_{i,j,k}} \\ \text{für } t_{i,j,k-1} < t \leq t_{i,j,k} = TND_{i,j,k} \text{ (Phase } k\text{)} \end{cases} \tag{5.12}$$

mit der Abgrenzung von Folgeschädenphasen:

$$TND_{i,j,k} = \begin{cases} TND_{i,j} & \text{für } t_{i,j,k-1} < t_{FS} \\ t_{i,j,k-1} + r \cdot (TND_{i,j} - t_{i,j,k-1}) & \text{für } t_{i,j,k-1} \geq t_{FS} \end{cases}$$

und den Stetigkeitsbedingungen:

$$v_{i,j,k} = V_{i,j}(t_{i,j,k}) \quad \forall k \in [1,\ldots,k-1]$$

Hierbei sind

- $V_{i,j}(t)$: relativer Wert eines Bauteils bei gegebener Instandhaltungsqualität für Quantil j
- t: Alter eines Bauteils[16]
- $v_{i,j,k-1}$: Obergrenze relativer Wert eines Bauteils zu Beginn von Phase k bei gegebener Instandhaltungsqualität für Quantil j
- $t_{i,j,k-1}$: Übergangszeitpunkt von Phase $k-1$ zu Phase k bei gegebener Instandhaltungsqualität für Quantil j
- $a_{i,j,k}$: Entwertungsparameter für Phase k bei gegebener Instandhaltungsqualität für Quantil j
- $TND_{i,j}$: Technische Nutzungsdauer des Elementes bei gegebener Instandhaltungsqualität für Quantil j
- $TND_{i,j,k}$: Durch Folgeschäden reduzierte technische Nutzungsdauer bei gegebener Instandhaltungsqualität für Quantil j
- t_{FS}: Eintrittszeitpunkt von Folgeschäden
- r: Reduktionsfaktor der restlichen technischen Nutzungsdauer ab dem Zeitpunkt t_{FS}

Eine Anpassung an eine relative Betrachtung wäre entsprechend möglich. Für diese Arbeit ist jedoch eine Unterteilung in eine Vielzahl von Phasen nicht entscheidend. Relevant sind lediglich analoge Betrachtungen zur Literatur, um die dahinter stehende Empirie berücksichtigen zu können. Das Alterungsverhalten nach Meier/Meyerling erfolgt im Normalfall in zwei Phasen: einer kurzen Einbauphase und anschließend einer längeren Alterungsphase. Die Struktur dieser Funktion ist für die verschiedenen Elemente prinzipiell gleich und variiert lediglich hinsichtlich einzelner Parameter. Der Beginn der ersten Phase startet für alle Elemente bei $t_{i,j,0} = 0$ und einem relativen Wert von $v_{i,j,0} = 1$. Der relative Endwert des Bauteils zum Zeitpunkt der technischen Lebensdauer $TND_{i,j}$ ist $V_{i,j}(TND_{i,j}) = 0$ $(\forall i, j)$, d.h. das Bauteil besitzt am Ende seiner technischen Lebensdauer den relativen Wert 0. Da Folgeschäden in dem Zwei-Phasen-Modell nicht berücksichtigt werden, ist die technische

[16] Aus Gründen der Übersichtlichkeit wird das Alter in dem Kapitel zur Berechnung der Übergangswahrscheinlichkeiten mit t statt a bezeichnet. In den nachfolgenden Kapiteln wird dann wieder die ursprüngliche Notation verwendet.

Nutzungsdauer in allen Phasen $TND_{i,j,k} = TND_{i,j}$. Somit ergibt sich bei zwei Phasen folgende Alterungsfunktion:

$$V_{i,j}(t) = \begin{cases} 1 - (\frac{t}{TND_{i,j}})^{a_{i,j,1}} \\ \text{für } 0 \leq t \leq t_{i,j,1} \text{ (Phase 1)}, \\ \\ v_{i,j,1} - v_{i,j,1} \cdot (\frac{t - t_{i,j,1}}{TND_{i,j} \cdot (1 - \frac{t_{i,j,1}}{TND_{i,j}})})^{a_{i,j,2}} \\ \text{für } t_{i,j,1} < t \leq TND_{i,j} \text{ (Phase 2)} \end{cases} \tag{5.13}$$

und mit $v_{i,j,1} = V_{i,j}(t_{i,j,1}) = 1 - (\frac{t_{i,j,1}}{TND_{i,j}})^{a_{i,j,1}}$:

$$V_{i,j}(t) = \begin{cases} 1 - (\frac{t}{TND_{i,j}})^{a_{i,j,1}} \\ \text{für } 0 \leq t \leq t_{i,j,1} \text{ (Phase 1)}, \\ \\ (1 - \frac{t_{i,j,1}}{TND_{i,j}})^{a_{i,j,1}} - (1 - \frac{t_{i,j,1}}{TND_{i,j}})^{a_{i,j,1}} \cdot (\frac{t - t_{i,j,1}}{TND_{i,j} \cdot (1 - \frac{t_{i,j,1}}{TND_{i,j}})})^{a_{i,j,2}} \\ \text{für } t_{i,j,1} < t \leq TND_{i,j} \text{ (Phase 2)} \end{cases} \tag{5.14}$$

Ein Modell mit drei Alterungsabschnitten kommt zum Tragen, wenn Folgeschäden eintreten, d.h. $t_{FS} < TND_{i,j}$.[17] Hieraus resultiert folgende Alterungsfunktion:

$$V_{i,j}(t) = \begin{cases} 1 - (\frac{t}{TND_{i,j}})^{a_{i,j,1}} \\ \text{für } 0 \leq t \leq t_{i,j,1} \text{ (Phase 1)}, \\ \\ (1 - \frac{t_{i,j,1}}{TND_{i,j}})^{a_{i,j,1}} - (1 - \frac{t_{i,j,1}}{TND_{i,j}})^{a_{i,j,1}} \cdot (\frac{t - t_{i,j,1}}{TND_{i,j} \cdot (1 - \frac{t_{i,j,1}}{TND_{i,j}})})^{a_{i,j,2}} \\ \text{für } t_{i,j,1} < t \leq t_{i,j,2} \text{ (Phase 2)}, \\ \\ v_{i,j,2} - v_{i,j,2} \cdot (\frac{t - t_{i,j,2}}{t_{i,j,2} + r \cdot (TND_{i,j} - t_{i,j,2}) \cdot (1 - \frac{t_{i,j,2}}{t_{i,j,2} + r \cdot (TND_{i,j} - t_{i,j,2})})})^{a_{i,j,3}} \\ \text{für } t_{i,j,2} = t_{FS} < t \leq t_{i,j,2} + r \cdot (TND_{i,j} - t_{i,j,2}) \text{ (Phase 3)} \end{cases} \tag{5.15}$$

[17] Falls $t_{FS} = TND_{i,j}$ existieren also nur zwei Phasen, es gilt dann der vorherige Fall mit zwei Phasen.

und mit $v_{i,j,2} = V_{i,j}(t_{i,j,2} = t_{FS}) =$
$(1 - \frac{t_{i,j,1}}{TND_{i,j}})^{a_{i,j,1}} - (1 - \frac{t_{i,j,1}}{TND_{i,j}})^{a_{i,j,2}} \cdot (\frac{t_{i,j,2} - t_{i,j,1}}{TND_{i,j} \cdot (1 - \frac{t_{i,j,1}}{TND_{i,j}})})^{a_{i,j,2}}$

$$V_{i,j}(t) = \begin{cases} 1 - (\frac{t}{TND_{i,j}})^{a_{i,j,1}} \\ \text{für } 0 \leq t \leq t_{i,j,1} \text{ (Phase 1)}, \\ \\ (1 - \frac{t_{i,j,1}}{TND_{i,j}})^{a_{i,j,1}} - (1 - \frac{t_{i,j,1}}{TND_{i,j}})^{a_{i,j,1}} \cdot (\frac{t - t_{i,j,1}}{TND_{i,j} \cdot (1 - \frac{t_{i,j,1}}{TND_{i,j}})})^{a_{i,j,2}} \\ \text{für } t_{i,j,1} < t \leq t_{i,j,2} \text{ (Phase 2)}, \\ \\ (1 - \frac{t_{i,j,1}}{TND_{i,j}})^{a_{i,j,1}} - (1 - \frac{t_{i,j,1}}{TND_{i,j}})^{a_{i,j,2}} \cdot (\frac{t_{i,j,2} - t_{i,j,1}}{TND_{i,j} \cdot (1 - \frac{t_{i,j,1}}{TND_{i,j}})})^{a_{i,j,2}} \\ \cdot (\frac{t - t_{i,j,2}}{r \cdot (TND_{i,j} - t_{i,j,2})})^{a_{i,j,2}} \\ \text{für } t_{i,j,2} = t_{FS} < t \leq t_{i,j,2} + r \cdot (TND_{i,j} - t_{i,j,2}) \text{ (Phase 3)} \end{cases} \tag{5.16}$$

Die entsprechende Parametrisierung wurde in Anlehnung an die Arbeiten von IP Bau und Meyer-Meierling gewählt. Für die technischen Nutzungsdauern TND_j sind die entsprechenden Werte und die Spezifikation für diese Untersuchung in Schaubild 5.6 gegenübergestellt. Wie aus diesem Schaubild erkannt werden kann, liegen hinsichtlich Elementalternativen unterschiedlicher Qualität auch in der Literatur keine Daten vor. Die Arbeiten basieren auf größere Gebäudebestände, die Unterscheidung zwischen verschiedenen Alternativen war kein Ziel dieser Untersuchungen. Es ist auch nicht bekannt, ob hier tendenziell gleichartige Elemente oder auch unterschiedliche Qualitätsausprägungen untersucht wurden. Infolgedessen wird für diese Arbeit aus Sicht einer Nutzungsdauer das schlechtere Szenario angenommen, d.h. dass die untersuchten Ergebnisse Elemente mit guter Qualität darstellen. Prinzipiell ist diese Annahme nicht entscheidend, da die Bewertungen „gute“ und „schlechte“ Qualität in dieser Arbeit relativ verstanden werden sollen, um entsprechende Auswirkungen auf Instandhaltungsstrategien verdeutlichen zu können. Selbst wenn die untersuchten Elemente absolut gesehen schlechter Qualität wären, gäbe es, solange es sich nicht um die Elemente der schlechtesten Qualität handeln würde, noch welche, die eine schlechtere Qualität aufweisen. Insofern wird diese Annahme als akzeptabel angesehen. Durch diese Unvollständigkeit der Untersuchungen hinsichtlich verschiedener Qualitätsaspekte basieren die technische Nutzungsdauern der Elemente schlechter Qualität auf eigenen Einschätzungen. Diese beruhen auf den Annahmen, dass die Elemente in der bestmöglichen Instandhaltungsqualität gepflegt werden, dass die durchschnittliche technische Nutzungsdauer bei Alternativen schlechterer Qualität geringer ist und dass die Streuung umso geringer ist, je geringer die technische Nutzungsdauer ist. Letzteres kann auch dadurch begründet werden, dass die Unsicherheit mit steigendem Zeithorizont ebenfalls ansteigt. Generell wird für diese Arbeit den Werten aus IP-Bau der Vorzug gegeben, da hier bereits minimale, durchschnittliche und maximale Werte vorliegen. Diese werden als Quantile interpretiert und entsprechend dem 1%-Quantil, dem 50%-Quantil und dem 99%-Quantil der Verteilungen zugeordnet. Bei den Elementen „Rohbau übriges", „Tapeten/Teppich" und „Küche" folgt allerdings eine Anlehnung an Meyer-Meierling, da zum einen bei IP-Bau keine Unterteilung des Rohbaus vorgenommen wurde und zum anderen die Werte für die anderen beiden Elemente als zu hoch angesehen werden. Bei dem Element „Heizung" wurde schließlich generell eine eigene Einschätzung vorgenommen. Gerade bei diesem Element ist die technische Nutzungsdauer auch sehr stark abhängig von der jeweiligen Technologie. Beispielsweise wird in der Praxis bei Öl- und Gasheizungen von einer mittleren Lebensdauer von ca. 20 Jahren ausgegangen.[18]

Die in Abbildung 5.6 dargestellten technischen Nutzungsdauern unterliegen der Annahme, dass hierfür die bestmögliche Instandhaltungsqualität eingesetzt wurde. Für die Ermittlung der bereits beschriebenen Funktionen sind die technischen Nutzungsdauern $TND_{i,j}$ weiterhin für die verschiedenen Instandhaltungsqualitäten i zu berechnen. Die entsprechenden Werte finden sich in Schaubild 5.7. Zur Berechnung wurde Gleichung 5.11 herangezogen, die Parametrisierung von r_{IH} erfolgte gemäß Abbildung 5.8. Hierüber wurden die Werte für Instandhaltungsqualitäten von 0%, 50% und 100% ermittelt, allerdings werden im Rahmen der später berücksichtigten Handlungen, wie bereits erläutert, lediglich eine Instandhaltungsqualität von 0% (entspricht h_1: Keine Handlung) und 100% (entspricht h_2: Instandhaltung) betrachtet. Zur Bestimmung der Übergangswahrscheinlichkeiten werden im weiteren Verlauf lediglich zwei Quantile benötigt, weswegen nur das 1%-Quantil und das 99%-Quantil aufgeführt sind.

Neben der Bestimmung der technischen Nutzungsdauern sind noch die weiteren Parameter der beschriebenen Funktionsgleichung für das Zwei- sowie Drei-Phasen-Modell zu spezifizieren. Diese sind in Abbildung 5.8 dargestellt. Auch für diese Parameter werden die Arbeiten von IP-Bau und Meyer-Meierling als Basis herangezogen. Eine Unterscheidung für verschiedene Elementqualitäten findet sich nur für den Parameter r_{IH} bei den Elementen Dachhaut, Fassaden und Fenster. Eine derartige Unterscheidung bei die-

[18] Dies zeigen z.B. auch Untersuchungen des Bundesministeriums für Verkehr, Bau und Wohnungswesen [20], S.6.11 ff., die bereits in Abbildung 2.4 eingeflossen sind.

Literatur						Spezifikation Untersuchung						
		Lebensdauern								Parameter Quantile		
Elementspezifikation IP Bau	Elementspezifikation Meyer-Meierling	Meyer-Meierling	IP Bau			Elementtyp		Alternative		$TND_{j=min}$	$TND_{j=Durchschnitt}$	$TND_{j=max}$
		Ø	Min	Ø	Max					(1%-Quantil)	(50%-Quantil)	(99%-Quantil)
Rohbau massiv	Rohbau massiv	150	80	100	150	E1	Rohbau massiv	E1-A1	Gute Qualität	80	100	150
								E1-A2	Schlechte Qualität	60	70	80
	Rohbau übriges	90				E2	Rohbau übriges	E2-A1	Gute Qualität	80	90	100
								E2-A2	Schlechte Qualität	50	60	70
Dachhaut	Steildach	65	25	45	70	E3	Dachhaut	E3-A1	Gute Qualität	25	45	70
	Flachdach	30						E3-A2	Schlechte Qualität	20	30	40
Fassaden	Fassaden konv. verputzt	60	35	50	75	E4	Fassaden	E4-A1	Gute Qualität	35	50	75
	Fassaden Kompaktfassade	30						E4-A2	Schlechte Qualität	20	30	40
	Fassaden Holz	45										
Fenster	Fenster, Läden Holz	45	30	50	70	E5	Fenster	E5-A1	Gute Qualität	30	50	70
	Fenster, Läden Kunststoff	45						E5-A2	Schlechte Qualität	20	30	40
Elektro	Elektro	60	40	50	60	E6	Elektro	E6-A1	Gute Qualität	40	50	60
								E6-A2	Schlechte Qualität	20	30	40
Heizung	Heizung	45	30	45	60	E7	Heizung	E7-A1	Gute Qualität	15	20	25
								E7-A2	Schlechte Qualität	5	10	15
Übrige Haustechnik	Übrige Haustechnik	30	25	30	30	E8	Übrige Haustechnik	E8-A1	Gute Qualität	25	30	30
								E8-A2	Schlechte Qualität	15	20	25
Sanitär	Sanitär	45	30	35	40	E9	Sanitär	E9-A1	Gute Qualität	30	35	40
								E9-A2	Schlechte Qualität	15	20	25
Innenausbau	Tapeten/Teppich	15	35	40	45	E10	Tapeten/Teppich	E10-A1	Gute Qualität	10	15	25
								E10-A2	Schlechte Qualität	5	10	15
	Küche	20				E11	Küche	E11-A1	Gute Qualität	15	20	25
								E11-A2	Schlechte Qualität	5	10	15
	Übriger Innenausbau	45				E12	Übriger Innenausbau	E12-A1	Gute Qualität	35	40	45
								E12-A2	Schlechte Qualität	15	25	35

Legende:
Paul Meyer, Alterungsverhalten von Bauteilen und Unterhaltungskosten, IP Bau, S. 64 ff.
Meyer-Meierling, Optimierung von Instandsetzungszyklen und deren Finanzierung bei Wohnbauten, S. 25

Abbildung 5.6: Vergleich technische Nutzungsdauern Literatur und Modellierung

Elementtyp		Alternative		$TND_{i,j}$					
				0% Instandhaltungsqualität (i=1)		50% Instandhaltungsqualität (i=2)		100% Instandhaltungsqualität (i=3)	
				1%-Quantil (j=1)	99%-Quantil (j=2)	1%-Quantil (j=1)	99%-Quantil (j=2)	1%-Quantil (j=1)	99%-Quantil (j=2)
				$TND_{1,1}$	$TND_{1,2}$	$TND_{2,1}$	$TND_{2,2}$	$TND_{3,1}$	$TND_{3,2}$
E1	Rohbau massiv	E1-A1	Gute Qualität	72	135	76	142,5	80	150
		E1-A2	Schlechte Qualität	54	72	57	76	60	80
E2	Rohbau übriges	E2-A1	Gute Qualität	72	90	76	95	80	100
		E2-A2	Schlechte Qualität	45	63	47,5	66,5	50	70
E3	Dachhaut	E3-A1	Gute Qualität	7,5	21	16,25	45,5	25	70
		E3-A2	Schlechte Qualität	6	12	13	26	20	40
E4	Fassaden	E4-A1	Gute Qualität	24,5	52,5	29,75	63,75	35	75
		E4-A2	Schlechte Qualität	14	28	17	34	20	40
E5	Fenster	E5-A1	Gute Qualität	21	49	25,5	59,5	30	70
		E5-A2	Schlechte Qualität	12	24	16	32	20	40
E6	Elektro	E6-A1	Gute Qualität	40	60	40	60	40	60
		E6-A2	Schlechte Qualität	20	40	20	40	20	40
E7	Heizung	E7-A1	Gute Qualität	13,5	22,5	14,25	23,75	15	25
		E7-A2	Schlechte Qualität	4,5	13,5	4,74	14,25	5	15
E8	Übrige Haustechnik	E8-A1	Gute Qualität	20	24	22,5	27	25	30
		E8-A2	Schlechte Qualität	12	20	13,5	22,5	15	25
E9	Sanitär	E9-A1	Gute Qualität	27	36	28,5	38	30	40
		E9-A2	Schlechte Qualität	13,5	22,5	14,25	23,75	15	25
E10	Tapeten/Teppich	E10-A1	Gute Qualität	10	25	10	25	10	25
		E10-A2	Schlechte Qualität	5	15	5	15	5	15
E11	Küche	E11-A1	Gute Qualität	15	25	15	25	15	25
		E11-A2	Schlechte Qualität	5	15	5	15	5	15
E12	Übriger Innenausbau	E12-A1	Gute Qualität	35	45	35	45	35	45
		E12-A2	Schlechte Qualität	15	35	15	35	15	35

Abbildung 5.7: Parametrisierung der technischen Nutzungsdauer in Abhängigkeit von der Instandhaltungsqualität

sem Parameter ist plausibel, da verschiedene Technologien eines Elementes durchaus einen unterschiedlichen Grad besitzen, der durch die Instandhaltung beeinflussbar ist. So ist dieser beispielsweise für Holzfenster größer als bei Metall- oder Kunststofffenstern. Dementsprechend werden bei dem Element Fenster auch unterschiedliche Werte für r_{IH} verwendet. Bei weiteren Größen wie dem Entwertungsparameter $a_{i,j,k}$ wird eine Unterscheidung nicht als sinnvoll erachtet. Der prinzipielle Alterungsverlauf wird als gleich für das jeweilige Element angesehen, eine Differenzierung erfolgt über die technische Nutzungsdauer. Auch bei den Zustandsgrenzen wird nicht zwischen den Elementalternativen unterschieden, da Diagnosemethoden unabhängig von der jeweiligen Alternative sind.

Nachdem nun die Funktionen parametrisiert wurden, lassen sich die Elementalternativen entsprechend beschreiben. Beispielhaft ist in Abbildung 5.9 der Graph für die Funktion $V_{i,j}$ des Elementes Fenster in der Alternative A1 (gute Qualität) dargestellt. Hierbei handelt es sich zunächst um ein Modell mit zwei Alterungsabschnitten, da hierbei Folgeschäden nicht mit betrachtet sind. Die verschiedenen Quantile der drei Instandhaltungsqualitäten sind dabei jeweils über die gleiche Linienart dargestellt. Die Zuordnung der Zustandsgrenzen lässt unter einer deterministischen Betrachtungsweise erkennen, in welchem Alter sich das Element in welchem Zustand befindet. Die jeweiligen Schnittstellen mit der Abszisse bilden die technischen Nutzungsdauern ab. Zu diesem Zeitpunkt tritt dann der Elementzustand Fünf ein.

Bei Berücksichtigung von eventuellen Folgeschäden kommt das Modell mit drei Alterungsabschnitten zum Tragen. Die entsprechenden Graphen der Funktionen für das Element Fenster in der Alternative A1 verdeutlicht Abbildung 5.10. Dabei wurde angenommen, dass ein Folgeschaden zu einem relativen Zeitpunkt von 50% der technischen Nutzungsdauer eingetreten ist. Wie bereits dargestellt wurde, tritt ein solcher Schaden ein, falls ein anderes Element, welches entsprechende Beziehungen zu dem geschädigten Element besitzt, in einen entsprechenden Zustand gelangt. In welchem Zustand das geschädigte Element zu diesem Zeitpunkt ist, ist hierfür irrelevant. Die Darstellung der Betrachtung von Folgeschäden dient jedoch lediglich der Vollständigkeit. Für die Berechnung der Übergangswahrscheinlichkeiten ist eine Darstellung ohne Folgeschäden zu wählen. Wie bereits in Kapitel 4.2 erläutert wurde, werden Folgeschäden dem verursachenden Element zugerechnet. Dieses hat die entsprechend hierdurch verursachten Zahlungen zu tragen.

Nachdem die entsprechenden Funktionen der Alterungsverläufe $V_{i,j}$ bestimmt wurden, können nun in einem nächsten Schritt aus diesen die Verweilzeiten ermittelt und daraus die entsprechenden Verteilungen bestimmt werden, die für die Berechnung der Übergangswahrscheinlichkeiten nötig sind.

	Elementtyp	Alternative		Zustandsgrenzen Z_i				Instandhaltungs-parameter	Phase 1	Phase 2		Phase 3 (Folgeschäden)	
				Z_1	Z_2	Z_3	Z_4	r_{IH}	$a_{i,j,1}$	$t_{i,j,1,rel}$	$a_{i,j,2}$	r	$a_{i,j,3}$
Quelle				IP-Bau, S.83				Meyer-Meierling, S.32	Meyer-Meierling, S.77			Meyer-Meierling, S.29 u. S.112	
E1	Rohbau massiv	E1-A1	Gute Qualität	1	0,8	0,5	0,2	0,1	1	0,08	2	0,8	1,2
		E1-A2	Schlechte Qualität										
E2	Rohbau übriges	E2-A1	Gute Qualität	1	0,8	0,5	0,2	0,1	1	0,1	2	0,7	0,9
		E2-A2	Schlechte Qualität										
E3	Dachhaut	E3-A1	Gute Qualität	1	0,8	0,5	0,2	0,7	1	0,1	2	0,7	0,5
		E3-A2	Schlechte Qualität										
E4	Fassaden	E4-A1	Gute Qualität	1	0,8	0,5	0,2	0,32	1	0,1	2	0,7	0,8
		E4-A2	Schlechte Qualität										
E5	Fenster	E5-A1	Gute Qualität	1	0,8	0,5	0,2	0,3[1]	1	0,1	2	0,7	0,8
		E5-A2	Schlechte Qualität					0,4[1]					
E6	Elektro	E6-A1	Gute Qualität	1	0,8	0,5	0,2	0	1	0,05	5	0,6	0,8
		E6-A2	Schlechte Qualität										
E7	Heizung	E7-A1	Gute Qualität	1	0,8	0,5	0,2	0,1[1]	1	0,4	2	0,5	0,33
		E7-A2	Schlechte Qualität										
E8	Übrige Haustechnik	E8-A1	Gute Qualität	1	0,8	0,5	0,2	0,2	1	0,1	2	0,5	0,33
		E8-A2	Schlechte Qualität										
E9	Sanitär	E9-A1	Gute Qualität	1	0,8	0,5	0,2	0,1	1	0,1	2	0,8	0,5
		E9-A1	Schlechte Qualität										
E10	Tapeten/Teppich	E10-A1	Gute Qualität	1	0,8	0,5	0,2	0	1	0,1	2	0,6	1,2
		E10-A2	Schlechte Qualität										
E11	Küche	E11-A1	Gute Qualität	1	0,8	0,5	0,2	0	1	0,1	2	0,6	1,2
		E11-A2	Schlechte Qualität										
E12	Übriger Innenausbau	E12-A1	Gute Qualität	1	0,8	0,5	0,2	0	1	0,1	2	0,6	1,2
		E12-A2	Schlechte Qualität										

[1] Modifizierte Werte. Für die Heizung wird in Meyer Meierling r_{IH}=0 gesetzt, für die Fenster wird zwischen 0,1 und 0,5 je nach Fensterqualität variiert. Für die Elemente Dachhaut und Fassaden sind ebenfalls unterschiedliche Qualitäten und damit unterschiedliche r_{IH} vorhanden. Hier werden die Werte eines Steildaches sowie einer Kompaktfassade angenommen.

Abbildung 5.8: Parametrisierung der Alterswertfunktionen

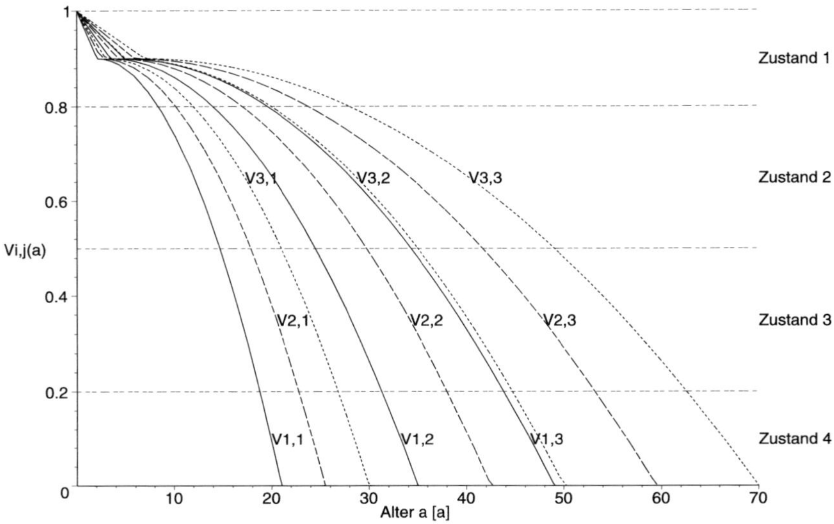

Abbildung 5.9: Alterungsverhalten $V_{i,j}$ von Element E5-A1 (Fenster) bei Instandhaltungsqualität i und Quantil j

5.2.2 Bestimmung der Verweilzeiten und deren Verteilungen

Wie Schaubild 5.9 zu entnehmen ist, lassen sich die relativen Werte eines Bauteils $V_{i,j}$ den verschiedenen Klassen oder Intervallen zuordnen, die den einzelnen Elementzuständen Z_l mit $l \in [1,\ldots,m=5]$ entsprechen. Da existierende Diagnosemethoden für Bauteile keine exakte Bestimmung des relativen Wertes zulassen, findet eine solche Diskretisierung statt. Der Zustand Z_l kann somit als ein bestimmtes Wertintervall des relativen Wertes verstanden werden, welches den Bereich $[z_{l+1};z_l]$ für $\forall l \in [1,\ldots,m-1]$ mit $z_1 = 1, z_5 = 0$ umfasst. z_l kann somit als Intervallobergrenze des entsprechenden Zustandes l verstanden werden. Wie bereits erläutert wurde, werden diese Zustände durch bestimmte Eigenschaften des Bauteils beschrieben und können in unterschiedlichen Zahlungen resultieren.

Die entsprechende Zeit, in der ein Element sich in einem Zustand Z_l befindet, wird als die Verweilzeit $T_l \quad \forall l \in [1,\ldots,m]$ definiert. Diese kann ensprechend über die Umkehrfunktion $V_{i,j}(u)^{-1}$ berechnet werden. Unter Verwendung von

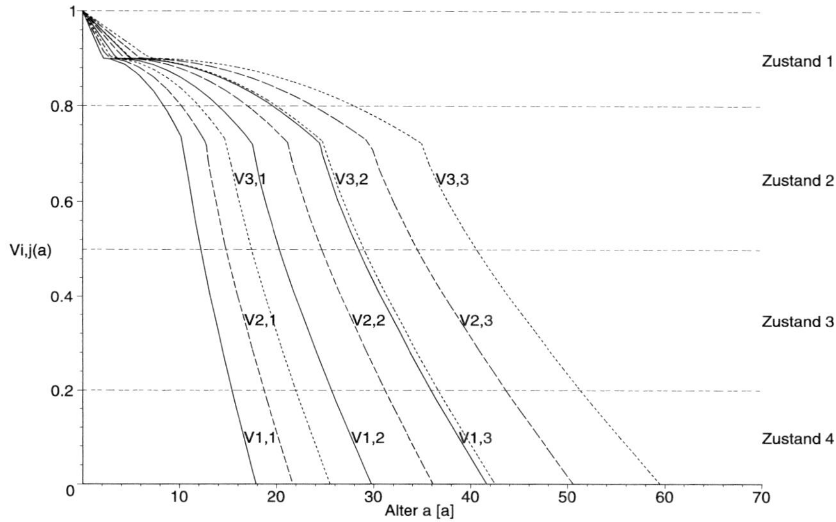

Abbildung 5.10: Alterungsverhalten $V_{i,j}$ von Element E5-A1 (Fenster) bei Instandhaltungsqualität i und Quantil j mit Eintritt von Folgeschäden ab 50% der technischen Nutzungsdauer

$$V_{i,j}(t_{i,j,p}) = V_{i,j,p-1} - (V_{i,j,p-1} - V_{i,j,p}) \cdot (\frac{t_{i,j,p} - t_{i,j,p-1}}{TND_{i,j,p} + t_{i,j,p-1}}) = V_{i,j,p} \quad (5.17)$$

ergibt sich diese $\forall p \in [0,\ldots,k]$ zu

$$V_{i,j}(u)^{-1} = \begin{cases} (\frac{v_{i,j,k-1}-u}{v_{i,j,k-1}-v_{i,j,k}})^{\frac{1}{a_{i,j,k}}} \cdot TND_{i,j,k} \cdot (1 - \frac{t_{i,j,k-1}}{TND_{i,j,k}}) + t_{i,j,k-1} \\ \text{für} \quad v_{i,j,k} \le u < v_{i,j,k-1}, \\ \vdots \\ (\frac{v_{i,j,1}-u}{v_{i,j,1}-v_{i,j,2}})^{\frac{1}{a_{i,j,2}}} \cdot TND_{i,j,2} \cdot (1 - \frac{t_{i,j,1}}{TND_{i,j,2}}) + t_{i,j,1} \\ \text{für} \quad v_{i,j,2} \le u < v_{i,j,1}, \\ \\ (\frac{v_{i,j,0}-u}{v_{i,j,0}-v_{i,j,1}})^{\frac{1}{a_{i,j,1}}} \cdot TND_{i,j,1} \cdot (1 - \frac{t_{i,j,1}}{TND_{i,j,1}}) + t_{i,j,0} \\ \text{für} \quad v_{i,j,1} \le u \le v_{i,j,0} \end{cases} \quad (5.18)$$

Diese Umkehrfunktion ist in Schaubild 5.11 exemplarisch anhand des Zwei-Phasen-Modells für Element E5-A1 (Fenster, Alternative gute Qualität) dargestellt. Auch hier werden die verschiedenen Quantile der drei Instandhaltungsqualitäten jeweils über die gleiche Linienart dargestellt.

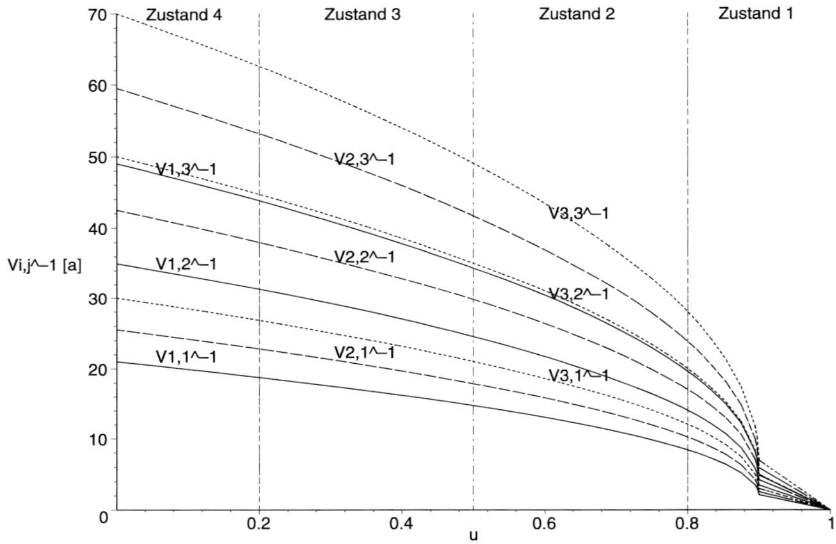

Abbildung 5.11: Umkehrfunktionen $V_{i,j}^{-1}$ von Element E5-A1 (Fenster) bei Instandhaltungsqualität i und Quantil j

Die Verweilzeiten für die Zustände $l \in [1,\ldots,m-1]$ lassen sich somit über folgende Gleichung ermitteln, die Verweilzeit im Zustand $m = 5$ beträgt $T_{i,j,5} = \infty$[19]

$$T_{i,j,l} = V_{i,j}^{-1}(z_l) - V_{i,j}^{-1}(z_{l+1}) \quad \forall l \in [1,\ldots,m-1] \tag{5.19}$$

mit $T_{i,j,l}$: Verweilzeit im Zustand l für Quantil j und Instandhaltungsqualität i eines Elementes.

Die entsprechenden Werte $T_{i,j,l}$ für die Elemente E5 (Fenster) und E7 (Heizung), die in den späteren Fallbeispielen untersucht werden, finden sich in Abbildung 5.12, für alle Elemente sind diese in Anhang B beigefügt.

Oftmals wird in Studien zum Thema Alterungsverhalten angenommen, dass derartige Verweilzeiten einer zweiparametrigen Weibull-Verteilung unterlie-

[19] Natürlich nur unter der Voraussetzung, dass nicht h_3 (Instandsetzung) gewählt wird.

Elementtyp	Alternative	Instandhaltungs-qualität i	Folgeschäden	Verweilzeiten Ti,j,l [a]	Verweilzeiten Quantil j=1: 1%-Quantil				Verweilzeiten Quantil j=2: 99%-Quantil			
					Z_1 $T_{i,1,1}$	Z_2 $T_{i,1,2}$	Z_3 $T_{i,1,3}$	Z_4 $T_{i,1,4}$	Z_1 $T_{i,2,1}$	Z_2 $T_{i,2,2}$	Z_3 $T_{i,2,3}$	Z_4 $T_{i,2,4}$
E5 Fenster	E5-A1 Gute Qualität	i=1: 0% Qualität	nein	$T_{1,j,l}$	8,40	6,30	4,07	2,23	19,60	14,70	9,49	5,21
			ja	$T_{1,j,l}$	5,88	4,41	2,85	1,56	13,72	10,29	6,64	3,65
		i=2: 50% Qualität	nein	$T_{2,j,l}$	10,20	7,65	4,94	2,71	23,80	17,85	11,53	6,32
			ja	$T_{2,j,l}$	7,14	5,36	3,46	1,90	16,66	12,50	8,07	4,43
		i=3: 100% Qualität	nein	$T_{3,j,l}$	12,00	9,00	5,81	3,19	28,00	21,00	13,56	7,44
			ja	$T_{3,j,l}$	8,40	6,30	4,07	2,23	19,60	14,70	9,49	5,21
	E5-A2 Schlechte Qualität	i=1: 0% Qualität	nein	$T_{1,j,l}$	4,80	3,60	2,32	1,28	9,60	7,20	4,65	2,55
			ja	$T_{1,j,l}$	3,36	2,52	1,63	0,89	6,72	5,04	3,25	1,79
		i=2: 50% Qualität	nein	$T_{2,j,l}$	6,40	4,80	3,10	1,70	12,80	9,60	6,20	3,40
			ja	$T_{2,j,l}$	4,48	3,36	2,17	1,19	8,96	6,72	4,34	2,38
		i=3: 100% Qualität	nein	$T_{3,j,l}$	8,00	6,00	3,87	2,13	16,00	12,00	7,75	4,25
			ja	$T_{3,j,l}$	5,60	4,20	2,71	1,49	11,20	8,40	5,42	2,98
E7 Heizung	E7-A1 Gute Qualität	i=1: 0% Qualität	nein	$T_{1,j,l}$	5,40	12,01	6,61	2,97	10,80	24,03	13,23	5,95
			ja	$T_{1,j,l}$	2,70	6,01	3,31	1,49	5,40	12,01	6,61	2,97
		i=2: 50% Qualität	nein	$T_{2,j,l}$	5,70	12,68	6,98	3,14	11,40	25,36	13,96	6,28
			ja	$T_{2,j,l}$	2,85	6,34	3,49	1,57	5,70	12,68	6,98	3,14
		i=3: 100% Qualität	nein	$T_{3,j,l}$	6,00	13,35	7,35	3,30	12,00	26,70	14,70	6,61
			ja	$T_{3,j,l}$	3,00	6,67	3,67	1,65	6,00	13,35	7,35	3,30
	E7-A2 Schlechte Qualität	i=1: 0% Qualität	nein	$T_{1,j,l}$	2,70	6,01	3,31	1,49	6,30	14,02	7,72	3,47
			ja	$T_{1,j,l}$	1,35	3,00	1,65	0,74	3,15	7,01	3,86	1,73
		i=2: 50% Qualität	nein	$T_{2,j,l}$	2,85	6,34	3,49	1,57	6,65	14,79	8,14	3,66
			ja	$T_{2,j,l}$	1,43	3,17	1,75	0,78	3,33	7,40	4,07	1,83
		i=3: 100% Qualität	nein	$T_{3,j,l}$	3,00	6,67	3,67	1,65	7,00	15,57	8,57	3,85
			ja	$T_{3,j,l}$	1,50	3,34	1,84	0,83	3,50	7,79	4,29	1,93

Abbildung 5.12: Verweilzeiten $T_{i,j,l}$ für die Elemente Fenster und Heizung (Angaben in Jahren $[a]$)

gen.[20] Gemäß der Deutschen Gesellschaft für Qualität (DGQ) zeigen zahlreiche empirische Untersuchungen, „dass die Weibull-Verteilung zur statistischen Beschreibung von Lebensdauern technischer Erzeugnisse gut geeignet ist“.[21] Infolgedessen wird auch für diese Untersuchung die Weibull-Verteilung als geeignet für die Beschreibung der stochastischen Verweilzeiten angesehen. Diese geht zurück auf die Arbeiten von Weibull[22] und wird über folgende Verteilungsfunktion in Abhängigkeit des Elementalters a beschrieben:

$$F(a) = 1 - e^{-(\frac{a}{\beta})^{\alpha}} \tag{5.20}$$

mit

- α: Formparameter oder Ausfallsteilheit
- β: Charakteristische Lebensdauer[23]

Weiterhin ergeben sich aus dieser Verteilung die Gleichungen für die Überlebenswahrscheinlichkeit $S(t)$, die Ausfallwahrscheinlichkeitsdichte $f(t)$ und die Ausfallrate $\lambda(t)$:

$$S(a) = 1 - F(a) = e^{-(\frac{a}{\beta})^{\alpha}} \tag{5.21}$$

$$f(a) = \frac{dF(a)}{da} = \frac{\alpha}{\beta} \cdot (\frac{a}{\beta})^{\alpha-1} \cdot e^{-(\frac{a}{\beta})^{\alpha}} \tag{5.22}$$

$$\lambda(a) = \frac{f(a)}{1-F(a)} = \frac{\alpha}{\beta} \cdot (\frac{a}{\beta})^{\alpha-1} \tag{5.23}$$

Erwartungswert und Varianz der Weibull-Verteilung lassen sich berechnen zu

$$\mu = b \cdot \beta \quad mit \quad b = \Gamma(1 + \frac{1}{\alpha}) \tag{5.24}$$

$$\sigma^2 = d^2 \cdot \beta^2 \quad mit \quad d^2 = \Gamma(1 + \frac{2}{\alpha}) - \Gamma^2(1 + \frac{1}{\alpha}) \tag{5.25}$$

[20] vgl. hierzu beispielsweise die Arbeiten von Kleiner ([107] und [108]), Kleiner/Adams/Rogers [109] und Kathula/McKim [99].

[21] vgl. hierzu DGQ [33], S. 7.

[22] vgl. hierzu Weibull [194] und [195].

[23] Es kann gezeigt werden, dass die Lebensdauer eines Elementes mit der Wahrscheinlichkeit von 63,2% $\leq \beta$ ist. Vgl. hierzu DGQ [33], S. 7.

Dabei entspricht $\Gamma(\cdot)$ der Gammafunktion.

Eine Bestimmung der Parameter kann nun erfolgen, da zwei Quantile $q_{i,1,l}$ und $q_{i,2,l}$ sowie deren entsprechend zugeordnete Verweilzeiten $T_{i,1,l}$ und $T_{i,2,l}$ bekannt sind. Dann gilt:

$$q_{i,1,l} = F_{i,l}(T_{i,1,l}) = 1 - e^{-(\frac{t_{i,1,l}}{\beta_{i,l}})^{\alpha_{i,l}}} \tag{5.26}$$

$$q_{i,2,l} = F_{i,l}(T_{i,2,l}) = 1 - e^{-(\frac{t_{i,2,l}}{\beta_{i,l}})^{\alpha_{i,l}}} \tag{5.27}$$

Über Auflösen von (5.26) und (5.27) nach $\beta_{i,l}$ erhält man

$$\beta_{i,l} = \frac{T_{i,j,l}}{\sqrt[\alpha_{i,l}]{-ln(q_{i,j,l})}} \tag{5.28}$$

Ein Auflösen nach $\alpha_{i,l}$ ergibt

$$\frac{T_{i,1,l}}{\sqrt[\alpha_{i,l}]{-ln(q_{i,1,l})}} = \frac{T_{i,2,l}}{\sqrt[\alpha_{i,l}]{-ln(q_{i,2,l})}}$$

$$\Leftrightarrow (\frac{T_{i,1,l}}{T_{i,2,l}})^{\alpha_{i,l}} = \frac{ln(1-q_{i,1,l})}{ln(1-q_{i,2,l})}$$

$$\Leftrightarrow \alpha_{i,l} = \frac{ln(\frac{ln(1-q_{i,1,l})}{ln(1-q_{i,2,l})})}{ln(\frac{T_{i,1,l}}{T_{i,2,l}})} \tag{5.29}$$

$\beta_{i,l}$ kann dann bestimmt werden über Einsetzen von (5.29) in (5.28)

$$\beta_{i,l} = \frac{T_{i,1,l}}{(-ln(q_{i,1,l}))^{1/\alpha_{i,l}}} \quad mit \quad \alpha_{i,l} = \frac{ln(\frac{ln(1-q_{i,1,l})}{ln(1-q_{i,2,l})})}{ln(\frac{T_{i,1,l}}{T_{i,2,l}})} \tag{5.30}$$

Die entsprechenden berechneten Parameter der Verteilungen für die Elemente E5 (Fenster) und E7 (Heizung), die in den späteren Fallbeispielen untersucht werden, finden sich in Abbildung 5.13, für alle Elemente sind diese in Anhang B beigefügt. Dabei sind der Vollständigkeit halber auch die Werte für die Berechnungen mit Folgeschäden enthalten.

Elementtyp	Alternative		Instandhaltungsqualität i	Folgeschäden	Parameter der Weibull-Verteilungen							
					Z_1		Z_2		Z_3		Z_4	
					$\alpha_{i,1}$	$\beta_{i,1}$	$\alpha_{i,2}$	$\beta_{i,2}$	$\alpha_{i,3}$	$\beta_{i,3}$	$\alpha_{i,4}$	$\beta_{i,4}$
E5 Fenster	E5-A1	Gute Qualität	i=1: 0% Qualität	nein	7,23	15,87	7,23	11,90	7,23	7,69	7,23	4,22
				ja	7,23	11,11	7,23	8,33	7,23	5,38	7,23	2,95
			i=2: 50% Qualität	nein	7,23	19,27	7,23	14,45	7,23	9,33	7,23	5,12
				ja	7,23	13,49	7,23	10,12	7,23	6,53	7,23	3,58
			i=3: 100% Qualität	nein	7,23	22,67	7,23	17,00	7,23	10,98	7,23	6,02
				ja	7,23	15,87	7,23	11,90	7,23	7,69	7,23	4,22
	E5-A2	Schlechte Qualität	i=1: 0% Qualität	nein	8,84	8,08	8,84	6,06	8,84	3,91	8,84	2,15
				ja	8,84	5,65	8,84	4,24	8,84	2,74	8,84	1,50
			i=2: 50% Qualität	nein	8,84	10,77	8,84	8,08	8,84	5,22	8,84	2,86
				ja	8,84	7,54	8,84	5,65	8,84	3,65	8,84	2,00
			i=3: 100% Qualität	nein	8,84	13,46	8,84	10,10	8,84	6,52	8,84	3,58
				ja	8,84	9,42	8,84	7,07	8,84	4,56	8,84	2,50
E7 Heizung	E7-A1	Gute Qualität	i=1: 0% Qualität	nein	8,84	9,09	8,84	20,22	8,84	11,13	8,84	5,00
				ja	8,84	4,54	8,84	10,11	8,84	5,56	8,84	2,50
			i=2: 50% Qualität	nein	8,84	9,59	8,84	21,34	8,84	11,75	8,84	5,28
				ja	8,84	4,80	8,84	10,67	8,84	5,87	8,84	2,64
			i=3: 100% Qualität	nein	8,84	10,10	8,84	22,46	8,84	12,37	8,84	5,56
				ja	8,84	5,05	8,84	11,23	8,84	6,18	8,84	2,78
	E7-A2	Schlechte Qualität	i=1: 0% Qualität	nein	7,23	5,10	7,23	11,35	7,23	6,25	7,23	2,81
				ja	7,23	2,55	7,23	5,67	7,23	3,12	7,23	1,40
			i=2: 50% Qualität	nein	7,23	5,38	7,23	11,98	7,23	6,59	7,23	2,96
				ja	7,23	2,69	7,23	5,99	7,23	3,30	7,23	1,48
			i=3: 100% Qualität	nein	7,23	5,67	7,23	12,61	7,23	6,94	7,23	3,12
				ja	7,23	2,83	7,23	6,30	7,23	3,47	7,23	1,56

Abbildung 5.13: Parameter der Weibull-Verteilungen für die Elemente Fenster und Heizung

Nach der Bestimmung dieser Parameter lassen sich auch die entsprechenden Schaubilder der Verteilungsfunktionen in Schaubild 5.14 sowie der Dichtefunktionen in Abbildung 5.15 exemplarisch für das Element E5-A1 (Fenster in der Alternative gute Qualität) darstellen.

Nach der Bestimmung der Parameter der Verteilungsfunktion aller Zustände ist es für die Berechnung der Übergangswahrscheinlichkeiten weiterhin notwendig, die Verteilungen der kumulativen Verweilzeiten zu ermitteln. Unter der kumulativen Verweilzeit in Zustand 1 bis Zustand k versteht man die Zeit, in der sich ein Element in diesen Zuständen befindet bzw. den Zeitpunkt, zu dem es in den nächstschlechteren Zustand $k+1$ übergeht. Die entsprechenden resultierenden Verteilungsfunktionen werden im Folgenden auch als kumulative Verteilungsfunktionen bezeichnet und können beschrieben werden über:

$$F_{i,l=1\to k}(T_{i,l=1\to k}) \quad mit \quad T_{i,l=1\to k} = \sum_{l=1}^{k-1} T_{i,l} \quad \forall k \in [2,\dots,m-1]$$

Die Bestimmung der Parameter dieser kumulativen Verteilungen erfolgt mit Hilfe einer Monte-Carlo-Simulation. Für die Bestimmung der Parameter werden nun für jeden Zustand von 1 bis k gleichverteilte Zufallszahlen $u \in [0;1]$ gezogen, die entsprechend der Verteilungen der Verweilzeiten dieser Zustände transformiert werden.

$$T_{i,l} = \beta_{i,l} \cdot e^{(\frac{1}{\alpha_{i,l}} ln(-ln(u)))} \quad \forall l \in [1,\dots,k] \tag{5.31}$$

Über die Addition dieser Verweilzeiten der einzelnen Zustände lässt sich dann eine kumulative Verweilzeit $T_{i,1\to k}$ in den k Zuständen bestimmen. Weiterhin werden zwei fiktive Schranken $S_{i,1}$ und $S_{i,2}$ festgelegt, die die Verweilzeiten zweier Quantile der kumulativen Verteilungsfunktion beschreiben. Diese können z.B. folgendermaßen für ein 50%- und ein 90%-Quantil bestimmt werden:

$$S_{i,1,1\to k} = \sum_{j=1}^{k} \beta_{i,j} \cdot e^{(\frac{1}{\alpha_{i,j}} ln(-ln(0,5)))} \tag{5.32}$$

$$S_{i,2,1\to k} = \sum_{j=1}^{k} \beta_{i,j} \cdot e^{(\frac{1}{\alpha_{i,j}} ln(-ln(0,1)))} \tag{5.33}$$

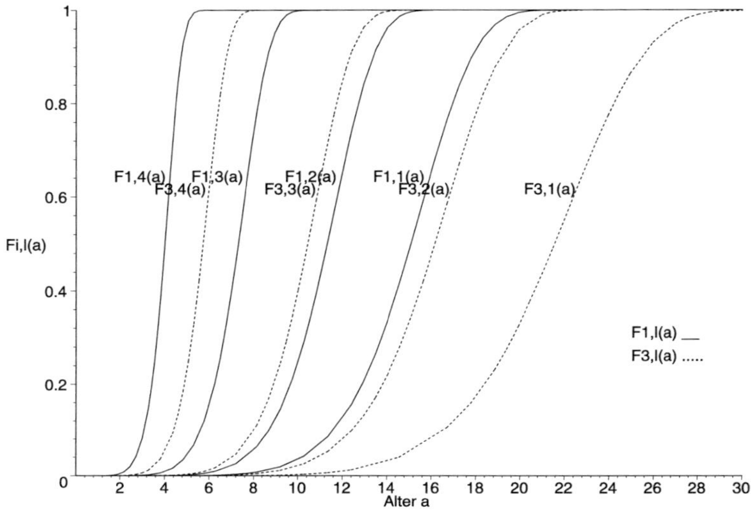

Abbildung 5.14: Verteilungsfunktionen $F_{i,l}(a)$ für das Element E5-A1 (Fenster)

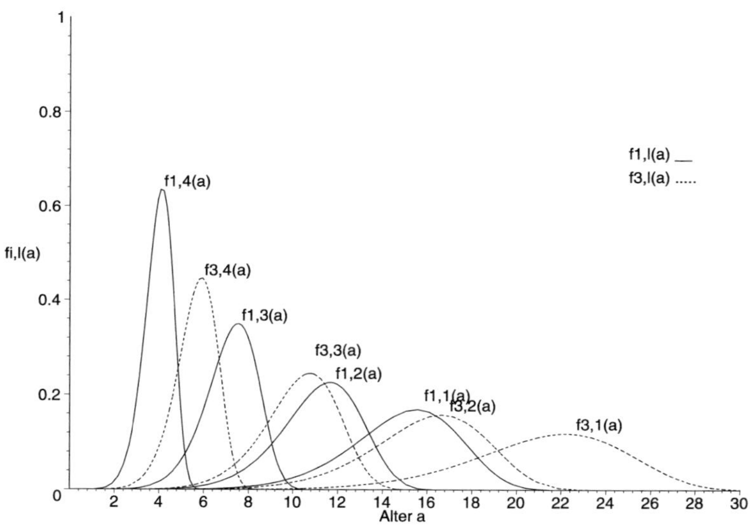

Abbildung 5.15: Dichtefunktionen $f_{i,l}(a)$ für das Element E5-A1 (Fenster)

Nun können in einer Simulation mit möglichst vielen Durchlaufschritten die Anteile der Verweilzeiten aus (5.31) sowie der kumulierten Verweilzeiten $T_{i,l\to k}$ bestimmt werden, die kleiner als die beiden Schranken (5.32) und (5.33) sind. Dieser Anteil $q_{i,j,1\to k}$ stellt dann den Wert der neuen Verteilungsfunktion zur entsprechenden Verweilzeit $S_{i,j}$ dar:

$$q_{i,j,1\to k} = F_{i,1\to k}(S_{i,j}) \quad j \in [1,2]$$

Nun lassen sich analog der Bestimmung der Verweilzeiten einzelner Zustände auch die Parameter der Verteilung der kumulativen Verweilzeiten bestimmen:

$$\alpha_{i,1\to k} = \frac{ln(\frac{ln(1-q_{i,1,1\to k})}{ln(1-q_{i,2,1\to k})})}{ln(\frac{S_{i,1,1\to k}}{S_{i,2,1\to k}})}$$

$$\beta_{i,1\to k} = \frac{S_{i,1,1\to k}}{-ln(q_{i,1,1\to k})^{1/\alpha_{i,1\to k}}}$$

Die entsprechenden berechneten Parameter der Verteilungen für die Elemente E5 (Fenster) und E7 (Heizung), die in den späteren Fallbeispielen untersucht werden, finden sich in Abbildung 5.16, für alle Elemente sind diese in Anhang B beigefügt.

Nach der Bestimmung dieser Parameter lassen sich auch die entsprechenden Schaubilder der Verteilungsfunktionen in Schaubild 5.17 sowie der Dichtefunktionen in Abbildung 5.18 exemplarisch für das Element E5-A1 (Fenster in der Alternative gute Qualität) darstellen.

5.2.3 Bestimmung der Übergangswahrscheinlichkeiten

Mit der Berechnung der Parameter der Weibull-Verteilungen und der kumulativen Weibull-Verteilungen liegen alle für eine Berechnung der Übergangswahrscheinlichkeiten benötigten Funktionen vor. Die bedingten Wahrscheinlichkeiten, dass ein Element von einem Elementzustand l im Alter a bei Aktivität h_i in den nächstschlechteren Zustand $l+1$ wechselt, ergeben sich dann über die Berechnung von

$$\begin{aligned} P(Z(a+1) = l+1|Z(a) = l, h_i) &= p_{l,l+1}(h_i, a) \\ &= \frac{F_{1\to l}(a+1) - F_{1\to l}(a)}{S_{1\to l}(a) - S_{1\to (l-1)}(a+1)} \end{aligned} \quad (5.34)$$

Elementtyp	Alternative	Instandhaltungs-qualität i	Folgeschäden	Parameter der kummulativen Weibull-Verteilungen							
				Z_1		Z_2		Z_3		Z_4	
				$\alpha_{i,1\to1}$	$\beta_{i,1\to1}$	$\alpha_{i,1\to2}$	$\beta_{i,1\to2}$	$\alpha_{i,1\to3}$	$\beta_{i,1\to3}$	$\alpha_{i,1\to4}$	$\beta_{i,1\to4}$
E5 Fenster	E5-A1 Gute Qualität	i=1: 0% Qualität	nein	7,23	15,87	9,23	27,26	10,44	34,55	11,18	38,53
			ja	7,24	11,11	9,21	19,08	10,44	24,18	11,15	26,98
		i=2: 50% Qualität	nein	7,24	19,27	9,24	33,10	10,43	41,95	11,21	46,79
			ja	7,24	13,49	9,23	23,17	10,44	29,37	11,18	32,74
		i=3: 100% Qualität	nein	7,26	22,67	9,21	38,94	10,43	49,36	11,16	55,05
			ja	7,24	15,87	9,24	27,25	10,45	34,55	11,14	38,53
	E5-A2 Schlechte Qualität	i=1: 0% Qualität	nein	8,83	8,08	11,23	13,91	12,72	17,65	13,58	19,69
			ja	8,85	5,65	11,22	9,74	12,69	12,35	13,56	13,78
		i=2: 50% Qualität	nein	8,81	10,77	11,22	18,55	12,69	23,53	13,57	26,25
			ja	8,82	7,54	11,23	12,98	12,70	16,47	13,58	18,37
		i=3: 100% Qualität	nein	8,86	13,46	11,24	23,18	12,69	29,41	13,56	32,81
			ja	8,85	9,42	11,24	16,23	12,69	20,59	13,53	22,97
E7 Heizung	E7-A1 Gute Qualität	i=1: 0% Qualität	nein	8,83	9,09	10,94	28,91	12,60	39,57	13,50	44,34
			ja	8,85	4,54	10,95	14,45	12,60	19,79	13,49	22,17
		i=2: 50% Qualität	nein	8,83	9,59	10,93	30,52	12,62	41,77	13,48	46,80
			ja	8,84	4,79	10,96	15,26	12,57	20,88	13,46	23,40
		i=3: 100% Qualität	nein	8,84	10,10	10,93	32,12	12,61	43,97	13,49	49,25
			ja	8,85	5,05	10,93	16,06	12,58	21,98	13,47	24,63
	E7-A2 Schlechte Qualität	i=1: 0% Qualität	nein	7,23	5,10	8,97	16,19	10,36	22,14	11,13	24,79
			ja	7,24	2,55	8,97	8,10	10,34	11,07	11,11	12,39
		i=2: 50% Qualität	nein	7,24	5,39	8,98	17,09	10,34	23,37	11,09	26,17
			ja	7,25	2,69	8,95	8,55	10,35	11,68	11,11	13,08
		i=3: 100% Qualität	nein	7,23	5,67	8,95	17,99	10,32	24,60	11,09	27,55
			ja	7,23	2,83	8,98	9,00	10,35	12,30	11,08	13,77

Abbildung 5.16: Parameter der kumulativen Weibull-Verteilungen für die Elemente Fenster und Heizung

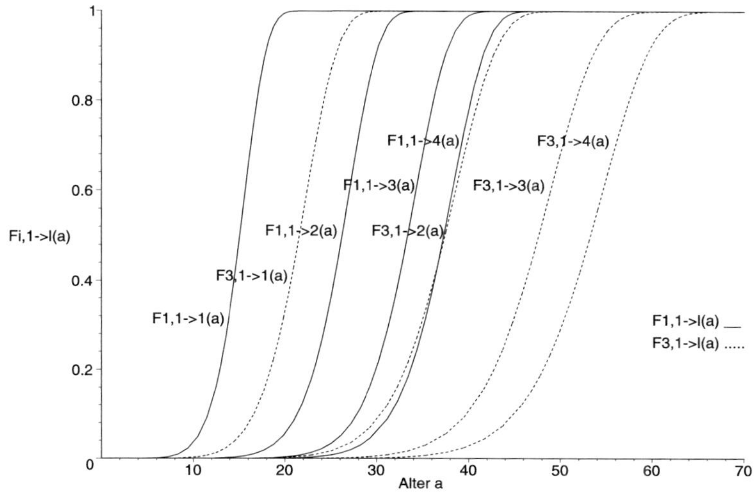

Abbildung 5.17: Kumulative Verteilungsfunktionen $F_{i,1\rightarrow k}(a)$ für das Element E5-A1 (Fenster)

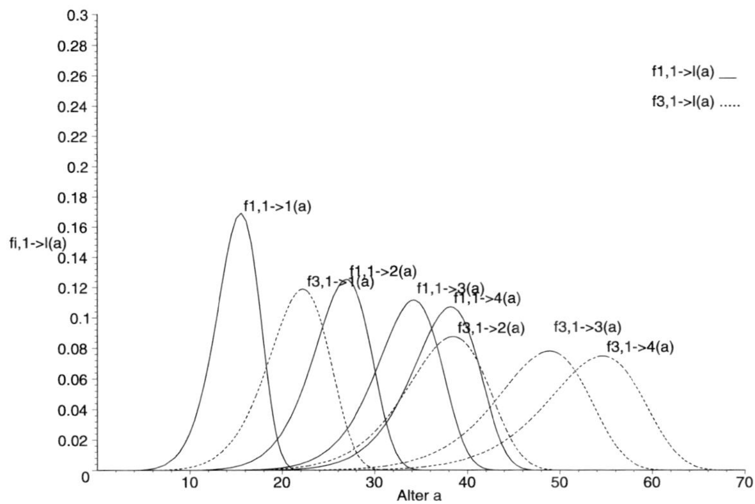

Abbildung 5.18: Kumulative Dichtefunktionen $f_{i,1\rightarrow k}(a)$ für das Element E5-A1 (Fenster)

Diese Formel setzt damit sozusagen bei einer Untersuchung mit einer statistisch großen Anzahl von Elementen die Anzahl der Elemente, die in einem bestimmten Zeitraum in den nächstschlechteren Zustand übergehen, in das Verhältnis zur Anzahl der Elemente, die sich zum Beginn dieses Zeitraums überhaupt in diesem Zustand befanden. Diese Interpretation lässt sich anhand der Grafiken der Dichtefunktionen aus Schaubild 5.19 für einen Übergang von Zustand Eins in Zustand Zwei verdeutlichen. Die mittlere Grafik (b) bildet dabei den Zähler ab. Die Anzahl der Elemente, die den Zustand verlassen, kann über die Integration der Dichtefunktion über dieses Zeitintervall bestimmt werden, was wiederum der Differenz der Verteilungsfunktionen der Intervallgrenzen des Betrachtungszeitraumes entspricht. Die Anzahl der Elemente, die sich in diesem Zeitraum überhaupt in dem Zustand befanden, ergibt sich aus der Differenz der Überlebenswahrscheinlichkeiten der Elemente, die zu Beginn des Betrachtungszeitraumes diesen oder einen besseren Zustand noch nicht verlassen haben (a) und denjenigen, die sich zum Ende des Betrachtungszeitraumes noch im nächstbesseren Zustand befinden (c). Beide lassen sich über die Integration der jeweiligen Dichtefunktion ab dem entsprechenden Zeitpunkt bis ∞ berechnen. Die Wahrscheinlichkeit, dass das Element in dem gleichen Zustand bleibt, resultiert aus der Komplementärwahrscheinlichkeit:

$$P(Z(a+1)=l|Z(a)=l,h_i)=p_{l,l}(h_i,a)=1-p_{l,l+1}(h_i,a) \qquad (5.35)$$

Eine grafische Darstellung der Übergangswahrscheinlichkeiten $p_{l,l+1}(h_i,a)$ für das Element E5-A1 (Fenster, gute Qualität) erfolgt in Abbildung 5.20. Dabei stellt h_1 keine Aktivität und h_2 die Handlungsalternative Instandhaltung dar. Es lässt sich erkennen, dass die jeweiligen Übergangswahrscheinlichkeiten in einem gewissen Alter bei keiner Handlung stets größer sind als bei Instandhaltungen. Dies ist generell der Fall. Weiterhin sind die Übergangswahrscheinlichkeiten für ein bestimmten Zustand monoton steigend für ein ansteigendes Alter. Dies folgt jedoch auch aus den Verteilungsannahmen. Auf einen ensprechenden Beweis sei an dieser Stelle jedoch verzichtet.

5.3 Grundstruktur optimaler Instandhaltungsstrategien

Nachdem die Modellierung des Grundmodells beschrieben wurde, soll im folgenden Kapitel auf die entsprechende Lösung des Problems sowie die daraus resultierenden optimalen Instandhaltungsstrategien eingegangen werden.

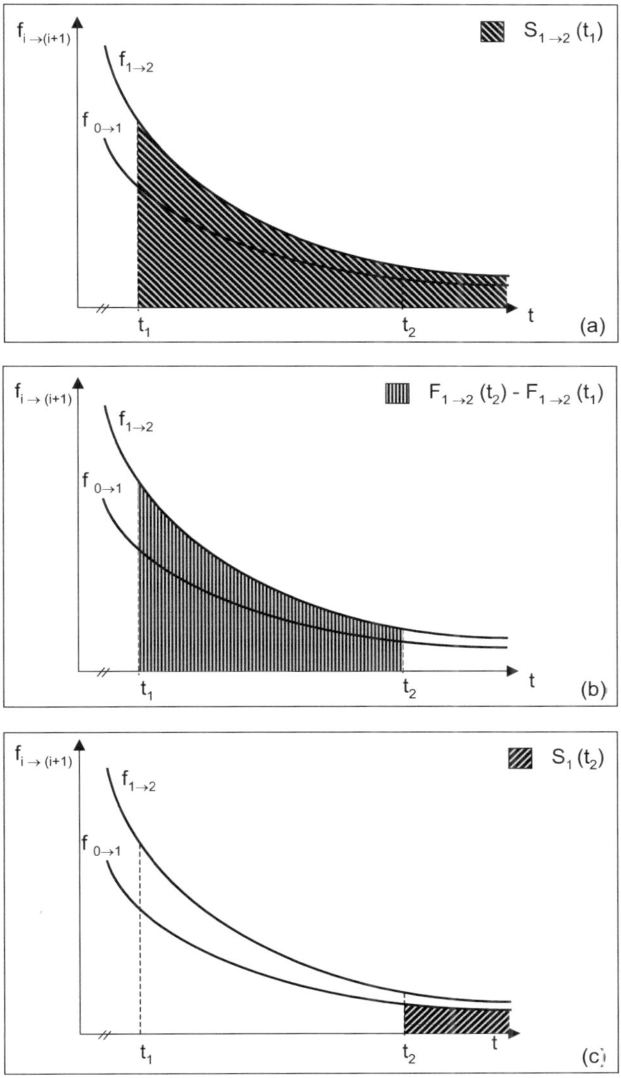

Abbildung 5.19: Darstellung benötigter Funktionen zur Ermittlung der Übergangswahrscheinlichkeiten

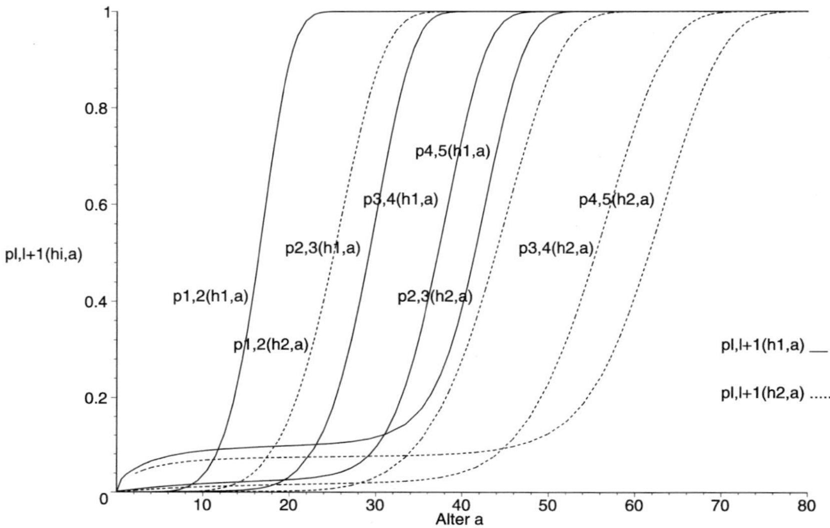

Abbildung 5.20: Übergangswahrscheinlichkeiten $p_{l,l+1}(h_i, a)$ für Element E5-A1

Die Bestimmung der optimalen Handlung der jeweiligen Betrachtungsperiode erfolgt über eine Auswahlfunktion. Diese ordnet zum Betrachtungszeitpunkt t dem aktuellen Modellzustand $\widetilde{Z}_{i,a}$ eine Handlung h_k zu:

$$f_t : \widetilde{Z} \rightarrow h, f_t(\widetilde{Z}_{i,a}) = h_k \tag{5.36}$$

Eine Strategie d_N kann dann als mögliche Kombination der einzelnen Auswahlfunktionen über den Planungshorizont T aus der Menge aller möglichen Strategien D_N definiert werden:

$$d_N = (f_1, \ldots, f_T) \in D_N \tag{5.37}$$

Wie im weiteren Verlauf gezeigt wird, ist eine solche Strategie im Allgemeinen nicht stationär. Dies bedeutet, dass sich die Auswahlfunktionen für die einzelnen Planungszeitpunkte unterscheiden und somit die Entscheidungen abhängig von der jeweiligen Betrachtungsperiode getroffen werden müssen. Dies ergibt sich im Wesentlichen aus der Endlichkeit des Planungshorizontes. Aus wirtschaftlichen Gesichtspunkten wird eine Instandsetzungshandlung umso unwahrscheinlicher, je geringer der restliche Betrachtungszeitraum ist.

Das Ziel aus wirtschaftlicher Sicht ist es nun, diejenige Strategie zu finden, die zu einem wirtschaftlichen Optimum führt. Als Kriterium zum Vergleich kann dann die Funktion der Zahlungsströme der verschiedenen Betrachtungsperioden herangezogen werden:

$$\widetilde{w}(\widetilde{Z}_{i,a}(t=0), d_N) = \sum_{t=0}^{T} \frac{C_t(Z_i, f_t)}{\alpha^t} + C_T \tag{5.38}$$

mit

- $C_t(Z_i, f_t)$: Stufenkosten zum Betrachtungszeitpunkt t in Abhängigkeit vom Elementzustand Z_i und der Auswahlfunktion f_t
- C_T: Restwert zum Ende des Planungshorizontes
- α: Diskontierungsfaktor

Dabei sind die jeweiligen Stufenkosten ab der 2. Periode stochastischer Natur, da diese vom jeweilig eintretenden Zustand abhängen. Insofern sind auch die gesamten Zahlungen $\widetilde{w}(\widetilde{Z}_{i,a}, d_N)$ zufällig. Als Entscheidungskriterium kann in diesem Fall wie bereits diskutiert der Erwartungswert herangezogen werden.

$$w(\widetilde{Z}_{i,a}(t=0), d_N) = E[\widetilde{w}(\widetilde{Z}_{i,a}(t=0), d_N)] \tag{5.39}$$

Eine Strategie d_N^* heißt dann optimal, wenn

$$w^*(\widetilde{Z}_{i,a}(t=0), d_N^*) = \min_{d_N \in D_N} w(\widetilde{Z}_{i,a}(t=0), d_N) \tag{5.40}$$

In diesem Fall einer Minimierung wäre zu berücksichtigen, dass alle Auszahlungen als positive Werte berücksichtigt werden. Werden Auszahlungen als negative Werte dargestellt, ist eine Maximierung statt einer Minimierung vorzunehmen. Die Funktion

$$V_{t=1}(\widetilde{Z}_{i,a}(t=0)) = \min_{d_N \in D_N} w(\widetilde{Z}_{i,a}(t=0), d_N) \tag{5.41}$$

wird als Wertfunktion bezeichnet und ermittelt den Zeitwert in der jeweiligen Betrachtungsperiode der künftigen Zahlungen. Damit lassen sich optimale Strategien d_T^* über folgende Optimalitätsgleichung berechnen:

$$V_t(\tilde{i}) = \min_k \{C_t(Z_i, k) + \sum_j \frac{p_{\tilde{i},\tilde{j}}(k) \cdot V_{t+1}(\tilde{j})}{\alpha^t}\}, \; \tilde{i}, \tilde{j} \in \widetilde{Z}, \; i \in Z, \; k \in h \tag{5.42}$$

Die Lösung dieser Gleichung liefert zu jedem Betrachtungszeitpunkt t eine optimale Entscheidungsfunktion f_t^*. Diese ordnet jedem Zustand die optimale Entscheidung h^* zu. Als optimale Strategie d_T^* kann dann eine Strategie verstanden werden, bei der zu jedem Planungszeitpunkt eine optimale Entscheidung getroffen wird. Eine solche kann beschrieben werden über:

$$d_T^* = (f_1^*, \ldots, f_T^*) \tag{5.43}$$

Eine Ermittlung erfolgt prinzipiell in zwei verschiedenen Stufen. In einer ersten Stufe findet eine Rückwärtsrechnung statt. Ausgehend vom Ende des Planungshorizontes werden iterativ rückwärts bei jedem vorhergehenden Planungszeitpunkt die entsprechenden Zeitwerte für alle Zustände ermittelt, der optimale Zeitwert und die entsprechend dahinterstehende Handlung werden dann entsprechend als optimal vermerkt. Nachdem diese Rückwärtsrechnung bis zum Beginn des Planungshorizontes erfolgt ist, kann dann in einer zweiten Stufe ausgehend von einem bestimmten vorgegebenen Startzeitpunkt zu Beginn des Betrachtungshorizontes die optimale Strategie bestimmt werden. Dabei sind die entsprechend möglichen Übergänge bis zum Ende des Betrachtungszeitraumes zu berücksichtigen. Durch die stochastische Natur folgt hieraus, dass es nicht nur eine optimale Strategie zu diesem Zeitpunkt geben kann, da die Entwicklung der Zustandseintritte unsicher ist. Es kann nicht vorhergesehen werden, ob sich das entsprechende Element zum nächsten Betrachtungszeitpunkt im gleichen oder dem nächstschlechteren Zustand befindet. Dementsprechend ist bei einer solchen Strategie eine periodische Überarbeitung notwendig. Die tatsächlichen optimalen Entscheidungen hängen davon ab, welcher Zustand letzten Endes dann in den unterschiedlichen Betrachtungsperioden eingetreten ist.

Aufgrund der Problemgröße wurde für die Berechnung der optimalen Entscheidungen ein entsprechendes Software-Modul in der Programmiersprache Java implementiert, welches auf diesem prinzipiellen Lösungsalgorithmus basiert und für die beschriebenen Inputparameter die optimalen Zeitwerte sowie Handlungen $h^*(a,T)$ in Abhängigkeit vom restlichen Planungshorizont und dem Alter für die fünf unterschiedlichen Elementzustände bestimmt. Die Kombination von Elementzustand und Alter entspricht dann wie bereits erläutert den verschiedenen Modellzuständen. Die Ermittlung von Lösungen für verschiedene Planungshorizonte ergibt sich bei der Berechnung des längsten Wertes ($T = 150$) implizit mit und entspricht den Lösungen des entsprechenden Berechnungsschrittes bei der Rückwärtsrechnung.

Am Beispiel der Abbildung 5.21 können die optimalen Handlungen bei einer Gesamtoptimierung[24] des Beispielelementes Fenster mit guter Qualität (E5-A1) für den Zustand 3 bei einem Diskontierungsfaktor von 1.05 entnommen werden, die dazu gehörenden Zeitwerte sind in Abbildung 5.22 dargestellt. Das hier herausgegriffene Beispiel dient lediglich zur prinzipiellen Beschreibung der Analyse und Interpretation der Ergebnisse.[25] Eine Darstellung erfolgt hier und bei allen künftigen Schaubildern aus Gründen der Übersichtlichkeit jeweils bis zu einem Alter von $a = 80$. Bei einem Alter größer als 80 gelten die entsprechenden optimalen Handlungen im Alter von 80 Jahren. Befindet sich das Element in einer aktuell betrachteten Periode in Zustand 3, so lassen sich je nach aktuellem Alter und verbleibendem Planungshorizont hieraus die optimale Handlung in dieser Periode und der entsprechende zu erwartende Zeitwert ablesen. Falls sich das Element in der nächsten Periode weiterhin in Zustand 3 befindet, kann die Entscheidung ebenfalls hieraus abgelesen werden, der Planungshorizont hat sich dann im Normalfall um eine Periode reduziert, das Alter des Elementes ist um eins angestiegen. Diese Vorgehensweise zur Bestimmung lässt sich dann während des gesamten Planungshorizonts wiederholen.

Die Ergebnisse dieses Beispiels zeigen, dass optimal gewählte Handlungen abhängig von Alter und Planungshorizont sind. Bei geringem Alter führt keine Handlung ($h^* = 1$) zum optimalen Kapitalwert, bei höherem Alter sind die Handlungen Instandhaltung ($h^* = 2$) oder identischer Ersatz ($h^* = 3$) vorzuziehen. Die Ergebnisse sind natürlich abhängig von den Inputparametern und diesbezüglich vor allem auch von den resultierenden Zahlungsströmen.

Zustand 4 verursacht bei diesem Fall weitaus höhere Zahlungen, so dass dieser Zustand aus ökonomischen Gründen vermieden werden soll. Da mit zunehmendem Alter die Wahrscheinlichkeit steigt, dass sich ein Element im Zustand 4 befindet, lohnen sich ab einem gewissen Alter die Handlungen Instandhaltung und Instandsetzung, um die Eintrittswahrscheinlichkeit von Zustand 4 zu reduzieren bzw. zu vermeiden. Dies lässt sich auch an Schau-

[24] d.h. unter Berücksichtigung aller Zahlungsströme und damit unabhängig von einer Betrachtung des Entscheidungsträgers. Dies entspricht dem später definierten Fall 5.

[25] Hinsichtlich einer ausführlichen Analyse des Elements Fenster wird auf Kapitel 7.1 verwiesen.

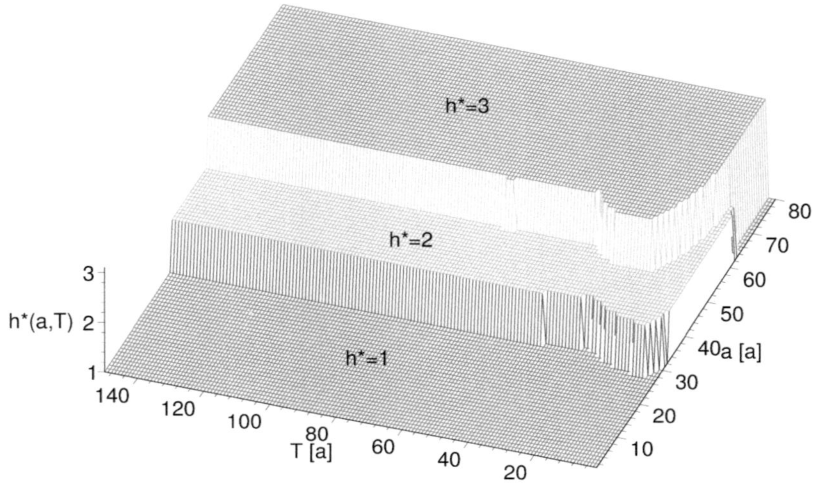

Abbildung 5.21: Optimale Handlungen $h^*(a,T)$ in Zustand 3 für Element Fenster mit guter Qualität (E5-A1) und Diskontierungsfaktor $\alpha = 1.05$ bei Fall 5: Gesamtoptimierung

bild 5.23 erkennen, welches die optimalen Handlungen und Zeitwerte des betrachteten Falles für alle Zustände zeigt. Falls die Zustände 4 und 5 eintreten, sind die entsprechenden Zahlungen so hoch, dass sich eine Instandsetzung unabhängig vom Alter lohnt. Eine Ausnahme hiervon besteht lediglich bei kurzen verbleibenden Betrachtungszeiträumen. Dies ist plausibel, da die Investitionskosten des Ersatzes in diesen Fällen nicht mehr durch die geringeren Zustandskosten ausgeglichen werden können.

Bei Zustand 1 dagegen ist es in diesem Fall unabhängig von Alter und Planungshorizont optimal, keine Handlung durchzuführen. Bei den Zuständen 2 und 3 werden Instandhaltungsaktivitäten meist in einem mittleren Alter als optimale Handlung gewählt. Auch dies lässt sich anhand der Inputdaten begründen. Gerade in diesem Zeitabschnitt sind die Übergangswahrscheinlichkeiten zwischen den Alternativen „Instandhaltung" und „keine Handlung" besonders groß. Je geringer die Aktionszahlungen für Instandhaltungen ausfallen, desto eher ist diese Handlung auch bei geringeren Differenzen der Übergangswahrscheinlichkeiten interessant.

Bezüglich des Planungshorizontes lässt sich aus den Ergebnissen erkennen, dass sich bei längeren Planungshorizonten eine konstante Altersgrenze einstellt, ab der die Handlungen Instandhaltung und Instandsetzung sinnvoll

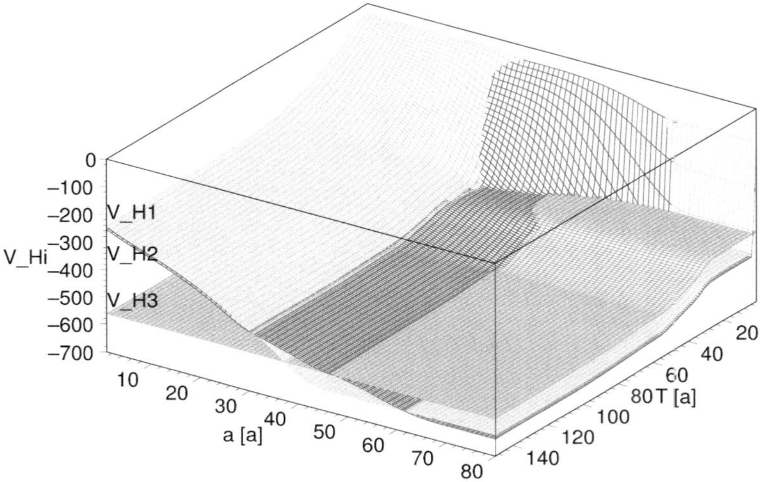

Abbildung 5.22: Optimale Zeitwerte $V_{h_i}(a,T)$ in Zustand 3 für Element Fenster mit guter Qualität (E5-A1) und Diskontierungsfaktor $\alpha = 1.05$ bei Fall 5: Gesamtoptimierung

sind, bei kürzeren Zeiträumen kann es aufgrund der größeren Zahlung einer Instandsetzung zu Abweichungen von dieser Altersgrenze kommen. Die Ergebnisse können infolgedessen weiter verdichtet bzw. verallgemeinert werden, um allgemeinere Entscheidungsregeln zu erhalten, indem die Abweichungen bei kürzeren Planungshorizonten außer Acht gelassen werden. Dies ist möglich, indem konstante Altersintervalle dargestellt werden, innerhalb derer für alle Planungshorizonte $T >= \tau$ bestimmte Handlungen optimal sind. Dabei ist der Zeitpunkt τ unterschiedlich und abhängig von den verschiedenen Fällen und Zuständen. Das bisherige Beispiel lässt sich entsprechend über die Abbildung 5.24 zusammenfassen. Wie bereits erläutert hängt diese Struktur vorwiegend mit der Bedeutung des endlichen Planungshorizontes für die Berechnung zusammen. Durch die Variation von Inputparametern wie Diskontierungsfaktor oder Höhe der Zahlungen für die verschiedenen Handlungen wird die Bedeutung des Planungshorizontes ebenfalls beeinflusst. Insofern ist eine Sensitivitätsanalyse unter Betrachtung verschiedener Diskontierungsfaktoren sinnvoll und wird im Rahmen der Fallstudien auch entsprechend vorgenommen.

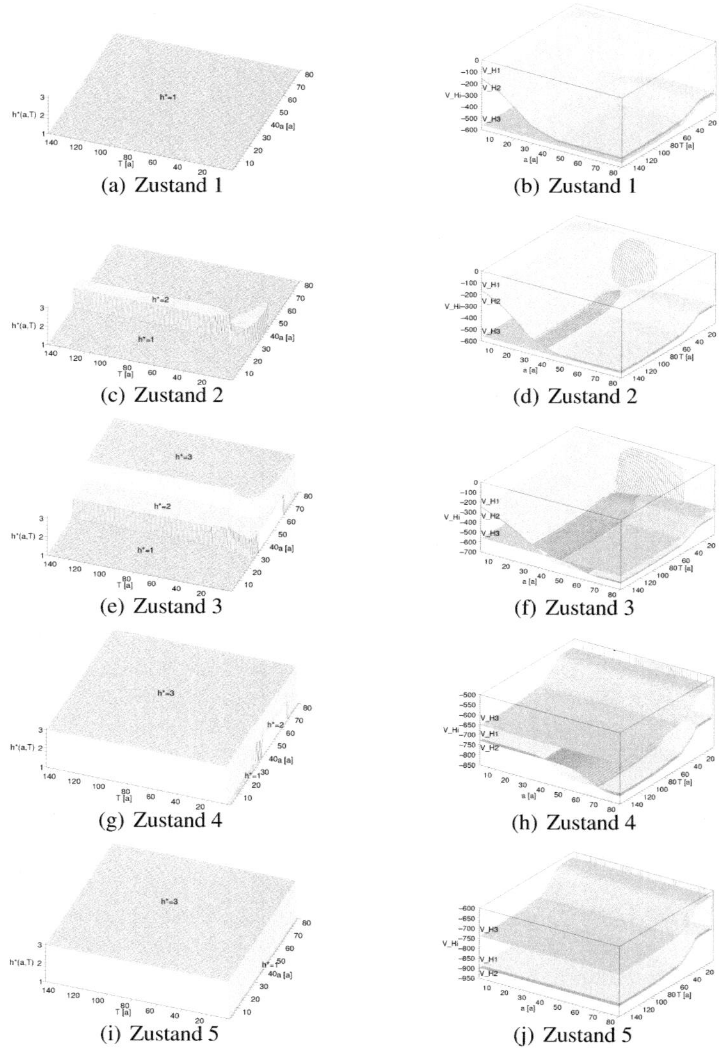

(a) Zustand 1 (b) Zustand 1

(c) Zustand 2 (d) Zustand 2

(e) Zustand 3 (f) Zustand 3

(g) Zustand 4 (h) Zustand 4

(i) Zustand 5 (j) Zustand 5

Abbildung 5.23: Optimale Handlungen $h^*(a,T)$ und Zeitwerte $V_{H_i}(a,T)$ für Element Fenster mit guter Qualität (E5-A1) im Grundmodell (identischer Ersatz), Parameter: Fall 5 (Gesamtoptimierung), $\alpha = 1.05$

Element/ Alternative	Erwarteter optimaler C_0 bei Anfangszustand (1,0)	Zustand	optimale Handlung h* (a,T)=NT			optimale Handlung h* (a,T)=IH			optimale Handlung h* (a,T)=IS		
			Alter a ∈ [i,j]		∀ Planungszeitpunkte T≥τ	Alter a ∈ [i,j]		∀ Planungszeitpunkte T≥τ	Alter a ∈ [i,j]		∀ Planungszeitpunkte T≥τ
			i_T	j_T	τ	i_T	j_T	τ	i_T	j_T	τ
Element 1	-527,8769	1	1	T	1						
		2	1 39	30 T	40 35	31	38	40			
		3	1	30	38	31	46	60	47	T	60
		4							1	T	5
		5							1	T	3

Abbildung 5.24: Zusammenfassung Optimale Handlungen $h^*(a,T)$ für Altersintervalle ab einem bestimmten Zeitpunkt τ für Element Fenster mit guter Qualität (E5-A1) und Diskontierungsfaktor $\alpha = 1.05$ bei Fall 5: Gesamtoptimierung

Insgesamt fällt bei diesem Beispiel auch auf, dass in den beiden schlechtesten Zuständen 4 und 5 bis auf sehr kurze Planungshorizonte die Alternative Instandsetzung optimal ist, bei dem Zustand 1 wird keine Handlung gewählt und lediglich bei den Zuständen 2 und 3 sind die optimalen Handlungen vor allem selektiv in Abhängigkeit vom Alter zu wählen. Die Abbildung 5.24 stellt auch den optimalen erwarteten Kapitalwert C_0 dar, der sich unter der Berücksichtigung der optimalen Strategie ergibt, falls sich das Element zu Beginn des Betrachtungshorizontes im Zustand 1 befindet und ein Alter von 0 besitzt, es sich somit um ein neues Element handelt.

Neben der bisherigen Betrachtung aus Sicht einer Gesamtoptimierung lassen sich derartige Untersuchungen auch aus Sicht anderer Entscheidungsträger und den entsprechend relevanten Zahlungsströmen durchführen.[26] Hierbei können fünf Fälle unterschieden werden:

- Fall 1: Selbstnutzer unter Berücksichtigung von Aktions- und Restwertzahlungen
- Fall 2: Selbstnutzer unter Berücksichtigung von Aktions- und Restwertzahlungen sowie Zahlungen für Heizung/Wärme
- Fall 3: Investor unter Berücksichtigung von Aktions- und Restwertzahlungen sowie Mietminderungen
- Fall 4: Investor unter Berücksichtigung von Aktions- und Restwertzahlungen sowie Mietminderungen und Mietausfällen

[26] vgl. hierzu auch Kapitel 4.2.

- Fall 5: Gesamtbetrachtung unter Berücksichtigung von Aktions- und Restwertzahlungen, Mietminderungen und Mietausfällen sowie Zahlungen für Heizung/Wärme

Bei den bisherigen Beispielen handelte es sich immer um eine Gesamtbetrachtung im Sinne des Falls 5. Es soll an dieser Stelle jedoch bereits darauf hingewiesen werden, dass sich durch die Struktur und Klassifizierung der Zahlungsströme in dieser Arbeit[27] teilweise direkt Ergebnisse ableiten lassen.

So kann im Fall 1 die Entscheidung nicht abhängig von Alter und Zustand sein, da beide berücksichtigten Zahlungsarten als unabhängig hiervon betrachtet werden. Da die beiden Handlungen Instandsetzung und Instandhaltung durch die höheren Aktionszahlungen zu größeren Zahlungen führen, wird es in diesem Fall nie zu einer dieser beiden Aktionen kommen. Dieser Fall wäre lediglich interessant, falls sich der Restwert abhängig vom Zustand ergeben würde. Dann wäre man allerdings lediglich bei einer Entscheidung zwischen Instandsetzung und keiner Handlung. Der Fall spielt infolgedessen keine Rolle. Auch bei Fall 2 ergibt sich bei den späteren Fallbeispielen lediglich keine Handlung als optimale Wahl. Dies begründet sich jedoch vor allem aus den Unterschieden der Ausgaben für Heizung und Wärme in den verschiedenen Zuständen, die insgesamt zu gering sind, um eine Instandsetzung oder Instandhaltung zu rechtfertigen. Insgesamt ist jedoch bei der Gruppe der Selbstnutzer prinzipiell die Frage zu stellen, ob die in diesem Fall gewählten Zielkriterien denjenigen dieser Gruppe entsprechen bzw. ob nicht auch die bei einer Gesamtbetrachtung berücksichtigten Größen der Mietminderung und Mietausfällen in einer anderen Interpretationsform auch den Selbstnutzer betreffen. Auch für ihn spielt die Bewertung der Zustände des Hauses eine Rolle, ansonsten wären alle selbstgenutzten Gebäude letzten Endes in einem schlechten Zustand vorzufinden. Insofern können Mietminderungen und Mietausfälle auch als monetäre Interpretation der Befriedigung des Bedarfs nach einer Art Wohnkomfort verstanden werden. Andererseits sollte ein rein ökonomisch handelnder Selbstnutzer ständig einen Vergleich zwischen Eigennutzung und Miete ziehen. Für eine ökonomische Betrachtungsweise spricht weiterhin, dass die Instandhaltungsstrategie sich durchaus auf den erzielbaren Verkaufspreis bei möglichen Transaktionen auswirkt. Auch in Bezug auf eine Altersvorsorge ist eine wirtschaftliche Betrachtung sinnvoll. In diesem Zusammenhang kann auch die Liquiditätssituation des Selbstnutzers eine Rolle spielen. Infolgedessen wird Fall 5 als die adäquatere Betrachtungsweise für einen Selbstnutzer angesehen. Insgesamt spielen die Fälle 1 und 2

[27] vgl. hierzu auch Kapitel 4.2 und insbesondere Abbildung 4.1.

damit keine wesentliche Rolle und werden im Rahmen der Fallstudien nicht mehr explizit behandelt.[28]

Bei der Betrachtung eines Investors in den Fällen 3 und 4 spielen die Zahlungen für Heizungen zunächst keine Rolle, da diese im Normalfall auf einen Mieter umgelegt werden. Unterstellt man jedoch, dass beide Parteien rationale ökonomische Entscheidungen treffen, ist diese Betrachtung ebenfalls nicht korrekt. Ein Mieter müsste in diesem Falle eher die Warmmiete vergleichen, dementsprechend würde dies unter Umständen zu zusätzlichen Mietausfällen bei einem Investor führen. In der Praxis ist dies aufgrund von Informationsasymmetrien und teilweise angespannten Wohnungsmärkten jedoch nicht immer der Fall. Prinzipiell sollte jedoch auch diese Gruppe eine Entscheidung aufgrund Fall 5 in Betracht ziehen. Zwischen den Fällen 3 und 4 wird aufgrund der in dieser Arbeit verwendeten Struktur der Zahlungsarten unterschieden. Mietausfälle sind in dieser Arbeit zustandsunabhängig und lediglich unterschiedlich für verschiedene Elementalternativen definiert.[29] Insofern macht Fall 4 nur bei einer Berücksichtigung nicht-identischer Ersatzentscheidungen einen Sinn.

Insgesamt wird eine Gesamtbetrachtung über Fall 5 als die sinnvollste Variante für alle Gruppen angesehen und infolgedessen auch im Rahmen der Fallstudien schwerpunktmäßig betrachtet, aufgrund von Differenzen verschiedenster Art können jedoch auch andere Fälle auftreten.[30] Im Folgenden handelt es sich daher bei den Betrachtungen immer um Fall 5, falls nicht explizit ein anderer Fall genannt wird.

Wie in Kapitel 3.3.1 beschrieben wurde, handelt es sich bei der ermittelten optimalen Strategie um eine zustands- und zeitabhängige[31] Strategie, die im Folgenden auch als selektive Strategie (S0) bezeichnet wird. Die Relevanz solcher optimaler Strategien lässt sich verdeutlichen, wenn man die Ergebnisse mit anderen, herkömmlichen Strategien vergleicht. Dies kann über die Betrachtung der jeweiligen erwarteten Kapitalwerte erfolgen. Es werden für einen derartigen Vergleich folgende alternativen Strategien definiert, die sich gemäß der Unterteilung in Kapitel 3.3.1 prinzipiell in die Kategorien zustandsabhängige, zeitabhängige und die Kombination aus beiden unterteilen lassen:

---

[28] Die prinzipiellen Berechnungen und Auswertungen wurden jedoch auch für diese Fälle durchgeführt. Sämtliche Fallbetrachtungen und Lösungen sind in einem Arbeitspapier [201] aufgeführt.

[29] vgl. hierzu auch Kapitel 4.2 und insbesondere Abbildung 4.1.

[30] Die prinzipiellen Berechnungen und Auswertungen wurden auch für diese Fälle durchgeführt. Sämtliche Fallbetrachtungen und Lösungen sind in Wilhelm [201] aufgeführt.

[31] im Sinne der Betrachtung von Alter und Planungshorizont.

1. Zustandsabhängige Strategien
    - S1-NT: Instandsetzung in Zustand 5, ansonsten keine Handlung
    - S1-IH: Instandsetzung in Zustand 5, ansonsten Instandhaltung
    - S2-NT: Instandsetzung in den Zuständen 4 und 5, ansonsten keine Handlung
    - S2-IH: Instandsetzung in den Zuständen 4 und 5, ansonsten Instandhaltung
    - S3: Instandsetzung in Zustand 5, ansonsten das Optimum aus keiner Handlung und Instandhaltung
    - S4: Instandsetzung in den Zuständen 4 und 5, ansonsten das Optimum aus keiner Handlung und Instandhaltung
2. Zeitabhängige Strategien
    - S5-NT: Instandsetzung zu einem bestimmten Elementalter, ansonsten keine Handlung
    - S5-IH: Instandsetzung zu einem bestimmten Elementalter, ansonsten Instandhaltung
    - S6: Instandsetzung zu einem bestimmten Elementalter, ansonsten das Optimum aus keiner Handlung und Instandhaltung
3. Zustands- und zeitabhängige Strategien (zeitabhängig im Sinne der Betrachtung des Alters)
    - S7-NT: Instandsetzung in Zustand 5 oder zu einem bestimmten Elementalter, ansonsten keine Handlung
    - S7-IH: Instandsetzung in Zustand 5 oder zu einem bestimmten Elementalter, ansonsten Instandhaltung
    - S8: Instandsetzung in Zustand 5 oder zu einem bestimmten Elementalter, ansonsten das Optimum aus keiner Handlung und Instandhaltung
    - S9-NT: Instandsetzung in den Zuständen 4 und 5 oder zu einem bestimmten Elementalter, ansonsten keine Handlung
    - S9-IH: Instandsetzung in den Zuständen 4 und 5 oder zu einem bestimmten Elementalter, ansonsten Instandhaltung
    - S10: Instandsetzung in den Zuständen 4 und 5 oder zu einem bestimmten Elementalter, ansonsten das Optimum aus keiner Handlung und Instandhaltung

Die Darstellung eines solchen Vergleichs kann für das bisherige Beispiel eines Fensters in einer guten Qualität (E5-A1) ausgehend von einem Anfangszustand von 1 und einem Planungshorizont von $T = 150$ aus Schaubild 5.25 für einen Diskontierungsfaktor von 1.05 entnommen werden. Die dementsprechend dahinter stehenden Berechnungen wurden größtenteils ebenfalls mit dem entwickelten Java-Programm durchgeführt. Es lässt sich erkennen, dass die optimale Strategie den besten Kapitalwert besitzt. Die in der Grafik dargestellten Abweichungen beziehen sich hierbei auf die optimale Strategie S0 und stellen somit die Einsparungen bei einer selektiven Strategie dar. Natürlich ist dabei zu berücksichtigen, dass hierfür Zahlungen für Inspektionen nötig sind, die bei alternativen Strategien nicht notwendigerweise zu tragen sind.[32] Insofern können die Einsparungen im Vergleich zu inspektionslosen Strategien auch als maximale Inspektionskosten interpretiert werden.

Bei den zeitabhängigen Strategien wird unterstellt, dass ein Ersatz regelmäßig zu denjenigen Zeitpunkten erfolgt, bei denen ein gewisses Elementalter erreicht ist. Dies bedeutet auch, dass in diesen Fällen selbst dann nicht ersetzt werden würde, falls bei diesem Element der schlechteste Zustand mit den entsprechenden monetären Konsequenzen eintreten würde. Dies entspräche einer zustands- und zeitabhängigen Strategie. Für beide Strategietypen lassen sich optimale Ersatzintervalle aus allen bei einem Planungshorizont von $T = 150$ möglichen Intervallen finden, die zu einem optimalen Kapitalwert führen. Diese sind für das Beispiel in Schaubild 5.25 dargestellt.

Vergleicht man zunächst die zeitabhängigen Strategien mit Strategien, bei denen ein Ersatz in Zustand Z_5 vorgesehen ist, so stellt man fest, dass die zeitabhängige Strategie selbst ohne Betrachtung von Inspektionskosten zu einem besseren Ergebnis führt. Verbessert wird dieses jedoch noch durch eine entsprechende zustands- und zeitabhängige Strategie. Dies lässt sich zunächst auch plausibel motivieren, da spätestens zu einem gewissen Alter ersetzt wird, prinzipiell aber auch bei dem Eintritt des unvorteilhaften Zustandes in einem jüngeren Elementalter. Allerdings ist die Situation bei der Betrachtung von Strategien, die einen Ersatz in den beiden schlechtesten Zuständen Z_4 oder Z_5 vorsehen, differenzierter zu analysieren. Für die entsprechenden Strategien $S9$ und $S10$ ist der zeitabhängige optimale Ersatzzeitpunkt größer als der Planungshorizont. Dies bedeutet aber eigentlich, dass nur ein Ersatz vorgenommen wird, wenn einer der beiden Zustände Z_4 oder Z_5 eingetreten ist. Somit handelt es sich eigentlich um eine zustandsabhängige Strategie. Infolgedessen führen zustandsabhängige Strategien bei Betrachtung eines Ersatzes in den beiden Zuständen Z_4 und Z_5 zu einem besseren Ergeb-

[32] vgl. zur Problematik der Einordnung der Strategien in Inspektionsstrategien auch Kapitel 3.3.1.

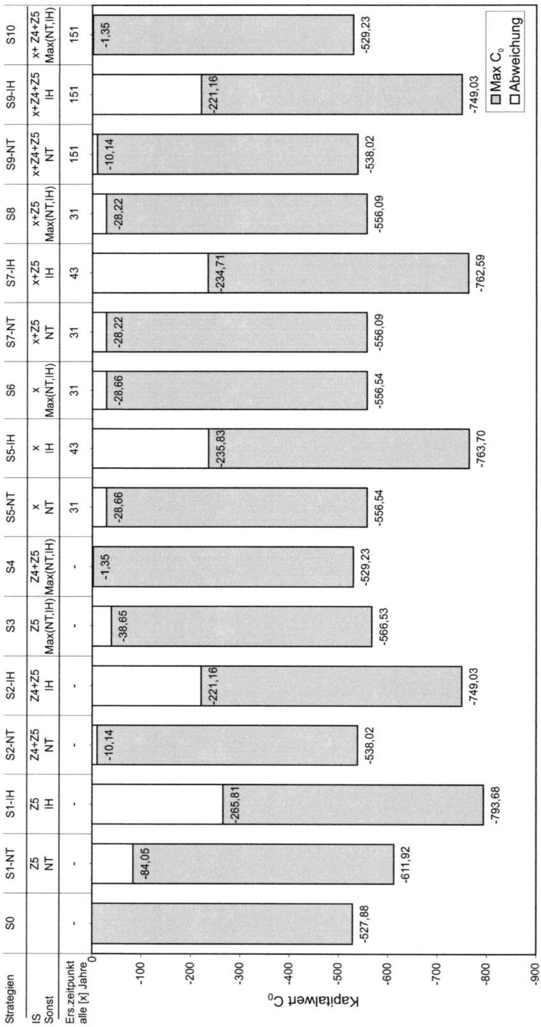

Abbildung 5.25: Vergleich und Abweichung der Kapitalwerte C_0 zwischen selektiver und alternativen Strategien (Alternative E5-A1, Anfangszustand (1,0), Planungshorizont T=150, Fall 5: Gesamtoptimierung, Diskontierungsfaktor $\alpha = 1.05$)

nis als zeitabhängige Strategien. Die Rangfolge ist damit gerade umgekehrt zu der Betrachtung eines Ersatzes lediglich in Zustand Z_5. Insgesamt sind jedoch Strategien, die einen Ersatz in den Zuständen Z_4 und Z_5 vorsehen, auch besser als alle andere Strategien, seien diese zeitabhängig oder zeit- und zustandsabhängig, und kommen somit der selektiven Strategie am nächsten. Letzten Endes bedeutet dies in dem dargestellten Beispielfall, dass eine zustandsabhängige Strategie, welche einen Ersatz in den Zuständen vorsieht, in welchen schwerwiegende monetäre Konsequenzen zu erwarten sind, eine optimale Strategie relativ gut approximiert. Betrachtet man die Ergebnisse noch hinsichtlich der Durchführung von Instandhaltung, so wird deutlich, dass hier eine selektive Auswahl in Abhängigkeit vom Elementalter sinnvoll ist. Wie später an den Fallbeispielen verdeutlicht wird, ist die Reihenfolge der approximierenden Strategien jedoch nicht allgemeingültig, sondern abhängig von den jeweiligen Inputparametern.

Der Verlauf der Kapitalwerte in Abhängigkeit vom Ersatzzeitpunkt bei einer zeitabhängigen Strategie ist für die zeitabhängigen Strategien und ausgewählte zustands- und zeitabhängie Strategien in Grafik 5.26 der selektiven Strategie S0 gegenübergestellt. Zur Verdeutlichung sind hier auch die technischen Nutzungsdauern der verschiedenen Quantile aufgenommen, wodurch eine Einordnung des Ergebnisses derartiger Strategien in Relation zur technischen Lebensdauer möglich ist. Aus dieser Grafik lassen sich die in Abbildung 5.25 dargestellten optimalen Ersatzzeitpunkte für diese Strategien erkennen. Diese liegen bei reinen zeitabhängigen Strategien innerhalb der ersten Hälfte der Spanne von 1%- und 99%-Quantil.

Würde man die Annahme treffen, dass eine selektive Strategie gegenüber den betrachteten Alternativen zusätzliche Zahlungen für Inspektionen verursacht, könnte man, wie bereits erwähnt, die in Schaubild 5.25 dargestellten Abweichungen auch als größtmöglichen Betrag interpretieren, der für zusätzliche Inspektionszahlungen zur Verfügung steht. Inwieweit diese Annahme in der Realität zutrifft, ist schwierig zu beurteilen. Reine zeitabhängige Strategien verursachen sicherlich keine Inspektionskosten. Allerdings ist es fraglich, inwieweit bei zustandsorientierten Strategien zusätzliche Kosten anfallen. Eventuell könnte die notwendige Information über den aktuellen Zustand über andere Prozesse des Mieter- oder Objektmanagements oder durch weitere Indikatoren wie beispielsweise Mieterbeschwerden zur Verfügung stehen.[33] Unabhängig von der letztendlichen Beurteilung soll an dieser Stelle aufgezeigt werden, welche zusätzlichen Kosten eine selektive Strategie gegenüber den anderen Strategien haben darf. Daraus ließe sich beispielsweise auch eine Art Benchmark für die maximal möglichen Inspektionskosten bil-

[33] vgl. hierzu auch Ausführungen des Kapitels 3.3.1.

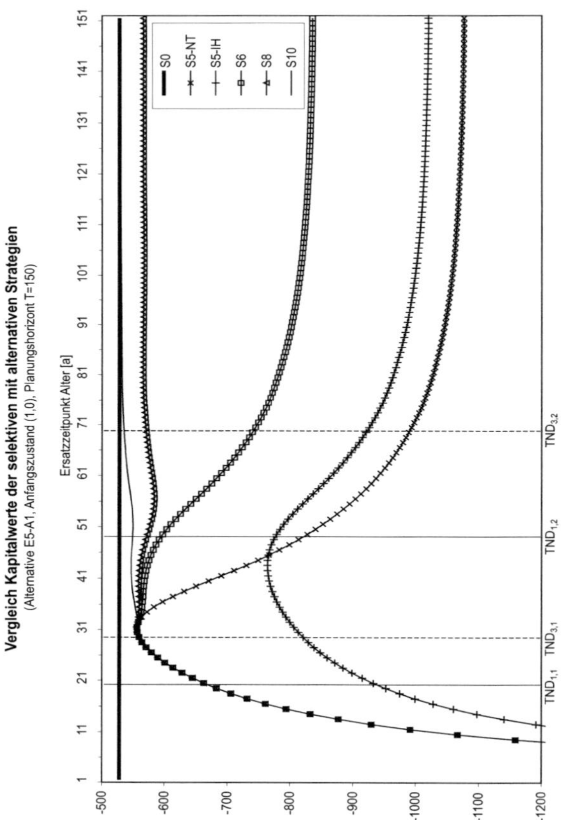

Abbildung 5.26: Vergleich der Kapitalwerte C_0 zwischen selektiver und zeitabhängigen Strategien bei verschiedenen Ersatzzeitpunkten (Alternative E5-A1, Anfangszustand (1,0), Planungshorizont T=150, Fall 5: Gesamtoptimierung, Diskontierungsfaktor $\alpha = 1.05$)

den. Neben zusätzlichen Inspektionskosten könnten das allerdings auch andere zusätzliche Verwaltungs- oder Prozesskosten sein. Nimmt man an, dass diese konstant über die Laufzeit anfallen, könnten maximale Inspektionsannuitäten g_{Insp}^{Sx} gegenüber alternativen Strategien Sx über folgende Gleichung aus der Differenz des Kapitalwertes der selektiven Strategie zur alternativen Strategie berechnet werden:

$$g_{Insp}^{Sx} = (C_0^{S0} - C_0^{Sx}) \cdot \frac{\alpha^T \cdot i_r}{\alpha^T - 1} \tag{5.44}$$

Auch hier lässt sich erkennen, dass in diesem Beispiel eine zustandsorientierte Strategie, bei der ein Ersatz in den beiden Zuständen Z_4 und Z_5 erfolgt, bei eventuellen Zusatzkosten der selektiven Strategie eine Alternative sein könnte.

Nachdem in diesem Kapitel die Ermittlung und die Grundstruktur optimaler Instandhaltungsstrategien für das Grundmodell identischer Ersatzinvestitionen aufgezeigt und eine Einordnung der Auswirkungen an einem Beispiel verdeutlicht wurde, sollen in einem nächsten Kapitel verschiedene Erweiterungen des Grundmodells aufgezeigt werden. Dabei wird im Wesentlichen auf die Änderungen gegenüber dem Grundmodell eingegangen, nicht erwähnte Komponenten bleiben infolgedessen identisch in Bezug auf das Grundmodell.

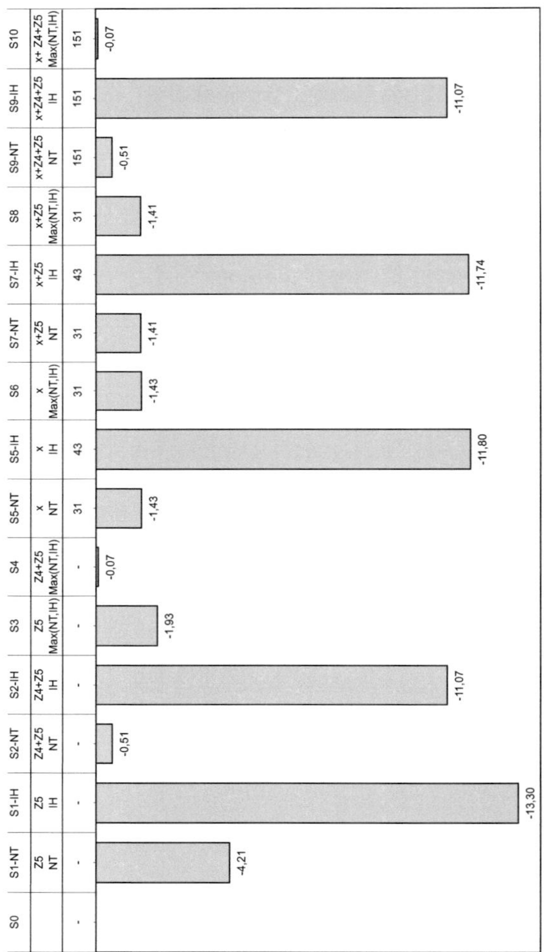

Abbildung 5.27: Maximale Inspektionsannuitäten g_{Insp} der alternativen Strategien (Alternative E5-A1, Anfangszustand (1,0), Planungshorizont T=150, Fall 5: Gesamtoptimierung, Diskontierungsfaktor $\alpha = 1.05$)

6. Modifikationen des Grundmodells

Im vorangegangenen Kapitel wurde ein Grundmodell zur Ermittlung optimaler Entscheidungen vorgestellt und diskutiert. Dieses basiert auf den entsprechenden dargestellten Modellannahmen, die einerseits eine möglichst exakte Abbildung der Realität gewährleisten sollen, bei deren Wahl andererseits aber auch eine gewisse Komplexitätsreduktion berücksichtigt werden muss, um eine Lösung mit akzeptablem Aufwand ermitteln zu können. Zum besseren Verständnis wurde daher zunächst ein Grundmodell vorgestellt, welches gewisse Aspekte der Realität vernachlässigt bzw. nicht berücksichtigt. Der Wesentlichste hiervon ist die Betrachtung alternativer Gebäudeelemente, welche zum Einsatz kommen könnten. Hierdurch lassen sich verschiedene Alternativen und Technologien miteinander vergleichen. Als zusätzliche Erweiterung werden Modifikationen des Alterungsverhaltens durch eine Einführung direkter Ausfallwahrscheinlichkeiten betrachtet. Hierdurch kann der direkte Ausfall eines Elementes berücksichtigt werden. Schließlich werden mögliche Qualitäts- oder Einbaumängel über modifizierte Austauschwahrscheinlichkeiten modelliert.

6.1 Nicht-identische Ersatzinvestition

Im Gegensatz zum Grundmodell stehen in der Realität für ein Gebäudeelement mehrere Elementalternativen zur Verfügung. Die Gründe für eine solche Alternativenvielfalt können unterschiedlich sein. Es kann sich hierbei um gleichartige Alternativen unterschiedlicher Qualität handeln, die Alternativen können jedoch durchaus auch durch verschiedenartige Grundkonzeptionen, d.h. Technologien, bedingt sein. Entscheidend für eine Betrachtung ist letzten Endes nur, ob sich die Alternativen hinsichtlich des Alterungsverhaltens oder der monetären Zahlungsströme unterscheiden. Nur zwischen derartigen Alternativen macht ein Vergleich Sinn. In diesem Fall steht dem Entscheider dann im Vergleich zum bisherigen Grundmodell eine weitere Handlungsalternative zur Verfügung: der nicht-identische Ersatz. In Kapitel 3.4 wurde bereits die Handlung einer vollständigen Instandsetzung durch ein nicht-identisches Element beschrieben. Die Auswirkungen auf den zeitlichen Verlauf des Alterungsprozesses wurden ebenfalls bereits dargestellt.[1]

Die Erweiterung des Grundmodells bzgl. einer nicht-identischen Ersatzinvestition kann relativ einfach über eine Art Duplizierung realisiert werden. Für jede Elementalternative lässt sich ein Grundmodell analog zu Kapitel 5 aufstellen. Für eine Kombination dieser zu einem Gesamtmodell sind lediglich die neuen Handlungsalternativen des nicht-identischen Ersatzes mit den entsprechenden dazugehörenden Übergangswahrscheinlichkeiten zu definieren. Die Problemgröße steigt durch diese Vorgehensweise natürlich entsprechend an. Zusätzlich zum Elementzustand Z_i und dem Elementalter a muss noch die Information der aktuellen Elementalternative transportiert werden. Die möglichen Handlungsalternativen steigen ebenfalls an. Bei einer Anzahl von n Alternativen kommen neben den bisherigen drei verschiedenen Handlungen für keine Handlung, Instandhaltung und Instandsetzung[2] für jede Alternative $(n-1)$ neue Handlungen für den nicht-identischen Ersatz hinzu, d.h. die Anzahl der Handlungen beträgt dementsprechend insgesamt $(n-1)*n+3*n$. Bei einem Beispiel von zwei Elementalternativen wären das folglich acht verschiedene Handlungen, vier für jede Elementalternative:

- h_1: Keine Aktivität, d.h. kein Eingriff bei einem Einsatz von Element 1
- h_2: Instandhaltung bei einem Einsatz von Element 1
- h_3: Identische Instandsetzung bei einem Einsatz von Element 1
- h_4: Nicht-identische Instandsetzung mit Element 2 bei einem Einsatz von Element 1
- h_5: Kein Aktivität, d.h. kein Eingriff bei einem Einsatz von Element 2
- h_6: Instandhaltung bei einem Einsatz von Element 2

[1] vgl. hierzu auch Abbildung 3.10.
[2] Demzufolge wären das bereits $3*n$ Handlungen.

- h_7: Identische Instandsetzung bei einem Einsatz von Element 2
- h_8: Nicht-identische Instandsetzung mit Element 1 bei einem Einsatz von Element 2

Die Strukturen der dazugehörenden Übergangsgesetze sind bei h_1 und h_5, bei h_2 und h_6 und bei h_3 und h_7 gemäß den Gleichungen 5.8, 5.9 und 5.10 zu definieren. Für die Handlungen der nicht-identischen Instandsetzung (h_4 und h_8) können die Übergangsgesetze folgendermaßen beschrieben werden:

$$P_{(\tilde{i},\tilde{j})}(h_4) = \begin{cases} p_{(i,a)(j,1)}(h_4) = 1 - p_{(i,a)(2,1)}(h_6) = 1 - p_{1,2}(h_6,0) \\ \text{für } j = 1, \\ p_{(i,a)(j,1)}(h_4) = p_{(i,a)(2,1)}(h_6) = p_{1,2}(h_6,0) \\ \text{für } j = 2, \\ 0 \quad \text{sonst} \end{cases} \tag{6.1}$$

$$P_{(\tilde{i},\tilde{j})}(h_8) = \begin{cases} p_{(i,a)(j,1)}(h_8) = 1 - p_{(i,a)(2,1)}(h_2) = 1 - p_{1,2}(h_2,0) \\ \text{für } j = 1, \\ p_{(i,a)(j,1)}(h_8) = p_{(i,a)(2,1)}(h_2) = p_{1,2}(h_2,0) \\ \text{für } j = 2, \\ 0 \quad \text{sonst} \end{cases} \tag{6.2}$$

Dabei ist $a \in [1,\ldots,T-1]$. Das Übergangsgesetz lässt sich anhand des Übergangsgraphen in Abbildung 6.1 verdeutlichen.

Hieraus lässt sich erkennen, dass bei einem Ersatz von Element 1 durch Element 2 (dies entspricht Handlung h_4) ein sofortiger Übergang aus dem aktuellen Zustand des Elementes 1 in den Modellzustand (1,0) des Elementes 2, d.h. in den Elementzustand 1 bei einem Alter von 0 übergeht und innerhalb der Betrachtungsperiode mit einer Wahrscheinlichkeit $p_{1,2}(h_6,0)$ in den nächstniedrigeren Zustand 2 übergeht bzw. mit der Wahrscheinlichkeit $1 - p_{1,2}(h_6,0)$ im Elementzustand 1 verbleibt. Die Wahrscheinlichkeiten entsprechen also dem Alterungsverhalten unter der Annahme, dass eine Instandhaltung erfolgt. Diese Betrachtungsweise und die dahinter stehende

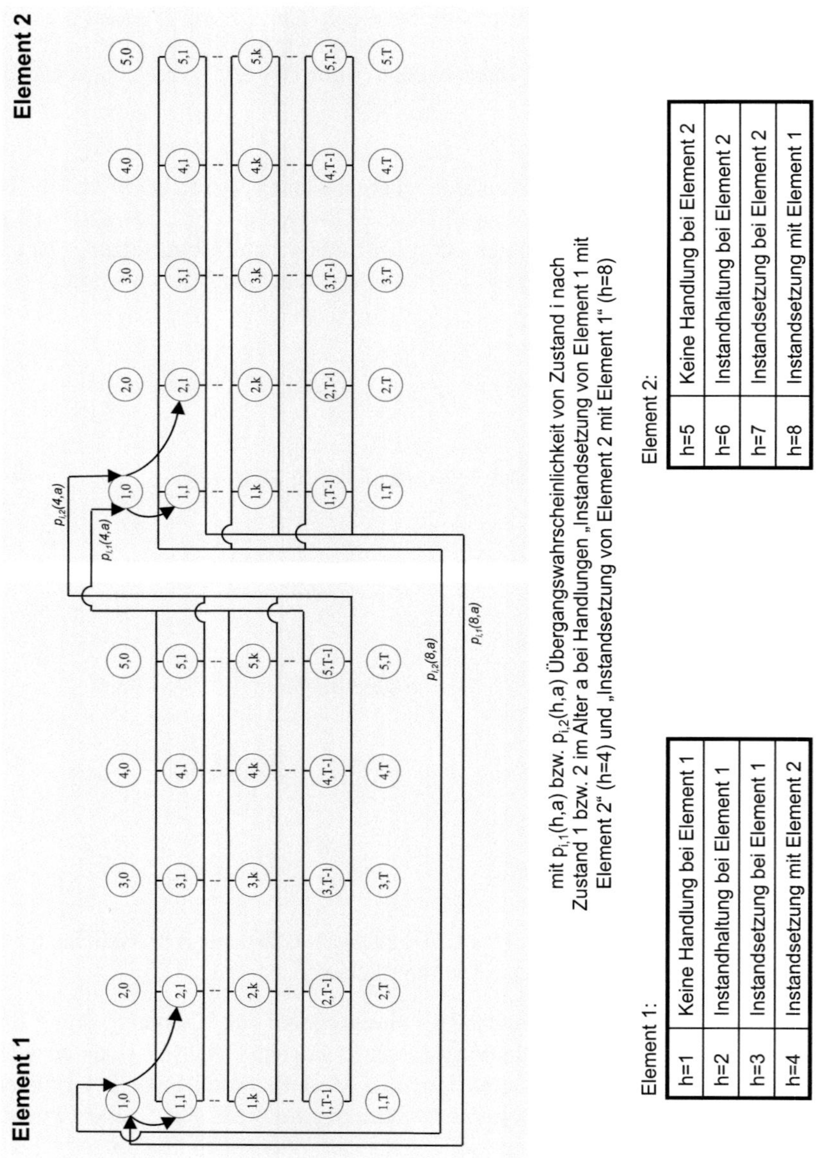

Abbildung 6.1: Übergangsgraph der Erweiterung nicht-identische Ersatzinvestition - Handlungen h_4 und h_8

Motivation ist identisch zu der Handlung eines identischen Ersatzes. Bei einem Ersatz kann stets angenommen werden, dass diese Maßnahme alle Aktivitäten, die bei einer Instandhaltung durchgeführt werden, beinhaltet bzw. mindestens gleichwertig ersetzt. Der Austausch des Elementes 2 durch das Element 1 kann entsprechend analog hierzu beschrieben werden.

Die Ergebnisse dieser Modifikation lassen sich am bisherigen Beispiel exemplarisch verdeutlichen. Bei einer Betrachtung eines nicht-identischen Ersatzes bei Fenstern wurden in einem solchen erweiterten Modell insgesamt vier verschiedene Elemente berücksichtigt, um verschiedene Qualitäten abbilden zu können. Dies bedeutet, dass für jedes Element sechs verschiedene Handlungsalternativen existieren: keine Aktivität, Instandhaltung, identischer Ersatz sowie nicht-identischer Ersatz über die drei alternativen Elemente. Die optimalen Handlungen sind in Schaubild 6.2 für Alternative 1 (Element mit guter Qualität) in der linken Spalte und für Alternative 2 (Element mit schlechterer Qualität) in der rechten Spalte dargestellt. Es lässt sich erkennen, dass sich die optimalen Handlungen der Alternative 1 gegenüber dem Grundmodell nicht verändert haben.[3] Findet ein Ersatz statt, so erfolgt dieser über ein identisches Element. Im Gegensatz hierzu kommt es bei Alternative 2 bei einem Ersatz stets zu einem Ersatz mit dem Element der besseren Qualität, dem Element 1 (Handlung h_{12}). Vergleicht man diese optimalen Handlungen bei Element 2 mit denjenigen bei einer isolierten Betrachtung dieses Elementes in Schaubild 6.3, so lässt sich erkennen, dass sich die Entscheidungsstruktur bei einer Berücksichtigung mehrerer Elemente für wirtschaftlich schlechtere Elemente grundsätzlich verändert. Ein Austausch durch das Element mit besserer Qualität findet in Zustand 3 bereits in geringerem Alter statt. Instandhaltungsmaßnahmen werden in den Zuständen 1 und 2 zurückgefahren. Diese Ergebnisse sind zwar nicht allgemeingültig und hängen stets vor allem von den angenommenen Zahlungsströmen ab, sie verdeutlichen jedoch, dass bei einem Vorhandensein von wirtschaftlich besseren Elementen alterungsverzögernde Maßnahmen nicht mehr die gleiche Relevanz besitzen. Die hierdurch resultierende etwas schnellere Alterung wird bei einem früheren Ersatz durch ein Element besserer Qualität über die bei diesem Element allgemein bessere Wirtschaftlichkeit mehr als kompensiert.

[3] vgl. hierzu auch Schaubild 5.23.

Element E5-A1 (gute Qualität) Modifiziertes Modell

Element E5-A2 (schlechtere Qualität) Modifiziertes Modell

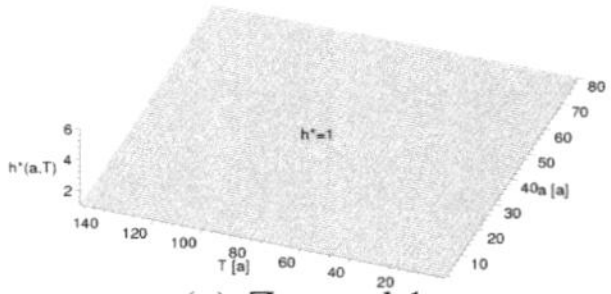

(a) Zustand 1

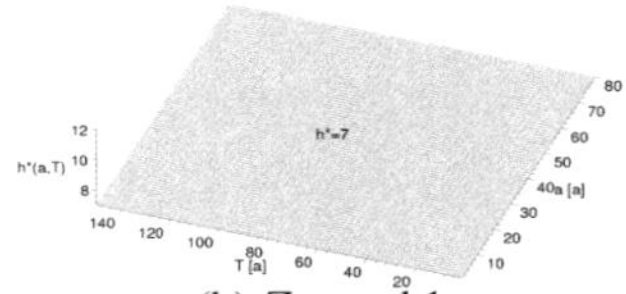

(b) Zustand 1

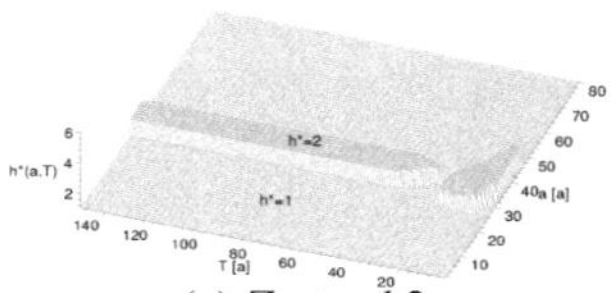

(c) Zustand 2

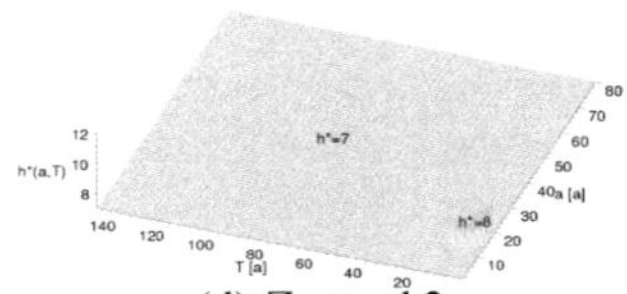

(d) Zustand 2

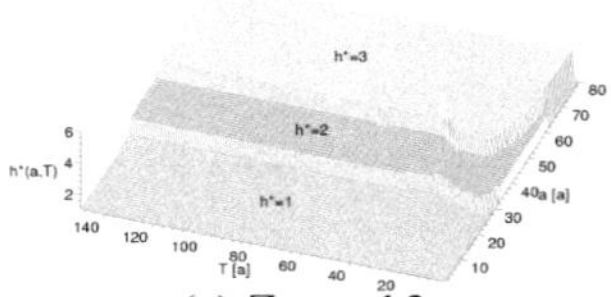

(e) Zustand 3

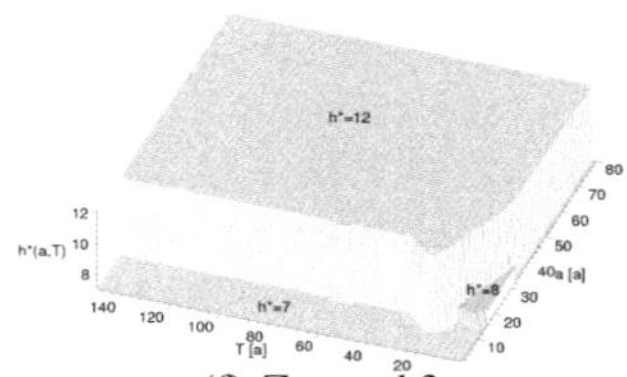

(f) Zustand 3

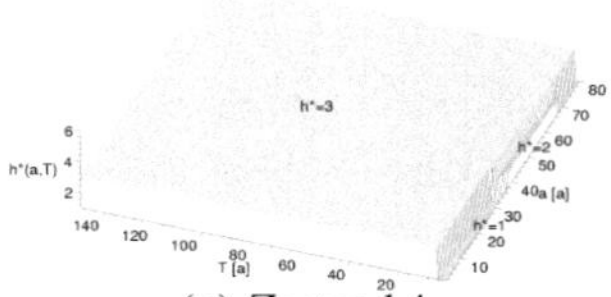

(g) Zustand 4

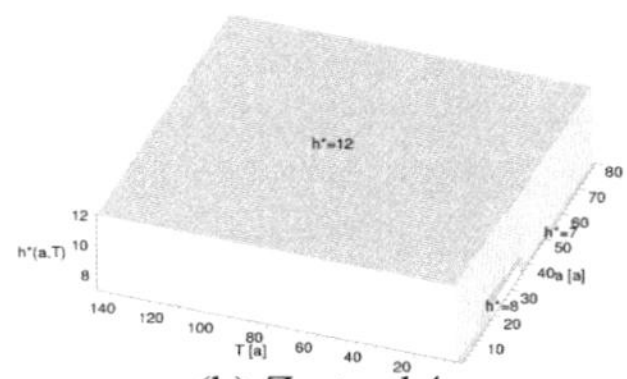

(h) Zustand 4

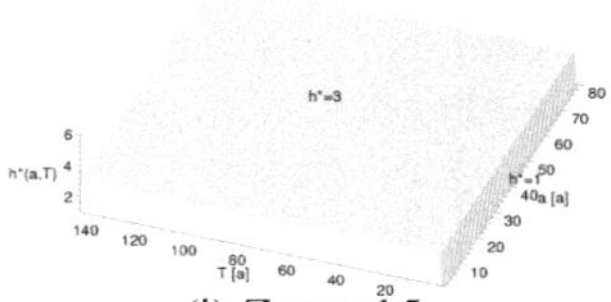

(i) Zustand 5

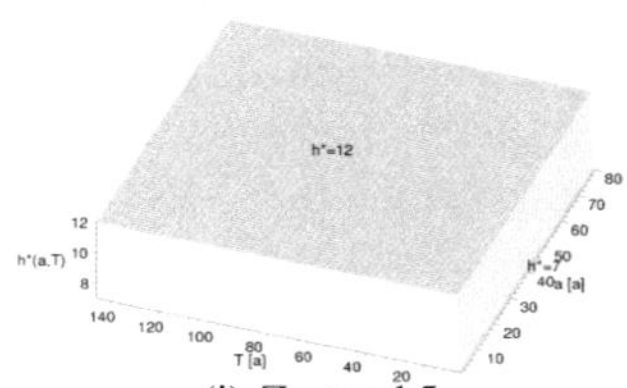

(j) Zustand 5

Abbildung 6.2: Vergleich optimaler Handlungen $h^*(a,T)$ und Zeitwerte $V_{H_i}(a,T)$ für Element Fenster E5-A1 und E5-A2 im modifizierten Modell (mit nicht-identischer Ersatzmöglichkeit), Parameter: Fall 5 (Gesamtoptimierung), $\alpha = 1.05$

Element E5-A2 (schlechtere Qualität) Grundmodell | Element E5-A2 (schlechtere Qualität) Modifiziertes Modell

(a) Zustand 1 (b) Zustand 1

(c) Zustand 2 (d) Zustand 2

(e) Zustand 3 (f) Zustand 3

(g) Zustand 4 (h) Zustand 4

(i) Zustand 5 (j) Zustand 5

Abbildung 6.3: Vergleich optimaler Handlungen $h^*(a,T)$ und Zeitwerte $V_{H_i}(a,T)$ für Element Fenster mit schlechterer Qualität (E5-A2) im Grundmodell und im modifizierten Modell, Parameter: Fall 5 (Gesamtoptimierung), $\alpha = 1.05$

Element/ Alternative	Erwarteter optimaler C_0 bei Anfangszustand (1,0)	Zustand	optimale Handlung h* (a,T)=NT			optimale Handlung h* (a,T)=IH			optimale Handlung h* (a,T)=IS		
			Alter a ∈ [i,j]		∀ Planungs-zeitpunkte T≥τ	Alter a ∈ [i,j]		∀ Planungs-zeitpunkte T≥τ	Alter a ∈ [i,j]		∀ Planungs-zeitpunkte T≥τ
			i_T	j_T	τ	i_T	j_T	τ	i_T	j_T	τ
Element 1	-527,8769	1	1	T	1						
		2	1 39	30 T	40 35	31	38	40			
		3	1	30	38	31	46	60	47	T	60
		4							1	T	5
		5							1	T	3
Element 2	-998,0397	1	1	T	1						
		2	1 21	13 T	23 42	14	20	42			
		3	1	14	20	15	26	33	27	T	33
		4							1	T	5
		5							1	T	3
Element 3	-897,4748	1	1	T	1						
		2	1 37	32 T	78 58	33	36	78			
		3	1	31	34	32	45	71	46	T	71
		4							1	T	5
		5							1	T	3
Element 4	-1381,0710	1	1	T	1						
		2	1 20	13 T	26 62	14	19	26			
		3	1	14	22	15	26	40	27	T	40
		4							1	T	5
		5							1	T	3

Abbildung 6.4: Zusammenfassung optimaler Handlungen $h^*(a,T)$ für Altersintervalle ab einem bestimmten Zeitpunkt τ für Element Fenster mit guter Qualität (E5-A1) und Fenster schlechterer Qualität (E5-A2, E5-A3, E5-A4) und Diskontierungsfaktor $\alpha = 1.05$ bei Fall 5: Gesamtoptimierung bei einer isolierten Betrachtung (Grundmodell)

Diese Ausführungen gelten prinzipiell auch für die Elemente 3 und 4. Aus Tabelle 6.4 können die verdichteten Ergebnisse einer isolierten Betrachtung der verschiedenen Elemente im Grundmodell entnommen werden. Es lässt sich erkennen, dass die prinzipielle Struktur optimaler Entscheidungen in den einzelnen Zuständen durchaus ähnlich ist. Aus der Betrachtung eines Elementes, welches sich zu Beginn des Planungshorizontes im Zustand 1 befindet und ein Alter von 0 besitzt, resultiert bei Alternative 1 der beste Kapitalwert. Für eine Investitionsentscheidung über den Einsatz eines bisher nicht vorhandenen Elementes wäre diese Betrachtung sicherlich ausreichend. Es würde hierbei Element 1 gewählt, bei späteren Entscheidungen würde unter unveränderten Rahmenbedingungen erneut die gleiche Entscheidung getroffen werden. Dies zeigt auch der Vergleich der optimalen Entscheidungen bei Element 1 im Grundmodell gegenüber dem erweiterten Modell. Diese bleiben unverändert.

Element/ Alternative	Erwarteter optimaler C_0 bei Anfangszustand (1,0)	Zustand	optimale Handlung h* (a,T)=NT			optimale Handlung h* (a,T)=IH			optimale Handlung h* (a,T)=IS			
			Alter a ∈ [i,j]		∀ Planungszeitpunkte T≥τ	Alter a ∈ [i,j]		∀ Planungszeitpunkte T≥τ	Ersatz mit Element	Alter a ∈ [i,j]		∀ Planungszeitpunkte T≥τ
			i_T	j_T	τ	i_T	j_T	τ		i_T	j_T	τ
Element 1	-527,8769	1	1	T	1							
		2	1 39	30 T	40 35	31	38	40				
		3	1	30	38	31	46	60	1	47	T	60
		4							1	1	T	5
		5							1	1	T	3
Element 2	-813,0411	1	1	T	1							
		2	1	T	15							
		3	1	14	62				1	15	T	62
		4							1	1	T	4
		5							1	1	T	3
Element 3	-822,0773	1	1	T	1							
		2	1	T	15							
		3	1	28	59				1	29	T	59
		4							1	1	T	4
		5							1	1	T	3
Element 4	-895,5410	1							1	1	T	16
		2							1	1	T	16
		3							1	1	T	14
		4							1	1	T	4
		5							1	1	T	3

Abbildung 6.5: Zusammenfassung optimaler Handlungen $h^*(a,T)$ für Altersintervalle ab einem bestimmten Zeitpunkt τ für Element Fenster mit guter Qualität (E5-A1) und Fenster schlechterer Qualität (E5-A2, E5-A3, E5-A4) und Diskontierungsfaktor $\alpha = 1.05$ bei Fall 5: Gesamtoptimierung bei einer Betrachtung im erweiterten Modell mit nicht-identischem Ersatz

Ist jedoch zu Beginn der Betrachtungsperiode bereits eines der Elemente 2-4 im Einsatz, so ändert sich die Situation grundlegend. Eine Entscheidung über die isolierte Betrachtung des Grundmodells ist somit nicht ausreichend. In Tabelle 6.5 sind die verdichteten Ergebnisse in dem modifizierten Modell dargestellt. Es lässt sich erkennen, dass bei einem Ersatz stets ein Austausch mit dem wirtschaftlich sinnvollsten Element stattfindet, in diesem Fall mit Element 1. Vergleicht man die Ergebnisse mit den in Tabelle 6.4 dargestellten Resultaten des Grundmodells, können die bereits im vorherigen Abschnitt skizzierten Auswirkungen ebenfalls hieraus abgelesen werden. Insbesondere verbessern sich bei dieser integrativen Betrachtung auch die Kapitalwerte, falls zu Beginn ein wirtschaftlich schlechteres Element eingesetzt wurde. Dies ist begründbar, da derartige Elemente in dieser Modellwelt bei einem Ersatz durch ein wirtschaftlich besseres Element ausgetauscht werden würden, während beim Grundmodell ein Ersatz durch ein identisches Element erfolgen würde. Für eine detaillierte Analyse dieses Beispielfalles sei auch auf Kapitel 7.1 sowie für weitere betrachtete Fälle in diesem modifizierten

Modell auf den Ergebniskatalog eines Arbeitspapiers des Verfassers [201] verwiesen.

6.2 Direkte Ausfallwahrscheinlichkeit

Über das bisherige, in Kapitel 5 dargestellte Grundmodell kann lediglich das normale Alterungsverhalten abgebildet werden. Wie bereits in Kapitel 2 verdeutlicht wurde, existieren darüber hinaus weitere Einflüsse, welche extreme Auswirkungen auf den Zustand des Elements verursachen können, d.h. im schlimmsten Fall zu einem sofortigen Übergang des Elements aus dem aktuellen Zustand in den schlechtestmöglichen Zustand 5 führen würden. Hierbei kann es sich bspw. um außergewöhnliche Ereignisse wie höhere Gewalt oder auch eine mutwillige Zerstörung handeln.[4] Diese Ereignisse können zu jedem Zeitpunkt und in jedem Zustand auftreten, die entsprechende Eintrittswahrscheinlichkeit ist unabhängig von diesen Faktoren. Diese wird im Folgenden auch als direkte Ausfallwahrscheinlichkeit $\overline{p}$ bezeichnet.

Durch diese Ausfallwahrscheinlichkeit ist infolgedessen eine Modifizierung der Übergangswahrscheinlichkeiten notwendig. Befindet sich ein Element in einem bestimmten Alter in einem gegebenen Zustand, so erfolgt mit der Ausfallwahrscheinlichkeit $\overline{p}$ ein direkter Übergang in den Zustand 5, der bisher modellierte Alterungsverlauf findet somit insgesamt nur noch mit einer Wahrscheinlichkeit von $1-\overline{p}$ statt. Dementsprechend ergeben sich unter Berücksichtigung der direkten Ausfallwahrscheinlichkeit die Übergangswahrscheinlichkeiten der Handlung h_1 (keine Aktivität) im Grundmodell aus den bisherigen Übergangswahrscheinlichkeiten $P_{(\tilde{i},\tilde{j})}(h_1)$ der Gleichung 5.8 zu:

$$\widehat{P}_{(\tilde{i},\tilde{j})}(h_1) = \begin{cases} \overline{p} + (1-\overline{p}) \cdot P_{(\tilde{i},\tilde{j})}(h_1) & \text{für } i \in [1,\ldots,5] \wedge j = 5 \\ (1-\overline{p}) \cdot P_{(\tilde{i},\tilde{j})}(h_1) & \text{für } i \in [1,\ldots,3] \wedge j = i+1 \\ (1-\overline{p}) \cdot P_{(\tilde{i},\tilde{j})}(h_1) & \text{für } i \in [1,\ldots,4] \wedge j = i \end{cases} \tag{6.3}$$

Für die Handlung h_2 (Instandhaltung) resultieren die Übergangswahrscheinlichkeiten aus den bisherigen Übergangswahrscheinlichkeiten $P_{(\tilde{i},\tilde{j})}(h_2)$ der Gleichung 5.9 über:

$$\widehat{P}_{(\tilde{i},\tilde{j})}(h_2) = \begin{cases} \overline{p} + (1-\overline{p}) \cdot P_{(\tilde{i},\tilde{j})}(h_2) & \text{für } i \in [1,\ldots,5] \wedge j = 5 \\ (1-\overline{p}) \cdot P_{(\tilde{i},\tilde{j})}(h_2) & \text{für } i \in [1,\ldots,3] \wedge j = i+1 \\ (1-\overline{p}) \cdot P_{(\tilde{i},\tilde{j})}(h_2) & \text{für } i \in [1,\ldots,4] \wedge j = i \end{cases} \tag{6.4}$$

[4] vgl. hierzu auch Schaubild 2.1.

Für die Handlung h_3 (Instandsetzung) und auch Handlungen des nichtidentischen Ersatzes aus den Modifikationen gemäß Kapitel 6.1 findet diese Modifikation des direkten Ausfalls keine Anwendung. Theoretisch wäre es natürlich durchaus denkbar, dass ein direkter Ausfall in Verbindung mit oder in der Betrachtungsperiode nach einem Ersatz auftritt. Derartige Effekte sind jedoch nur eine Ursache, warum ein Element bei einem Ersatz in einen schlechteren Zustand gelangen kann. Darüber hinaus können beispielsweise auch Qualitäts- oder Einbaumängel eine Rolle spielen. Infolgedessen sollen diese Ursachen gemeinsam über die im nachfolgenden Kapitel 6.3 behandelte Modifikation der Austauschwahrscheinlichkeiten abgebildet werden.

Das modifizierte Übergangsgesetz lässt sich auch anhand des Übergangsgraphen in Abbildung 6.6 am Beispiel von Handlung h_1 verdeutlichen. Aus den Zuständen 1 bis 3 ist nun ein direkter Übergang in den Zustand 5 in Höhe der Ausfallwahrscheinlichkeit $\overline{p}$ möglich. Im Zustand 4 bestand bereits im Rahmen des normalen Alterungsprozesses ein Pfad zu Zustand 5. Hier kommt zu der Ausfallwahrscheinlichkeit $\overline{p}$ die bisherige Übergangswahrscheinlichkeit anteilig an dem nicht direkt ausfallenden Anteil $1-\overline{p}$ hinzu.

Die Ergebnisse lassen sich wieder am bisherigen Beispiel exemplarisch verdeutlichen. In Schaubild 6.7 wird der bisherige Fall ohne Berücksichtigung direkter Ausfallwahrscheinlichkeiten (linke Spalte) mit der Modifikation einer solchen in Höhe von $\overline{p} = 0,15$ (rechte Spalte) gegenübergestellt. Es lässt sich erkennen, dass die prinzipielle Struktur weitgehend erhalten bleibt. Lediglich in Zustand 3 sollten Instandsetzungsentscheidungen erst ab einem höheren Alter getätigt werden. Dies hängt sicherlich damit zusammen, dass nun in jedem Elementzustand unabhängig von den gewählten Handlungen damit gerechnet werden muss, dass ein Element direkt ausfällt, d.h. in Zustand 5 übergeht. Der Vergleich der in Tabelle 6.8 zusammengefassten Ergebnisse zeigt jedoch auch, dass diese Modellmodifikation zu keiner wesentlichen Veränderung der Entscheidungsstruktur führt. Dies hängt zwar sicher auch mit der Wahl der Höhe der Ausfallwahrscheinlichkeit zusammen; da eine Ausfallwahrscheinlichkeit von 15% jedoch für die Praxis eher einen Maximalwert darstellen sollte, sollten die Abweichungen in der Realität geringer sein. Insofern wird diese Modifikation aus Sicht der Entscheidungsfindung als weniger bedeutend angesehen. Größere Auswirkungen hat diese Modifikation jedoch auf die Wirtschaftlichkeit. Zwischen den in Tabelle 6.8 aufgeführten erwarteten Kapitalwerten beider Varianten besteht ein größerer Unterschied. Durch die zusätzlich eingeführte direkte Ausfallwahrscheinlichkeit wird ein Element häufiger während des Betrachtungshorizontes ausgetauscht werden müssen. Hierdurch entstehen zusätzliche Ausgaben für den Ersatz, wodurch die Differenz erklärt werden kann.

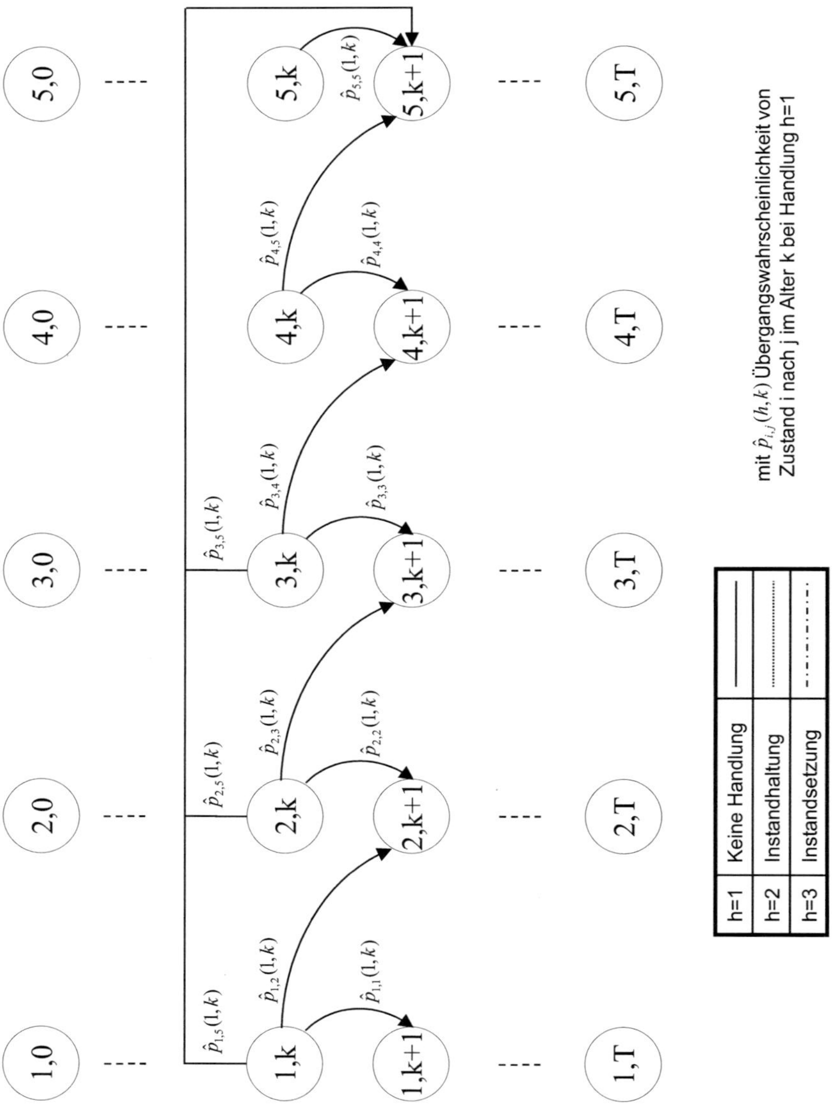

Abbildung 6.6: Übergangsgraph der Erweiterung nicht-identische Ersatzinvestition - Handlung h_1

Grundmodell
Ausfallwahrscheinlichkeit $\overline{p} = 0$

Modifiziertes Modell
Ausfallwahrscheinlichkeit $\overline{p} = 0.15$

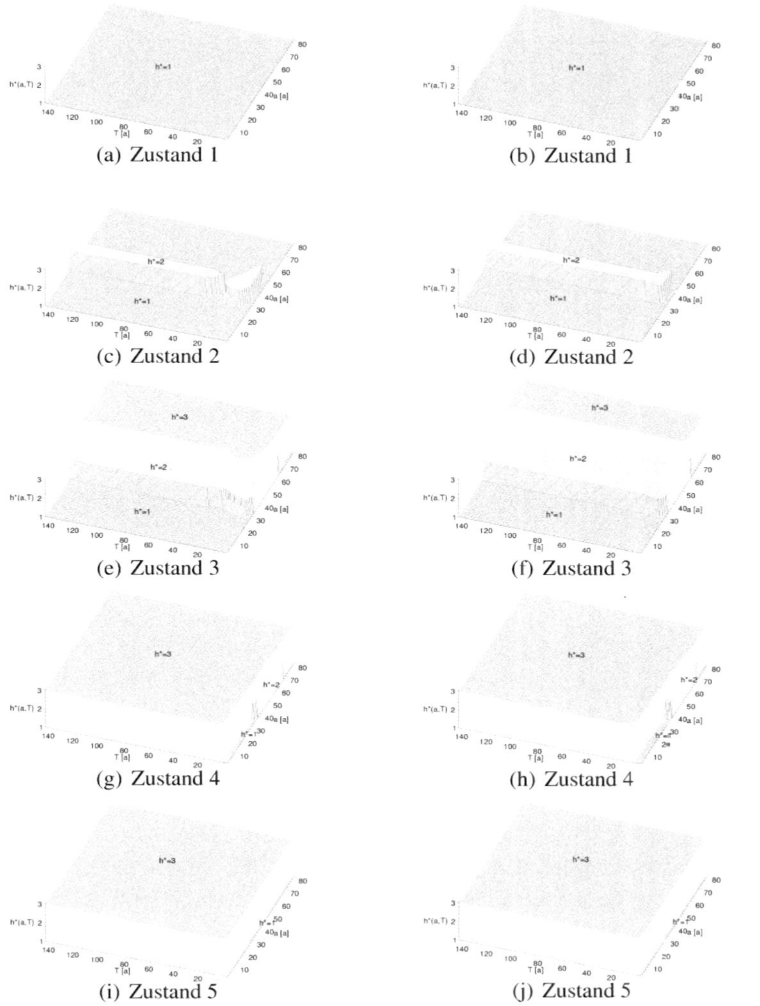

(a) Zustand 1 (b) Zustand 1
(c) Zustand 2 (d) Zustand 2
(e) Zustand 3 (f) Zustand 3
(g) Zustand 4 (h) Zustand 4
(i) Zustand 5 (j) Zustand 5

Abbildung 6.7: Vergleich optimaler Handlungen $h^*(a,T)$ für Element Fenster mit guter Qualität (E5-A1) im Grundmodell (identischer Ersatz) für direkte Ausfallwahrscheinlichkeiten von $\overline{p} = 0$ (linke Spalte) und $\overline{p} = 0.15$ (rechte Spalte), Parameter: Fall 5 (Gesamtoptimierung), $\alpha = 1.05$

Element/ Alternative	Erwarteter optimaler C_0 bei Anfangszustand (1,0)	Zustand	optimale Handlung h* (a,T)=NT			optimale Handlung h* (a,T)=IH			optimale Handlung h* (a,T)=IS		
			Alter a ∈ [i,j]		∀ Planungszeitpunkte $T \geq \tau$	Alter a ∈ [i,j]		∀ Planungszeitpunkte $T \geq \tau$	Alter a ∈ [i,j]		∀ Planungszeitpunkte $T \geq \tau$
			i_T	j_T	τ	i_T	j_T	τ	i_T	j_T	τ
Element 1 $\bar{p} = 0$	-527,8769	1	1	T	1						
		2	1 39	30 T	40 35	31	38	40			
		3	1	30	38	31	46	60	47	T	60
		4							1	T	5
		5							1	T	3
Element 1 $\bar{p} = 0.15$	-1888,9674	1	1	T	1						
		2	1 41	32 T	20 13	33	40	20			
		3	1	29	16	30	58	16	59	T	6
		4							1	T	8
		5							1	T	3

Abbildung 6.8: Vergleich optimaler Handlungen $h^*(a,T)$ bei verschiedenen direkten Ausfallwahrscheinlichkeiten für Altersintervalle ab einem bestimmten Zeitpunkt τ für Element Fenster mit guter Qualität (E5-A1) und Diskontierungsfaktor $\alpha = 1.05$ bei Fall 5: Gesamtoptimierung

6.3 Modifikation der Austauschwahrscheinlichkeit

Im bisherigen Grundmodell sowie im Rahmen der Modifikation eines nicht-identischen Ersatzes wird der Austausch eines Elementes als deterministisch modelliert. Zum Zeitpunkt eines Austauschs befindet sich das neue Element bei diesen Modellierungen mit Sicherheit in dem bestmöglichen Zustand 1. Dies muss in der Realität nicht unbedingt der Fall sein. Das neue Element könnte sich aufgrund von Qualitätsproblemen oder Mängeln bereits vor dem Einbau in einem schlechteren Zustand befinden, der Einbau könnte nicht ordnungsgemäß durchgeführt worden sein, d.h. das neue Element könnte beschädigt worden oder seine Funktionsweise durch den Einbau beeinträchtigt worden sein. Auch externe Faktoren während des Aus- und Einbaus oder zeitnah hierzu können den Elementzustand beeinflussen. Infolgedessen ist auch der Zustand des neuen Elementes bei künftigen Instandsetzungsaktivitäten aus heutiger Sicht nicht bekannt und damit stochastischer Natur. Eine entsprechende Modifikation der Austauschwahrscheinlichkeiten wird in diesem Kapitel vorgestellt. Diese gilt für alle Handlungen des Ersatzes, nicht jedoch für die Handlungen „Instandhaltung" oder „keine Aktivität". Im folgenden soll die Modifikation für die Handlung des „identischen Ersatzes" im Grundmodell (h_3) beschrieben werden, für die Handlungen des „nicht-identischen Ersatzes" können die Änderungen analog beschrieben werden.

Mittels des Vektors $\vec{\tilde{p}} = (\tilde{p}_{i,1}, \tilde{p}_{i,2}, \tilde{p}_{i,3}, \tilde{p}_{i,4}, \tilde{p}_{i,5})$ kann der Zustandsübergang bei einem identischen Ersatz beschrieben werden. Dabei stellen $\tilde{p}_{i,j}$ die einzelnen Wahrscheinlichkeiten beim Austausch für den Übergang in die Modellzustände $(j,0)$ mit $j \in [1,\ldots,5]$ dar. In der anschließenden Betrachtungsperiode altert das Element dann entsprechend dem bereits im Grundmodell beschriebenen Ansatz und geht somit mit der Wahrscheinlichkeit $p_{i,j}(h_2,0)$ (mit $j = i+1$) in den nächst niedrigeren Elementzustand über oder verbleibt mit der Wahrscheinlichkeit $1 - p_{i,j}(h_2,0)$ (mit $j = i+1$) im aktuellen Zustand. Dementsprechend ergeben sich unter Berücksichtigung dieser Austauschwahrscheinlichkeiten die Übergangswahrscheinlichkeiten der Handlung h_3 (identischer Ersatz) im Grundmodell aus den bisherigen Übergangswahrscheinlichkeiten $P_{\tilde{i},\tilde{j}}(h_3)$ der Gleichung 5.10 mit $a \in [1,\ldots,T-1]$ zu:

$$\widehat{P}_{(\tilde{i},\tilde{j})}(h_3) = \begin{cases} \hat{p}_{(i,a)(j,1)}(h_3) = \tilde{p}_{i,1} \cdot p_{1,1}(h_2,0) & \text{für } j=1 \\ \hat{p}_{(i,a)(j,1)}(h_3) = \tilde{p}_{i,1} \cdot p_{1,2}(h_2,0) + \tilde{p}_{i,2} \cdot p_{2,2}(h_2,0) & \text{für } j=2 \\ \hat{p}_{(i,a)(j,1)}(h_3) = \tilde{p}_{i,2} \cdot p_{2,3}(h_2,0) + \tilde{p}_{i,3} \cdot p_{3,3}(h_2,0) & \text{für } j=3 \\ \hat{p}_{(i,a)(j,1)}(h_3) = \tilde{p}_{i,3} \cdot p_{3,4}(h_2,0) + \tilde{p}_{i,4} \cdot p_{4,4}(h_2,0) & \text{für } j=4 \\ \hat{p}_{(i,a)(j,1)}(h_3) = \tilde{p}_{i,4} \cdot p_{4,5}(h_2,0) + \tilde{p}_{i,5} \cdot p_{5,5}(h_2,0) & \text{für } j=5 \\ 0 & \text{sonst} \end{cases} \tag{6.5}$$

Diese Gleichung kann allgemein über folgendes Übergangsgesetz ausgedrückt werden:

$$\widehat{P}_{(\tilde{i},\tilde{j})}(h_3) = \begin{cases} \hat{p}_{(i,a)(j,1)}(h_3) = \tilde{p}_{i,j} \cdot p_{j,j}(h_2,0) \\ \text{für } j=1, \\ \\ \hat{p}_{(i,a)(j,1)}(h_3) = \tilde{p}_{i,j-1} \cdot p_{j-1,j}(h_2,0) + \tilde{p}_{i,j} \cdot p_{j,j}(h_2,0) \\ \text{für } j \in [2,\ldots,5], \\ \\ 0 \quad \text{sonst} \end{cases} \tag{6.6}$$

Dieses modifizierte Übergangsgesetz lässt sich nun anhand des Übergangsgraphen am Beispiel von Handlung h_3 (identischer Ersatz) darstellen. Bei einem Ersatz eines Elementes, welches sich vor dem Ersatz in einem beliebigen Zustand und beliebigen Alter befindet, durch ein identisches neues Element wird jeder Modellzustand $(1,0)$ bis $(5,0)$ mit einer bestimmten Wahrscheinlichkeit eintreten, in der anschließenden Betrachtungsperiode findet über die

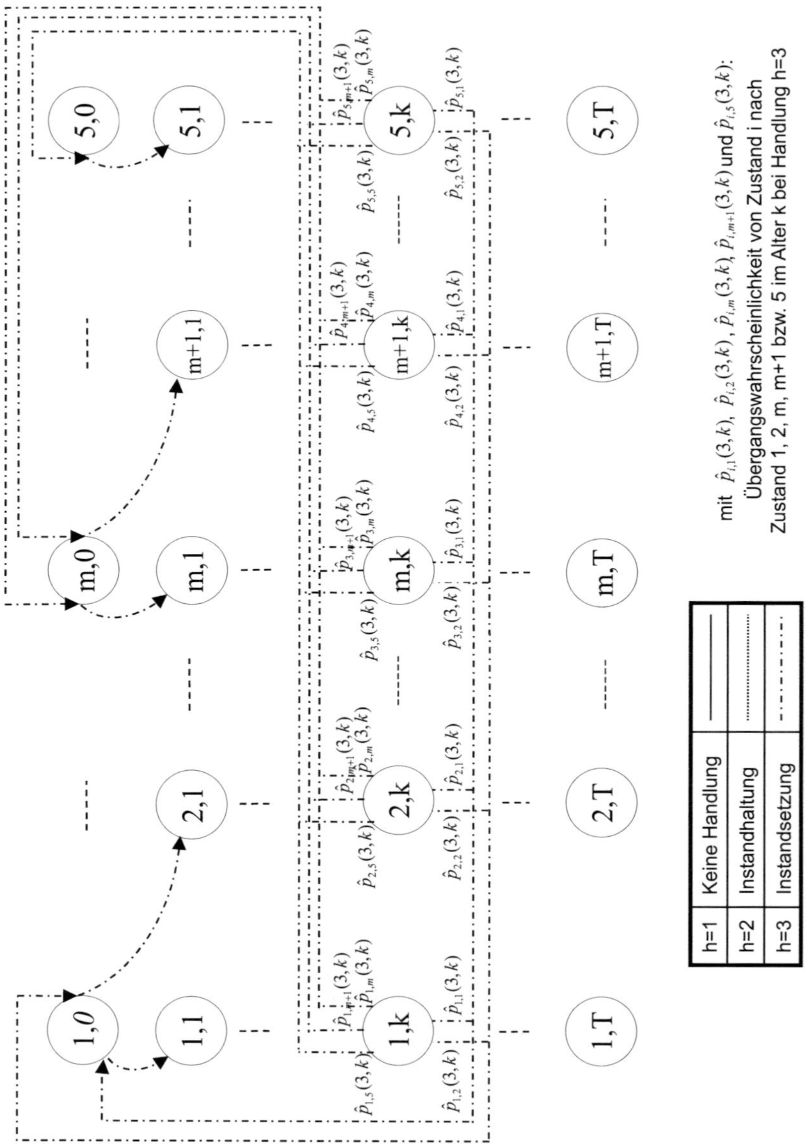

Abbildung 6.9: Übergangsgraph der Erweiterung nicht-identische Ersatzinvestition - Handlung h_3

Alterung dann ein Übergang in den gleichen oder nächst niedrigeren Zustand statt, das Alter erhöht sich hierbei wieder auf 1. Infolgedessen sind die Zustände 2 bis 5 über jeweils zwei Pfade erreichbar. Beispielsweise kann der Modellzustand $(2,1)$ von einem beliebigen Ausgangszustand über den Zustand $(1,0)$ sowie über den Zustand $(2,0)$ erreicht werden. Die entsprechenden Wahrscheinlichkeiten dieser Pfade sind bei der Ermittlung der Übergangswahrscheinlichkeiten zu addieren. In Gleichung 6.5 entsprechen diese verschiedenen, möglichen Wege den einzelnen Summanden.

Bei den Untersuchungen mit dieser Modifikation wird angenommen, dass der Übergangsvektor unabhängig von verschiedenen Ersatzhandlungen sowie verschiedenen Alternativen ist. Dies ist nicht zwingend der Fall. Tendenziell könnte die Wahrscheinlichkeit für einen Übergang in schlechtere Zustände bei schlechteren Alternativen sowie bei nicht-identischem Ersatz höher sein. Eine durch die Materialeigenschaften bedingte schlechtere Qualität könnte im Rahmen des Einbaus eine größere Fehlerrate bedingen, bei einem nicht-identischen Ersatz könnte aufgrund der vorhandenen Rahmenbedingungen, wie beispielsweise Beziehungen zum Nachbarelement, durch die nicht-identischen Varianten eine größere Fehlerrate bedingt sein. Da hierfür jedoch keine belastbare Daten zur Verfügung stehen und die Auswertung der Ergebnisse geringere Auswirkungen auf das Entscheidungsverhalten ergaben, wird auf eine derartige Untersuchung verzichtet.

Die Ergebnisse lassen sich exemplarisch am bisherigen Beispiel des Grundmodells, dem Element Fenster mit guter Qualität (E5-A1), verdeutlichen. In Schaubild 6.10 wird der bisherige deterministische Fall (linke Spalte) der Modifikation mit einem Austauschwahrscheinlichkeitsvektor von $\vec{\vec{p}} = (0.85, 0.1, 0.05, 0, 0)$ (rechte Spalte) gegenübergestellt. Eine Zusammenfassung der Ergebnisse beider Varianten kann auch aus Tabelle 6.11 entnommen werden. Die Ergebnisse zeigen, dass eine derartige Modifikation kaum Auswirkungen auf das Entscheidungsverhalten hat. Werden kleinere Effekte bei kurzen Betrachtungszeiträumen vernachlässigt, sind die optimalen Entscheidungen in beiden Modellen identisch.

Grundmodell Austauschwahrscheinlichkeitsvektor $\vec{p} = (1,0,0,0,0)$	Modifiziertes Modell Austauschwahrscheinlichkeitsvektor $\vec{p} = (0.85,0.1,0.05,0,0)$

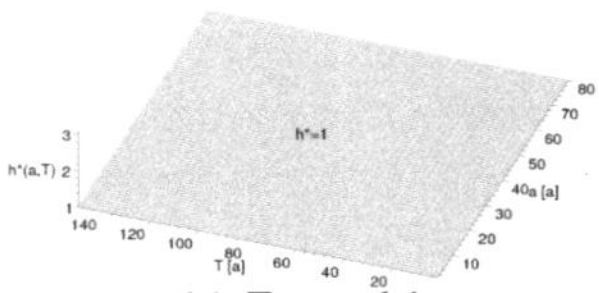

(a) Zustand 1

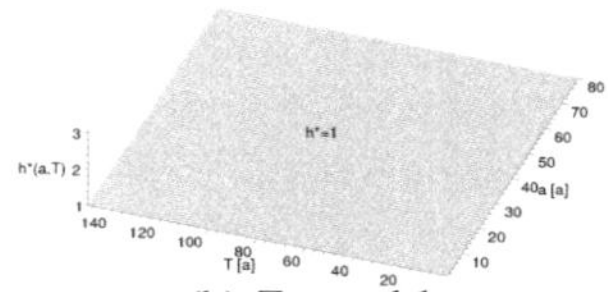

(b) Zustand 1

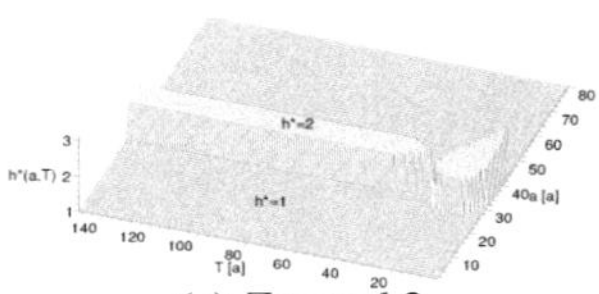

(c) Zustand 2

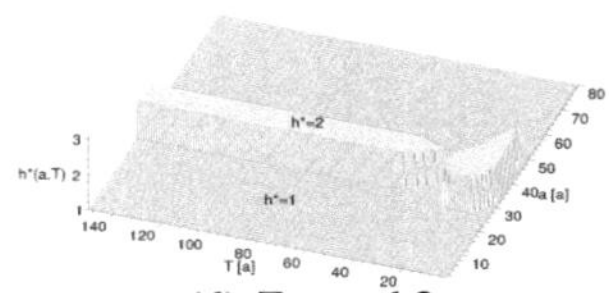

(d) Zustand 2

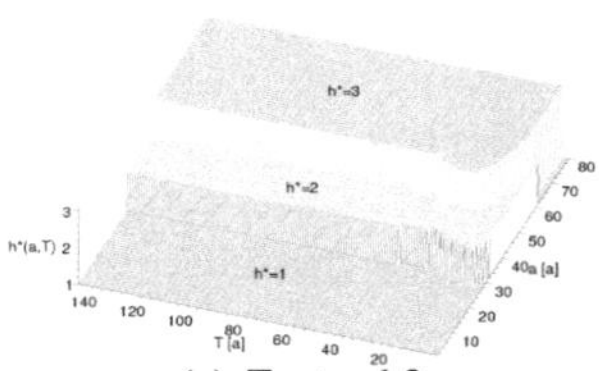

(e) Zustand 3

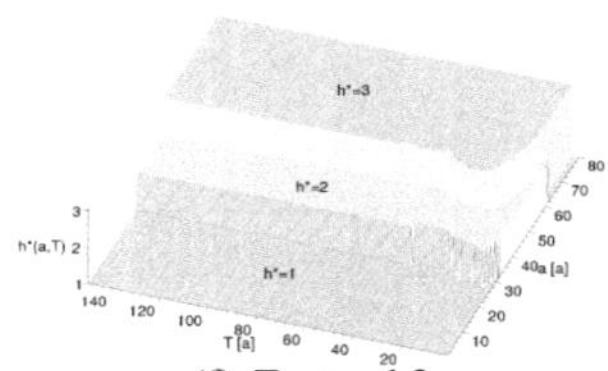

(f) Zustand 3

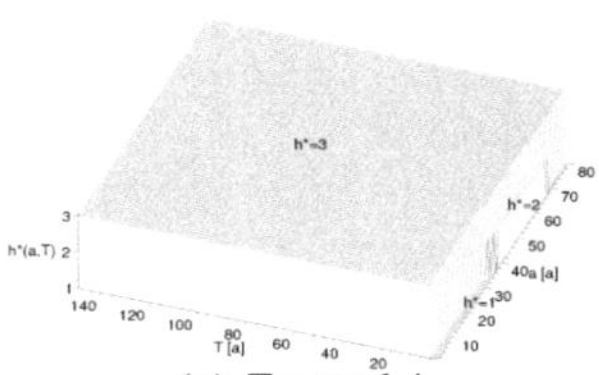

(g) Zustand 4

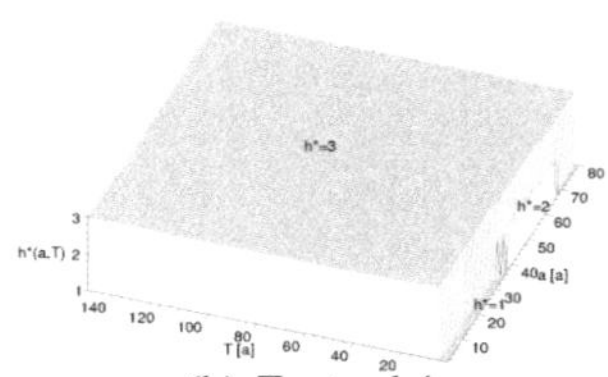

(h) Zustand 4

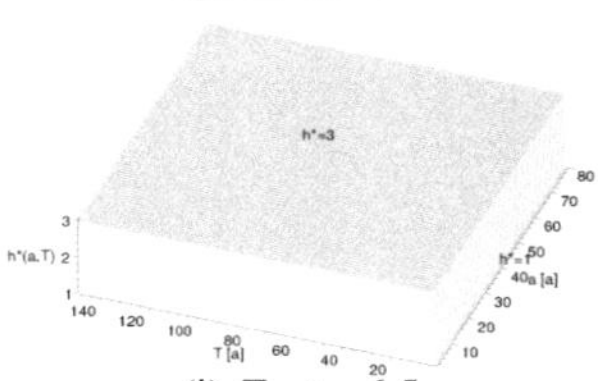

(i) Zustand 5

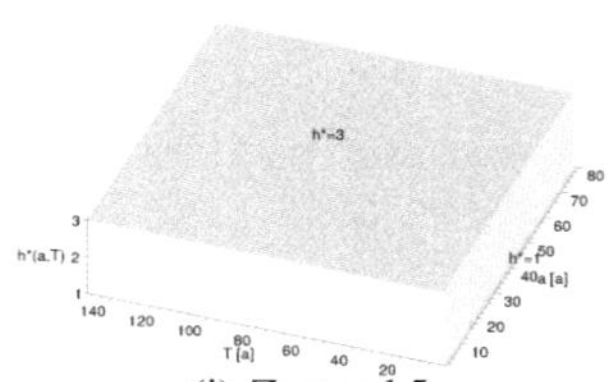

(j) Zustand 5

Abbildung 6.10: Vergleich optimaler Handlungen $h^*(a,T)$ für Element Fenster mit guter Qualität (E5-A1) im Grundmodell (identischer Ersatz) für verschiedene Austauschwahrscheinlichkeitsvektoren, Parameter: Fall 5 (Gesamtoptimierung), $\alpha = 1.05$

Element/ Alternative	Erwarteter optimaler C_0 bei Anfangszustand (1,0)	Zustand	optimale Handlung			optimale Handlung			optimale Handlung		
			Alter $a \in [i,j]$		$\forall$ Planungszeitpunkte $T \geq \tau$	Alter $a \in [i,j]$		$\forall$ Planungszeitpunkte $T \geq \tau$	Alter $a \in [i,j]$		$\forall$ Planungszeitpunkte $T \geq \tau$
			i_T	j_T	τ	i_T	j_T	τ	i_T	j_T	τ
Element 1 $\bar{\bar{p}}$ = (0,0,0,0,0)	-527,8769	1	1	T	1						
		2	1 39	30 T	40 35	31	38	40			
		3	1	30	38	31	46	60	47	T	60
		4							1	T	5
		5							1	T	3
Element 1 $\bar{\bar{p}}$ = (0.85,0.1,0.05,0,0)	-528,7043	1	1	T	1						
		2	1 39	30 T	40 35	31	38	40			
		3	1	30	37	31	46	52	47	T	52
		4							1	T	5
		5							1	T	3

Abbildung 6.11: Vergleich optimaler Handlungen $h^*(a,T)$ bei verschiedenen Austauschwahrscheinlichkeitsvektoren für Altersintervalle ab einem bestimmten Zeitpunkt τ für Element Fenster mit guter Qualität (E5-A1) und Diskontierungsfaktor $\alpha = 1.05$ bei Fall 5: Gesamtoptimierung

Auch hier sind die Ergebnisse letzten Endes abhängig von den Werten des Austauschwahrscheinlichkeitsvektors. Aufgrund mangelnder Daten hierzu konnte nur eine eigene Schätzung vorgenommen werden, diese soll einen Extremfall darstellen. Aufgrund einer normalerweise stattfindenden Abnahme sowie Garantie- und Gewährleistungsansprüchen, bei der die beiden schlechtesten Zustände offensichtlich werden sollten, können hierfür Wahrscheinlichkeiten von null angesetzt werden. Ein rationales Verhalten einer Abnahme durch einen Experten wird hierbei unterstellt. Auch der direkte Übergang in die Zustände 2 und 3 dürfte daher nur in einer geringeren Anzahl von Fällen auftreten.

Insgesamt wird unter diesen Annahmen diese Modifikation des Austauschverhaltens aus Sicht der Entscheidungsfindung als weniger bedeutend angesehen. Hierfür spricht auch die Betrachtungsweise, dass es letzten Endes zwar unglücklich ist, wenn ein Element bei einem Austausch bereits in einen schlechteren Zustand übergeht, dies jedoch nicht die Tatsache beseitigt, dass Elemente zu bestimmten Zeitpunkten ausgetauscht werden, um wirtschaftlich sinnvollere Zustände zu erreichen. Dies würde sich nur ändern, wenn die Wahrscheinlichkeit hoch wäre, dass ein besserer Zustand auch nicht durch einen Austausch erreicht werden kann. Auch der Vergleich der in Tabelle 6.11 aufgeführten Kapitalwerte - diese sind nahezu identisch - zeigt die geringe Relevanz einer Modifikation der Austauschwahrscheinlichkeiten in dieser Höhe.

7. Fallstudien zur Bestimmung optimaler Instandhaltungsstrategien

Nachdem in den vergangenen Kapiteln 5 und 6 die Modellierung und prinzipielle Verdeutlichung von Ergebnissen und die hieraus zu ziehenden Schlussfolgerungen im Vordergrund standen, ist es Ziel dieses Kapitels, die Anwendbarkeit anhand von Fallbeispielen zu skizzieren. Weiterhin werden wesentliche Ergebnisse und Erkenntnisse aus der Vielzahl der durchgeführten Untersuchungen herausgegriffen, analysiert und entsprechend bewertet. Aufgrund der Menge der analysierten Fallbetrachtungen können innerhalb dieser Arbeit nur punktuell die wichtigsten Beispiele dargestellt werden, eine vollständige Darstellung der Ergebnisse aller Untersuchungen kann dem in einem Arbeitspapier [201] zusammengestellten Ergebniskatalog entnommen werden.

Die Beschreibung von Modellgrößen beschränkt sich im Folgenden auf diejenigen, welche hinsichtlich des jeweils betrachteten Elementes und auch hinsichtlich einzelner Elementalternativen variieren. Dies sind im Wesentlichen das Übergangsgesetz sowie die Funktion der jährlich resultierenden Zahlungsströme inklusive der Funktion des Restwertes. Die Wahl des Diskontierungsfaktors sollte letzten Endes zwar nicht von der betrachteten Elementalternative abhängen, es soll jedoch in diesem Kapitel auf dessen Bedeutung hinsichtlich der Resultate im Rahmen einer Sensitivitätsanalyse eingegangen werden. Die weiteren Modellgrößen Planungshorizont sowie der verwendete Zustands- und Aktionenraum sind fest für alle Fallstudien. Auf diese wird nicht weiter eingegangen, da diese bereits im Rahmen der Modellbeschreibung detailliert behandelt wurden. Dies gilt weiterhin auch für den zur Ermittlung optimaler Instandhaltungsstrategien herangezogenen Berechnungsalgorithmus.

Die unterschiedlichen Auswirkungen von elementindividuellen Eigenschaften auf die Modellgrößen lassen sich mittels Schaubild 7.1 verdeutlichen. Jeder Elementtyp besitzt spezifische Charakteristiken sowie Qualitätsmerkmale, die eine Rolle hinsichtlich der Modellgrößen Zahlungsströme und Übergangswahrscheinlichkeiten spielen. Dies können beispielsweise Faktoren wie Material- oder Konstruktionseigenschaften hinsichtlich verschiedener Funktionsanforderungen[1], der Wirkungsgrad einer Heizung, Maßgrößen für die Wärmedurchlässigkeit von Gebäudeelementen[2] oder auch andere Eigenschaften des Baumaterials sein. Für jedes Element sind nun im Rahmen der Alternativenbestimmung diejenigen Qualitätsmerkmale und Elementcharakteristiken herauszuarbeiten, die eine Relevanz hinsichtlich der Modellgrößen besitzen und die zu unterschiedlichen Werten der Modellgrößen bei verschiedenen Elementalternativen führen. Verantwortlich für diese Auswirkungen auf die einzelnen Modellgrößen sind letzten Endes verschiedene Einflussgrößen innerhalb der einzelnen Lebenszyklusphasen. Die Systematisierung der Einflussgrößen erfolgte in diesem Schaubild in Anlehnung an die Faktorenmethode.[3] Die Beeinflussung ist teilweise stochastischer Natur und begründet daher eine stochastische Modellierung der technischen Lebensdauer eines Elementes. Aus dieser lassen sich dann wie bereits beschrieben die Übergangswahrscheinlichkeiten bestimmen.[4] Aufgrund der für jedes Element notwendigen individuellen Betrachtung werden zur Verdeutlichung der unterschiedlichen Bestimmung dieser Modellgrößen im Folgenden Fallstudien für die zwei komplexeren Elemente Fenster (E5) und Heizung (E7) vorgestellt.

7.1 Das Beispielelement Fenster

Im Rahmen der Betrachtung des Beispielelementes Fenster ist es erforderlich, zunächst auf die bisher noch nicht beschriebenen Modellgrößen einzugehen. Dies betrifft eine Bestimmung der zu betrachtenden Elementalternativen so-

[1] z.B. hinsichtlich Statik oder Brandschutz.

[2] Diese wird meistens über den sogenannten U-Wert (früher k-Wert) angegeben. Hierbei handelt es sich um den Wärmedurchgangskoeffizienten U, der ein Maß für den Wärmestromdurchgang durch eine ein- oder mehrlagige Materialschicht darstellt, wenn auf beiden Seiten verschiedene Temperaturen anliegen. Er gibt die Leistung (also die Energiemenge pro Zeiteinheit) an, die durch eine Fläche von 1 m^2 fließt, wenn sich die beidseitig anliegenden Lufttemperaturen stationär um 1 K unterscheiden.

[3] vgl. hierzu auch Kapitel 2.3.1.2.

[4] vgl. hierzu Kapitel 5.3.

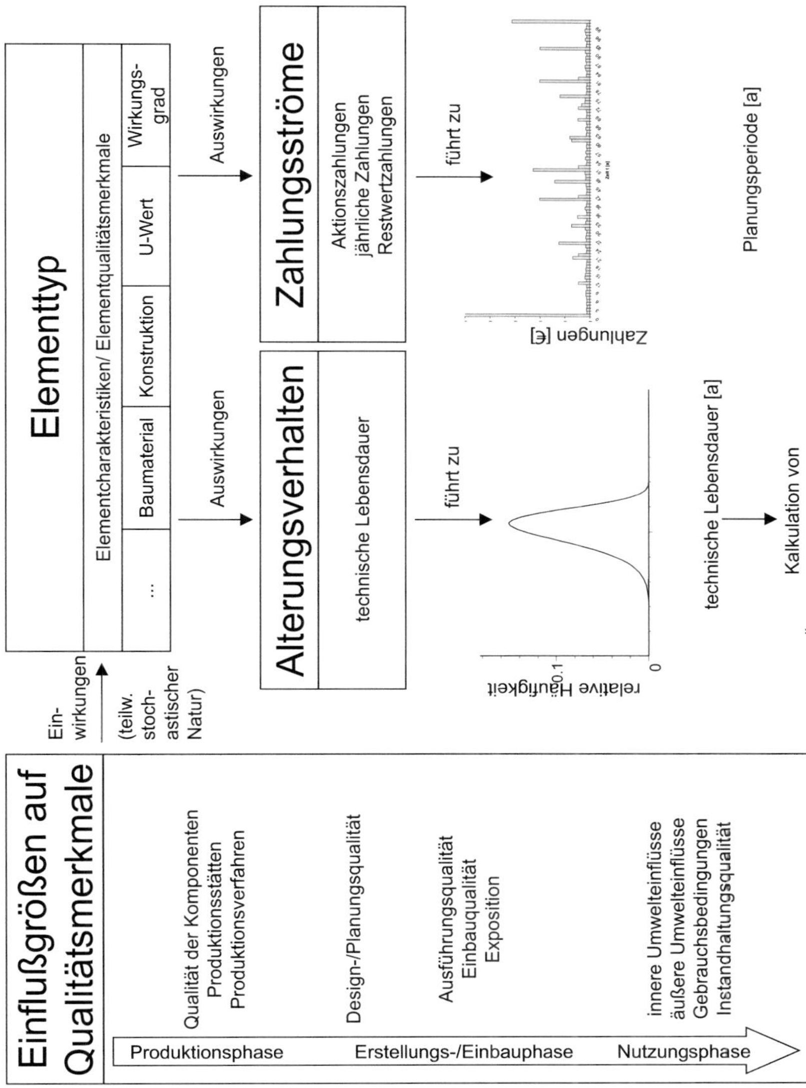

Abbildung 7.1: Auswirkungen individueller Elementeigenschaften auf Modellgrößen

wie die Ermittlung von Zahlungsströmen und Übergangswahrscheinlichkeiten für jede der Alternativen. Mit diesen Modellgrößen lassen sich dann über den bereits beschriebenen Modellalgorithmus die optimalen Instandhaltungsentscheidungen berechnen. Zur Analyse der Ergebnisse werden anschließend sowohl Vergleiche dieser optimalen Strategie mit verschiedenen alternativen Strategien als auch Sensitivitätsanalysen hinsichtlich einzelner Modellparameter vorgenommen.

7.1.1 Bestimmung der Modellgrößen

Bei dem Elementtyp Fenster sollen zur Bestimmung der Elementalternativen zwei verschiedene Qualitätsmerkmale zur Charakterisierung herangezogen werden: Das Rahmenmaterial sowie der Wärmedurchgangskoeffizient mit dem U-Wert als Maß für die Wärmedurchlässigkeit des Elementes. Diese werden als wesentliche Merkmale zur Beschreibung des Elementes verstanden und dienen einer prinzipiellen Systematisierung. Durch diese Vorgehensweise können dann verschiedene Qualitätsausprägungen miteinander verglichen werden, ohne auf konkrete Fenstertypen (bspw. verschiedener Firmen) aus der Praxis eingehen zu müssen. Es erfolgt hierdurch quasi eine Betrachtung fiktiver Fensterelemente. Natürlich ließen sich auch weitere Größen finden, die eine Qualität beschreiben können, die beiden betrachteten Merkmale könnten auch weiter unterteilt werden. Eine derartig detaillierte Aufgliederung ist jedoch im Rahmen dieser Arbeit insgesamt nicht zielführend und notwendig. Letzten Endes ist es ausreichend, wenn sich die Modellgrößen für die verschiedenen Elementalternativen ermitteln lassen. Für einen Vergleich konkreter Fenstertypen in der Praxis spielt diese Alternativenbestimmung über verschiedene Qualitätsmerkmale keine Rolle, wenn die entsprechenden Modellgrößen direkt bekannt und den entsprechenden Alternativen zuordenbar sind.

In Abbildung 7.2 ist die resultierende Alternativenbestimmung bei der Heranziehung der beiden berücksichtigten Qualitätsmerkmale dargestellt. Beide Merkmale sollen jeweils in der Qualitätsausprägung „gut" sowie „schlecht" betrachtet werden. Dabei handelt es sich bei dieser Qualitätsbewertung zunächst lediglich um eine qualitative Aussage. Eine Quantifizierung erfolgt über folgende Zuordnung:[5]

[5]Hinsichtlich der U-Werte handelt es sich um exemplarische Werte. Die bedingten gesetzlichen Anforderungen, z.B. der jeweils gültigen Energieeinsparverordnung, sind bei Ersatzinvestitionen stets einzuhalten. Dies bedeutet, dass nur derartige Elemente überhaupt für einen Vergleich in Frage kommen würden.

- Rahmenmaterial, gut: langlebiges Material
- Rahmenmaterial, schlecht: kurzlebiges Material
- U-Wert des Fensters, gut: $1,4\ W/m^2K$
- U-Wert des Fensters, schlecht: $1,8\ W/m^2K$

Aus den möglichen Kombinationen der betrachteten Qualitätsausprägungen lassen sich nun bei dem Element Fenster folgende vier verschiedene Elementalternativen bilden:

- E5-A1: gutes Rahmenmaterial, guter U-Wert
- E5-A2: schlechtes Rahmenmaterial, guter U-Wert
- E5-A3: gutes Rahmenmaterial, schlechter U-Wert
- E5-A4: schlechtes Rahmenmaterial, schlechter U-Wert

Die Auswirkungen der einzelnen Qualitätsmerkmale auf die verschiedenen Modellgrößen sind ebenfalls in Abbildung 7.2 dargestellt. Es lässt sich erkennen, dass es Modellgrößen gibt, die als unabhängig von beiden Qualitätsmerkmalen betrachtet werden können. Hierzu gehören Zahlungen für den Ausbau bzw. den Rückbau und die Deponierung bzw. Entsorgung. Prinzipiell dürfte eine derartige Abhängigkeit zwar existieren, aufgrund mangelnder Märkte und empirischer Daten hierzu wird für diese Arbeit jedoch eine Unabhängigkeit angenommen.[6] Weiterhin gehören hierzu kalkulatorische Auszahlungen für Mietminderungen sowie Folgeschäden, die das Element an anderen Elementen verursacht. Diese fallen lediglich in Abhängigkeit des Elementzustands an. Die Qualitäten des Elementes beeinflussen allerdings über die Übergangswahrscheinlichkeiten den Zeitpunkt, zu dem ein Eintritt in die verschiedenen Zustände erfolgt.

Die technische Lebensdauer sowie der den Einfluss von Instandhaltungen auf die Alterung beschreibende Instandhaltungsparameter r_{IH}[7] sind lediglich abhängig von dem Rahmenmaterial des Elementes. Eine Abhängigkeit vom im Wesentlichen durch die Verglasung beeinflussten U-Wert ist vernachlässigbar, wenn eine solche überhaupt existiert. Der U-Wert determiniert die Zahlungen für Heizung/Wärme. Beide Merkmale beeinflussen die verschiedenen

[6] vgl. hierzu auch Kapitel 4.2.

[7] und damit letzten Endes auch die Übergangswahrscheinlichkeiten.

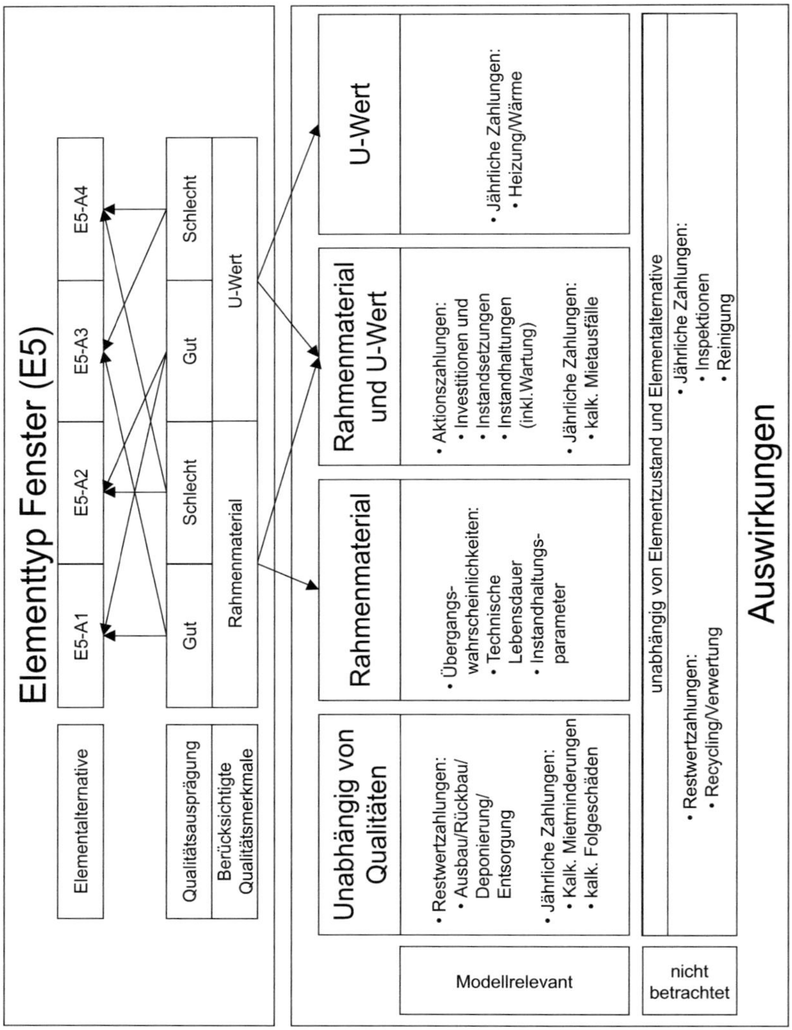

Abbildung 7.2: Betrachtete Elementqualitäten zur Alternativenbestimmung und deren Auswirkungen auf Modellgrößen für den Elementtyp Fenster

Elementtyp Alternative				E5: Fenster E5-A1	E5-A2	E5-A3	E5-A4
Qualitäts-beschreibung	U-Wert	gut: 1,4 [W/m²K] schlecht: 1,8 [W/m²K]		gut	gut	schlecht	schlecht
	Rahmenmaterial	gut: langlebiges Material schlecht: kurzlebiges Material		gut	schlecht	gut	schlecht
Übergangswahrscheinlichkeiten							
Alternativenabhängige Parameter zur Berechnung: - Nutzungsdauern (100% Instandhaltungsqualität) - Instandhaltungsparameter		verantwortliches Qualitätsmerkmal	Zustand				
1%-Quantil 99%-Quantil Instandhaltungsparameter r_{IH}		Rahmenmaterial	-	30 70 0,3	20 40 0,4	30 70 0,3	20 40 0,4
Zahlungsströme [EUR/a]							
Arten	Unterarten	verantwortliches Qualitätsmerkmal	Zustand				
Aktionszahlungen	Auszahlungen für Investitionen und Instandsetzungen	U-Wert Rahmenmaterial	unabhängig	380	335	360	325
	Auszahlungen für Instandhaltungen (inkl. Wartung, ohne Inspektion)	U-Wert Rahmenmaterial	unabhängig	14	16	15	17
Restwertzahlungen	Auszahlungen für Ausbau/Rückbau/ Deponierung/Entsorgung	-	unabhängig	32			
Jährliche (wiederkehrende) Zahlungen	Auszahlungen für Heizung/Wärme	U-Wert	1 2 3 4 5	1,6 2,0 2,4 2,8 0,0		3,2 3,6 4,0 4,4 0,0	
	Kalkulatorische Auszahlungen für Mietminderungen	U-Wert Rahmenmaterial	1 2 3 4 5	0 0 0 90 (-10%) 180 (-20%)			
	Kalkulatorische Auszahlungen für Mietausfälle	U-Wert Rahmenmaterial	unabhängig	0	18 (-2%)	18 (-2%)	36 (-4%)
	Kalkulatorische Auszahlungen für Folgeschäden	U-Wert Rahmenmaterial	1 2 3 4 5	0 0 0 100 (abhängig vom Einzelfall) 200 (abhängig vom Einzelfall)			

Abbildung 7.3: Alternativspezifische Modellgrößen zur Ermittlung von Übergangswahrscheinlichkeiten sowie Zahlungsströme für die Elementalternativen E5-A1 - E5-A4 für den Elementtyp Fenster

Arten von Aktionszahlungen sowie die kalkulatorischen Zahlungen für Mietausfälle. Mietausfälle wurden explizit definiert als Ausfälle aufgrund von durch die schlechte Elementqualität verursachten Leerständen oder prinzipiell geringeren Marktmieten bei geringeren Qualitätsniveaus.[8] Unabhängig von der Elementalternative und dem Elementzustand auftretende Zahlungen sind nicht entscheidungsrelevant und können bei der Modellierung ausgeklammert werden.[9]

Die Werte der einzelnen Modellgrößen sind für die vier verschiedenen Fensterelemente in Tabelle 7.3 aufgeführt. Die alternativenabhängigen Parameter zur Bestimmung der Übergangswahrscheinlichkeiten basieren hierbei auf die bereits beschriebenen empirischen Untersuchungen von Meyer und Meyer-Meierling.[10] Infolgedessen lassen sich Übergangswahrscheinlichkeiten berechnen. Diese finden sich für Elemente guter Rahmenqualität bei Handlungen h_1 (keine Aktivität) in Tabelle 7.4 sowie bei h_2 (Instandhaltung) in Tabelle 7.5. Analog sind diese für Elemente schlechter Rahmenqualität bei Handlungen h_1 (keine Aktivität) in Tabelle 7.6 sowie bei h_2 (Instandhaltung) in Tabelle 7.7 zusammengefasst. Dabei werden nur die Übergangswahrscheinlichkeiten für einen Übergang von einem Zustand in den nächstschlechteren Zustand aufgelistet. Die Wahrscheinlichkeit für den Verbleib im gleichen Zustand ergibt sich entsprechend jeweils über $p_{i,i}(h_j,a) = 1 - p_{i,i+1}(h_j,a)$. Es lässt sich erkennen, dass bei gleichen Elementqualitäten die Übergangswahrscheinlichkeiten bei keiner Aktivät schneller ansteigen als bei Instandhaltungsaktivitäten. Bei gleichen Handlungen steigen die Wahrscheinlichkeiten bei den Elementen schlechterer Qualität schneller an. Dies resultiert wie erwartet aus dem entsprechenden Alterungsverhalten unterschiedlicher Elemente und unterschiedlicher Handlungen.

[8] vgl. hierzu auch Kapitel 4.2.

[9] zur Motivation vgl. auch Schaubild 4.1.

[10] vgl. hierzu auch Abbildung 5.6 sowie die Arbeiten von Meyer [82] und Meyer-Meierling [24].

Übergangswahrscheinlichkeiten $p_{i,i+1}(h_i,a)$ für Elemente guter Rahmenqualität (E5-A1 und E5-A3)									
h_1 = keine Aktivität									
Alter a	p_{12}	p_{23}	p_{34}	p_{45}	Alter a	p_{12}	p_{23}	p_{34}	p_{45}
0	2,08E-09	2,71E-05	0,00154842	0,02133915	31	1	0,6721135	0,12099506	0,12130312
1	3,10E-07	0,000108	0,00357701	0,03567377	32	1	0,76352705	0,15707167	0,12877003
2	5,55E-06	0,00023736	0,00575987	0,04772165	33	1	0,84277817	0,20267591	0,13878297
3	4,11E-05	0,00040153	0,00786763	0,0574314	34	1	0,90524831	0,25819424	0,15224261
4	0,00018899	0,00058848	0,0097929	0,06500079	35	1	0,94924998	0,32363338	0,17034225
5	0,00064602	0,00079066	0,01151933	0,07087995	36	1	0,97639021	0,39840185	0,19460677
6	0,00180624	0,00100382	0,01306412	0,07549311	37	1	0,9907102	0,48095013	0,22685121
7	0,00436664	0,00122625	0,01445248	0,07916835	38	1	0,99700185	0,56852966	0,26896258
8	0,00945214	0,00145876	0,0157088	0,08214523	39	1	0,99923385	0,65719918	0,32241481
9	0,01874714	0,00170555	0,01685431	0,08459645	40	1	0,99985112	0,74215602	0,38757117
10	0,03460477	0,0019759	0,0179069	0,08664706	41	1	0,99997899	0,8184308	0,46310673
11	0,06007965	0,00228733	0,01888167	0,08838867	42	1	0,99999796	0,88185707	0,54597609
12	0,0987938	0,00267087	0,01979176	0,08988937	43	1	0,99999987	0,93004638	0,63193456
13	0,1545116	0,00318028	0,02064924	0,09120056	44	1	1	0,96297285	0,71616725
14	0,23029693	0,00390865	0,0214661	0,09236185	45	1	1	0,98283762	0,79380441
15	0,32721287	0,00501767	0,02225547	0,09340446	46	1	1	0,99319816	0,86053121
16	0,44276962	0,00678493	0,02303302	0,09435385	47	1	1	0,99775746	0,91337662
17	0,56973876	0,00966243	0,02381881	0,09523174	48	1	1	0,99940403	0,95139077
18	0,69634296	0,01430409	0,02463972	0,09605786	49	1	1	0,99987686	0,97581505
19	0,80872259	0,02150376	0,02553264	0,09685161	50	1	1	0,99998102	0,98956177
20	0,8954602	0,03211218	0,02654899	0,09763373	51	1	1	0,99999792	0,99618938
21	0,95205604	0,04710556	0,02776095	0,09842814	52	1	1	0,99999985	0,99885709
22	0,98225631	0,06770864	0,02927063	0,09926416	53	1	1	0,99999999	0,99972764
23	0,99493609	0,09537543	0,03122362	0,10017912	54	1	1	1	0,99995037
24	0,99894248	0,1316761	0,03382959	0,10122173	55	1	1	1	0,99999338
25	0,99984783	0,17813358	0,03739331	0,10245628	56	1	1	1	0,99999939
26	0,99998591	0,2359774	0,04236056	0,1039681	57	1	1	1	0,99999996
27	0,99999922	0,30579895	0,04938102	0,10587083	58	1	1	1	1
28	0,99999998	0,38713143	0,05938115	0,10831602	59	1	1	1	1
29	1	0,47803195	0,07361455	0,11150627	60	1	1	1	1
30	1	0,57481155	0,09361806	0,11571334	61-149	1	1	1	1

Abbildung 7.4: Übergangswahrscheinlichkeiten $p_{i,i+1}(h_1,a)$ für Elemente guter Rahmenqualität (E5-A1 und E5-A3) bei Handlung h_1 (Keine Aktivität)

Übergangswahrscheinlichkeiten $p_{i,i+1}(h_j,a)$ für Elemente guter Rahmenqualität (E5-A1 und E5-A3)										
h_2 = Instandhaltung										
Alter a	p_{12}	p_{23}	p_{34}	p_{45}		Alter a	p_{12}	p_{23}	p_{34}	p_{45}
0	1,46E-10	1,53E-05	0,00097927	0,01716506		46	1	0,63819352	0,11424312	0,09644907
1	2,21E-08	5,94E-05	0,00227467	0,02846126		47	1	0,70200696	0,13728125	0,1012677
2	4,00E-07	0,00012836	0,00367426	0,03788405		48	1	0,76224737	0,16426499	0,10721789
3	2,98E-06	0,00021449	0,00502924	0,04541234		49	1	0,81705228	0,19540076	0,11457004
4	1,38E-05	0,00031133	0,00626902	0,05121636		50	1	0,86488985	0,23086553	0,12365609
5	4,74E-05	0,0004149	0,00738178	0,05566349		51	1	0,90475341	0,27077518	0,13487791
6	0,0001331	0,00052283	0,00837767	0,05909714		52	1	0,93629166	0,31513414	0,14871088
7	0,00032324	0,00063372	0,00927232	0,06178197		53	1	0,95983617	0,36378384	0,16569757
8	0,00070344	0,00074675	0,01008105	0,06391068		54	1	0,9763097	0,41635904	0,18642406
9	0,00140499	0,00086153	0,01081717	0,06562186		55	1	0,98703177	0,47225484	0,21147214
10	0,0026192	0,00097804	0,01149185	0,06701563		56	1	0,99347035	0,53060873	0,24134494
11	0,00461348	0,00109665	0,01211426	0,06816505		57	1	0,99700538	0,59030397	0,27637499
12	0,00774854	0,00121823	0,01269197	0,06912418		58	1	0,99876243	0,65000179	0,31663876
13	0,01249556	0,00134431	0,01323122	0,06993352		59	1	0,99954453	0,70820761	0,36190851
14	0,01945172	0,00147734	0,01373724	0,07062386		60	1	0,99985262	0,7633726	0,41165971
15	0,02935102	0,00162107	0,01421444	0,07121885		61	1	0,99995866	0,81402444	0,46512083
16	0,04306654	0,00178108	0,01466664	0,07173692		62	1	0,9999901	0,85891335	0,5213289
17	0,06159833	0,00196558	0,01509723	0,07219258		63	1	0,99999801	0,89715085	0,57916245
18	0,08603994	0,00218648	0,01550931	0,07259739		64	1	0,99999967	0,92831404	0,63735607
19	0,11751537	0,00246122	0,01590586	0,07296068		65	1	0,99999996	0,95248953	0,69452449
20	0,15707893	0,00281528	0,01628989	0,07329007		66	1	1	0,97024099	0,74922069
21	0,20557295	0,00328612	0,01666458	0,07359189		67	1	1	0,9825015	0,80003315
22	0,26344563	0,00392869	0,01703348	0,07387151		68	1	1	0,9904122	0,84570979
23	0,33054294	0,00482269	0,0174007	0,07413362		69	1	1	0,99514449	0,88528704
24	0,40590569	0,0060803	0,01777118	0,07438243		70	1	1	0,99774752	0,91819884
25	0,48762222	0,00785101	0,01815096	0,07462189		71	1	1	0,99905216	0,94434051
26	0,57280207	0,01031836	0,01854755	0,07485587		72	1	1	0,99964208	0,96406874
27	0,65773619	0,01368672	0,01897036	0,07508836		73	1	1	0,99988013	0,97813151
28	0,73828192	0,01816819	0,01943126	0,07532368		74	1	1	0,99996485	0,98753897
29	0,81044965	0,02398675	0,01994529	0,07556667		75	1	1	0,9999911	0,99340305
30	0,87108339	0,03140032	0,02053153	0,07582294		76	1	1	0,99999808	0,99678251
31	0,91844933	0,04071935	0,02121433	0,07609912		77	1	1	0,99999966	0,99856768
32	0,95252628	0,05230841	0,0220248	0,07640323		78	1	1	0,99999995	0,99942392
33	0,97486638	0,06657786	0,02300294	0,07674498		79	1	1	0,99999999	0,99979299
34	0,98805568	0,08397367	0,02420039	0,07713622		80	1	1	1	0,99993435
35	0,99497747	0,10496501	0,02568419	0,07759148		81	1	1	1	0,99998187
36	0,99816062	0,13002633	0,02754171	0,07812858		82	1	1	1	0,9999957
37	0,9994234	0,15961182	0,02988723	0,07876933		83	1	1	1	0,99999914
38	0,99984819	0,19412105	0,03287002	0,07954052		84	1	1	1	0,99999986
39	0,99996711	0,23385525	0,03668394	0,08047495		85	1	1	1	0,99999998
40	0,99999427	0,27896514	0,04157737	0,08161288		86	1	1	1	1
41	0,99999922	0,32939275	0,04786066	0,08300369		87	1	1	1	1
42	0,99999992	0,38481224	0,05590672	0,08470813		88	1	1	1	1
43	0,99999999	0,44457774	0,06613853	0,086801		89	1	1	1	1
44	1	0,50768879	0,07899984	0,08937466		90	1	1	1	1
45	1	0,57278653	0,09491339	0,09254342		91-149	1	1	1	1

Abbildung 7.5: Übergangswahrscheinlichkeiten $p_{i,i+1}(h_2,a)$ für Elemente guter Rahmenqualität (E5-A1 und E5-A3) bei Handlung h_2 (Instandhaltung)

Übergangswahrscheinlichkeiten $p_{i,i+1}(h_j,a)$ für Elemente schlechter Rahmenqualität (E5-A2 und E5-A4)										
h_1 = keine Aktivität										
Alter a	p_{12}	p_{23}	p_{34}	p_{45}		Alter a	p_{12}	p_{23}	p_{34}	p_{45}
0	9,74E-09	1,47E-05	0,00095487	0,01941068		16	1	0,99082362	0,28414154	0,17069951
1	4,42E-06	7,79E-05	0,00268562	0,03509666		17	1	0,99980683	0,48566158	0,21554303
2	1,55E-04	0,00020418	0,00489061	0,04944319		18	1	0,99999972	0,72008406	0,30559852
3	0,0018562	0,00039594	0,0073628	0,06227168		19	1	1	0,90527317	0,46808695
4	0,01237464	0,00065116	0,00993071	0,07336474		20	1	1	0,98545549	0,68683323
5	0,05626653	0,00098484	0,01249392	0,08282956		21	1	1	0,99938027	0,87869416
6	0,18938463	0,00149203	0,01500514	0,09091464		22	1	1	0,99999654	0,97607441
7	0,4704293	0,00258302	0,01745256	0,09788008		23	1	1	1	0,99841017
8	0,81351564	0,00593194	0,01986118	0,10395407		24	1	1	1	0,99998108
9	0,98146589	0,0168781	0,02232652	0,10933153		25	1	1	1	0,99999998
10	0,99983235	0,04588262	0,02511082	0,11419549		26	1	1	1	1
11	0,99999998	0,11170599	0,02887773	0,11876395		27	1	1	1	1
12	1	0,24177525	0,03527641	0,12338244		28	1	1	1	1
13	1	0,45456262	0,04851415	0,1287062		29	1	1	1	1
14	1	0,71514495	0,07937145	0,13605991		30	1	1	1	1
15	1	0,91617178	0,15009219	0,14816709		31-149	1	1	1	1

Abbildung 7.6: Übergangswahrscheinlichkeiten $p_{i,i+1}(h_1,a)$ für Elemente schlechter Rahmenqualität (E5-A2 und E5-A4) bei Handlung h_1 (Keine Aktivität)

Übergangswahrscheinlichkeiten $p_{i,i+1}(h_j,a)$ für Elemente schlechter Rahmenqualität (E5-A2 und E5-A4)										
h_2 = Instandhaltung										
Alter a	p_{12}	p_{23}	p_{34}	p_{45}		Alter a	p_{12}	p_{23}	p_{34}	p_{45}
0	9,99E-11	4,51E-06	0,00052263	0,01176613		26	1	0,85342317	0,12117885	0,1097162
1	4,62E-08	2,35E-05	0,00142104	0,02157381		27	1	0,93949334	0,17970393	0,11907387
2	1,63E-06	6,12E-05	0,00253682	0,03063882		28	1	0,98244662	0,25951155	0,1333005
3	1,98E-05	0,00011808	0,00376486	0,03879408		29	1	0,99682719	0,36195921	0,15522588
4	1,34E-04	0,00019227	0,00502063	0,04586466		30	1	0,99969404	0,48476229	0,18915746
5	6,24E-04	0,00028176	0,00625654	0,05189303		31	1	0,99998709	0,61955493	0,24097158
6	0,00227049	0,00038499	0,00745077	0,0570225		32	1	0,99999981	0,7514118	0,31671958
7	0,00688401	0,00050147	0,00859535	0,06141096		33	1	1	0,86232649	0,41871717
8	0,01814304	0,00063302	0,00968922	0,06519861		34	1	1	0,93891168	0,54147339
9	0,04267099	0,00078652	0,01073458	0,06850078		35	1	1	0,97980964	0,67213071
10	0,09091058	0,00097997	0,01173519	0,07140961		36	1	1	0,99547408	0,79407717
11	0,17645627	0,00125581	0,01269582	0,0739981		37	1	1	0,9993895	0,89122621
12	0,31121709	0,00171189	0,01362243	0,07632417		38	1	1	0,99995742	0,95435404
13	0,49396105	0,00257566	0,01452312	0,07843422		39	1	1	0,99999873	0,98586219
14	0,69646122	0,00435905	0,01541017	0,08036618		40	1	1	0,99999999	0,99705885
15	0,86611163	0,00803781	0,01630356	0,0821521		41	1	1	1	0,99963552
16	0,96246954	0,01502011	0,01723693	0,08382085		42	1	1	1	0,99997689
17	0,99452279	0,02721714	0,01826742	0,08540102		43	1	1	1	0,99999938
18	0,99968143	0,04752044	0,01949198	0,08692471		44	1	1	1	0,99999999
19	0,99999481	0,08000021	0,02107518	0,08843272		45	1	1	1	1
20	0,99999999	0,12979318	0,02329847	0,08998201		46	1	1	1	1
21	1	0,20247419	0,02665111	0,09165677		47	1	1	1	1
22	1	0,30241881	0,03199984	0,09358473		48	1	1	1	1
23	1	0,42983724	0,04088886	0,09596175		49	1	1	1	1
24	1	0,57702366	0,05596351	0,09908929		50	1	1	1	1
25	1	0,72624496	0,08119778	0,10343293		51-149	1	1	1	1

Abbildung 7.7: Übergangswahrscheinlichkeiten $p_{i,i+1}(h_2,a)$ für Elemente schlechter Rahmenqualität (E5-A2 und E5-A4) bei Handlung h_2 (Instandhaltung)

Die Werte für die Zahlungsströme stammen größtenteils aus Baukostendatenbanken und wurden über Expertengespräche verifiziert. Es handelt sich hierbei sicherlich nicht um allgemeingültige Werte. Allein aufgrund der Tatsache, dass sich die Beschaffungspreise über den Zeitablauf ständig verändern, wäre ein solcher Anspruch nicht umsetzbar. Dennoch sollen diese Werte einen realistischen Eindruck über die ungefähren Größenordnungen derartiger Zahlungen verschaffen.

Die Auszahlungen für Investitionen und Instandsetzungen entsprechen dabei dem Preis für die Beschaffung und den Einbau einer Fensteralternative. Fenster höherer Qualität besitzen dabei einen höheren Preis, der Einfluss der Qualität des Rahmenmaterials ist dabei größer als derjenige des U-Wertes. Die Werte von durchgeführten Instandhaltungsmaßnahmen wurden auf Basis einer bestmöglichen Instandhaltung („Full Service") berechnet. Die hierfür notwendigen Zahlungen können infolgedessen auch aus entsprechenden Wartungsverträgen abgelesen werden, die eine derartige Instandhaltungsqualität abbilden. Diese beinhalten im wesentlichen Kosten für die allgemeine Wartung, den möglichen Ersatz einer Verglasung sowie den Anstrich des Rahmenmaterials. Die entsprechenden notwendigen jährlichen Zahlungen für diese Aktivitäten sind in Tabelle 7.8 für die verschiedenen Qualitäten dargestellt. Aus diesen lassen sich die in Tabelle 7.3 aufgelisteten jährlichen Zahlungen für die Aktivität „Instandhaltung" berechnen. Zahlungen für Inspektionen sind hierin nicht enthalten.

Instandhaltungs-zahlungen [EUR/a]	Gute Qualität	Schlechte Qualität
Allgemeine Wartung	4	
U-Wert	5	6
Rahmenmaterial	5	7

Abbildung 7.8: Aktivitäten der Instandhaltungszahlungen bei unterschiedlichen Qualitäten für den Elementtyp Fenster

Die Zahlungen für den Ausbau/Rückbau und die anschließende Deponierung/Entsorgung stellen die Restwertzahlungen dar. Wie bereits beschrieben werden diese aufgrund fehlender Daten und Märkte als unabhängig von Elementalternativen und Zuständen angenommen. Dennoch besitzen diese eine Relevanz, da sie lediglich bei den Handlungen des Ersatzes anfallen.

Bei den angesetzten jährlichen kalkulatorischen Zahlungen für Mietminderungen und Mietausfälle wurden prozentuale Abschläge von der jährlichen Gesamtmiete als Ausgangsbasis herangezogen. Bei Mietminderungen werden Abschläge von 10% und 20% für die Zustände 4 und 5 als realistisch angesehen. Basis für diese Annahmen bieten in der Praxis vorhandene Mietmängeltabellen.[11] Es werden daher 90 EUR/a als kalkulatorischer Abschlag für den Zustand 4 und 180 EUR/a für den Zustand 5 angesetzt.[12] Infolgedessen kann bei prozentualen Abschlägen ein entsprechender Wert von 9 EUR/a pro Prozentpunkt als kalkulatorischer Abschlag angesetzt werden. Mietausfälle entstehen bei schlechterer Qualität in Höhe von 2% pro Qualitätsmerkmal. Basis für diese Einschätzung bildeten Expertengespräche, bei einer ausreichend vorhandenen Datenbasis könnten sich solche auch aus Mietpreisen bestimmen lassen. Die Abschätzung möglicher Auszahlungen, die ein Element aufgrund von Folgeschäden bei anderen Elementen verursacht, ist vom Einzelfall abhängig. Diese könnten jedoch durchaus relativ groß sein. In dem Beispielfall wird angenommen, dass es in den Elementzuständen 4 und 5 zu Schädigungen an den Nachbarelementen vor allem aufgrund der Undichtigkeit und eintretender Feuchtigkeit kommt. Bei den in Tabelle 7.3 dargestellten Werten handelt es sich um durchschnittliche Werte, die in Expertengesprächen hierfür als realistisch angesehen wurden.

Bei der Ermittlung der durch ein Fensterelement verursachten jährlichen Zahlungen für Heizung/Wärme ist die Allokationsproblematik zu lösen. Derartige Zahlungen werden normalerweise auf der Gebäudeebene behandelt und berechnet. Die verbrauchte Menge des Energieträgers wird üblicherweise über die Endenergie gemessen. Diese gibt die verbrauchte Energiemenge an der Systemgrenze des Gebäudes an, d.h. denjenigen Anteil an der Primärenergie, der nach Abzug von Transport- und Umwandlungsverlusten dem Gebäudenutzer zur Verfügung steht. Aufgrund weiterer Verluste bei der Energieumwandlung und -verteilung steht dann dem Verbraucher letzten Endes nur die sogenannte Nutzenergie zur Befriedigung seiner Bedürfnisse zur Verfügung. Ob bei einer Betrachtung des Fensters die End- oder Nutzenergie als Basis herangezogen werden sollte, ist diskutabel. Einerseits ist die Wärmeerzeugung und -verteilung Aufgabe der entsprechenden Gebäudeelemente. Kommt es hier zu Verlusten, so sind diese durch den Wirkungsgrad dieser Elemente bedingt und verursachungsgerecht auf diese zu verteilen. Andererseits wird der Wärmebedarf prinzipiell durch andere Elemente hervorgeru-

[11] vgl. hierzu beispielsweise Deutscher Mieterbund [31]. Dort werden Urteile zitiert, nachdem Mietminderungen von bis zu 10% bei luftdurchlässigen und schwer zu schließenden Fenstern möglich sind. Kommt es zum Eindringen von Feuchtigkeit und Schimmelbildung, sind auch 20% möglich.

[12] Basis für diesen Ansatz bildet die Betrachtung einer 150 m^2 großen Wohnung bei einer Kaltmiete von 5 EUR/m^2 pro Monat. Hieraus ergibt sich eine jährliche Gesamtmiete von 9.000 EUR/a. Da in den Urteilen von der Gesamtmenge der Fenster gesprochen wird, hier aber eine Einzelbetrachtung stattfindet, wird der Allokationsschlüssel für ein Fenster mit 1/10 angesetzt, d.h. pro Fenster würde eine 100%ige Mietminderung eine Kürzung in Höhe von 900 EUR/a bedeuten.

fen, ein Wirkungsgrad von 100% ist nicht erreichbar. Insofern wird bei einer isolierten Elementebene eine Vorgehensweise zur Allokation als angebracht angesehen, bei der die Verluste auf die betrachteten Fensterelemente verteilt werden. Dies spiegelt die Situation wider, dass von einer gegebenen Wärmeverteilung und -erzeugung ausgegangen wird.[13] Zur Berechnung werden im Nachfolgenden die Rechenregeln der Wärmeschutzverordnung 95 herangezogen. Diese bietet eine vereinfachende Berechnung, welche zur überschlägigen Ermittlung der Heizkosten und damit auch für die Zwecke dieser Arbeit ausreichend ist.[14] Die Endenergie Q_E kann aus der Nutzenergie Q_N unter Berücksichtigung des Wirkungsgrades für die Wärmeerzeugung und -verteilung η über folgende Gleichung ermittelt werden:

$$Q_E = \frac{Q_N}{\eta} \tag{7.1}$$

Die benötigte Nutzenergie Q_N entsteht grundsätzlich dadurch, dass eine bestimmte Raumtemperatur aufrecht erhalten werden soll. Diese lässt sich über den Jahres-Heizwärmebedarf Q_H berechnen. Hierbei wird berücksichtigt, dass es über die Wärmedurchlässigkeit der Außenhülle[15] zu Wämeverlusten, die als Transmissionswärmebedarf Q_T bezeichnet werden, kommt. Diese müssen über die Erzeugung und Bereitstellung neuer Wärme ausgeglichen werden, um die Raumtemparatur konstant halten zu können. Daneben entstehen weitere Verluste über die Lüftung. Diese werden als Lüftungswärmedarf Q_L bezeichnet. Diese Wärmeverluste können teilweise über interne Wärmegewinne Q_I sowie durch Sonneneinstrahlung entstehende solare Wärmegewinne Q_S ausgeglichen werden. Der gesamte Wärmebedarf Q_H lässt sich beispielsweise nach der Wärmeschutzverordnung 95 über folgende Gleichung berechnen[16]:

$$Q_N = Q_H = 0{,}9 \cdot (Q_T + Q_L) - (Q_I + Q_S) \tag{7.2}$$

[13] Alternativ wäre es auch denkbar, Verluste, die aufgrund schlechterer Technologien der Erzeugung und Verteilung verursacht werden, ausschließlich auf diese Elemente der Erzeugung und Verteilung umzulegen und nur Verluste, die generell entstehen, auf die verschiedenen Elemente zu verteilen. Hierdurch würde eine Doppelbetrachtung der Kosten bei verschiedenen Elementen vermieden.

[14] vgl. hierzu auch Wärmeschutzverordnung 95 [206]. Inzwischen wurde die Wärmeschutzverordnung durch die Energieeinsparverordnung 09 [50] ersetzt, die Berechnungen sind jedoch weiterhin in dieser Form zielführend.

[15] zu der u.a. auch die Fenster zählen.

[16] vgl. hierzu auch Wärmeschutzverordnung 95 [206], Anlage 1, Ziffer 1.6. Inzwischen wurde die Wärmeschutzverordnung durch die Energieeinsparverordnung 09 [50] ersetzt, die Berechnungen sind jedoch weiterhin in dieser Form zielführend.

Hierbei können die einzelnen Teilgrößen folgendermaßen berechnet werden[17]:

$$
\begin{aligned}
Q_T &= 84 \cdot (U_W \cdot A_W + U_F \cdot A_F + 0,8 \cdot U_D \cdot A_D \\
&\quad +0,5 \cdot U_G \cdot A_G + U_{DL} \cdot A_{DL} + 0,5 \cdot U_{AB} \cdot A_{AB}) \\
Q_L &= 22,85 \cdot V_L = 22,85 \cdot 0,8 \cdot V \\
Q_I &= 8 \cdot V \text{ oder } Q_I = 25 \cdot A_N \\
Q_S &= \sum_{i,j} 0,46 \cdot I_j \cdot g_i \cdot A_{F,i,j}
\end{aligned}
\tag{7.3}
$$

mit

- U_W, U_F, U_D, U_G, U_{DL} und U_{AB}: Wärmedurchgangskoeffizienten für Außenwände, Außenfenster und -türen, wärmegedämmte Dachflächen, nicht an die Außenluft grenzende Grundfläche, an die Außenluft grenzende Grundfläche und angrenzende Bauteilflächen in $[W/(m^2 \cdot k)]$
- A_W, A_F, A_D, A_G, A_{DL} und A_{AB}: Flächen für Außenwände, Außenfenster und -türen, wärmegedämmte Dachflächen, nicht an die Außenluft grenzende Grundfläche, an die Außenluft grenzende Grundfläche und angrenzende Bauteilflächen in $[m^2]$
- V: beheiztes Bauwerkvolumen in $[m^3]$
- V_L: anrechenbares Luftvolumen in $[m^3]$
- A_N: Gebäudenutzfläche in $[m^2]$
- I_j: Strahlungsangebot in Abhängigkeit von der Himmelsrichtung j
- g_i: Gesamtenergiedurchlassgrad der Verglasung
- $A_{F,i,j}$: Fensterfläche in der Himmelsrichtung j mit einem Gesamtenergiedurchlassgrad i

Die Ermittlung der jährlichen Zahlungen für Heizung/Wärme eines Fensterelementes sind folglich ebenfalls abhängig vom Qualitätsmerkmal U-Wert und werden als unabhängig vom Qualitätsmerkmal Rahmenmaterial angenommen. Je größer die über den U-Wert gemessene Wärmedurchlässigkeit des Fensters ist, desto größer sind die Zahlungen für Wärme. Nach

[17] vgl. hierzu auch Wärmeschutzverordnung 95 [206], Anlage 1, Ziffer 1.6.

der Wärmeschutzverordnung 95 kann eine vereinfachte Abschätzung anhand des äquivalenten Wärmedurchgangskoeffizienten $U_{eq,F}$ erfolgen.[18] Dieser ermittelt vereinfacht einen durchschnittlichen Wärmedurchgangskoeffizienten über die Differenz der Wärmeverluste gemessen über den Wärmedurchgangskoeffizienten U_F des Fensters und den Wärmegewinn über die solare Einstrahlung. Die Ermittlung erfolgt über folgende Gleichung:

$$U_{eq,F} = U_F - g \cdot S_F \tag{7.4}$$

mit

- $U_{eq,F}$ äquivalenter Wärmedurchgangskoeffizient $[W/(m^2 \cdot k)]$
- U_F Wärmedurchgangskoeffizient des Fensters $[W/(m^2 \cdot k)]$
- g Gesamtenergiedurchlassgrad der Verglasung[19]
- S_F Koeffizient für solare Wärmegewinnung $[W/(m^2 \cdot k)]$ mit $S_F = 1,65$ $W/(m^2 \cdot k)$ für Ost-/West-Richtung des Fensters

Der Jahres-Heizwärmebedarf kann auf Fensterebene somit folgendermaßen ermittelt werden:

$$Q_{H,F} = 0,9 \cdot (Q_{T,F} + Q_{L,F}) - (Q_{I,F} + Q_{S,F}) \tag{7.5}$$

Hierbei können die einzelnen Teilgrößen folgendermaßen berechnet werden:

$$\begin{aligned} Q_{T,F} &= 84 \cdot U_{eq,F} \cdot A_F \\ Q_{L,F} &= Q_L \cdot p_{L,F} \\ Q_{I,F} &= Q_I \cdot p_{I,F} \\ Q_{S,F} &= 0, \text{ da solare Wärmegewinne über } Q_T \text{ berücksichtigt} \end{aligned} \tag{7.6}$$

[18] vgl. hierzu auch Wärmeschutzverordnung 95 [206], Anlage 1, Ziffer 1.6.4.2. Für die Zwecke des nachfolgenden Beispiels ist diese Vereinfachung ausreichend, da die Abweichungen der exakt berechneten Werte nicht wesentlich sind. Die Betrachtung von Ost-/West-orientierten Fenstern findet im Sinne einer Durchschnittsbetrachtung statt. Auch hier könnte exakt für jedes einzelne Fenster gerechnet werden.

[19] g ist eine spezifische Eigenschaft der Verglasung und findet sich in der Norm DIN 4108, Teil 2.

mit

- $p_{L,F}$ und $p_{I,F}$: Umlegungsanteil auf das Element Fenster[20]

Unter Annahme eines Gesamtenergiedurchlassgrades von $g = 0,6$ für alle Fensteralternativen und den Wärmedurchgangskoeffizienten $U_{F,1} = 1,4$ $W/(m^2 \cdot K)$ für gute Qualität und $U_{F,2} = 1,8$ $W/(m^2 \cdot K)$ für eine schlechte Qualität ergeben sich dann die äquivalenten Wärmedurchgangskoeffizienten zu:

- gute Qualität: $U_{eq,F,1} = 0,41\ W/(m^2 \cdot K)$

- schlechte Qualität: $U_{eq,F,2} = 0,81\ W/(m^2 \cdot K)$

Bei der Betrachtung eines Gebäudes mit einem beheiztem Volumen von $V = 375\ m^3$ lässt sich für ein Fenster guter Qualität und der Größe von 1 m^2 bei Verwendung der Verteilungsschlüssel $p_{L,F} = 0,8\%$ und $p_{I,F} = 1,5\%$ ein Jahresheizwärmebedarf von $Q_{H,F} = 36\ kWh/a$ berechnen. Unter der Annahme eines Wirkungsgrades der Wärmeerzeugung und Verteilung von $\eta = 0,9$ ergibt sich hieraus der durch ein Fenster verursachte Endenergiebedarf von $Q_{E,F} = 40\ kWh/a$. Der ganzzahlig gerundete Verbrauch beträgt somit für den Energieträger Öl $m_1 = 4\ l/(m^2 \cdot a)$ oder für Erdgas $m_1 = 4\ m^3/(m^2 \cdot a)$. Für ein Element schlechter Qualität ergibt sich bei diesen Annahmen ein ganzzahlig gerundeter Verbrauch von $m_2 = 8\ l/(m^2 \cdot a)$ Öl bzw. $m_2 = 8\ m^3/(m^2 \cdot a)$ Erdgas.[21] So lassen sich dann die Ausgaben a_i für Qualität i pro m^2 Bauteilfläche für Wärmeenergie über die Multiplikation der verbrauchten Ressourcenmenge m mit dem Ressourcenpreis berechnen, der mit $0,4\ EUR/l$ Öl (bzw. pro m^3 Erdgas)[22] angesetzt wird:

[20]Als sinnvoller Aufteilungsfaktor, der auch in dieser Arbeit verwendet wurde, kann beispielsweise der Flächenanteil des Fensters an der Gesamtfläche der Gebäudehülle verwendet werden. Inwieweit Lüftungsverluste und interne Wärmegewinne anteilsmäßig auf die Gebäudehülle verteilbar sind, ist durchaus diskussionswürdig. Auch weitere Elemente könnten für eine Verteilung in Betracht gezogen werden. Im Gegensatz dazu lässt sich auch ein Standpunkt argumentieren, bei dem diese Größen als extern bedingt und irrelevant für eine Entscheidung angesehen werden können.

[21]Für die Berechnung wird hierbei ein Heizwert für Öl bzw. Gas von 10 $\frac{kWh}{l}$ bzw. $\frac{kWh}{m^3}$ unterstellt.

[22]Bei diesem Wert handelt es sich eher um eine vorsichtige Annahme, der durchaus auch höher angesetzt werden könnte. Um die Auswirkungen des Ressourcenpreises implizit mit zu betrachten, könnte dieser als weitere stochastische Modellgröße berücksichtigt werden. Ein derartiger Ansatz wurde jedoch nicht weiter verfolgt.

$$a_1 = 1{,}6\,EUR/(m^2 \cdot a) \tag{7.7}$$

$$a_2 = 3{,}2\,EUR/(m^2 \cdot a) \tag{7.8}$$

Diese fallen an, wenn sich die Elemente in Zustand 1 befinden. In schlechteren Zuständen, die z.B. zu Undichtigkeiten der Fenster führen können, steigen auch die Wärmeausgaben. In dieser Untersuchung wird eine Verschlechterung des Wärmedurchgangskoeffizienten von $0,12\ W/(m^2 \cdot K)$ pro Zustandsstufe für beide Fenstertypen geschätzt. Hieraus resultieren zusätzliche Zahlungen $a_{i,Zusatz}$. Die daraus resultierenden zustandsabhängigen Wärmeausgaben $a_{i,Wärme}$ lassen sich entsprechend berechnen. Eine Übersicht der Berechnung ist in Tabelle 7.9 dargestellt, die Ergebnisse wurden für alle vier Elementalternativen in Tabelle 7.3 übertragen.

Nachdem die einzelnen Arten der Zahlungsströme ermittelt wurden, kann nun aus den in Abbildung 7.3 dargestellten Werten der Inputgrößen die Funktion C der resultierenden jährlichen Zahlungsströme in Abhängigkeit von Zustand und Handlung sowie die Funktion C_T für den Restwert zum Zeitpunkt des Planungshorizontes T ermittelt werden. Diese sind für den Fall 5 (Gesamtbetrachtung) gemeinsam mit den Investitionszahlungen I in Tabelle 7.10 für alle vier Elemente abgebildet.[23] Aus dieser ergibt sich auch die Zuordnung aller möglichen Handlungen h_i unter einer Berücksichtigung der Modellerweiterung, die nicht-identischen Ersatz beinhaltet. Hieraus ergeben sich sechs Handlungsmöglichkeiten pro Element, insgesamt existieren damit 24 verschiedene Handlungsalternativen.

7.1.2 Ermittlung optimaler Strategien an exemplarischen Beispielen

Nachdem im vorherigen Unterkapitel die Herleitung und Bestimmung der Modellgrößen im Vordergrund standen, sollen nun die Ergebnisse für das betrachtete Fallbeispiel beleuchtet werden. Es sei an dieser Stelle bereits darauf hingewiesen, dass sämtliche Ergebnisse stets in Verbindung mit den gewählten Inputgrößen zu sehen sind. Eine Allgemeingültigkeit kann infolgedessen hieraus nicht abgeleitet werden. Dies wäre nur möglich, wenn alle Inputgrößen exakt verifizierbar wären, und selbst dann wäre dies nur in Verbindung mit den betrachteten Elementen zu sehen. Dennoch zeigen die Ergebnisse aufgrund der realistischen Abschätzung der Inputgrößen Strategien auf, die

[23] Wie bereits in Kapitel 5.3 verdeutlicht wurde, wird eine Gesamtbetrachtung als sinnvollste Variante für alle Gruppen von Entscheidungsträgern angesehen.

Zustand	gute Qualität (u-Wert=1,4 W/m²·K) E5-A1, E5-A2					schlechte Qualität (u-Wert=1,8 W/m²·K) E5-A3, E5-A4				
	zustandsunabhängige Zahlungen		zusätzl. Zahlungen aufgrund Undichtigkeit		Wärme-zahlungen	zustandsunabhängige Zahlungen		zusätzl. Zahlungen aufgrund Undichtigkeit		Wärme-zahlungen
	Verbrauch m_1 [l/m²·a]	Zahlungen a_1 [€/m²·a]	Verbrauch $m_{1,Zusatz}$ [l/m²·a]	Zahlungen $a_{1,Zusatz}$ [€/m²·a]	**$a_{1,Wärme}$ [€/m²·a]**	Verbrauch m_2 [l/m²·a]	Zahlungen a_2 [€/m²·a]	Verbrauch $m_{2,Zusatz}$ [l/m²·a]	Zahlungen $a_{2,Zusatz}$ [€/m²·a]	**$a_{2,Wärme}$ [€/m²·a]**
1	4	1,6	0,0	0,0	**1,6**	8	3,2	0,0	0,0	**3,2**
2	4	1,6	1,0	0,4	**2,0**	8	3,2	1,0	0,4	**3,6**
3	4	1,6	2,0	0,8	**2,4**	8	3,2	2,0	0,8	**4,0**
4	4	1,6	3,0	1,2	**2,8**	8	3,2	3,0	1,2	**4,4**
5	-	-	-	-	**-**	-	-	-	-	**-**

Abbildung 7.9: Berechnung der jährlichen Zahlungen für Wärme bei unterschiedlichen Qualitäten für den Elementtyp Fenster

Zahlungsströme $C_t(z,h_{i,t})$	Handlungen h_i		Zustände Z_j 1	2	3	4	5	I^k
	h_1	keine Aktivität	-1,6	-2,0	-2,4	-92,8	-180	
	h_2	Instandhaltung	-15,6	-16,0	-16,4	-106,8	-194	
	h_3	identischer Ersatz	-413,6	-414,0	-414,4	-504,8	-592	
E5-A1	h_4	Ersatz mit E5-A2	-368,6	-369,0	-369,4	-459,8	-547	-380,0
	h_5	Ersatz mit E5-A3	-393,6	-394,0	-394,4	-484,8	-572	
	h_6	Ersatz mit E5-A4	-358,6	-359,0	-359,4	-449,8	-537	
	C_T		-33,6	-34,0	-34,4	-124,8	-212	
	h_7	keine Aktivität	-19,6	-20,0	-20,4	-110,8	-198	
	h_8	Instandhaltung	-35,6	-36,0	-36,4	-126,8	-214	
	h_9	identischer Ersatz	-386,6	-387,0	-387,4	-477,8	-565	
E5-A2	h_{10}	Ersatz mit E5-A3	-411,6	-412,0	-412,4	-502,8	-590	-335,0
	h_{11}	Ersatz mit E5-A4	-376,6	-377,0	-377,4	-467,8	-555	
	h_{12}	Ersatz mit E5-A1	-431,6	-432,0	-432,4	-522,8	-610	
	C_T		-51,6	-52,0	-52,4	-142,8	-230	
	h_{13}	keine Aktivität	-21,2	-21,6	-22,0	-112,4	-198	
	h_{14}	Instandhaltung	-36,2	-36,6	-37,0	-127,4	-213	
	h_{15}	identischer Ersatz	-413,2	-413,6	-414,0	-504,4	-590	
E5-A3	h_{16}	Ersatz mit E5-A4	-378,2	-378,6	-379,0	-469,4	-555	-360,0
	h_{17}	Ersatz mit E5-A1	-433,2	-433,6	-434,0	-524,4	-610	
	h_{18}	Ersatz mit E5-A2	-388,2	-388,6	-389,0	-479,4	-565	
	C_T		-53,2	-53,6	-54,0	-144,4	-230	
	h_{19}	keine Aktivität	-39,2	-39,6	-40,0	-130,4	-216	
	h_{20}	Instandhaltung	-56,2	-56,6	-57,0	-147,4	-233	
	h_{21}	identischer Ersatz	-396,2	-396,6	-397,0	-487,4	-573	
E5-A4	h_{22}	Ersatz mit E5-A1	-451,2	-451,6	-452,0	-542,4	-628	-325,0
	h_{23}	Ersatz mit E5-A2	-406,2	-406,6	-407,0	-497,4	-583	
	h_{24}	Ersatz mit E5-A3	-431,2	-431,6	-432,0	-522,4	-608	
	C_T		-71,2	-71,6	-72,0	-162,4	-248	

Abbildung 7.10: Funktion der jährlichen Zahlungsströme $C_t(z, h_i)$, Funktion des Restwertes zum Zeitpunkt des Planungshorizontes C_T sowie Investitionszahlungen für die Elementalternativen des Elementtyps Fenster

den bisher in der Praxis verwendeten Strategien überlegen sind. Für alle Strategien werden die gleichen Inputwerte verwendet, insofern würde eine Verwendung von nicht exakten Werten zu einem strategischen Fehler führen, der bei allen Strategien auftritt, d.h. die Methodik zur Ermittlung der Strategien führt in jedem Fall zu gleichen oder besseren Ergebnissen.

In Kapitel 5.3 wurde bisher bereits die prinzipielle Grundstruktur am Beispiel einer Fensteralternative mit guter Rahmenqualität und gutem U-Wert (E5-A1) erläutert. Hierbei wurden zunächst nicht-identischer Ersatz, direkte Ausfallwahrscheinlichkeiten sowie eine Modifikation der Austauschwahrscheinlichkeiten außer Acht gelassen.[24] Für die Modifikationen in Kapitel 6 wurde dieses Beispiel ebenfalls herangezogen. Die Betrachtung eines nicht-identischen Ersatzes in Kapitel 6.1 wurde anhand der Elemente E5-A1 und

[24] d.h. es wurden $\overline{p} = 0$ und $\vec{\overline{p}} = (0,0,0,0,0)$ angenommen.

E5-A2 mit $\overline{p} = 0$ und $\vec{\tilde{p}} = (0,0,0,0,0)$ vorgenommen. Die Fensteralternative E5-A1 ohne Berücksichtigung eines nicht-identischen Ersatzes bildete auch die Basis für die Modifikation der direkten Ausfallwahrscheinlichkeiten in Kapitel 6.2 unter Betrachtung von $\overline{p} = 0,15$ sowie der Austauschwahrscheinlichkeiten in Kapitel 6.3 mit $\vec{\tilde{p}} = (0.85, 0.1, 0.05, 0, 0)$. Insofern wurden bereits erste Ergebnisse vorgestellt, die allerdings jeweils nur Teilaspekte der Modellierung verwendeten.

Im Folgenden sollen daher zunächst die Ergebnisse unter Berücksichtigung aller Teilaspekte dargestellt werden. Hierfür wurden folgende Parameter angesetzt: Berücksichtigung von nicht-identischem Ersatz, Betrachtung aller elementrelevanten Zahlungsströme (Fall 5)[25], direkte Ausfallwahrscheinlichkeit von $\overline{p} = 0,15$, ein Austauschwahrscheinlichkeitsvektor von $\vec{\tilde{p}} = (0.85, 0.1, 0.05, 0, 0)$ sowie ein Diskontierungsfaktor von $\alpha = 1,05$. Die optimalen Handlungen $h^*(a,T)$ und entsprechenden Zeitwerte $V_{H_i}(a,T)$ sind für Element E5-A1 in Schaubild 7.11, für Element E5-A2 in Schaubild 7.12, für Element E5-A3 in Schaubild 7.13 und für Element E5-A4 in Schaubild 7.14 abgebildet.

Betrachtet man Element E5-A1, so sind die optimalen Entscheidungen im Zustand 1 gänzlich unabhängig von Alter und betrachtetem Planungshorizont, es ist die Handlung $h^* = h_1$ (keine Aktivität) zu wählen. Unter Vernachlässigung von Effekten, welche bei der Betrachtung eines kurzen Planungshorizontes auftreten[26], gilt dies auch für die Zustände 4 und 5. In diesen wäre die Handlung $h^* = h_3$ (identischer Ersatz mit Element E5-A1) als optimale Entscheidung zu wählen. Eine selektivere Betrachtung ist für die Zustände 2 und 3 vorzunehmen. In Zustand 2 ist, wiederum unter Vernachlässigung von Effekten bei kurzen Betrachtungszeiträumen, für einen bestimmten Altersbereich die Handlung $h^* = h_2$ (Instandhaltung) optimal, ansonsten wäre die Handlung $h^* = h_1$ (keine Aktivität) vorzuziehen. Bei Zustand 3 sind derartige Altersbereiche für längere Betrachtungshorizonte ebenfalls festzustellen. Hier existieren drei Altersbereiche, für welche aufsteigend mit dem Alter die optimalen Handlungen $h^* = h_1$ (keine Aktivität), $h^* = h_2$ (Instandhaltung) und $h^* = h_3$ (identischer Ersatz mit Element E5-A1) ermittelt wurden. Die exakten Altersbereiche können auch aus der in Tabelle 7.15 dargestellten Zusammenfassung der Ergebnisse für längere Betrachtungshorizonte entnommen werden.

Für kurze Betrachtungshorizonte, bei denen der endliche Planungshorizont eine wichtige Rolle bei der Berechnung spielt, sind die optimalen Entscheidungen individuell aus den Ergebnistableaus der Schaubilder 7.11 bis 7.14

[25] vgl. hierzu auch Erläuterungen in Kapitel 5.3.

[26] zur Erläuterung dieser Effekte vgl. Kapitel 5.3.

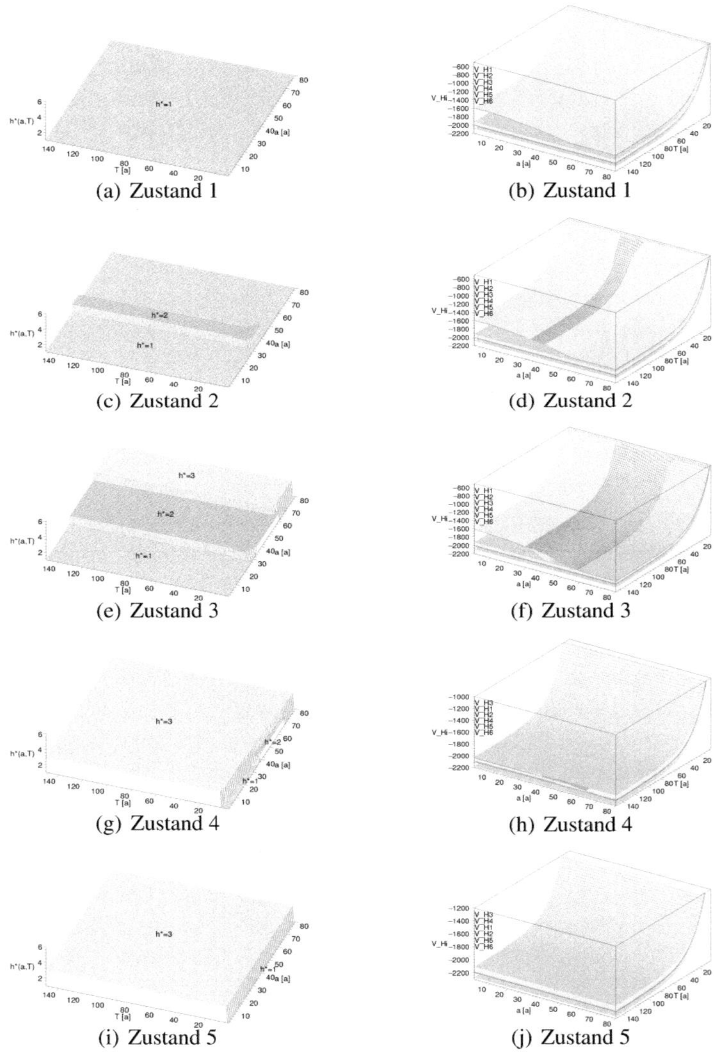

(a) Zustand 1 (b) Zustand 1

(c) Zustand 2 (d) Zustand 2

(e) Zustand 3 (f) Zustand 3

(g) Zustand 4 (h) Zustand 4

(i) Zustand 5 (j) Zustand 5

Abbildung 7.11: Optimale Handlungen $h^*(a,T)$ und Zeitwerte $V_{H_i}(a,T)$ für Element Fenster mit gutem U-Wert und guter Rahmenqualität (E5-A1) unter Berücksichtigung von nicht-identischem Ersatz, Parameter: Fall 5 (Gesamtoptimierung), $\overline{p}=0.15$, $\vec{\overline{p}}=(0.85,0.1,0.05,0,0)$, $\alpha=1.05$

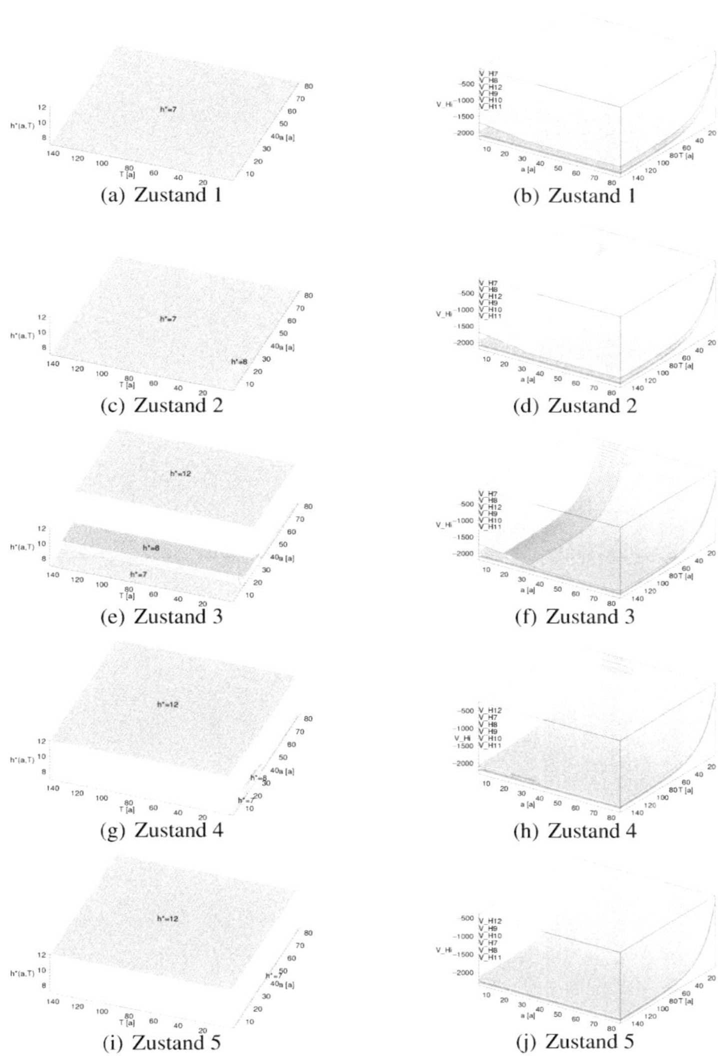

(a) Zustand 1 (b) Zustand 1

(c) Zustand 2 (d) Zustand 2

(e) Zustand 3 (f) Zustand 3

(g) Zustand 4 (h) Zustand 4

(i) Zustand 5 (j) Zustand 5

Abbildung 7.12: Optimale Handlungen $h^*(a,T)$ und Zeitwerte $V_{H_i}(a,T)$ für Element Fenster mit gutem U-Wert und schlechter Rahmenqualität (E5-A2) unter Berücksichtigung von nicht-identischem Ersatz, Parameter: Fall 5 (Gesamtoptimierung), $\overline{p} = 0.15$, $\vec{\overline{p}} = (0.85, 0.1, 0.05, 0, 0)$, $\alpha = 1.05$

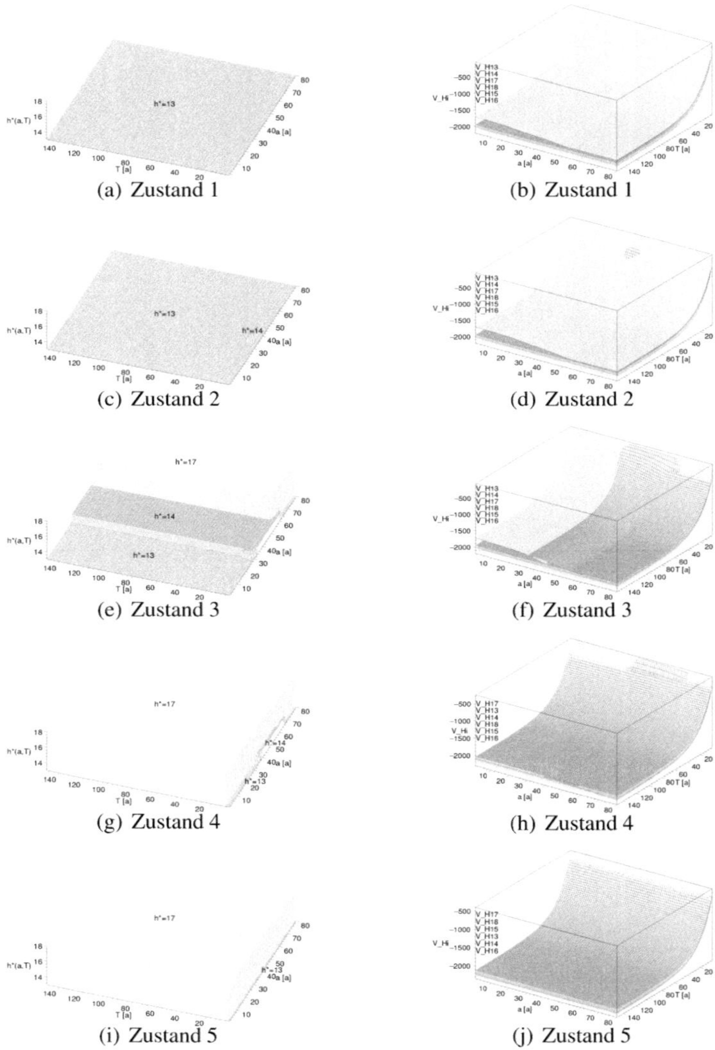

(a) Zustand 1 (b) Zustand 1

(c) Zustand 2 (d) Zustand 2

(e) Zustand 3 (f) Zustand 3

(g) Zustand 4 (h) Zustand 4

(i) Zustand 5 (j) Zustand 5

Abbildung 7.13: Optimale Handlungen $h^*(a,T)$ und Zeitwerte $V_{H_i}(a,T)$ für Element Fenster mit schlechtem U-Wert und guter Rahmenqualität (E5-A3) unter Berücksichtigung von nicht-identischem Ersatz, Parameter: Fall 5 (Gesamtoptimierung), $\overline{p} = 0.15$, $\vec{\overline{p}} = (0.85, 0.1, 0.05, 0, 0)$, $\alpha = 1.05$

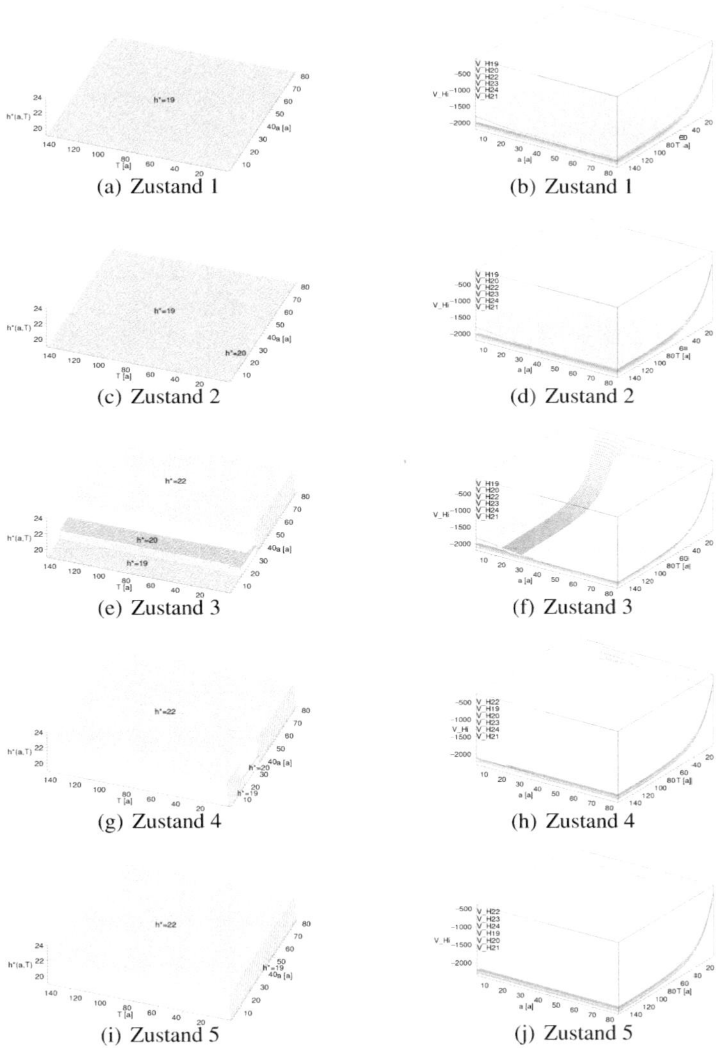

(a) Zustand 1 (b) Zustand 1

(c) Zustand 2 (d) Zustand 2

(e) Zustand 3 (f) Zustand 3

(g) Zustand 4 (h) Zustand 4

(i) Zustand 5 (j) Zustand 5

Abbildung 7.14: Optimale Handlungen $h^*(a,T)$ und Zeitwerte $V_{H_i}(a,T)$ für Element Fenster mit schlechtem U-Wert und schlechter Rahmenqualität (E5-A4) unter Berücksichtigung von nicht-identischem Ersatz, Parameter: Fall 5 (Gesamtoptimierung), $\overline{p} = 0.15$, $\vec{\overline{p}} = (0.85, 0.1, 0.05, 0, 0)$, $\alpha = 1.05$

abzulesen. Bei einer längerfristigen Strategieplanung sind solche jedoch von geringerer Bedeutung. Geht man von dem Normalfall einer rollierenden Planung aus, so wäre eine kurzfristige Betrachtungsweise nur interessant bei kurzfristigen Entscheidungen auf Gebäude- oder Portfolioebene, wie z.B. einem Verkauf unter der Annahme, dass Informationsasymmetrien vorhanden sind. Ansonsten würde der Käufer unterlassene Handlungen und die daraus resultierenden Auswirkungen auf das Alterungsverhalten entsprechend über einen geringeren Kaufpreis bewerten.

Für die weiteren Elemente gelten ähnliche Entscheidungsstrukturen wie bei Element E5-A1. In den Zuständen 1 und 2 sind jeweils die Handlungen „keine Aktivität“ (d.h. bei Element E5-A2 $h^* = h_7$, bei Element E5-A3 $h^* = h_{13}$ und bei Element E5-A4 $h^* = h_{19}$) optimal. Eine Ersatzentscheidung ist in den Zuständen 4 und 5 zu treffen. Dabei sollte bei diesen Elementen ein Ersatz durch das Element E5-A1, welches insgesamt die beste Qualität besitzt, erfolgen (d.h bei Element E5-A2 $h^* = h_{12}$, bei Element E5-A3 $h^* = h_{17}$ und bei Element E5-A4 $h^* = h_{22}$). Dabei handelt es sich dann um einen nicht-identischen Ersatz. Bei den Zuständen 3 sind bei diesen Elementen ebenfalls Altersbereiche festzustellen, innerhalb derer die Handlungen „keine Aktivität“ (d.h bei Element E5-A2 $h^* = h_7$, bei Element E5-A3 $h^* = h_{13}$ und bei Element E5-A4 $h^* = h_{19}$), „Instandhaltung“ (d.h bei Element E5-A2 $h^* = h_8$, bei Element E5-A3 $h^* = h_{14}$ und bei Element E5-A4 $h^* = h_{20}$) und „nicht-identischer Ersatz“ (d.h bei Element E5-A2 $h^* = h_{12}$, bei Element E5-A3 $h^* = h_{17}$ und bei Element E5-A4 $h^* = h_{22}$) mit dem Element E5-A1 optimal sind. Die Altersbereiche sind dabei unterschiedlich groß. Prinzipiell ist Beginn und Ende des Altersbereichs in Verbindung mit der Qualität des Elementes zu sehen. So ist der Bereich der Handlung „keine Aktivität“ bei dem Element E5-A1 am größten, gefolgt von den Elementen E5-A3, E5-A2 und E5-A4. Die untere Intervallgrenze für den Bereich für Ersatzmaßnahmen besitzt bei Element E5-A1 das höchste Alter, dieses verringert sich jeweils in der gleichen Reihenfolge der Alternativen E5-A3, E5-A2 und E5-A4. Demzufolge sind für dieses Beispiel die gute Rahmenqualität und die sich hieraus ergebenden Modellgrößen des langsameren Alterungsverhaltens und der höheren Investitionszahlungen entscheidender als ein guter U-Wert. Eine weitere Schlussfolgerung lässt sich bezüglich der Ersatzentscheidungen treffen: Kommt es insgesamt bei einem der Zustände zu einem Ersatz, so findet stets ein nicht-identischer Ersatz mit Element E5-A1 statt. Ein identischer Ersatz oder ein nicht-identischer Ersatz mit einem anderen Element als E5-A1 ist bei keinem dieser Elemente E5-A2, E5-A3 oder A5-A4 optimal.

Die exakten Altersbereiche können für diese Elemente wieder für längere Betrachtungshorizonte aus der in Tabelle 7.15 dargestellten Zusammenfassung

Element/ Alternative	Erwarteter optimaler C_0 bei Anfangszustand (1,0)	Zustand	optimale Handlung h* (a,T)=NT			optimale Handlung h* (a,T)=IH			optimale Handlung h* (a,T)=IS			
			Alter a ∈ [i,j]		∀ Planungszeitpunkte T≥τ	Alter a ∈ [i,j]		∀ Planungszeitpunkte T≥τ	Ersatz mit Element	Alter a ∈ [i,j]		∀ Planungszeitpunkte T≥τ
			i_T	j_T	τ	i_T	j_T	τ		i_T	j_T	τ
Element 1	-1892,0739	1	1	T	1							
		2	1 41	32 T	20 14	33	40	20				
		3	1	29	17	30	58	17	1	59	T	6
		4							1	1	T	8
		5							1	1	T	3
Element 2	-1956,4338	1	1	T	1							
		2	1	T	11							
		3	1	14	6	15	29	6	1	30	T	5
		4							1	1	T	5
		5							1	1	T	3
Element 3	-1982,8586	1	1	T	1							
		2	1	T	10							
		3	1	30	10	31	54	10	1	55	T	6
		4							1	1	T	5
		5							1	1	T	3
Element 4	-2056,4384	1	1	T	1							
		2	1	T	6							
		3	1	15	12	16	26	12	1	27	T	6
		4							1	1	T	4
		5							1	1	T	3

Abbildung 7.15: Zusammenfassung optimaler Handlungen $h^*(a,T)$ für Altersintervalle ab einem bestimmten Zeitpunkt τ für Element Fenster der Alternativen E5-A1, E5-A2, E5-A3 und E5-A4 unter Berücksichtigung von nicht-identischem Ersatz, Parameter: Fall 5 (Gesamtoptimierung), $\overline{p} = 0.15$, $\vec{\overline{p}} = (0.85, 0.1, 0.05, 0, 0)$, $\alpha = 1.05$

der Ergebnisse entnommen werden. Diese enthält weiterhin den erwarteten Kapitalwert C_0 bei einem Betrachtungshorizont von 150 Jahren, unter der Annahme eines Anfangszustandes von (1,0), d.h. bei einem neuen in Zustand 1 befindlichen Element. Dieser ist am besten, falls direkt ein Element guter Qualität bezüglich beider Qualitätsmerkmale (E5-A1) zum Einsatz kommt, gefolgt von den Elementen E5-A2, E5-A3 und E5-A4. Für den Wechsel der Reihenfolge gegenüber einer isolierten Betrachtung zwischen den Elementen E5-A2 und E5-A3 sind letzten Endes auch die niedrigeren Investitionszahlungen des Elementes E5-A2 verantwortlich. Die Elemente E5-A2, E5-A3 oder E5-A4 werden jeweils nur eingesetzt, falls diese bereits zu Beginn verwendet werden. Bei dem ersten Ersatz kommt anschließend immer das Element E5-A1 zum Einsatz. Der Wechsel der Reihenfolge zwischen den Alternativen E5-A2 und E5-A3 zeigt auch das in Kapitel 6.1 verwendete Beispiel. Die Tabellen 6.4 und 6.5 stellen eine isolierte Betrachtung im Grundmodell sowie eine integrative Betrachtung mit der Option eines nicht-identischen Ersatzes dar. Alle Zeitwerte $V_{H_i}(a,T)$ für die verschiedenen Handlungsalternativen sind aus Gründen der Vollständigkeit ebenfalls in den Abbildungen

7.11 bis 7.14 dargestellt. Es lässt sich erkennen, dass die Zeitwerte mit ansteigendem Planungshorizont und Alter immer geringer werden. Die zum bestmöglichen Zeitwert gehörende Handlungsalternative stellt entsprechend die optimale Handlung dar. Der maximale Zeitwert bildet die Oberfläche des Graphen. Die Reihenfolge der Zeitwerte ist für eine Betrachtungsperiode von 150 Jahren und ein Alter von 0 Jahren entsprechend im Schaubild notiert. Es gilt wiederum, dass die Handlung mit dem geringsten Zeitwert optimal ist.

Nachdem nun die Ergebnisse unter Berücksichtigung aller Modellmodifikationen analysiert wurden, sollen Auswirkungen einzelner Modellparameter betrachtet werden. Dabei wird auf eine nähere Untersuchung hinsichtlich der Relevanz verschiedener Arten von Zahlungen, die eine Betrachtung verschiedener Entscheidungsträger verdeutlichen soll, verzichtet. Wie bereits in Kapitel 5.3 ausführlich erläutert wurde, wird eine Gesamtbetrachtung als die sinnvollste Variante für alle Gruppen angesehen. Weiterhin wird auch eine isolierte Betrachtung der Elemente, d.h. es wird nur identischer Ersatz berücksichtigt, nicht detaillierter untersucht. Bei dem Element, welches die besten Qualitätsmerkmale besitzt, führen beide Untersuchungen ohnehin zum gleichen Ergebnis. Dies rührt daher, dass bei Ersatzmaßnahmen in beiden Modellvarianten stets ein identischer Ersatz erfolgt. Bei den Elementalternativen E5-A2 bis E5-A4 ergeben sich keine wesentlichen neuen Erkenntnisse aus einer Einzelbetrachtung. Wie bereits aus den Ergebnissen des Grundmodells in Kapitel 5.3 gezeigt wurde, ist die Entscheidungsstruktur der verschiedenen Elemente bei einer isolierten Betrachtung ähnlich.[27]

Die Auswirkungen einer direkten Ausfallwahrscheinlichkeit $\overline{p}$ wurden bereits in Kapitel 6.2 am Beispiel des Elementes E5-A1 für einen Vergleich von $\overline{p} = 0$ und $\overline{p} = 0,15$ beschrieben. Hierbei wurde lediglich identischer Ersatz betrachtet, als Austauschwahrscheinlichkeitsvektor wurde $\vec{\tilde{p}} = (0,0,0,0,0)$ angesetzt. Demnach bleibt die prinzipielle Entscheidungsstruktur weitgehend erhalten, lediglich in Zustand 3 kommt es zu einer Tendenz, dass bei größeren direkten Ausfallwahrscheinlichkeiten Instandsetzungsentscheidungen erst ab einem höheren Alter getätigt werden. Es kommt allerdings zu größeren Abweichungen bzgl. der Kapitalwerte C_0 aufgrund eines häufigeren Ersatzes während des Betrachtungszeitraumes.[28] Zur weiteren Analyse von Auswirkungen direkter Ausfallwahrscheinlichkeiten wurde bei dem in diesem Kapitel vorgestellten Beispiel, welches zunächst alle Teilaspekte enthält, die Ausfallwahrscheinlichkeit $\overline{p}$ ebenfalls variiert. Die in Tabelle 7.15 dargestellten und bereits erläuterten Ergebnisse unterstellen eine Wahrscheinlichkeit

[27] vgl. hierzu auch Tabelle 6.4 oder die grafischen Darstellungen in den linken Spalten der Schaubilder 5.23 (E5-A1) und 6.3 (E5-A2).

[28] vgl. hierzu auch Tabelle 6.8.

Element/ Alternative	Erwarteter optimaler C_0 bei Anfangszustand (1,0)	Zustand	optimale Handlung h* (a,T)=NT			optimale Handlung h* (a,T)=IH			optimale Handlung h* (a,T)=IS			
			Alter a ∈ [i,j]		∀ Planungszeitpunkte T≥τ	Alter a ∈ [i,j]		∀ Planungszeitpunkte T≥τ	Ersatz mit Element	Alter a ∈ [i,j]		∀ Planungszeitpunkte T≥τ
			i_T	j_T	τ	i_T	j_T	τ		i_T	j_T	τ
Element 1	-528,7043	1	1	T	1							
		2	1 39	30 T	40 35	31	38	40				
		3	1	30	37	31	46	52	1	47	T	52
		4							1	1	T	5
		5							1	1	T	3
Element 2	-815,6765	1	1	T	1							
		2	1	T	15							
		3	1	14	31				1	15	T	31
		4							1	1	T	4
		5							1	1	T	3
Element 3	-823,4103	1	1	T	1							
		2	1	T	15							
		3	1	28	56				1	29	T	56
		4							1	1	T	4
		5							1	1	T	3
Element 4	-900,7796	1							1	1	T	16
		2							1	1	T	16
		3							1	1	T	14
		4							1	1	T	4
		5							1	1	T	3

Abbildung 7.16: Zusammenfassung optimaler Handlungen $h^*(a,T)$ für Altersintervalle ab einem bestimmten Zeitpunkt τ für Element Fenster der Alternativen E5-A1, E5-A2, E5-A3 und E5-A4 unter Berücksichtigung von nicht-identischem Ersatz, Parameter: Fall 5 (Gesamtoptimierung), $\overline{p}=0$, $\vec{\overline{p}}=(0.85,0.1,0.05,0,0)$, $\alpha=1.05$

von $\overline{p}=0,15$. Demgegenüber enthält Tabelle 7.16 die Ergebnisse bei einer veränderten Ausfallwahrscheinlichkeit von $\overline{p}=0$. Die in Kapitel 6.2 dargestellten Ergebnisse bestätigen sich auch weitgehend bei diesem Beispiel. Die Tendenz, dass Ersatzentscheidungen bei größeren Ausfallwahrscheinlichkeiten erst bei höheren Alterswerten optimal sind, findet sich auch bei diesem Vergleich. Eine Erhaltung der prinzipiellen Entscheidungsstruktur gilt hier allerdings nur bei Elementalternative E5-A1. Bei den Elementen E5-A2, E5-A3 und E5-A4 ist die Verlagerung hin zu Ersatzentscheidungen stärker, so dass sich die Struktur hier deutlich verändert. Insbesondere bei Element E5-A4, welches eine schlechte Qualität hinsichtlich beider Qualitätsmerkmale besitzt, ist im Fall von $\overline{p}=0$ bei längeren Betrachtungszeiträumen prinzipiell ein Ersatz mit Elementalternative 1 in allen Zuständen optimal. Wie bereits in Kapitel 6.2 erläutert muss bei direkten Ausfallwahrscheinlichkeiten in jedem Zustand unabhängig von Alter und gewählter Handlung damit gerechnet werden, dass ein Element direkt in Zustand 5 übergeht. Dadurch wird die Wahrscheinlichkeit größer, dass ein Element früher in schlechtere Zustände gelangt und damit öfter ein Ersatz stattfindet. Insgesamt kommt es hierdurch auch zu den großen Auswirkungen auf die Kapitalwerte C_0.

Element/ Alternative	Erwarteter optimaler C_0 bei Anfangszustand (1,0)	Zustand	optimale Handlung h* (a,T)=NT			optimale Handlung h* (a,T)=IH			optimale Handlung h* (a,T)=IS			
			Alter a ∈ [i,j]		∀ Planungszeitpunkte T≥τ	Alter a ∈ [i,j]		∀ Planungszeitpunkte T≥τ	Ersatz mit Element	Alter a ∈ [i,j]		∀ Planungszeitpunkte T≥τ
			i_T	j_T	τ	i_T	j_T	τ		i_T	j_T	τ
Element 1	-1888,9674	1	1	T	1							
		2	1 41	32 T	20 13	33	40	20				
		3	1	29	16	30	58	16	1	59	T	6
		4							1	1	T	8
		5							1	1	T	3
Element 2	-1953,3178	1	1	T	1							
		2	1	T	11							
		3	1	14	6	15	29	6	1	30	T	5
		4							1	1	T	5
		5							1	1	T	3
Element 3	-1979,7521	1	1	T	1							
		2	1	T	10							
		3	1	30	10	31	53	10	1	54	T	7
		4							1	1	T	5
		5							1	1	T	3
Element 4	-2053,3174	1	1	T	1							
		2	1	T	6							
		3	1	15	12	16	26	12	1	27	T	6
		4							1	1	T	4
		5							1	1	T	3

Abbildung 7.17: Zusammenfassung optimaler Handlungen $h^*(a,T)$ für Altersintervalle ab einem bestimmten Zeitpunkt τ für Element Fenster der Alternativen E5-A1, E5-A2, E5-A3 und E5-A4 unter Berücksichtigung von nicht-identischem Ersatz, Parameter: Fall 5 (Gesamtoptimierung), $\overline{p} = 0.15$, $\vec{\tilde{p}} = (0,0,0,0,0)$, $\alpha = 1.05$

Hinsichtlich der Austauschwahrscheinlichkeiten $\vec{\tilde{p}}$ wurden die Auswirkungen bereits ebenfalls am Beispiel des Elementes E5-A1 in Kapitel 6.3 beschrieben. Hierbei wurde lediglich identischer Ersatz betrachtet, als direkte Ausfallwahrscheinlichkeit wurde dort $\overline{p} = 0$ angesetzt. Unter Vernachlässigung kleinerer Effekte bei kurzen Betrachtungszeiträumen sind die optimalen Entscheidungen für die Ausfallwahrscheinlichkeitsvektoren $\vec{\tilde{p}} = (0,0,0,0,0)$ und $\vec{\tilde{p}} = (0.85,0.1,0.05,0,0)$ identisch. Die Veränderung des Kapitalwertes C_0 ist minimal. Zur weiteren Analyse der Auswirkungen verschiedener Austauschwahrscheinlichkeitsvektoren wurden diese auch für das in diesem Kapitel vorgestellte Beispiel variiert. Die in Tabelle 7.15 dargestellten Ergebnisse wurden unter einem Vektor von $\vec{\tilde{p}} = (0.85,0.1,0.05,0,0)$ ermittelt. Demgegenüber enthält Tabelle 7.17 die Ergebnisse bei $\vec{\tilde{p}} = (0,0,0,0,0)$. Auch in diesem Vergleich bestätigen sich die Ergebnisse aus Kapitel 6.3. Die optimalen Entscheidungen sind bei allen vier Elementen unabhängig von den Austauschwahrscheinlichkeiten. Lediglich die Kapitalwerte verschlechtern sich bei einem Vektor von $\vec{\tilde{p}} = (0.85,0.1,0.05,0,0)$ leicht. Die relativen Veränderungen sind jedoch ebenfalls vernachlässigbar. Zusammengefasst hat die Wahl dieses Parameters einen geringen Einfluss auf die Ergebnisse und besitzt somit insgesamt eine untergeordnete Bedeutung für die Ermittlung optimaler Instandhaltungsentscheidungen.

Als letzter Parameter soll nun der Diskontierungsfaktor α hinsichtlich seiner Bedeutung untersucht werden. Im Gegensatz zu den anderen bisherigen untersuchten Größen ist der Diskontierungsfaktor eher als exogener Faktor zu sehen. Wie bereits in Kapitel 3.3.2.2 verdeutlicht wurde, wird die Verwendung eines zeit- und zustandsunabhängigen Diskontierungsfaktors als geeignet angesehen, gleichwohl ist die Höhe des Faktors den Risiken der Gesamtimmobilie entsprechend zu wählen. Der Einfluss der Diskontierung wurde bei den bisherigen Beispielen nicht näher analysiert, es wurde stets ein Diskontierungsfaktor von $\alpha = 1,05$ angesetzt. Dieser wird als ein für Immobilien realistischer Wert angesehen, der eine angemessene Risikoprämie enthält; dennoch ist dieser Wert abhängig vom jeweiligen Zeitpunkt der Bestimmung. Es wird daher stets empfohlen, Sensitivitäten hinsichtlich dieses Parameters durchzuführen.

In Abbildung 7.18 wird der bisherige Fall unter Berücksichtigung eines nichtidentischen Ersatzes und unter Verwendung der Parameter $\overline{p} = 0,15$ sowie $\vec{\overline{p}} = (0.85, 0.1, 0.05, 0, 0)$ für die Diskontierungsfaktoren $\alpha = 1,05$ (linke Spalte) sowie $\alpha = 1$ (rechte Spalte) bei Element E5-A1 gegenübergestellt. Prinzipiell werden bei einem Faktor von 1 lediglich die Zahlungen der einzelnen Betrachtungsperioden summiert. Es lässt sich erkennen, dass die Entscheidungen in den Zuständen 4 und 5 sowie weitgehend auch im Zustand 1 bei beiden gewählten Faktoren identisch sind. Allerdings sind in den Zuständen 2 und 3 Abweichungen in der Struktur erkennbar. Bei einem Diskontierungsfaktor von $\alpha = 1$ lassen sich für längere Betrachtungszeiträume keine identischen Altersbereiche mit gleichen optimalen Entscheidungen erkennen. Es kommt allerdings im Zeitablauf immer wieder zu ähnlichen Entscheidungsmustern. Es handelt sich im Prinzip um den gleichen Effekt, der bei den bisherigen Beispielen mit einer Diskontierung von $\alpha = 1,05$ bei kurzen Planungshorizonten auftritt. Die Diskontierung sorgt jedoch bei den bisherigen Beispielen dafür, dass dieser Effekt bei weiter in der Zukunft liegenden Instandsetzungsentscheidungen nicht mehr zum Vorschein kommt. Betrachtet man den Fall mit einer Diskontierung von $\alpha = 1$, so lässt sich auch bereits hier erkennen, dass sich der Effekt bei längeren Betrachtungszeiträumen tendenziell abschwächt. Diese Abschwächung des Effekts ist umso ausgeprägter, je größer der Diskontierungsfaktor ist.

Element 1
Diskontierungsfaktor $\alpha = 1.05$

Element 1
Diskontierungsfaktor $\alpha = 1.0$

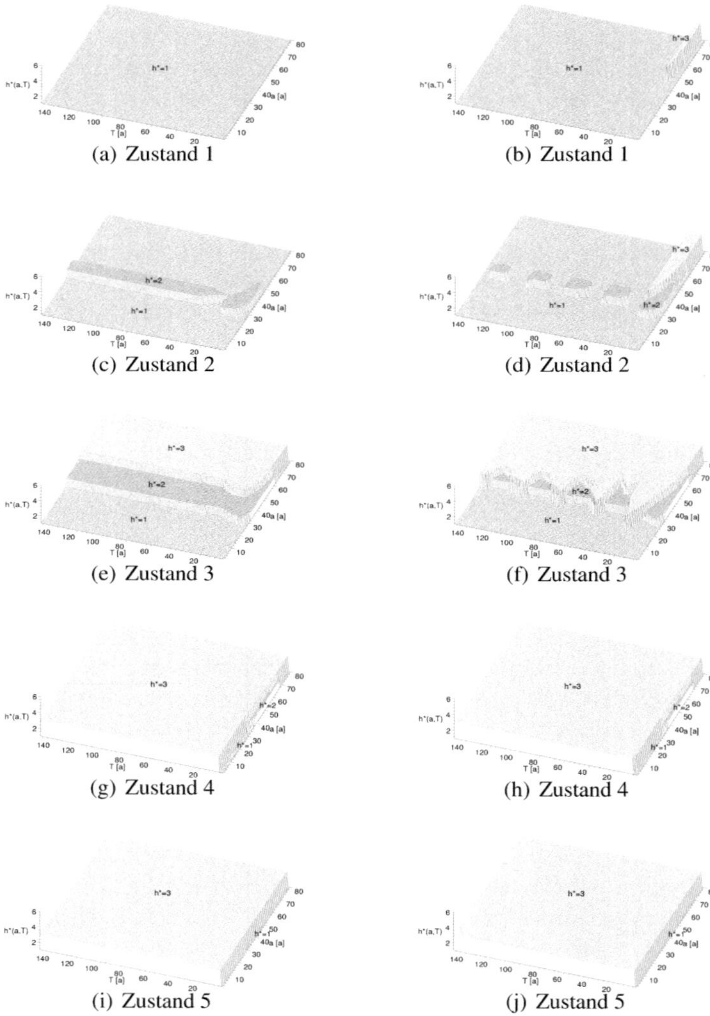

(a) Zustand 1 (b) Zustand 1

(c) Zustand 2 (d) Zustand 2

(e) Zustand 3 (f) Zustand 3

(g) Zustand 4 (h) Zustand 4

(i) Zustand 5 (j) Zustand 5

Abbildung 7.18: Vergleich optimaler Handlungen $h^*(a,T)$ unter Berücksichtigung von nicht identischem Ersatz für Element Fenster mit guter Qualität (E5-A1) für verschiedene Diskontierungsfaktoren, Parameter: Fall 5 (Gesamtoptimierung), $\overline{p} = 0$, $\vec{\tilde{p}} = (0.85, 0.1, 0.05, 0, 0)$

Element 1
Diskontierungsfaktor $\alpha = 1.05$

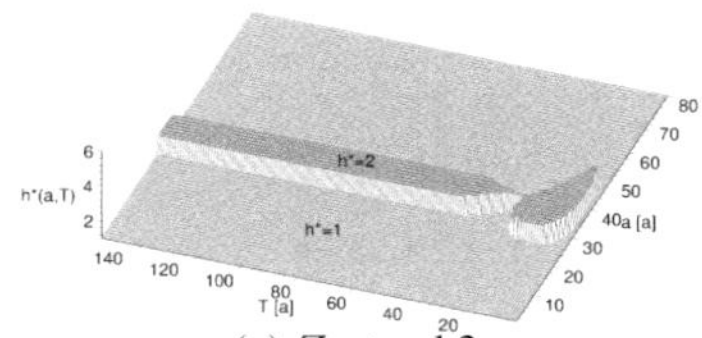

(a) Zustand 2

Element 1
Diskontierungsfaktor $\alpha = 1.1$

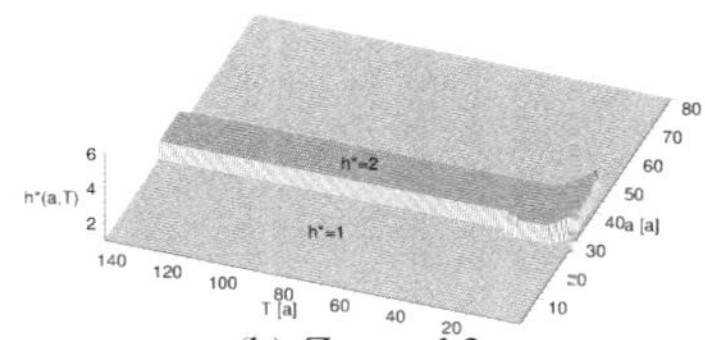

(b) Zustand 2

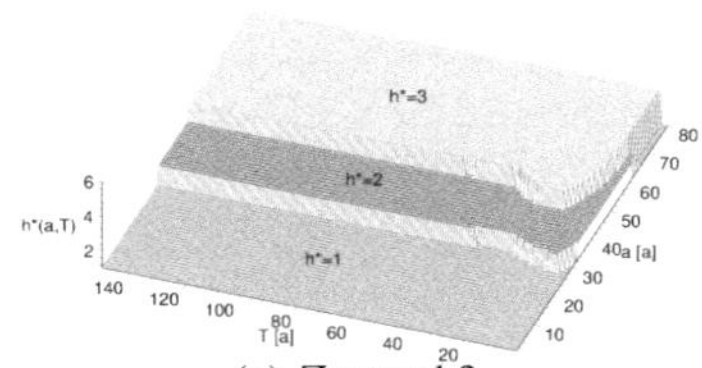

(c) Zustand 3

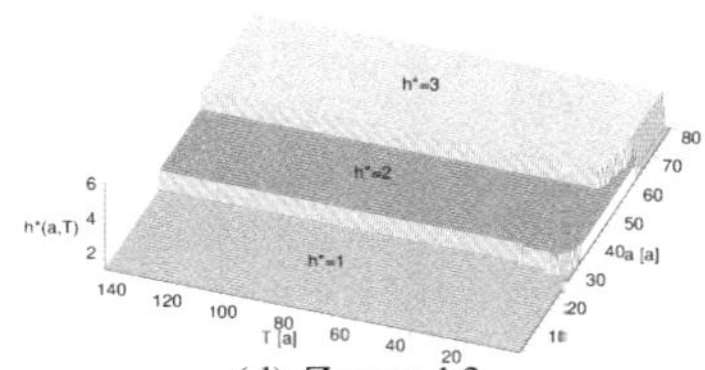

(d) Zustand 3

Abbildung 7.19: Vergleich optimaler Handlungen $h^*(a,T)$ unter Berücksichtigung von nicht identischem Ersatz für Element Fenster mit guter Qualität (E5-A1) für verschiedene Diskontierungsfaktoren in den Zuständen 2 und 3, Parameter: Fall 5 (Gesamtoptimierung), $\overline{p} = 0$, $\vec{\overline{p}} = (0.85, 0.1, 0.05, 0, 0)$

Dies lässt sich auch an Schaubild 7.19 verdeutlichen. Dort wurde das bisherige Beispiel unter den Parametern $\overline{p} = 0,15$ sowie $\vec{\overline{p}} = (0.85, 0.1, 0.05, 0, 0)$ für die Diskontierungsfaktoren $\alpha = 1,05$ (linke Spalte) sowie $\alpha = 1,1$ (rechte Spalte) in den Zuständen 2 und 3 gegenübergestellt. Die Zustände 1, 4 und 5 wurden außen vor gelassen, da dort bis auf sehr kurze Betrachtungszeiträume eindeutige Handlungen unabhängig von Alter und Planungshorizont empfohlen werden. Gegenüber einer Diskontierung mit $\alpha = 1,05$ kommt es bei einer Diskontierung mit $\alpha = 1,1$ schon bei kürzeren Planungshorizonten zu konstanten Entscheidungen in festen Altersbereichen, die Effekte bei kürzeren Betrachtungszeiträumen verringern sich weiter.

Nachdem nun verschiedene Einzelbeispiele vorgestellt und Auswirkungen einzelner Parameter auf das Entscheidungsverhalten verdeutlicht wurden, sollen die Ergebnisse der Sensitivitätsanalysen hinsichtlich der Parameter direkte Ausfallwahrscheinlichkeiten, Austauschwahrscheinlichkeiten und Diskontierungsfaktoren zusammengefasst werden. Es wird dabei auf das bisherige Beispiel unter Berücksichtigung von nicht-identischem Ersatz eingegangen. In den Schaubildern 7.20 bis 7.24 sind die Ergebnisse bei den verschiedenen Parametern jeweils für die Zustände 1 bis 5 bei einer Betrachtung längerer Planungshorizonte gegenübergestellt. Auch in dieser Zusammenfassung lassen sich die Auswirkungen der Parameter auf das Entscheidungsverhalten sowie die bereits beschriebenen Ursachen und Effekte gut erkennen.

Bei Zustand 1 (vgl. Schaubild 7.20) ist bis auf eine Ausnahme für alle Elementalternativen die optimale Entscheidung unabhängig von Elementalter und der gewählten Parametrisierung. Es wird die Handlung „keine Aktivität" gewählt. Lediglich bei Alternative 4 kommt es unter Verwendung der Parameter $\overline{p} = 0$ und $\alpha = 1,05$ zum Resultat eines nicht-identischen Ersatzes mit Element 1. Dieser Effekt wurde bereits im Rahmen der Analyse der Auswirkungen des Parameters $\overline{p}$ beschrieben. In Zustand 2 (vgl. Schaubild 7.21) ist dieser Effekt bei Alternative 4 ebenfalls vorhanden. Bei den Elementen E5-A2 und E5-A3 ist im Wesentlichen die Handlung „keine Aktivität" optimal, bei Alternative 1 gibt es bei allen Parametrisierungen ähnliche Bänder, in denen optimalerweise Instandhaltung durchgeführt wird. Bei Zustand 3[29] ist die optimale Handlung selektiv in Abhängigkeit vom Alter vorzunehmen. Es bestehen jeweils für die Handlungen „keine Aktivität", „Instandhaltung" sowie „Instandsetzung" Altersintervalle oder auch Altersbänder, in denen diese optimal sind. Bei den Instandsetzungsentscheidungen handelt es sich jedoch immer um einen Ersatz mit Element 1. Je nach Parametrisierung variieren diese Intervalle. Bei größeren direkten Ausfallwahrscheinlichkeiten sowie größeren Diskontierungsfaktoren vergrößern sich zum einen die Bänder, innerhalb derer Instandhaltungsentscheidungen optimal sind. Zum anderen beginnen die Intervalle, denen Instandsetzungsentscheidungen zugeordnet sind, ab einem höheren Alter. In den Zuständen 4 (vgl. Schaubild 7.23) und 5 (vgl. Schaubild 7.24) bildet bis auf eine Ausnahme ein Ersatz durch die Alternative E5-A1 unabhängig von Elementalter und Parametrisierung die optimale Entscheidung. Lediglich in Zustand 4 kommt es für Alternative 1 bei den Parametern $\overline{p} = 0,15$ und $\alpha = 1,1$ zu einem abweichenden Ergebnis. Bei geringen Elementaltern ist die Handlung „keine Aktivität" optimal.

[29] vgl. auch Schaubild 7.22.

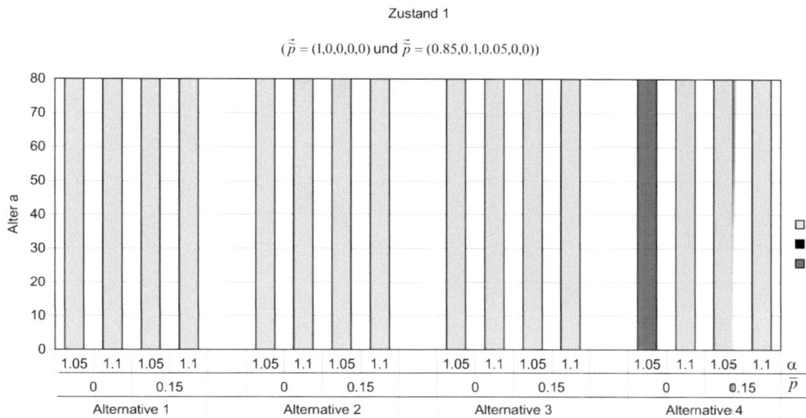

Abbildung 7.20: Sensitivitätsanalyse optimaler Entscheidungen für Parameter Diskontierungsfaktor α, direkte Ausfallwahrscheinlichkeit $\overline{p}$ und Austauschwahrscheinlichkeitsvektor $\vec{\bar{p}}$ bei Zustand 1 des Elements Fenster der Alternativen E5-A1, E5-A2, E5-A3 und E5-A4 (Fall 5 - Gesamtoptimierung, unter Berücksichtigung von nicht-identischem Ersatz)

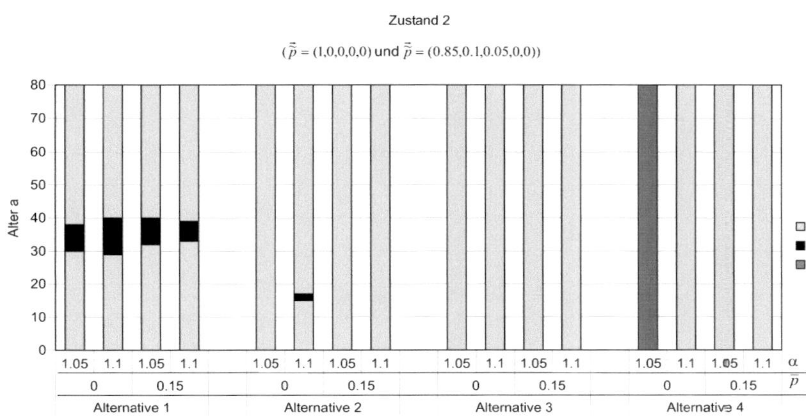

Abbildung 7.21: Sensitivitätsanalyse optimaler Entscheidungen für Parameter Diskontierungsfaktor α, direkte Ausfallwahrscheinlichkeit $\overline{p}$ und Austauschwahrscheinlichkeitsvektor $\vec{\bar{p}}$ bei Zustand 2 des Elements Fenster der Alternativen E5-A1, E5-A2, E5-A3 und E5-A4 (Fall 5 - Gesamtoptimierung, unter Berücksichtigung von nicht-identischem Ersatz)

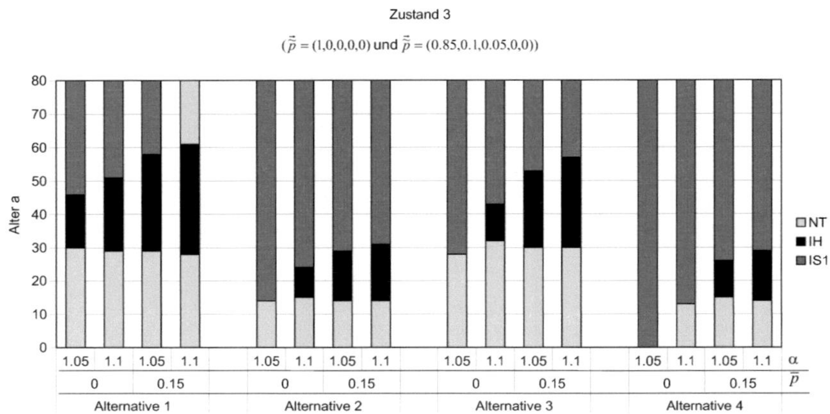

Abbildung 7.22: Sensitivitätsanalyse optimaler Entscheidungen für Parameter Diskontierungsfaktor α, direkte Ausfallwahrscheinlichkeit $\overline{p}$ und Austauschwahrscheinlichkeitsvektor $\vec{\tilde{p}}$ bei Zustand 3 des Elements Fenster der Alternativen E5-A1, E5-A2, E5-A3 und E5-A4 (Fall 5 - Gesamtoptimierung, unter Berücksichtigung von nicht-identischem Ersatz)

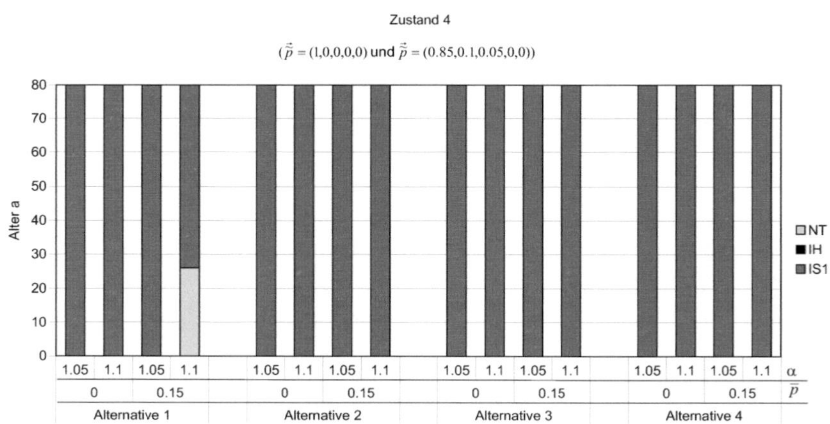

Abbildung 7.23: Sensitivitätsanalyse optimaler Entscheidungen für Parameter Diskontierungsfaktor α, direkte Ausfallwahrscheinlichkeit $\overline{p}$ und Austauschwahrscheinlichkeitsvektor $\vec{\tilde{p}}$ bei Zustand 4 des Elements Fenster der Alternativen E5-A1, E5-A2, E5-A3 und E5-A4 (Fall 5 - Gesamtoptimierung, unter Berücksichtigung von nicht-identischem Ersatz)

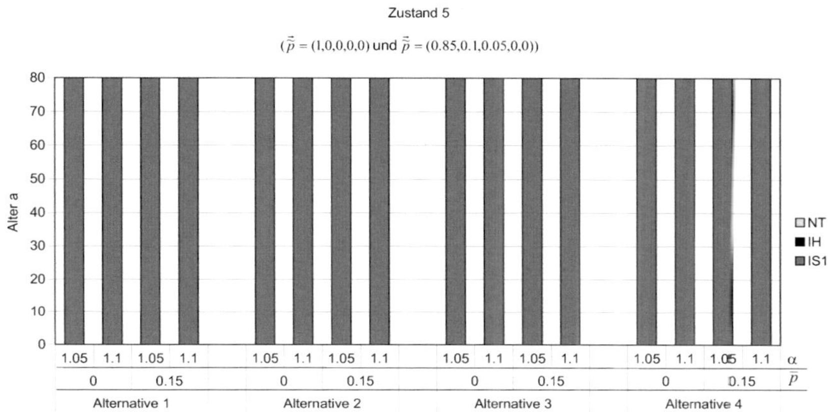

Abbildung 7.24: Sensitivitätsanalyse optimaler Entscheidungen für Parameter Diskontierungsfaktor α, direkte Ausfallwahrscheinlichkeit $\overline{p}$ und Austauschwahrscheinlichkeitsvektor $\vec{\bar{p}}$ bei Zustand 5 des Elements Fenster der Alternativen E5-A1, E5-A2, E5-A3 und E5-A4 (Fall 5 - Gesamtoptimierung, unter Berücksichtigung von nicht-identischem Ersatz)

Insgesamt hat der Parameter der Austauschwahrscheinlichkeiten keinen Einfluss auf die Wahl der optimalen Handlung. Auch die Auswirkungen auf den Kapitalwert sind bei unterschiedlichen Austauschwahrscheinlichkeitsvektoren gering. In den Tabellen 7.25 bis 7.28 sind die Kapitalwerte C_0 der Elemente 1 bis 4 für unterschiedliche Parametrisierungen dargestellt. Dabei wird jeweils eine Tabelle für $\vec{\bar{p}} = (0,0,0,0,0)$ und $\vec{\bar{p}} = (0.85,0.1,0.05,0,0)$ dargestellt. Neben der zu vernachlässigenden Auswirkungen des Austauschwahrscheinlichkeitsvektors zeigen die Tabellen, dass sich die Kapitalwerte jeweils mit fallendem Diskontierungsfaktor α und steigender direkter Ausfallwahrscheinlichkeit verschlechtern. Dies ist einleuchtend. Ein höherer Diskontierungsfaktor hat lediglich einen Einfluss auf die Zeitwertigkeit, hierdurch werden künftige negative Zahlungen geringer aus heutiger Sicht bewertet. Eine höhere direkte Ausfallwahrscheinlichkeit führt dazu, dass schlechtere, mit höheren Zahlungen verbundenen Zustände früher eintreten und dass letzten Endes öfters Instandsetzungen stattfinden. Die bisherigen in den einzelnen Beispielen vorgestellten Kapitalwerte lassen sich auch in diesen Tabellen wiederfinden.

Kapitalwerte C_0 bei $\vec{\tilde{p}} = (1,0,0,0,0)$		α										
		1	1,01	1,02	1,03	1,04	1,05	1,06	1,07	1,08	1,09	1,1
$\overline{p}$	0,00	-2466,1742	-1397,6784	-937,7724	-715,3642	-596,8562	-527,8769	-484,9204	-456,9766	-438,0559	-424,9229	-415,6096
	0,01	-3057,8133	-1689,9450	-1117,6573	-845,7091	-700,2063	-614,2498	-559,6936	-522,9632	-497,1500	-478,3818	-464,3240
	0,02	-3639,2013	-1988,0392	-1305,4628	-981,6906	-807,2933	-703,3507	-636,1698	-590,0329	-556,8672	-532,1188	-513,0795
	0,03	-4230,9798	-2297,5167	-1501,0773	-1122,4546	-917,7350	-794,4824	-713,8652	-657,7929	-616,8800	-585,8882	-561,6943
	0,04	-4841,2228	-2618,6913	-1703,2604	-1267,5544	-1030,6853	-887,0209	-792,3400	-725,8708	-676,9142	-639,4900	-610,0212
	0,05	-5470,7168	-2949,7999	-1911,4287	-1415,9067	-1145,3203	-980,4614	-871,1619	-793,9557	-736,7473	-692,7663	-657,9516
	0,06	-6116,9154	-3289,8570	-2124,0774	-1566,3733	-1261,0317	-1074,2886	-949,9718	-861,7968	-796,2045	-745,5916	-705,4015
	0,07	-6777,7311	-3636,5499	-2339,5718	-1718,1794	-1377,1839	-1168,0759	-1028,4802	-929,1966	-855,1496	-797,8790	-752,3079
	0,08	-7449,1141	-3987,3659	-2556,7883	-1870,4960	-1493,2502	-1261,4803	-1106,4610	-996,0045	-913,4820	-849,5601	-798,6255
	0,09	-8126,6628	-4340,4060	-2774,5810	-2022,6401	-1608,8118	-1354,2369	-1183,7424	-1062,1079	-971,1298	-900,5862	-844,3230
	0,10	-8806,7732	-4693,9451	-2991,9949	-2174,0698	-1723,5435	-1446,1433	-1260,1960	-1127,4240	-1028,0399	-950,9238	-889,3801
	0,11	-9486,4915	-5046,5112	-3208,2772	-2324,3666	-1837,1991	-1537,0496	-1335,7289	-1191,8963	-1084,1762	-1000,5518	-933,7853
	0,12	-10163,2632	-5396,9526	-3422,8497	-2473,2155	-1949,5971	-1626,8477	-1410,2760	-1255,4856	-1139,5165	-1049,4582	-977,5336
	0,13	-10835,1082	-5744,3928	-3635,2805	-2620,3855	-2060,6075	-1715,4629	-1483,7942	-1318,1677	-1194,0482	-1097,6380	-1020,6246
	0,14	-11500,5410	-6088,1828	-3845,2550	-2765,7130	-2170,1414	-1802,8460	-1556,2573	-1379,9294	-1247,7665	-1145,0917	-1063,0619
	0,15	-12158,4763	-6427,8565	-4052,5532	-2909,0865	-2278,1407	-1888,9674	-1627,6514	-1440,7663	-1300,6726	-1191,8236	-1104,8516

Kapitalwerte C_0 bei $\vec{\tilde{p}} = (0.85,0.1,0.05,0,0)$		α										
		1	1,01	1,02	1,03	1,04	1,05	1,06	1,07	1,08	1,09	1,1
$\overline{p}$	0,00	-2500,3495	-1411,2145	-943,1011	-718,0539	-598,3531	-528,7043	-485,4233	-457,2891	-438,2429	-425,0438	-415,6891
	0,01	-3089,7155	-1702,6910	-1123,8963	-849,2098	-702,3049	-615,6370	-560,6564	-523,6452	-497,6599	-478,7736	-464,6319
	0,02	-3670,3447	-2001,7679	-1312,6187	-985,8469	-809,9889	-705,2152	-637,5048	-591,0373	-557,6443	-532,7339	-513,5754
	0,03	-4263,1918	-2312,3564	-1508,9784	-1127,2633	-920,9307	-796,7218	-715,5217	-659,0596	-617,8740	-586,6844	-562,3430
	0,04	-4874,8706	-2634,4529	-1711,8946	-1272,8966	-1034,2626	-889,5801	-794,2524	-727,3463	-678,0809	-640,4309	-610,7909
	0,05	-5505,5910	-2966,3897	-1920,6468	-1421,6370	-1149,2124	-983,2674	-873,2723	-795,5933	-738,0490	-693,8194	-658,8187
	0,06	-6152,7166	-3307,1019	-2133,7040	-1572,4122	-1265,1569	-1077,2777	-952,2303	-863,5570	-797,6093	-746,7332	-706,3447
	0,07	-6814,2462	-3654,2205	-2349,4708	-1724,4270	-1381,4699	-1171,1938	-1030,8452	-931,0465	-856,6299	-799,0872	-753,3093
	0,08	-7485,9640	-4005,2132	-2566,8478	-1876,8666	-1497,6364	-1264,6821	-1108,8977	-997,9167	-915,0174	-850,8171	-799,6704
	0,09	-8163,4387	-4358,2960	-2784,6926	-2029,0633	-1613,2483	-1357,4859	-1186,2228	-1064,0595	-972,7026	-901,8775	-845,3993
	0,10	-8843,2525	-4711,7282	-3002,0717	-2180,4895	-1727,9910	-1449,4104	-1262,6978	-1129,3985	-1029,6357	-952,2376	-890,4781
	0,11	-9522,4430	-5064,0703	-3218,2517	-2330,7390	-1841,6270	-1540,3120	-1338,2345	-1193,8796	-1085,7836	-1001,8785	-934,8970
	0,12	-10198,5099	-5414,2000	-3432,6712	-2479,5077	-1953,9820	-1630,0879	-1412,7716	-1257,4666	-1141,1262	-1050,7902	-978,6524
	0,13	-10869,5254	-5761,2659	-3644,9123	-2626,5733	-2064,9320	-1718,6674	-1486,2692	-1320,1377	-1195,6530	-1098,9693	-1021,7454
	0,14	-11534,0458	-6104,6395	-3854,6720	-2771,7791	-2174,3928	-1806,0051	-1558,7037	-1381,8819	-1249,3609	-1146,4174	-1064,1801
	0,15	-12191,0185	-6443,8703	-4061,7389	-2915,0194	-2282,3100	-1892,0739	-1630,0632	-1442,6960	-1302,2522	-1193,1396	-1105,9534

Abbildung 7.25: Sensitivitätsanalyse resultierender Kapitalwerte C_0 für Parameter Diskontierungsfaktor α, direkte Ausfallwahrscheinlichkeit $\overline{p}$ und Austauschwahrscheinlichkeitsvektor $\vec{\tilde{p}}$ für Element Fenster der Alternative E5-A1 (Fall 5 - Gesamtoptimierung, unter Berücksichtigung von nicht-identischem Ersatz)

Kapitalwerte C_0 bei $\vec{\tilde{p}} = (1,0,0,0,0)$		α										
		1	1,01	1,02	1,03	1,04	1,05	1,06	1,07	1,08	1,09	1,1
$\overline{p}$	0,00	-2840,2645	-1767,9833	-1297,7211	-1050,8796	-907,0041	-813,0411	-745,7181	-694,7421	-653,6199	-618,7626	-587,8122
	0,01	-3426,6235	-2052,0908	-1455,2461	-1157,7236	-986,9959	-876,3715	-798,5993	-739,4627	-692,1131	-651,5805	-618,1148
	0,02	-4002,2758	-2327,7686	-1619,3418	-1270,0693	-1070,7868	-943,3658	-853,6420	-786,1181	-731,0920	-686,8084	-650,3473
	0,03	-4572,9027	-2613,3129	-1791,0834	-1387,3698	-1158,9023	-1012,9660	-911,0773	-833,0748	-772,4964	-724,0272	-684,4490
	0,04	-5159,0042	-2910,3925	-1969,6488	-1509,9184	-1250,2211	-1085,3151	-968,7111	-882,4428	-815,9505	-763,0562	-720,0617
	0,05	-5764,1840	-3217,7152	-2155,0357	-1636,5366	-1344,5552	-1157,9404	-1028,7195	-933,9164	-861,1451	-803,5717	-756,8940
	0,06	-6386,4135	-3534,7550	-2345,8484	-1766,5421	-1439,6445	-1232,8624	-1090,8846	-987,0520	-907,8010	-845,2668	-794,6231
	0,07	-7023,9700	-3859,5110	-2540,7145	-1897,9622	-1536,8057	-1309,9612	-1154,6196	-1041,6092	-955,5810	-887,8132	-833,0163
	0,08	-7673,3117	-4189,5238	-2737,7691	-2031,1912	-1636,0974	-1388,5317	-1219,7151	-1097,2173	-1004,1514	-930,9647	-871,8558
	0,09	-8329,8789	-4522,6053	-2936,3765	-2166,4753	-1736,8034	-1468,3590	-1285,7615	-1153,5358	-1053,2524	-974,5013	-910,9609
	0,10	-8990,2160	-4856,8763	-3136,8503	-2303,0310	-1838,5606	-1548,9942	-1352,4071	-1210,2871	-1102,6608	-1018,2372	-950,1897
	0,11	-9650,5951	-5192,4202	-3338,2381	-2440,3067	-1940,9080	-1630,0685	-1419,3560	-1267,2441	-1152,1855	-1062,0290	-989,4215
	0,12	-10310,2603	-5527,9444	-3539,7416	-2577,8095	-2043,4490	-1711,2629	-1486,3733	-1324,2116	-1201,6810	-1105,7549	-1028,5580
	0,13	-10967,1471	-5862,2629	-3740,7875	-2715,0966	-2145,8352	-1792,3330	-1553,2587	-1381,0397	-1251,0246	-1149,3166	-1067,5219
	0,14	-11619,4189	-6194,6315	-3940,8501	-2851,7784	-2247,8078	-1873,0713	-1619,8578	-1437,6050	-1300,1176	-1192,6366	-1106,2503
	0,15	-12265,8963	-6524,3633	-4139,4821	-2987,5734	-2349,1495	-1953,3178	-1686,0463	-1493,8087	-1348,8827	-1235,6528	-1144,6928

Kapitalwerte C_0 bei $\vec{\tilde{p}} = (0.85,0.1,0.05,0,0)$		α										
		1	1,01	1,02	1,03	1,04	1,05	1,06	1,07	1,08	1,09	1,1
$\overline{p}$	0,00	-2881,4527	-1787,5434	-1306,4865	-1056,3214	-910,7262	-815,6765	-747,7143	-696,1975	-654,7441	-619,3427	-588,2107
	0,01	-3464,5861	-2068,4942	-1464,2285	-1163,4353	-990,8863	-879,2357	-800,7187	-741,0674	-693,0728	-652,2839	-618,6528
	0,02	-4037,8210	-2344,2397	-1628,7489	-1276,0838	-1074,9431	-946,4239	-855,8851	-787,5922	-732,1735	-687,6477	-650,9799
	0,03	-4607,8713	-2630,3891	-1800,8237	-1393,6225	-1163,2756	-1016,0989	-913,2232	-834,6388	-773,7088	-724,9560	-685,1942
	0,04	-5194,8728	-2927,9659	-1979,7103	-1516,4221	-1254,6765	-1088,4180	-970,9136	-884,1310	-817,2459	-764,0925	-720,9044
	0,05	-5800,8392	-3235,7154	-2165,3990	-1643,1304	-1349,1258	-1161,0437	-1031,0368	-935,6787	-862,5422	-804,6954	-757,8148
	0,06	-6423,6079	-3553,1287	-2356,3199	-1773,2594	-1444,0623	-1236,0528	-1093,2639	-988,9044	-909,2729	-846,4607	-795,6054
	0,07	-7061,5975	-3878,0080	-2551,2785	-1904,4946	-1541,2874	-1313,2043	-1157,0737	-1043,5237	-957,1117	-889,0590	-834,0470
	0,08	-7710,9732	-4208,0228	-2748,1149	-2037,7597	-1640,6274	-1391,8196	-1222,2142	-1099,1774	-1005,7230	-932,2498	-872,9222
	0,09	-8367,2932	-4540,7835	-2946,6828	-2173,0400	-1741,3230	-1471,6680	-1288,2880	-1155,5220	-1054,8521	-975,8132	-912,0535
	0,10	-9026,9906	-4874,8484	-3147,0641	-2309,5307	-1843,0659	-1552,3056	-1354,9418	-1212,2874	-1104,2764	-1019,5665	-951,2999
	0,11	-9686,7298	-5210,1118	-3348,2898	-2446,7347	-1945,3785	-1633,3624	-1421,8860	-1269,2467	-1153,8076	-1063,3674	-990,5423
	0,12	-10345,6352	-5545,2662	-3549,6166	-2584,1425	-2047,8641	-1714,5265	-1488,8871	-1326,2068	-1203,3018	-1107,0959	-1029,6838
	0,13	-11001,6519	-5879,1902	-3750,4585	-2721,3133	-2150,1821	-1795,5549	-1555,7471	-1383,0204	-1252,6379	-1150,6545	-1068,6480
	0,14	-11652,9757	-6211,1257	-3950,2958	-2857,8659	-2252,0758	-1876,2431	-1622,3142	-1439,5654	-1301,7183	-1193,9674	-1107,3726
	0,15	-12298,4744	-6540,4045	-4148,6882	-2993,5222	-2353,3310	-1956,4338	-1688,4657	-1495,7444	-1350,4671	-1236,9727	-1145,7978

Abbildung 7.26: Sensitivitätsanalyse resultierender Kapitalwerte C_0 für Parameter Diskontierungsfaktor α, direkte Ausfallwahrscheinlichkeit $\overline{p}$ und Austauschwahrscheinlichkeitsvektor $\vec{\tilde{p}}$ für Element Fenster der Alternative E5-A2 (Fall 5 - Gesamtoptimierung, unter Berücksichtigung von nicht-identischem Ersatz)

Kapitalwerte C_0 bei $\vec{\tilde{p}} = (1,0,0,0,0)$		α										
		1	1,01	1,02	1,03	1,04	1,05	1,06	1,07	1,08	1,09	1,1
$\overline{p}$	0,00	-2866,8645	-1794,5674	-1330,5823	-1084,5923	-926,7702	-822,0773	-747,2865	-691,3580	-648,1878	-614,0545	-586,2684
	0,01	-3453,2235	-2081,3777	-1491,5636	-1179,5715	-997,8589	-879,5950	-796,6226	-735,2841	-688,2172	-650,7733	-620,6582
	0,02	-4029,2242	-2366,7458	-1643,3242	-1282,8632	-1075,6615	-942,8821	-850,7245	-783,0546	-731,0214	-690,0332	-657,0071
	0,03	-4613,9115	-2639,4461	-1805,8128	-1393,8907	-1159,9241	-1011,3170	-908,8659	-833,7424	-776,3995	-731,2635	-694,8588
	0,04	-5187,3179	-2927,0913	-1977,8340	-1512,4417	-1249,8441	-1084,0390	-970,1161	-887,0206	-823,7628	-773,9922	-733,7903
	0,05	-5782,8384	-3227,5827	-2159,0585	-1637,4240	-1344,3974	-1160,0982	-1033,9721	-942,3045	-872,6114	-817,7818	-773,4686
	0,06	-6397,9811	-3540,2893	-2348,0083	-1767,5529	-1442,5620	-1238,7901	-1099,8482	-999,0476	-922,4901	-862,2767	-813,6316
	0,07	-7031,0278	-3862,9512	-2542,8978	-1901,6381	-1543,4086	-1319,5082	-1167,1432	-1056,7738	-973,0242	-907,2098	-854,0647
	0,08	-7678,0385	-4192,8833	-2742,2096	-2038,4763	-1646,2678	-1401,5818	-1235,3536	-1115,0914	-1023,9336	-952,3589	-894,5991
	0,09	-8334,4178	-4527,8192	-2944,3508	-2177,2724	-1750,3789	-1484,4694	-1304,0642	-1173,7009	-1074,9896	-997,5503	-935,1028
	0,10	-8996,2103	-4865,5384	-3148,2694	-2317,1301	-1855,1411	-1567,7231	-1372,9526	-1232,3645	-1126,0126	-1042,6485	-975,4725
	0,11	-9659,9436	-5204,4586	-3352,8593	-2457,3553	-1960,0590	-1650,9916	-1441,7707	-1290,8964	-1176,8632	-1087,5483	-1015,6279
	0,12	-10322,9163	-5543,0857	-3557,2561	-2597,3796	-2064,7468	-1734,0118	-1510,3229	-1349,1526	-1227,4338	-1132,1682	-1055,5066
	0,13	-10982,8225	-5880,2444	-3760,7739	-2736,7660	-2168,9151	-1816,5767	-1578,4599	-1407,0228	-1277,6417	-1176,4454	-1095,0604
	0,14	-11637,8661	-6215,0315	-3962,8900	-2875,1861	-2272,3423	-1898,5294	-1646,0681	-1464,4229	-1327,4236	-1220,3317	-1134,2525
	0,15	-12286,7069	-6546,7693	-4163,2142	-3012,3954	-2374,8612	-1979,7521	-1713,0618	-1521,2891	-1376,7317	-1263,7908	-1173,0545

Kapitalwerte C_0 bei $\vec{\tilde{p}} = (0.85,0.1,0.05,0,0)$		α										
		1	1,01	1,02	1,03	1,04	1,05	1,06	1,07	1,08	1,09	1,1
$\overline{p}$	0,00	-2908,0527	-1814,1275	-1341,6334	-1088,3133	-929,0170	-823,4103	-748,1004	-691,8765	-648,5199	-614,2392	-586,3774
	0,01	-3491,1861	-2099,8268	-1498,8175	-1183,8501	-1000,4557	-881,2876	-797,7864	-736,1074	-688,8010	-651,1941	-620,9791
	0,02	-4066,0615	-2381,4876	-1651,2840	-1287,5241	-1078,6787	-944,9423	-852,1972	-784,1453	-731,8278	-690,6607	-657,5107
	0,03	-4647,8352	-2655,1030	-1814,2357	-1399,0271	-1163,3111	-1013,6904	-910,6175	-835,0374	-777,4090	-732,0672	-695,5124
	0,04	-5221,7776	-2943,3502	-1986,7898	-1517,9868	-1253,5549	-1086,6904	-972,0577	-888,5129	-824,9371	-774,9380	-734,5629
	0,05	-5818,2190	-3244,4878	-2168,4814	-1643,2944	-1348,3788	-1162,9324	-1036,0987	-943,9493	-873,9178	-818,8376	-774,3376
	0,06	-6434,0914	-3557,7343	-2357,7663	-1773,6777	-1446,7161	-1241,7947	-1102,1136	-1000,8122	-923,8972	-863,4200	-814,5760
	0,07	-7067,7381	-3880,7446	-2552,8799	-1907,9153	-1547,7096	-1322,6326	-1169,5124	-1058,6264	-974,5060	-908,4191	-855,0669
	0,08	-7715,0075	-4210,8108	-2752,3002	-2044,8616	-1650,6601	-1404,7876	-1237,7929	-1117,0045	-1025,4701	-953,6167	-895,6445
	0,09	-8371,2711	-4545,7453	-2954,4764	-2183,7018	-1754,8191	-1487,7209	-1306,5455	-1175,6535	-1076,5632	-998,8421	-936,1795
	0,10	-9032,7305	-4883,3355	-3158,3546	-2323,5534	-1859,5910	-1570,9909	-1375,4550	-1234,3397	-1127,6089	-1043,9627	-976,5707
	0,11	-9695,9086	-5222,0256	-3362,8372	-2463,7299	-1964,4884	-1654,2545	-1444,2766	-1292,8802	-1178,4709	-1088,8753	-1016,7397
	0,12	-10358,1706	-5560,3365	-3567,0797	-2603,6732	-2069,1322	-1737,2523	-1512,8187	-1351,1340	-1229,0437	-1133,5004	-1056,6255
	0,13	-11017,2428	-5897,1195	-3770,4071	-2742,9543	-2173,2400	-1819,7815	-1580,9351	-1408,9931	-1279,2467	-1177,7768	-1096,1813
	0,14	-11671,3729	-6231,4894	-3972,3074	-2881,2525	-2276,5939	-1901,6886	-1648,5146	-1466,3754	-1329,0181	-1221,6575	-1135,3707
	0,15	-12319,2503	-6562,7839	-4172,4002	-3018,3285	-2379,0307	-1982,8586	-1715,4737	-1523,2188	-1378,3113	-1265,1068	-1174,1565

Abbildung 7.27: Sensitivitätsanalyse resultierender Kapitalwerte C_0 für Parameter Diskontierungsfaktor α, direkte Ausfallwahrscheinlichkeit $\overline{p}$ und Austauschwahrscheinlichkeitsvektor $\vec{\tilde{p}}$ für Element Fenster der Alternative E5-A3 (Fall 5 - Gesamtoptimierung, unter Berücksichtigung von nicht-identischem Ersatz)

Kapitalwerte C_0 bei $\vec{\tilde{p}} = (1,0,0,0,0)$		α										
		1	1,01	1,02	1,03	1,04	1,05	1,06	1,07	1,08	1,09	1,1
$\overline{p}$	0,00	-2849,8645	-1777,3892	-1313,2293	-1088,4243	-967,3155	-895,5410	-849,6397	-818,6225	-796,5331	-768,2727	-732,9218
	0,01	-3436,2235	-2064,1995	-1489,5085	-1214,9721	-1066,6855	-977,7971	-920,1797	-880,2920	-843,0256	-797,9995	-759,2126
	0,02	-4012,2242	-2358,6549	-1673,5035	-1346,9596	-1169,6438	-1062,6529	-992,3266	-938,5066	-878,8200	-829,2006	-786,9501
	0,03	-4600,3319	-2664,3076	-1865,1095	-1483,5828	-1275,8284	-1149,4429	-1064,5744	-982,1440	-916,1730	-861,7782	-816,1495
	0,04	-5206,7370	-2981,4608	-2063,1399	-1624,4133	-1384,4246	-1237,5724	-1119,1343	-1027,4091	-954,8818	-895,8868	-846,4884
	0,05	-5832,1971	-3308,4037	-2267,0268	-1768,3990	-1494,6400	-1309,7582	-1175,0113	-1074,0608	-995,1183	-931,0506	-878,0471
	0,06	-6474,2155	-3644,1669	-2475,2967	-1914,4354	-1592,9021	-1380,5166	-1232,2763	-1122,1553	-1036,3599	-967,4055	-909,8633
	0,07	-7130,7251	-3986,4695	-2686,3499	-2052,7002	-1685,8605	-1452,6437	-1290,8849	-1171,2771	-1078,7307	-1004,1620	-942,6308
	0,08	-7797,7059	-4332,8327	-2894,0387	-2181,6514	-1780,1476	-1525,9915	-1350,5218	-1221,4050	-1121,6269	-1041,6363	-976,2832
	0,09	-8470,7903	-4680,1608	-3088,2819	-2311,9209	-1875,4917	-1600,3351	-1411,0153	-1272,1521	-1164,9959	-1079,9292	-1010,6207
	0,10	-9146,4010	-5010,2431	-3283,6747	-2442,9825	-1971,7378	-1675,3429	-1472,1707	-1323,1233	-1209,1070	-1118,8493	-1045,4701
	0,11	-9805,4504	-5340,6623	-3479,4888	-2574,7150	-2068,3813	-1750,9355	-1533,3062	-1374,7289	-1253,7677	-1158,2189	-1080,6740
	0,12	-10459,9602	-5670,5314	-3675,3576	-2706,4378	-2165,3717	-1826,3445	-1594,9166	-1426,7825	-1298,7973	-1197,8776	-1116,0811
	0,13	-11111,1247	-5999,1249	-3870,6022	-2838,1039	-2262,0689	-1901,9552	-1656,8372	-1479,0988	-1344,0337	-1237,6877	-1151,6108
	0,14	-11757,5641	-6325,6651	-4064,9736	-2969,1812	-2358,5281	-1977,6764	-1718,8778	-1531,5175	-1389,3491	-1277,5408	-1187,1723
	0,15	-12398,1819	-6649,6335	-4258,0689	-3099,4118	-2454,7994	-2053,3174	-1780,8795	-1583,9071	-1434,6169	-1317,3604	-1222,6870

Kapitalwerte C_0 bei $\vec{\tilde{p}} = (0.85,0.1,0.05,0,0)$		α										
		1	1,01	1,02	1,03	1,04	1,05	1,06	1,07	1,08	1,09	1,1
$\overline{p}$	0,00	-2891,0527	-1796,9493	-1324,2805	-1096,3836	-973,6337	-900,7796	-854,1704	-822,6076	-800,0681	-769,3315	-733,7183
	0,01	-3474,1861	-2082,6486	-1501,0034	-1223,2801	-1073,1788	-983,1940	-924,7958	-884,3020	-844,4585	-799,1113	-760,0538
	0,02	-4049,0615	-2377,6277	-1685,4526	-1355,4935	-1176,3307	-1068,1511	-996,9693	-940,4191	-880,3175	-830,3379	-787,8694
	0,03	-4637,7769	-2683,9268	-1877,3713	-1492,3640	-1282,6381	-1154,9694	-1067,5414	-984,1221	-917,7183	-862,9881	-817,0984
	0,04	-5245,1495	-3001,5650	-2075,7277	-1633,3495	-1391,2682	-1243,1005	-1121,7568	-1029,4243	-956,4526	-897,1203	-847,4947
	0,05	-5871,3946	-3328,9277	-2279,8185	-1777,3748	-1501,4799	-1313,2675	-1177,6498	-1076,0929	-996,7272	-932,3338	-879,0605
	0,06	-6513,9314	-3664,9651	-2488,1473	-1923,4009	-1597,7174	-1384,0223	-1234,9198	-1124,2260	-1037,9873	-968,7269	-910,8715
	0,07	-7170,7725	-4007,3424	-2699,1541	-2059,6241	-1690,6515	-1456,1370	-1293,5521	-1173,3430	-1080,3852	-1005,4327	-943,6760
	0,08	-7837,7365	-4353,5636	-2904,7609	-2188,5395	-1784,8996	-1529,4874	-1353,1682	-1223,4855	-1123,2260	-1042,9356	-977,3599
	0,09	-8510,4280	-4698,9957	-3098,8993	-2318,7147	-1880,2142	-1603,7875	-1413,6586	-1274,1675	-1166,6113	-1081,2523	-1011,7213
	0,10	-9185,4539	-5028,5328	-3294,1300	-2449,6802	-1976,3825	-1678,7677	-1474,7432	-1325,1387	-1210,7334	-1120,1863	-1046,5860
	0,11	-9841,9033	-5358,5900	-3489,7334	-2581,2809	-2072,9617	-1754,3082	-1535,8507	-1376,7415	-1255,3973	-1159,5628	-1081,7969
	0,12	-10495,5659	-5688,0411	-3685,3890	-2712,8774	-2169,8745	-1829,6244	-1597,4400	-1428,7848	-1300,4235	-1199,2228	-1117,2071
	0,13	-11145,7964	-6016,2015	-3880,3764	-2844,4053	-2266,4315	-1905,1864	-1659,3323	-1481,0850	-1345,6511	-1239,0260	-1152,7371
	0,14	-11791,2659	-6342,2591	-4074,5001	-2975,2867	-2362,8063	-1980,8551	-1721,3395	-1533,4819	-1390,9525	-1278,8717	-1188,2946
	0,15	-12430,8567	-6665,7528	-4267,2966	-3105,3703	-2458,9878	-2056,4384	-1783,3026	-1585,8459	-1436,2014	-1318,6803	-1223,7920

Abbildung 7.28: Sensitivitätsanalyse resultierender Kapitalwerte C_0 für Parameter Diskontierungsfaktor α, direkte Ausfallwahrscheinlichkeit $\overline{p}$ und Austauschwahrscheinlichkeitsvektor $\vec{\tilde{p}}$ für Element Fenster der Alternative E5-A4 (Fall 5 - Gesamtoptimierung, unter Berücksichtigung von nicht-identischem Ersatz)

Bei einer Entscheidung über eine Neuinvestition ergibt sich aus den Kapitalwerten, dass das Element E5-A1 unabhängig von der untersuchten Parametrisierung vorzuziehen ist. Am schlechtesten steht das Element E5-A4 dar. Bei den Elementen E5-A2 und E5-A3 ist die Reihenfolge wie bereits verdeutlicht abhängig von der Wahl des Diskontierungsfaktors α und der direkten Ausfallwahrscheinlichkeit $\overline{p}$. Zum besseren Überblick ist die Rangfolge der Elemente in Tabelle 7.29 aufgeführt. Kombinationen, bei denen E5-A3 in der Rangfolge vor E5-A2 liegt, sind dabei dunkel hinterlegt.

Wie bereits in Kapitel 5.3 verdeutlicht wurde, resultieren aus den Ergebnissen der vorgestellten Beispiele optimale Instandhaltungsstrategien, die als zustands- und zeitabhängige Strategien beschrieben werden können und als selektive Strategien bezeichnet werden. Ein über das Kapitalwertkriterium durchgeführter Vergleich dieser Strategie S0 mit anderen, herkömmlichen Strategien verdeutlicht die Relevanz der Ergebnisse. Ein derartiger Vergleich wurde für das Element E5-A1 bereits in Kapitel 5.3 vorgenommen. Hierbei wurde eine individuelle Betrachtung vorgenommen, d.h. nicht-identischer Ersatz wurde nicht berücksichtigt, da auch traditionelle, in der Praxis verwendete Strategien keine integrative Betrachtung vornehmen, sondern lediglich Entscheidungsregeln formulieren, wie z.B. ein Element in bestimmten Zeitintervallen (zeitabhängige Strategie) oder ab einem bestimmten Zustand (zustandsabhängige Strategie) zu ersetzen. Eine Entscheidung für das Element 1 wurde getroffen, da bei einer integrativen Betrachtung andere Elemente ohnehin nur zu Beginn des Planungshorizontes eingesetzt werden würden. Spätestens bei der ersten Instandsetzungsentscheidung würde das Element E5-A1 zum Einsatz kommen. Wird für die verschiedenen Strategien bei einem Vergleich jeweils die gleiche Parametrisierung gewählt, so spielt diese keine Rolle. Insofern wurden die wesentlichen Erkenntnisse eines Strategienvergleichs bereits in Kapitel 5.3 verdeutlicht. Hierbei wurden sowohl zustands- und zeitabhängige Strategien als auch Kombinationen aus diesen miteinander verglichen. Im Einzelnen sind dies folgende Strategien:

1. Zustandsabhängige Strategien
    - S1-NT: Instandsetzung in Zustand 5, ansonsten keine Handlung
    - S1-IH: Instandsetzung in Zustand 5, ansonsten Instandhaltung
    - S2-NT: Instandsetzung in den Zuständen 4 und 5, ansonsten keine Handlung
    - S2-IH: Instandsetzung in den Zuständen 4 und 5, ansonsten Instandhaltung

Rangfolge der Alternativen		α										
		1	1,01	1,02	1,03	1,04	1,05	1,06	1,07	1,08	1,09	1,1
$\overline{p}$		A1>A2>A3>A4	A1>A2>A3>A4	A1>A2>A3>A4	A1>A2>A3>A4	A1>A2>A3>A4	A1>A2>A3>A4	A1>A2>A3>A4	A1>A3>A2>A4	A1>A3>A2>A4	A1>A3>A2>A4	A1>A3>A2>A4
	0,01	A1>A2>A3>A4	A1>A2>A3>A4	A1>A2>A3>A4	A1>A2>A3>A4	A1>A2>A3>A4	A1>A2>A3>A4	A1>A3>A2>A4	A1>A3>A2>A4	A1>A3>A2>A4	A1>A3>A2>A4	A1>A2>A3>A4
	0,02	A1>A2>A3>A4	A1>A2>A3>A4	A1>A2>A3>A4	A1>A2>A3>A4	A1>A2>A3>A4	A1>A3>A2>A4	A1>A3>A2>A4	A1>A3>A2>A4	A1>A3>A2>A4	A1>A2>A3>A4	A1>A2>A3>A4
	0,03	A1>A2>A3>A4	A1>A2>A3>A4	A1>A2>A3>A4	A1>A2>A3>A4	A1>A2>A3>A4	A1>A3>A2>A4	A1>A3>A2>A4	A1>A2>A3>A4	A1>A2>A3>A4	A1>A2>A3>A4	A1>A2>A3>A4
	0,04	A1>A2>A3>A4	A1>A2>A3>A4	A1>A2>A3>A4	A1>A2>A3>A4	A1>A3>A2>A4	A1>A3>A2>A4	A1>A2>A3>A4	A1>A2>A3>A4	A1>A2>A3>A4	A1>A2>A3>A4	A1>A2>A3>A4
	0,05	A1>A2>A3>A4	A1>A2>A3>A4	A1>A2>A3>A4	A1>A2>A3>A4	A1>A3>A2>A4	A1>A2>A3>A4	A1>A2>A3>A4	A1>A2>A3>A4	A1>A2>A3>A4	A1>A2>A3>A4	A1>A2>A3>A4
	0,06	A1>A2>A3>A4	A1>A2>A3>A4	A1>A2>A3>A4	A1>A2>A3>A4	A1>A2>A3>A4	A1>A2>A3>A4	A1>A2>A3>A4	A1>A2>A3>A4	A1>A2>A3>A4	A1>A2>A3>A4	A1>A2>A3>A4
	0,07	A1>A2>A3>A4	A1>A2>A3>A4	A1>A2>A3>A4	A1>A2>A3>A4	A1>A2>A3>A4	A1>A2>A3>A4	A1>A2>A3>A4	A1>A2>A3>A4	A1>A2>A3>A4	A1>A2>A3>A4	A1>A2>A3>A4
	0,08	A1>A2>A3>A4	A1>A2>A3>A4	A1>A2>A3>A4	A1>A2>A3>A4	A1>A2>A3>A4	A1>A2>A3>A4	A1>A2>A3>A4	A1>A2>A3>A4	A1>A2>A3>A4	A1>A2>A3>A4	A1>A2>A3>A4
	0,09	A1>A2>A3>A4	A1>A2>A3>A4	A1>A2>A3>A4	A1>A2>A3>A4	A1>A2>A3>A4	A1>A2>A3>A4	A1>A2>A3>A4	A1>A2>A3>A4	A1>A2>A3>A4	A1>A2>A3>A4	A1>A2>A3>A4
	0,10	A1>A2>A3>A4	A1>A2>A3>A4	A1>A2>A3>A4	A1>A2>A3>A4	A1>A2>A3>A4	A1>A2>A3>A4	A1>A2>A3>A4	A1>A2>A3>A4	A1>A2>A3>A4	A1>A2>A3>A4	A1>A2>A3>A4
	0,11	A1>A2>A3>A4	A1>A2>A3>A4	A1>A2>A3>A4	A1>A2>A3>A4	A1>A2>A3>A4	A1>A2>A3>A4	A1>A2>A3>A4	A1>A2>A3>A4	A1>A2>A3>A4	A1>A2>A3>A4	A1>A2>A3>A4
	0,12	A1>A2>A3>A4	A1>A2>A3>A4	A1>A2>A3>A4	A1>A2>A3>A4	A1>A2>A3>A4	A1>A2>A3>A4	A1>A2>A3>A4	A1>A2>A3>A4	A1>A2>A3>A4	A1>A2>A3>A4	A1>A2>A3>A4
	0,13	A1>A2>A3>A4	A1>A2>A3>A4	A1>A2>A3>A4	A1>A2>A3>A4	A1>A2>A3>A4	A1>A2>A3>A4	A1>A2>A3>A4	A1>A2>A3>A4	A1>A2>A3>A4	A1>A2>A3>A4	A1>A2>A3>A4
	0,14	A1>A2>A3>A4	A1>A2>A3>A4	A1>A2>A3>A4	A1>A2>A3>A4	A1>A2>A3>A4	A1>A2>A3>A4	A1>A2>A3>A4	A1>A2>A3>A4	A1>A2>A3>A4	A1>A2>A3>A4	A1>A2>A3>A4
	0,15	A1>A2>A3>A4	A1>A2>A3>A4	A1>A2>A3>A4	A1>A2>A3>A4	A1>A2>A3>A4	A1>A2>A3>A4	A1>A2>A3>A4	A1>A2>A3>A4	A1>A2>A3>A4	A1>A2>A3>A4	A1>A2>A3>A4

Abbildung 7.29: Rangfolge der Fensteralternativen bei Entscheidungen über eine Neuinvestition in Abhängigkeit vom Parameter Diskontierungsfaktor α und direkter Ausfallwahrscheinlichkeit $\overline{p}$ (Parameter: Fall 5 - Gesamtoptimierung, unter Berücksichtigung von nicht-identischem Ersatz, für alle Austauschwahrscheinlichkeitsvektoren $\vec{\overline{p}}$)

- S3: Instandsetzung in Zustand 5, ansonsten das Optimum aus keiner Handlung und Instandhaltung
- S4: Instandsetzung in den Zuständen 4 und 5, ansonsten das Optimum aus keiner Handlung und Instandhaltung

2. Zeitabhängige Strategien

   - S5-NT: Instandsetzung zu einem bestimmten Elementalter, ansonsten keine Handlung
   - S5-IH: Instandsetzung zu einem bestimmten Elementalter, ansonsten Instandhaltung
   - S6: Instandsetzung zu einem bestimmten Elementalter, ansonsten das Optimum aus keiner Handlung und Instandhaltung

3. Zustands- und zeitabhängige Strategien (zeitabhängig im Sinne der Betrachtung des Alters)

   - S7-NT: Instandsetzung in Zustand 5 oder zu einem bestimmten Elementalter, ansonsten keine Handlung
   - S7-IH: Instandsetzung in Zustand 5 oder zu einem bestimmten Elementalter, ansonsten Instandhaltung
   - S8: Instandsetzung in Zustand 5 oder zu einem bestimmten Elementalter, ansonsten das Optimum aus keiner Handlung und Instandhaltung
   - S9-NT: Instandsetzung in den Zuständen 4 und 5 oder zu einem bestimmten Elementalter, ansonsten keine Handlung
   - S9-IH: Instandsetzung in den Zuständen 4 und 5 oder zu einem bestimmten Elementalter, ansonsten Instandhaltung
   - S10: Instandsetzung in den Zuständen 4 und 5 oder zu einem bestimmten Elementalter, ansonsten das Optimum aus keiner Handlung und Instandhaltung

Die Ergebnisse der maximalen Kapitalwerte der einzelnen Strategien sowie die Abweichungen zur selektiven Strategie S0 wurden bereits in Abbildung 5.25 gegenübergestellt und in Kapitel 5.3 erläutert. Zur Vollständigkeit und aufgrund der Relevanz dieses Vergleichs sind die Ergebnisse auch in diesem Kapitel in Abbildung 7.30 aufgeführt. Wie bereits verdeutlicht wurde, lässt sich zusammenfassend erkennen, dass die selektive Strategie zu einer optimalen Wirtschaftlichkeit führt. Es existieren jedoch auch Strategien in der Praxis, die der optimalen Strategie unter wirtschaftlichen Gesichtspunkten sehr

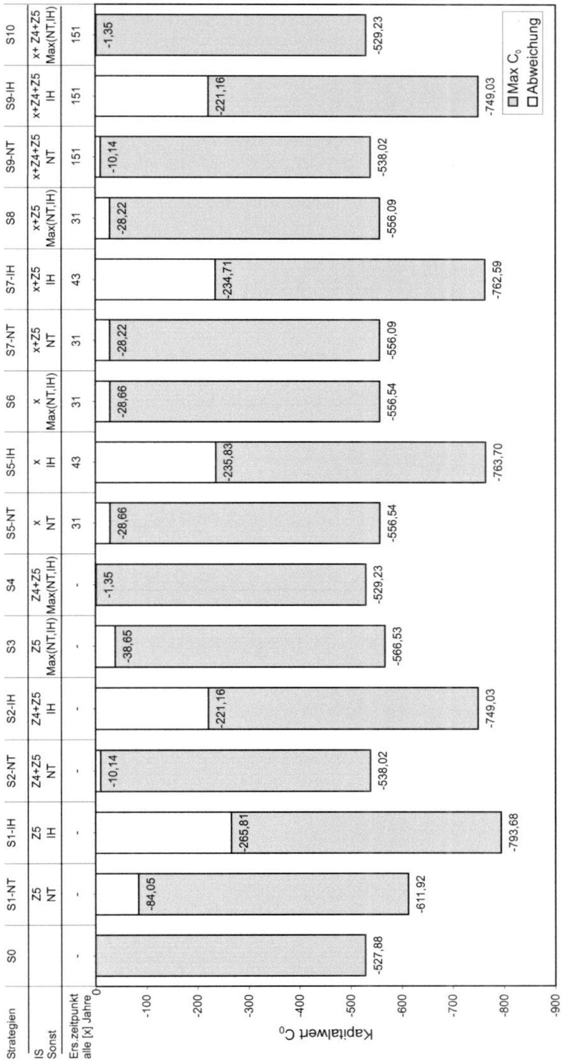

Abbildung 7.30: Vergleich und Abweichung der Kapitalwerte C_0 zwischen selektiver und alternativen Strategien (Alternative E5-A1, Anfangszustand (1,0), Planungshorizont T=150, Fall 5: Gesamtoptimierung, Diskontierungsfaktor $\alpha = 1.05$, Austauschwahrscheinlichkeitsvektor $\vec{\overline{p}} = (1,0,0,0,0)$) und direkte Ausfallwahrscheinlichkeit $\overline{p} = 0$

nahe kommen und damit eine gute Approximation darstellen können. Dies sind vor allen zustandsorientierte Strategien, die eine Instandsetzung in den beiden schlechtesten Zuständen Z_4 und Z_5 vorsehen (S2 und S3). Dies ist aufgrund der Struktur des Beispiels nachvollziehbar. Die Zustände 4 und 5 führen zu schwerwiegenderen monetären Konsequenzen und sollten unbedingt vermieden werden. Auch die selektive Strategie fordert in den Zuständen 4 und 5 einen Ersatz. Die Abweichungen bezüglich der Handlungen bei diesen beiden Strategien finden sich vor allem in den Zuständen 2 und 3. Weiterhin behandeln in der Praxis existierende Strategien wie bereits erwähnt lediglich die Thematik optimaler Instandsetzungsentscheidungen. Andere mögliche Handlungen wie „nicht-identischer Ersatz“ sowie „Instandhaltung“ werden bei diesen Strategien nicht integrativ mit berücksichtigt.

Eine Beleuchtung der Fragestellung, inwieweit die in den Untersuchungen nicht berücksichtigten Inspektionskosten die Ergebnisse beeinflussen können, wurde ebenfalls bereits in Kapitel 5.3 für das Element Fenster vorgenommen. Aus den Kapitalwertdifferenzen lässt sich eine maximale Inspektionsannuität g_{Insp}^{Sx} berechnen, die die maximalen jährlichen zusätzlichen Zahlungen verdeutlicht, welche bei der selektiven Strategie gegenüber einer anderen Strategie Sx entstehen dürfen, damit die selektive Strategie weiter vorteilhaft ist. Dies müssen nicht zwangsläufig Zahlungen für Inspektionen sein, sondern könnten auch andere Zahlungsarten darstellen. Insgesamt ist es ohnehin fraglich, inwieweit die Inspektionskosten bei verschiedenen Strategien abweichen.[30] Eine Darstellung der berechneten Inspektionsannuitäten erfolgt zur Vollständigkeit erneut in Abbildung 7.31 und entspricht der Abbildung 5.27.

[30]vgl. hierzu Erläuterungen in Kapitel 5.3.

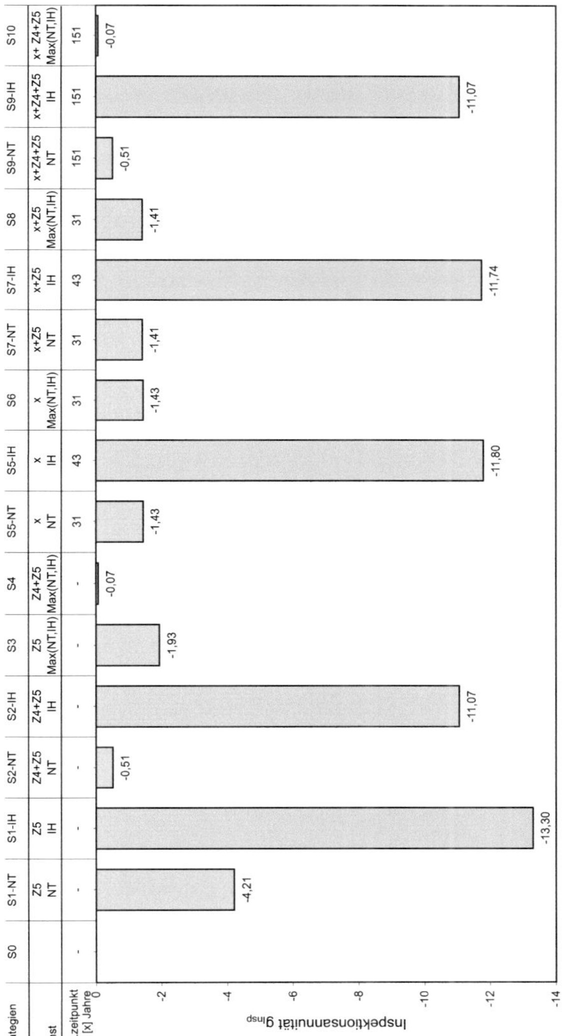

Abbildung 7.31: Maximale Inspektionsannuitäten g_{Insp} der alternativen Strategien (Alternative E5-A1, Anfangszustand (1,0), Planungshorizont T=150, Fall 5: Gesamtoptimierung, Diskontierungsfaktor $\alpha = 1.05$), Austauschwahrscheinlichkeitsvektor $\vec{\overline{p}} = (1,0,0,0,0)$) und direkte Ausfallwahrscheinlichkeit $\overline{p} = 0$

7.2 Das Beispielelement Heizung

Die Vorgehensweise bei der Betrachtung des Beispielelementes Heizung soll analog zu der im vorherigen Kapitel durchgeführten Fallstudie des Elementes Fenster erfolgen. Spezielle Unterschiede und abweichende Ergebnisse stehen hier weiterhin im Mittelpunkt der Betrachtung. Zunächst werden die bisher noch nicht beschriebenen Modellgrößen dargestellt. Dementsprechend werden die berücksichtigten Elementalternativen bestimmt sowie die Zahlungsströme und Übergangswahrscheinlichkeiten für jede der Alternativen ermittelt. Anschließend werden die über den bereits beschriebenen Modellalgorithmus ermittelten optimalen Instandhaltungsentscheidungen analysiert. Dies beinhaltet auch eine Sensitivitätsanalyse und einen Vergleich der optimalen Strategien mit verschiedenen alternativen praxisorientierten Strategien.

7.2.1 Bestimmung der Modellgrößen

Im Gegensatz zum Elementtyp Fenster ist das wesentliche Qualitätsmerkmal zur Charakterisierung einer Heizung die Qualität des Brenners, die sich vor allem über den Nutzungsgrad auf die Zahlungsströme auswirkt. Infolgedessen wird dieses Kriterium für eine Systematisierung der Elementalternativen herangezogen. Da folglich im Gegensatz zum Elementtyp Fenster nur ein Qualitätsmerkmal berücksichtigt wird, ist es für eine Betrachtung der Qualitätsausprägungen „gut“ und „schlecht“ ausreichend, zwei Elemente heranzuziehen. In Abbildung 7.32 ist die resultierende Alternativenbestimmung dargestellt. Eine Quantifizierung des Qualitätskriteriums und die Zuordnung zu den Elementalternativen findet folgendermaßen statt:

- E7-A1: Wirkungsgrad, gut: Variante guter Qualität mit einem Wirkungsgrad von $\eta = 0,9$
- E7-A2: Wirkungsgrad, schlecht: Variante schlechter Qualität mit einem Wirkungsgrad von $\eta = 0,8$

Die Auswirkungen des Nutzungsgrades auf die verschiedenen Modellgrößen sind in Abbildung 7.32 dargestellt. Es lässt sich auch hier erkennen, dass es Modellgrößen gibt, die unabhängig von dem Qualitätsmerkmal sind. Hierzu gehören wie beim Element Fenster Zahlungen für den Ausbau bzw. den Rückbau und die Deponierung bzw. Entsorgung. Prinzipiell dürfte eine derartige Abhängigkeit zwar existieren, aufgrund mangelnder Märkte und empirischer Daten hierzu wird für diese Arbeit jedoch eine Unabhängigkeit angenommen.[31] Auch kalkulatorische Auszahlungen für Mietminderungen werden als unabhängig von dem Wirkungsgrad angesehen. Diese fallen jedoch

[31] vgl. hierzu auch Kapitel 4.2.

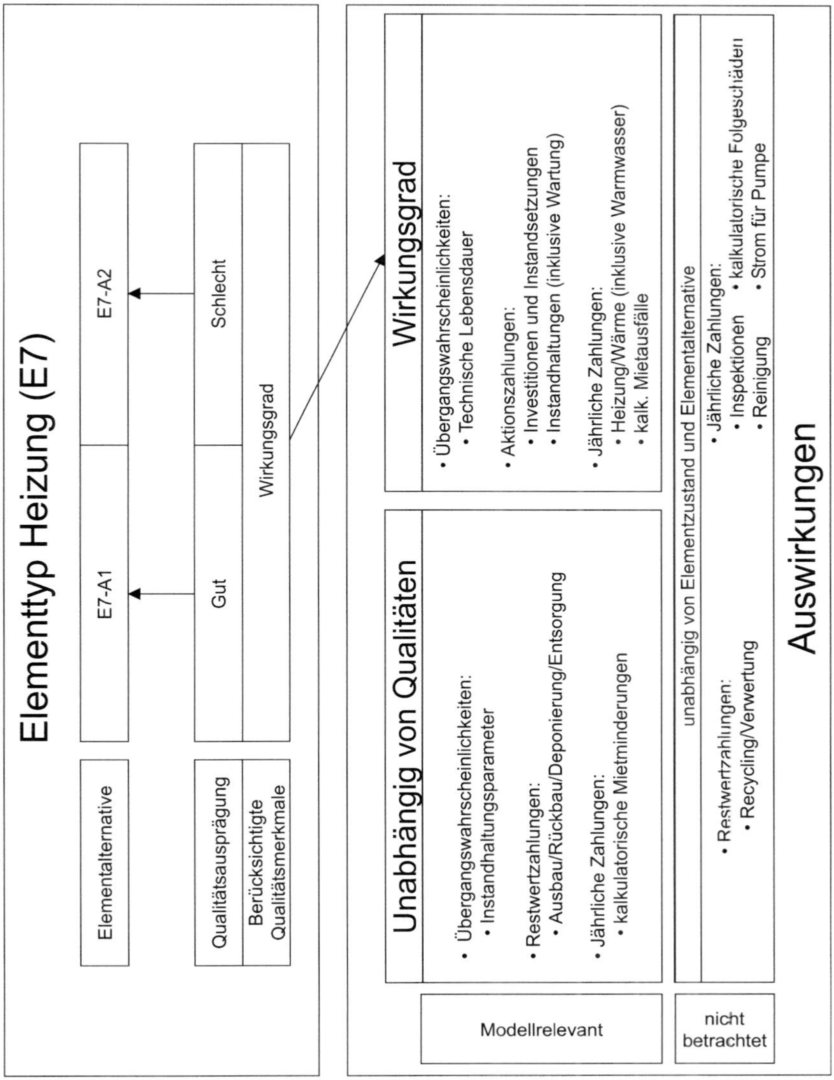

Abbildung 7.32: Betrachtete Elementqualitäten zur Alternativenbestimmung und deren Auswirkungen auf Modellgrößen für den Elementtyp Heizung

abhängig vom Elementzustand an und sind daher ebenfalls mit zu berücksichtigen. Da beide Elemente jedoch auch unterschiedlich schnell altern, werden über die Übergangswahrscheinlichkeiten die Eintrittszeitpunkte in die verschiedenen Zustände beeinflusst; somit resultiert zumindest eine indirekte Auswirkung des Elementes auf die kalkulatorischen Auszahlungen für Mietminderungen. Der Instandhaltungsparameter r_{IH}, der den Einfluss von Instandhaltungen auf die Alterung beschreibt, ist im Gegensatz zum vorherigen Fallbeispiel unabhängig von der Elementqualität und für alle Elemente gleich.[32] Weiterhin werden kalkulatorische Auszahlungen für Folgeschäden, die das Element an anderen Elementen verursacht, nicht berücksichtigt. Ein derartiger Zusammenhang wird bei diesem Elementtyp nicht gesehen.

Die technischen Lebensdauern sind abhängig von der Elementqualität. Dies gilt auch für die verschiedenen Arten von Aktionszahlungen, die jährlichen Zahlungen für Wärme und Warmwasser sowie die kalkulatorischen Zahlungen für Mietausfälle. Mietausfälle wurden explizit definiert als Ausfälle aufgrund von durch die schlechte Elementqualität verursachten Leerständen oder prinzipiell geringeren Marktmieten bei geringeren Qualitätsniveaus.[33] Unabhängig von der Elementalternative und dem Elementzustand auftretende Zahlungen sind nicht entscheidungsrelevant und können bei der Modellierung ausgeklammert werden.[34] Kleinere sonstige Betriebskosten, wie beispielsweise benötigter Strom für die Heizungsanlage und Pumpen, können aufgrund der geringen Höhe vernachlässigt werden.

Die Werte der einzelnen Modellgrößen sind für die beiden Heizungselemente in Tabelle 7.33 aufgeführt. Die alternativenabhängigen Parameter zur Bestimmung der Übergangswahrscheinlichkeiten basieren hierbei auf die bereits beschriebenen empirischen Untersuchungen von Meyer und Meyer-Meierling.[35] Infolgedessen lassen sich Übergangswahrscheinlichkeiten berechnen. Diese finden sich für das Element E7-A1 bei den Handlungen h_1 (keine Aktivität) sowie h_2 (Instandhaltung) in Tabelle 7.34. Analog sind diese für die Alternative E7-A2 bei den Handlungen h_1 (keine Aktivität) sowie h_2 (Instandhaltung) in Tabelle 7.35 zusammengefasst. Dabei werden nur die Übergangswahrscheinlichkeiten für einen Übergang von einem Zustand in den nächstniedrigeren Zustand aufgelistet. Die Wahrscheinlichkeit für den Verbleib im gleichen Zustand ergibt sich entsprechend jeweils über $p_{i,i}(h_j,a) = 1 - p_{i,i+1}(h_j,a)$. Es lässt sich erkennen, dass für die gleiche Al-

[32] vgl. hierzu auch Tabelle 5.8.

[33] vgl. hierzu auch Kapitel 4.2.

[34] zur Motivation vgl. auch Schaubild 4.1.

[35] vgl. hierzu auch Abbildung 5.6 sowie die Arbeiten von Meyer [82] und Meyer-Meierling [24].

Elementtyp **Alternative**				**E7: Heizung** **E7-A1**	**E7-A2**
Qualitäts-beschreibung	Wirkungsgrad	gut: η = 0,9 schlecht: η = 0,8		gut	schlecht
Übergangswahrscheinlichkeiten					
Alternativenabhängige Parameter zur Berechnung: - Nutzungsdauern (100% Instandhaltungsqualität) - Instandhaltungsparameter		verantwortliches Qualitätsmerkmal	Zustand		
1%-Quantil 99%-Quantil Instandhaltungsparameter r_{IH}		Wirkungsgrad	-	15 25 0,1	5 15
Zahlungsströme [EUR/a]					
Arten	Unterarten	verantwortliches Qualitätsmerkmal	Zustand		
Aktionszahlungen	Auszahlungen für Investitionen und Instandsetzungen	Wirkungsgrad	unabhängig	3.200	2.800
	Auszahlungen für Instandhaltungen (inkl. Wartung, ohne Inspektion)	Wirkungsgrad	unabhängig	170	200
Restwertzahlungen	Auszahlungen für Ausbau/Rückbau/ Deponierung/Entsorgung	-	unabhängig	180	
Jährliche (wiederkehrende) Zahlungen	Auszahlungen für Heizung/Wärme (inkl. Warmwasser)	Wirkungsgrad	1 2 3 4 5	665 680 695 710 0	750 770 790 810 0
	Kalkulatorische Auszahlungen für Mietminderungen	Wirkungsgrad	1 2 3 4 5	0 0 0 900 (-10%) 4.500 (-50%)	
	Kalkulatorische Auszahlungen für Mietausfälle	Wirkungsgrad	unabhängig	0	450 (-5%)
	Kalkulatorische Auszahlungen für Folgeschäden	-	-	0	

Abbildung 7.33: Alternativspezifische Modellgrößen zur Ermittlung von Übergangswahrscheinlichkeiten sowie Zahlungsströme für die Elementalternativen E7-A1 und E7-A2 für den Elementtyp Heizung

ternative die Übergangswahrscheinlichkeiten bei keiner Aktivät schneller ansteigen als bei Instandhaltungsaktivitäten. Bei gleichen Handlungen steigen die Wahrscheinlichkeiten bei dem Element schlechterer Qualität schneller an. Dies resultiert wie erwartet aus dem entsprechenden Alterungsverhalten unterschiedlicher Elemente und unterschiedlicher Handlungen, die Struktur ist somit identisch zum Fallbeispiel des Fensterelementes.

Die Werte für die Zahlungsströme stammen größtenteils aus Baukostendatenbanken und wurden über Expertengespräche verifiziert. Es handelt sich hierbei sicherlich nicht um allgemeingültige Werte. Allein aufgrund der Tatsache, dass sich die Beschaffungspreise über den Zeitablauf ständig verändern, wäre ein solcher Anspruch nicht umsetzbar. Dennoch sollen diese Werte einen realistischen Eindruck über die ungefähren Größenordnungen derartiger Zahlungen verschaffen.

Übergangswahrscheinlichkeiten $p_{i,i+1}(h_j,a)$ für Element mit gutem Wirkungsgrad (E7-A1)									
h_1 = keine Aktivität					h_2 = Instandhaltung				
Alter a	p_{12}	p_{23}	p_{34}	p_{45}	Alter a	p_{12}	p_{23}	p_{34}	p_{45}
0	6,8327E-08	8,1142E-10	1,7633E-05	0,00398115	0	1,9033E-08	6,5411E-10	1,3835E-05	0,00337993
1	0,00027676	5,5357E-09	8,1202E-05	0,00920586	1	7,7668E-05	4,3589E-09	6,4025E-05	0,00787911
2	0,0348007	1,728E-08	0,0001982	0,01502293	2	0,00993244	1,3253E-08	0,00015672	0,01291883
3	0,6625125	6,1918E-08	0,0003711	0,02117543	3	0,2643989	3,3407E-08	0,00029403	0,01827053
4	0,99999974	1,0975E-06	0,00059751	0,02741129	4	0,98633026	2,3975E-07	0,00047413	0,02371121
5	1	1,5653E-05	0,0008722	0,03353621	5	1	3,3709E-06	0,00069294	0,02906783
6	1	0,00014646	0,00118939	0,03943841	6	1	3,1427E-05	0,00094585	0,03423904
7	1	0,00100718	0,00154434	0,045069	7	1	0,0002155	0,0012287	0,03917874
8	1	0,00547092	0,00193638	0,05041748	8	1	0,00116937	0,00153847	0,04387472
9	1	0,02454363	0,00238205	0,055495	9	1	0,00527277	0,00187552	0,04833349
10	1	0,09250005	0,00296765	0,06032783	10	1	0,02039194	0,002252	0,05257146
11	1	0,28510073	0,00405669	0,06496689	11	1	0,06862318	0,00272152	0,05661197
12	1	0,64934229	0,00721362	0,06953661	12	1	0,19873112	0,00347953	0,0604901
13	1	0,95025325	0,01910836	0,0743914	13	1	0,46917438	0,00523531	0,06427461
14	1	0,99965667	0,05753067	0,08056481	14	1	0,81376638	0,0107113	0,06813185
15	1	1	0,15697818	0,09103542	15	1	0,98473017	0,02837847	0,07249367
16	1	1	0,36928846	0,11452373	16	1	0,99994635	0,07460945	0,07848095
17	1	1	0,69087469	0,17739344	17	1	1	0,17907266	0,08899231
18	1	1	0,94157975	0,34335678	18	1	1	0,37930949	0,11171484
19	1	1	0,9985847	0,63959846	19	1	1	0,66737191	0,1675729
20	1	1	0,99999951	0,9093918	20	1	1	0,91257841	0,30344335
21	1	1	1	0,995598	21	1	1	0,99446235	0,55092126
22	1	1	1	0,99999261	22	1	1	0,9999776	0,82496083
23	1	1	1	1	23	1	1	1	0,97449675
24	1	1	1	1	24	1	1	1	0,99944093
25	1	1	1	1	25	1	1	1	0,99999965
26	1	1	1	1	26	1	1	1	1
27	1	1	1	1	27	1	1	1	1
28	1	1	1	1	28	1	1	1	1
29	1	1	1	1	29	1	1	1	1
30	1	1	1	1	30	1	1	1	1
31-149	1	1	1	1	31-149	1	1	1	1

Abbildung 7.34: Übergangswahrscheinlichkeiten $p_{i,i+1}(h_1,a)$ für Element E7-A1 (guter Wirkungsgrad) bei Handlungen h_1 (Keine Aktivität) und h_2 (Instandhaltung)

Die Auszahlungen für Investitionen und Instandsetzungen entsprechen dabei dem Preis für die Beschaffung und den Einbau einer Elementalternative. Das Heizungselement höherer Qualität besitzt dabei einen höheren Preis. Die Werte von durchgeführten Instandhaltungsmaßnahmen wurden auf Basis einer bestmöglichen Instandhaltung („Full Service") berechnet. Die hierfür notwendigen Zahlungen können infolgedessen auch aus entsprechenden Wartungsverträgen abgelesen werden, die eine derartige Instandhaltungsqualität abbilden. Diese beinhalten im wesentlichen Kosten für die allgemeine Wartung sowie für besondere Wartungsleistungen. Die entsprechenden notwendigen jährlichen Zahlungen für diese Aktivitäten sind in Tabelle 7.36 für die verschiedenen Qualitäten dargestellt. Aus diesen lassen sich die in Tabelle 7.33 aufgelisteten jährlichen Zahlungen für die Aktivität „Instandhaltung" berechnen. Zahlungen für Inspektionen sind hierin nicht enthalten.

Die Zahlungen für den Ausbau/Rückbau und die anschließende Deponierung/Entsorgung stellen die Restwertzahlungen dar. Wie bereits beschrieben werden diese aufgrund fehlender Daten und Märkte als unabhängig von Ele-

Übergangswahrscheinlichkeiten $p_{i,i+1}(h_j,a)$ für Element mit schlechtem Wirkungsgrad (E7-A2)									
h_1 = keine Aktivität					h_2 = Instandhaltung				
Alter a	p_{12}	p_{23}	p_{34}	p_{45}	Alter a	p_{12}	p_{23}	p_{34}	p_{45}
0	0,01787941	1,29E-04	0,01051282	0,09928087	0	0,00999907	0,00011248	0,00920111	0,09206699
1	0,57035292	0,00048294	0,02243015	0,1513839	1	0,37497631	0,00035651	0,01971668	0,14100967
2	0,99940412	0,00439562	0,03391211	0,18968859	2	0,98387814	0,00215726	0,02984955	0,17709049
3	1	0,02933439	0,04435192	0,21685319	3	0,99999999	0,01432039	0,03881351	0,20259663
4	1	0,11971591	0,05590485	0,23709954	4	1	0,05981225	0,04752631	0,22118682
5	1	0,33742705	0,07576148	0,2548879	5	1	0,18032063	0,05902122	0,23619331
6	1	0,666195	0,12488895	0,27630629	6	1	0,41106775	0,08112191	0,25105077
7	1	0,92171998	0,25341939	0,3124575	7	1	0,70715352	0,13400775	0,27080363
8	1	0,99515417	0,49658333	0,38507427	8	1	0,92325392	0,25750572	0,30446149
9	1	0,99996567	0,77538098	0,5292874	9	1	0,99290179	0,47213398	0,3686209
10	1	0,99999999	0,95064436	0,75083546	10	1	0,99986825	0,72390053	0,48935348
11	1	1	0,99662163	0,93394172	11	1	0,99999977	0,91231687	0,67970881
12	1	1	0,99996316	0,99404923	12	1	1	0,98730656	0,874191
13	1	1	0,99999998	0,99990015	13	1	1	0,99944202	0,97573208
14	1	1	1	0,99999987	14	1	1	0,99999575	0,99836245
15	1	1	1	1	15	1	1	1	0,99997682
16	1	1	1	1	16	1	1	1	0,99999997
17	1	1	1	1	17	1	1	1	1
18	1	1	1	1	18	1	1	1	1
19	1	1	1	1	19	1	1	1	1
20	1	1	1	1	20	1	1	1	1
21-149	1	1	1	1	21-149	1	1	1	1

Abbildung 7.35: Übergangswahrscheinlichkeiten $p_{i,i+1}(h_1,a)$ für Element E7-A2 (schlechter Wirkungsgrad) bei Handlung h_1 (Keine Aktivität) und h_2 (Instandhaltung)

Instandhaltungs-zahlungen [EUR/a]	Gute Qualität	Schlechte Qualität
Allgemeine Wartung	150	
Besondere Wartungsleistungen	20	50

Abbildung 7.36: Aktivitäten der Instandhaltungszahlungen bei unterschiedlichen Qualitäten für den Elementtyp Heizung

mentalternativen und Zuständen angenommen. Dennoch spielen diese eine Relevanz, da sie lediglich bei den Handlungen des Ersatzes anfallen.

Bei den angesetzten jährlichen kalkulatorischen Zahlungen für Mietminderungen und Mietausfälle wurden prozentuale Abschläge von der jährlichen Gesamtmiete als Ausgangsbasis herangezogen. Bei einer 150 m^2 großen Wohnung ergibt sich bei einer Kaltmiete von 5 EUR/m^2 eine jährliche Gesamtmiete von 9.000 EUR/a. Infolgedessen kann bei prozentualen Abschlägen ein entsprechender Wert von 90 EUR/a pro Prozentpunkt als kalkulatorischer Abschlag angesetzt werden. Bei Mietminderungen werden Abschläge von 10% und 50% für die Zustände 4 und 5 als realistisch angesehen. Basis für diese Annahmen bieten in der Praxis vorhandene Mietmängeltabellen.[36] Mietausfälle entstehen bei schlechterer Qualität in Höhe von 5%. Basis für

[36]vgl. hierzu beispielsweise Deutscher Mieterbund [31].

diese Einschätzung bildeten Expertengespräche, bei einer ausreichend vorhandenen Datenbasis könnten sich solche auch aus Mietpreisen bestimmen lassen.

Die Ermittlung der jährlichen Zahlungen für Heizung/Wärme sind unter Vernachlässigung von Wärmeverlusten für z.B. Wärmeverteilung hauptsächlich abhängig von deren Wirkungsgrad. Unterstellt man eine Wohnfläche von 150 m^2 und einen Heizwärmebedarf von 100 $kWh/(m^2 \cdot a)$, so lassen sich bei einem Wirkungsgrad von $\eta_1 = 0,9$ für eine Heizung guter Qualität und $\eta_2 = 0,8$ für eine Heizung schlechter Qualität die entsprechenden Verbrauche ermitteln zu 1666 $l/(EFH \cdot a)$ Öl (bzw. $m^3/(EFH \cdot a)$ Erdgas) für Alternative E7-A1 und 1875 $l/(EFH \cdot a)$ Öl (bzw. $m^3/(EFH \cdot a)$ Erdgas) für Element E7-A2.[37] Bei einem Rohstoffpreis von 0,4 EUR/l Öl (bzw. $/m^3$ Erdgas) ergeben sich dann für ein Einfamilienhaus (EFH) Ausgaben von:

$$a_1 = 666,67\ EUR/(EFH \cdot a) \approx 665\ EUR/(EFH \cdot a) \tag{7.9}$$

$$a_2 = 750\ EUR/(EFH \cdot a) \tag{7.10}$$

Es wird weiter angenommen, dass diese Ausgaben entstehen, falls sich die Heizung in einem guten Zustand befindet und der Wirkungsgrad der Heizung mit schlechterem Zustand sinkt, so dass sich die Ausgaben dementsprechend für diese Zustände erhöhen. In Expertengesprächen wurde eine Verschlechterung um $\Delta\eta = 0,02$ pro Zustand als realistisch angesehen.[38] Eine Übersicht der Berechnung der Wärmezahlungen ist aus Tabelle 7.37 ersichtlich, die Ergebnisse der Berechnung finden sich dementsprechend auch in der Übersicht aller Zahlungsströme für das Fallbeispiel, der Tabelle 7.33.

Nachdem die einzelnen Arten der Zahlungsströme ermittelt wurden, kann nun aus den in Abbildung 7.33 dargestellten Werten der Inputgrößen die Funktion C der resultierenden jährlichen Zahlungsströme in Abhängigkeit von Zustand und Handlung sowie die Funktion C_T für den Restwert zum Zeitpunkt des Planungshorizontes T ermittelt werden. Diese sind für den Fall 5 (Gesamtbetrachtung)[39] gemeinsam mit den Investitionszahlungen I in Tabelle 7.38 für beide Elemente abgebildet. Aus dieser ergibt sich auch die Zuordnung aller möglichen Handlungen h_i unter einer Berücksichtigung der Modellerweiterung, die nicht-identischen Ersatz beinhaltet. Hieraus ergeben

[37] Unterstellt wird hierbei ein Heizwert für Öl bzw. Gas von 10 kWh/l bzw. kWh/m^3.

[38] In Zustand 5 ist die Heizung funktionsuntauglich, so dass dann ein Wirkungsgrad von 0 angesetzt werden kann.

[39] Wie bereits in Kapitel 5.3 verdeutlicht wurde, wird eine Gesamtbetrachtung als sinnvollste Variante für alle Gruppen von Entscheidungsträgern angesehen.

Zustand	gute Qualität (Wirkungsgrad in Zustand 1: η = 0,9) E7-A1				schlechte Qualität (Wirkungsgrad in Zustand 1: η = 0,8) E7-A2			
	Wirkungsgrad η_1	Verbrauch m_1 [l/EFH·a]	Zahlungen a_1 [€/EFH·a]	**Wärmezahlungen a_1 (gerundet) [€/EFH·a]**	Wirkungsgrad η_2	Verbrauch m_2 [l/EFH·a]	Zahlungen a_2 [€/EFH·a]	**Wärmezahlungen a_2 (gerundet) [€/EFH·a]**
1	0,90	1666,7	666,7	**665**	0,80	1875,0	750,0	**750**
2	0,88	1704,5	681,8	**680**	0,78	1923,1	769,2	**770**
3	0,86	1744,2	697,7	**695**	0,76	1973,7	789,5	**790**
4	0,84	1785,7	714,3	**710**	0,74	2027,0	810,8	**810**
5	-	-	-	**-**	-	-	-	**-**

Abbildung 7.37: Berechnung der jährlichen Zahlungen für Wärme bei unterschiedlichen Qualitäten für den Elementtyp Heizung

Zahlungsströme $C_t(z,h_{i,t})$	Handlungen h_i		Zustände Z_j 1	2	3	4	5	I^k
E7-A1	h_1	keine Aktivität	-665	-680	-695	-1.610	-4.500	-3.200
	h_2	Instandhaltung	-835	-850	-865	-1.780	-4.670	
	h_3	identischer Ersatz	-4.045	-4.060	-4.075	-4.990	-7.880	
	h_4	Ersatz mit E7-A2	-3.645	-3.660	-3.675	-4.590	-7.480	
	C_T		-845	-860	-875	-1.790	-4.680	
E7-A2	h_5	keine Aktivität	-1.200	-1.220	-1.240	-2.160	-4.950	-2.800
	h_6	Instandhaltung	-1.400	-1.420	-1.440	-2.360	-5.150	
	h_7	identischer Ersatz	-4.180	-4.200	-4.220	-5.140	-7.930	
	h_8	Ersatz mit E7-A1	-4.580	-4.600	-4.620	-5.540	-8.330	
	C_T		-1.380	-1.400	-1.420	-2.340	-5.130	

Abbildung 7.38: Funktion der jährlichen Zahlungsströme $C_t(z,h_i)$, Funktion des Restwertes zum Zeitpunkt des Planungshorizontes C_T sowie Investitionszahlungen für die Elementalternativen des Elementtyps Heizung

sich vier Handlungsmöglichkeiten pro Element, insgesamt existieren damit acht verschiedene Handlungsalternativen.

7.2.2 Ermittlung optimaler Strategien an exemplarischen Beispielen

Im Anschluss an die im vorherigen Unterkapitel vorgenommene Herleitung und Bestimmung der Modellgrößen sollen nun die Ergebnisse der Untersuchung analysiert werden. Auch bei diesem Fallbeispiel gilt, dass sämtliche Ergebnisse stets in Verbindung mit den gewählten Inputgrößen zu sehen sind und keine Allgemeingültigkeit besitzen. Dennoch erlauben die Ergebnisse aufgrund der realistischen Abschätzung der Inputgrößen Rückschlüsse insbesondere hinsichtlich eines Vergleichs zu alternativen Strategien, da bei dem Vergleich stets die gleichen Inputwerte verwendet werden. Insgesamt führt der zur Ermittlung der Strategien verwendete Ansatz in jedem Fall zu gleichen oder besseren Ergebnissen.

Zunächst werden die Ergebnisse unter Berücksichtigung aller im Rahmen der Modellierung beschriebenen Teilaspekte dargestellt, d.h. es werden folgende Parameter angenommen: Berücksichtigung von nicht-identischem Ersatz, Betrachtung aller elementrelevanten Zahlungsströme (Fall 5)[40], direkte Ausfallwahrscheinlichkeit von $\overline{p} = 0,15$, ein Austauschwahrscheinlichkeitsvektor von $\vec{\overline{p}} = (0.85, 0.1, 0.05, 0, 0)$ sowie ein Diskontierungsfaktor von $\alpha = 1,05$. Die optimalen Handlungen $h^*(a,T)$ und entsprechenden Zeitwerte $V_{H_i}(a,T)$ finden sich für Element E7-A1 in Schaubild 7.39 sowie für Element E7-A2 in Schaubild 7.40.

Die Entscheidungsstruktur ist prinzipiell ähnlich zu der beim Fallbeispiel Fenster, allerdings ist diese nicht so heterogen. Insbesondere sind die Effekte bei kürzeren Planungshorizonten weitaus geringer, jedoch ist dies vor dem Hintergrund der kürzeren Lebensdauern dieses Elementes zu sehen.[41] Bei Element E7-A1 sind die optimalen Entscheidungen in den Zuständen 1 und 2 gänzlich unabhängig von Alter und betrachtetem Planungshorizont, es ist die Handlung $h^* = h_1$ (keine Aktivität) zu wählen. Im Gegensatz zum Fallbeispiel Fenster existiert auch in Zustand 2 lediglich eine optimale Entscheidung für das gesamte Altersspektrum und für alle Betrachtungszeiträume. Diese Unabhängigkeit von beiden Dimensionen gilt auch für die Zustände 4 und 5. In diesen ist die Handlung $h^* = h_3$ (identischer Ersatz mit Element E7-A1) als optimale Entscheidung zu wählen. Hier existiert also keine Abweichung hinsichtlich der Entscheidungsstruktur der Fensterelemente. Eine selektive Betrachtung ist im Zustand 3 vorzunehmen. Hier existieren drei Altersbereiche, für welche aufsteigend mit dem Alter die optimalen Handlungen $h^* = h_1$ (keine Aktivität), $h^* = h_2$ (Instandhaltung) und $h^* = h_3$ (identischer Ersatz mit Element E5-A1) ermittelt wurden. Die exakten Altersbereiche können auch aus der in Tabelle 7.41 dargestellten Zusammenfassung der Ergebnisse für längere Betrachtungshorizonte entnommen werden. Dabei fällt auf, dass der Bereich der Instandsetzungsentscheidungen gegenüber dem Fallbeispiel des Fensters bereits bei geringeren Altern beginnt. Vor dem Hintergrund der rascheren Alterung der Heizungselemente ist dies allerdings einleuchtend.

Für sehr kurze Betrachtungshorizonte, bei denen der endliche Planungshorizont eine wichtige Rolle bei der Berechnung spielt, sind die optimalen Entscheidungen individuell aus den Ergebnistableaus der Schaubilder 7.39 und 7.40 abzulesen. Wie bereits verdeutlicht wurde, sind solche bei einer längerfristigen Strategieplanung jedoch von geringerer Bedeutung. Geht man von dem Normalfall einer rollierenden Planung aus, so wäre eine kurzfristige Betrachtungsweise nur interessant bei kurzfristigen Entscheidungen auf

[40] vgl. hierzu auch Erläuterungen in Kapitel 5.3.

[41] zur Erläuterung dieser Effekte vgl. Kapitel 5.3.

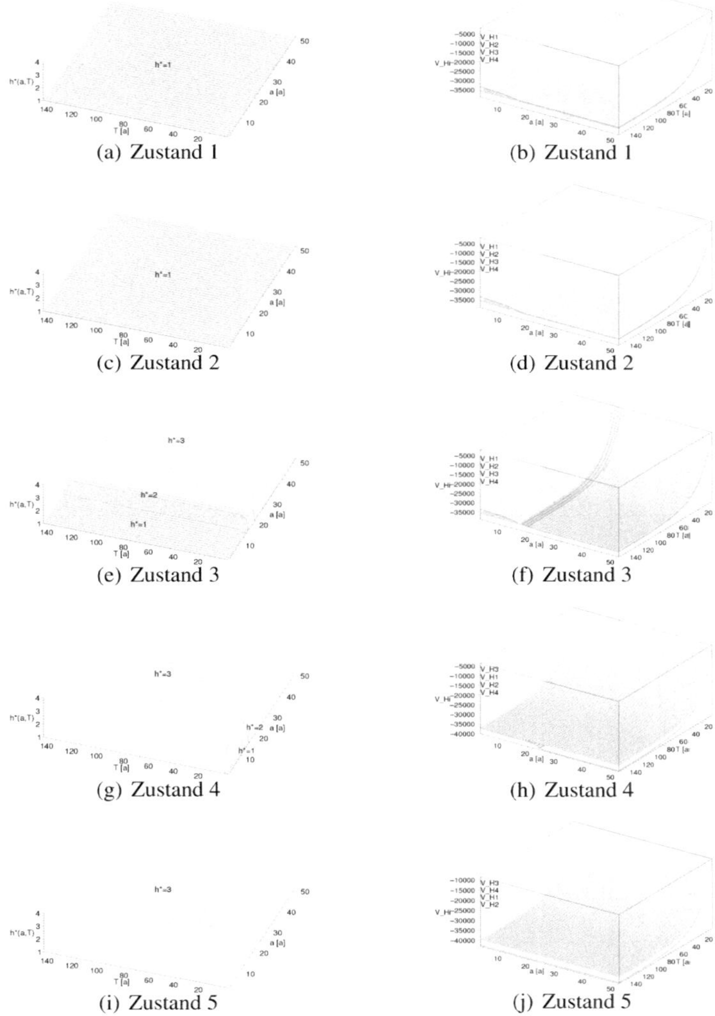

(a) Zustand 1 (b) Zustand 1

(c) Zustand 2 (d) Zustand 2

(e) Zustand 3 (f) Zustand 3

(g) Zustand 4 (h) Zustand 4

(i) Zustand 5 (j) Zustand 5

Abbildung 7.39: Optimale Handlungen $h^*(a,T)$ und Zeitwerte $V_{H_i}(a,T)$ für Element Heizung guter Qualität (E7-A1) unter Berücksichtigung von nicht-identischem Ersatz, Parameter: Fall 5 (Gesamtoptimierung), $\overline{p} = 0.15$, $\vec{\overline{p}} = (0.85, 0.1, 0.05, 0, 0)$, $\alpha = 1.05$

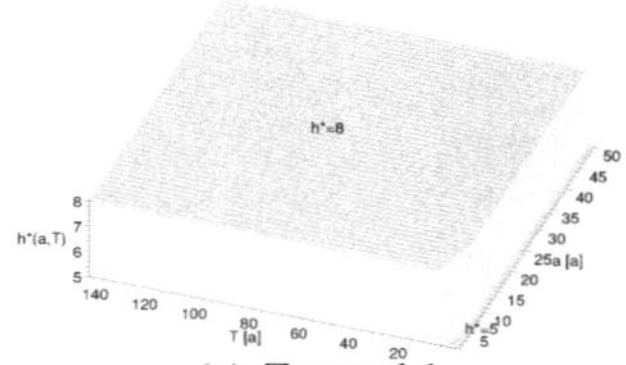

(a) Zustand 1

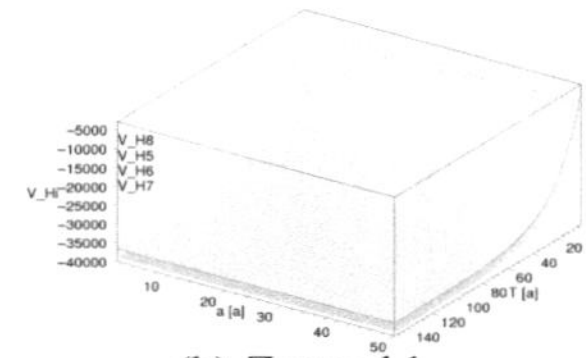

(b) Zustand 1

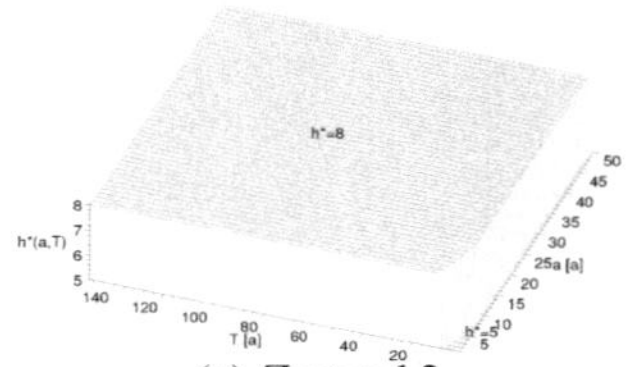

(c) Zustand 2

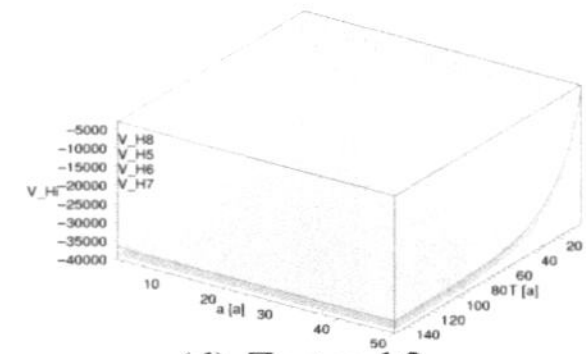

(d) Zustand 2

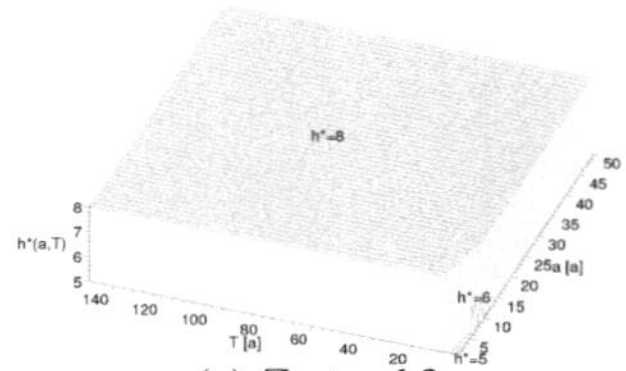

(e) Zustand 3

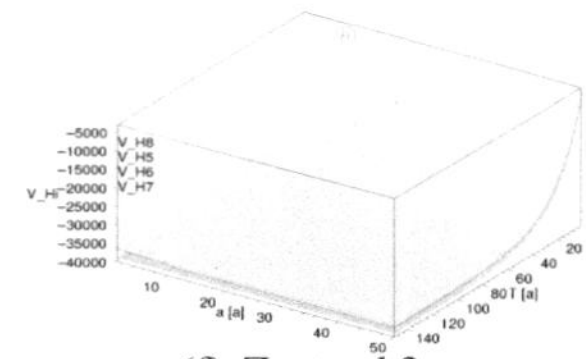

(f) Zustand 3

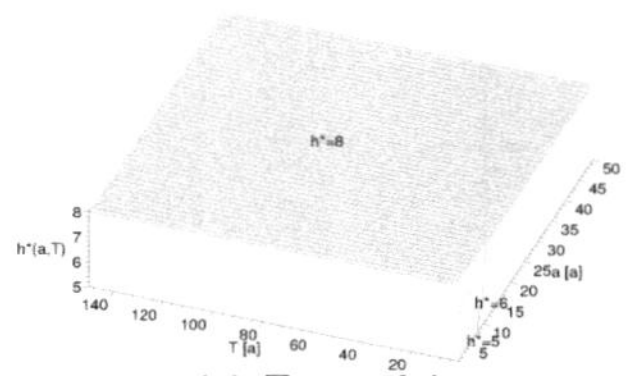

(g) Zustand 4

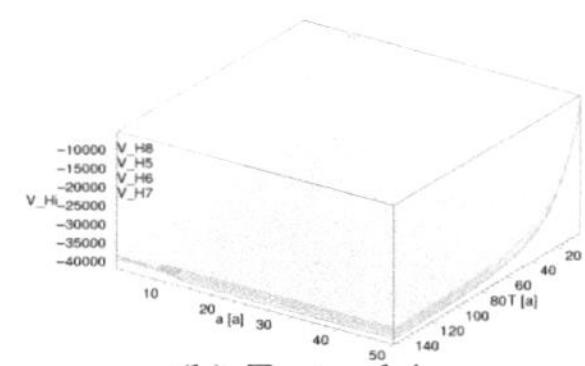

(h) Zustand 4

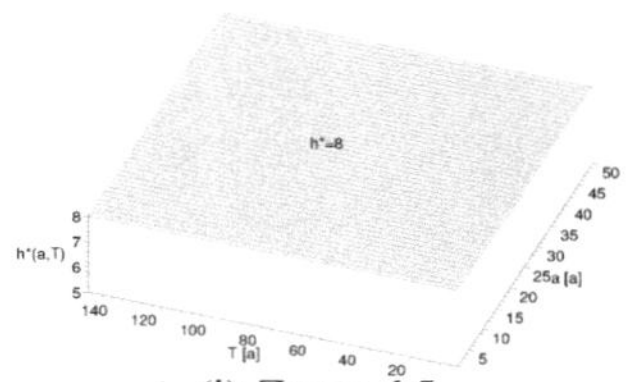

(i) Zustand 5

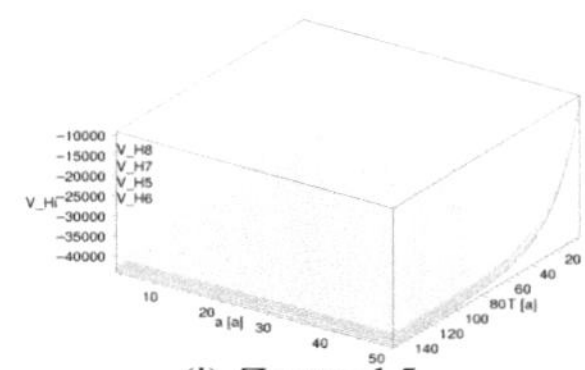

(j) Zustand 5

Abbildung 7.40: Optimale Handlungen $h^*(a,T)$ und Zeitwerte $V_{H_i}(a,T)$ für Element Heizung guter Qualität (E7-A2) unter Berücksichtigung von nicht-identischem Ersatz, Parameter: Fall 5 (Gesamtoptimierung), $\overline{p} = 0.15$, $\vec{\overline{p}} = (0.85, 0.1, 0.05, 0, 0)$, $\alpha = 1.05$

Gebäude- oder Portfolioebene, wie z.B. einem geplanten Verkauf, unter der Annahme, dass Informationsasymmetrien vorhanden sind. Ansonsten würde der Käufer unterlassene Handlungen und die daraus resultierenden Auswirkungen auf das Alterungsverhalten entsprechend über einen geringeren Kaufpreis bewerten. Die Entscheidungsstruktur bei dem Heizungselement mit der schlechteren Qualität ist relativ eindeutig. Hier ist die Handlung $h^* = h_8$ (nicht-identischer Ersatz mit Element E7-A1) optimal. Ausnahmen hiervon bilden nur Entscheidungen bei kurzen Betrachtungszeiträumen, falls sich das Element in den Zuständen 1 bis 4 befindet.

Element/ Alternative	Erwarteter optimaler C_0 bei Anfangszustand (1,0)	Zustand	optimale Handlung h* (a,T)=NT: Alter a ∈ [i,j]		∀ Planungszeitpunkte T≥τ	optimale Handlung h* (a,T)=IH: Alter a ∈ [i,j]		∀ Planungszeitpunkte T≥τ	optimale Handlung h* (a,T)=IS: Ersatz mit Element	Alter a ∈ [i,j]		∀ Planungszeitpunkte T≥τ
			i_T	j_T	τ	i_T	j_T	τ		i_T	j_T	τ
Element 1	-35.040,02	1	1	T	1							
		2	1	T	1							
		3	1	15	6	16	18	6	1	19	T	5
		4							1	1	T	5
		5							1	1	T	1
Element 2	-37.493,97	1							1	1	T	9
		2							1	1	T	9
		3							1	1	T	8
		4							1	1	T	2
		5							1	1	T	1

Abbildung 7.41: Zusammenfassung optimaler Handlungen $h^*(a,T)$ für Altersintervalle ab einem bestimmten Zeitpunkt τ für Element Heizung der Alternativen E7-A1 und E7-A2 unter Berücksichtigung von nicht-identischem Ersatz, Parameter: Fall 5 (Gesamtoptimierung), $\overline{p} = 0.15$, $\vec{\overline{p}} = (0.85, 0.1, 0.05, 0, 0)$, $\alpha = 1.05$

Die für längere Betrachtungshorizonte in Tabelle 7.41 dargestellte Zusammenfassung der Ergebnisse enthält weiterhin den erwarteten Kapitalwert C_0 bei einem Betrachtungshorizont von 150 Jahren, unter der Annahme eines Anfangszustandes von (1,0), d.h. einem neuen, in Zustand 1 befindlichen Element. Dieser ist am besten, falls direkt ein Element guter Qualität (E7-A1) zum Einsatz kommt. Das Element E7-A2 wird jeweils nur eingesetzt, falls es bereits zu Beginn verwendet wurde. Bei dem ersten Ersatz kommt anschließend immer das Element E7-A1 zum Einsatz. Alle Zeitwerte $V_{H_i}(a,T)$ für die verschiedenen Handlungsalternativen sind aus Gründen der Vollständigkeit ebenfalls in den Abbildungen 7.39 und 7.40 dargestellt. Wie bei den Fensterelementen lässt sich erkennen, dass die Zeitwerte mit ansteigendem Planungshorizont und Alter immer geringer werden, aufgrund der höheren Zahlungen sind die Zeitwerte jedoch wesentlich geringer als bei den Fensteralternativen. Der maximale Zeitwert bildet die Oberfläche des Graphen. Die Reihenfolge der Zeitwerte ist für eine Betrachtungsperiode von 150 Jahren und einem Alter von 0 Jahren entsprechend im Schaubild notiert. Es gilt natürlich auch hier, dass die Handlung mit dem geringsten Zeitwert optimal ist.

Nachdem nun die Ergebnisse unter Berücksichtigung aller Modellmodifikationen analysiert wurden, sollen wiederum Auswirkungen einzelner Modellparameter betrachtet werden. Dabei wird auf eine nähere Untersuchung hinsichtlich der Relevanz verschiedener Arten von Zahlungen, die eine Betrachtung verschiedener Entscheidungsträger verdeutlichen soll, verzichtet. Wie bereits in Kapitel 5.3 ausführlich erläutert wurde, wird eine Gesamtbetrachtung als die sinnvollste Variante für alle Gruppen angesehen. Weiterhin wird auch eine isolierte Betrachtung der Elemente, d.h. es wird nur identischer Ersatz berücksichtigt, nicht detaillierter untersucht. Bei dem Element, welches die besten Qualitätsmerkmale besitzt, führen beide Untersuchungen ohnehin zum gleichen Ergebnis. Dies rührt daher, dass bei Ersatzmaßnahmen in beiden Modellvarianten stets ein identischer Ersatz erfolgt. Bei der Elementalternative E7-A2 ergeben sich keine wesentlichen neuen Erkenntnisse aus einer Einzelbetrachtung.[42]

Zur Analyse von Auswirkungen direkter Ausfallwahrscheinlichkeiten wurde bei dem Beispiel in der Grundparametrisierung, welches zunächst alle Teilaspekte enthält, die Ausfallwahrscheinlichkeit $\overline{p}$ ebenfalls variiert. Die in Tabelle 7.41 dargestellten und bereits erläuterten Ergebnisse unterstellen eine Wahrscheinlichkeit von $\overline{p} = 0,15$. Demgegenüber enthält Tabelle 7.42 die Ergebnisse bei einer veränderten Ausfallwahrscheinlichkeit von $\overline{p} = 0$. Bei den durchgeführten Sensitivitäten bezüglich dieses Parameters bleibt die prinzipielle Entscheidungsstruktur erhalten. Gegenüber dem Fallbeispiel Fenster sind die Änderungen der Ergebnisse sogar noch geringer. Hinsichtlich der optimalen Entscheidung kommt es unter Vernachlässigung kurzer Betrachtungszeiträume lediglich in Zustand 3 zu marginalen Veränderungen, es kommt allerdings zu größeren Abweichungen bzgl. der Kapitalwerte C_0 aufgrund eines häufigeren Ersatzes während des Betrachtungszeitraumes. Die bei dem Fallbeispiel Fenster ersichtliche Tendenz, dass Ersatzentscheidungen bei größeren Ausfallwahrscheinlichkeiten erst bei höheren Alterswerten optimal sind, findet sich auch bei diesem Vergleich. Wie bereits in Kapitel 6.2 erläutert, muss bei direkten Ausfallwahrscheinlichkeiten in jedem Zustand unabhängig von Alter und gewählter Handlung damit gerechnet werden, dass ein Element direkt in Zustand 5 übergeht. Dadurch wird die Wahrscheinlichkeit größer, dass ein Element früher in schlechtere Zustände gelangt und damit öfters ein Ersatz stattfindet. Insgesamt kommt es hierdurch auch zu den großen Veränderungen der Kapitalwerte C_0.

[42]Für die Ergebnisse einer isolierten Betrachtung wird auf das Arbeitspapier von Wilhelm [201], das den gesamten Ergebniskatalog enthält, verwiesen.

Erwarteter optimaler C_0 bei Anfangszustand (1,0)	Zustand	optimale Handlung h* (a,T)=NT			optimale Handlung h* (a,T)=IH			optimale Handlung h* (a,T)=IS			
		Alter a ∈ [i,j]		∀ Planungszeitpunkte T≥τ	Alter a ∈ [i,j]		∀ Planungszeitpunkte T≥τ	Ersatz mit Element	Alter a ∈ [i,j]		∀ Planungszeitpunkte T≥τ
		i_T	j_T	τ	i_T	j_T	τ		i_T	j_T	τ
-19.797,20	1	1	T	1							
	2	1	T	1							
	3	1	15	23	16	16	40	1	17	T	40
	4							1	1	T	4
	5							1	1	T	1
-22.982,35	1							1	1	T	22
	2							1	1	T	22
	3							1	1	T	22
	4							1	1	T	2
	5							1	1	T	1

Abbildung 7.42: Zusammenfassung optimaler Handlungen $h^*(a,T)$ für Altersintervalle ab einem bestimmten Zeitpunkt τ für Element Heizung der Alternativen E7-A1 und E7-A2 unter Berücksichtigung von nicht-identischem Ersatz, Parameter: Fall 5 (Gesamtoptimierung), $\overline{p} = 0$, $\vec{\overline{p}} = (0.85, 0.1, 0.05, 0, 0)$, $\alpha = 1.05$

Hinsichtlich der Austauschwahrscheinlichkeiten $\vec{\overline{p}}$ wurde ebenfalls eine Sensitivitätsanalyse vorgenommen. Als Basis wurde das bereits vorgestellte Beispiel herangezogen. Die in Tabelle 7.41 dargestellten Ergebnisse wurden unter dem Vektor von $\vec{\overline{p}} = (0.85, 0.1, 0.05, 0, 0)$ ermittelt. Demgegenüber enthält die in Tabelle 7.43 dargestellte Sensitivität die Ergebnisse bei $\vec{\overline{p}} = (0, 0, 0, 0, 0)$. Die Ergebnisstruktur ist identisch, selbst für kleinere Betrachtungszeiträume. Lediglich die Kapitalwerte verschlechtern sich bei einem Vektor von $\vec{\overline{p}} = (0.85, 0.1, 0.05, 0, 0)$, allerdings nur marginal. Zusammengefasst hat die Wahl dieses Parameters auch bei dem Element Heizung einen geringen Einfluss auf die Ergebnisse und besitzt somit insgesamt eine untergeordnete Bedeutung für die Ermittlung optimaler Instandhaltungsentscheidungen.

Als letzter Parameter soll nun der Diskontierungsfaktor α hinsichtlich seiner Bedeutung untersucht werden. Im Gegensatz zu den anderen bisher untersuchten Größen ist der Diskontierungsfaktor eher als exogener Faktor zu sehen. Wie bereits in Kapitel 3.3.2.2 verdeutlicht wurde, wird die Verwendung eines zeit- und zustandsunabhängigen Diskontierungsfaktors als geeignet angesehen, gleichwohl ist die Höhe des Faktors den Risiken der Gesamtimmobilie entsprechend zu wählen. Der Einfluss der Diskontierung wurde bei den bisherigen Fallbeispielen nicht näher analysiert, es wurde stets ein Diskontierungsfaktor von $\alpha = 1,05$ angesetzt. Dieser wird als ein für Immobilien realistischer Wert angesehen, der eine angemessene Risikoprämie enthält, dennoch ist dieser Wert abhängig vom jeweiligen Zeitpunkt der Bestimmung.

Element/ Alternative	Erwarteter optimaler C_0 bei Anfangszustand (1,0)	Zustand	optimale Handlung h* (a,T)=NT			optimale Handlung h* (a,T)=IH			optimale Handlung h* (a,T)=IS			
			Alter a ∈ [i,j]		∀ Planungszeitpunkte T≥τ	Alter a ∈ [i,j]		∀ Planungszeitpunkte T≥τ	Ersatz mit Element	Alter a ∈ [i,j]		∀ Planungszeitpunkte T≥τ
			i_T	j_T	τ	i_T	j_T	τ		i_T	j_T	τ
Element 1	-35.015,45	1	1	T	1							
		2	1	T	1							
		3	1	15	6	16	18	6	1	19	T	5
		4							1	1	T	5
		5							1	1	T	1
Element 2	-37.461,53	1							1	1	T	9
		2							1	1	T	9
		3							1	1	T	8
		4							1	1	T	2
		5							1	1	T	1

Abbildung 7.43: Zusammenfassung optimaler Handlungen $h^*(a,T)$ für Altersintervalle ab einem bestimmten Zeitpunkt τ für Element Heizung der Alternativen E7-A1 und E7-A2 unter Berücksichtigung von nicht-identischem Ersatz, Parameter: Fall 5 (Gesamtoptimierung), $\overline{p} = 0.15$, $\vec{\overline{p}} = (0,0,0,0,0)$, $\alpha = 1.05$

Es wird daher stets empfohlen, Sensitivitäten hinsichtlich dieses Parameters durchzuführen.

Die prinzipiellen Auswirkungen dieses Faktors auf die Entscheidungsstruktur wurde bereits im Rahmen des vorherigen Fallbeispiels erläutert. Der hierbei beschriebene Effekt, dass der Diskontierungsfaktor einen starken Einfluss auf die Entscheidungsmuster hat, ist modellbedingt und dementsprechend auch bei dem Fallbeispiel Heizung vorhanden. Der Effekt sinkt prinzipiell mit steigendem Diskontierungsfaktor. Für eine detailliertere Erläuterung sei auf das vorherige Kapitel verwiesen.

Nachdem nun verschiedene Einzelbeispiele vorgestellt und Auswirkungen einzelner Parameter auf das Entscheidungsverhalten verdeutlicht wurden, sollen die Ergebnisse der Sensitivitätsanalysen hinsichtlich der Parameter direkte Ausfallwahrscheinlichkeiten, Austauschwahrscheinlichkeiten und Diskontierungsfaktoren zusammengefasst werden. Es wird dabei auf das bisherige Beispiel unter Berücksichtigung von nicht-identischem Ersatz eingegangen. In den Schaubildern 7.44, 7.45 und 7.46 sind die Ergebnisse bei den verschiedenen Parametern jeweils für die Zustände 1 bis 5 bei einer Betrachtung längerer Planungshorizonte gegenübergestellt. Auch in dieser Zusammenfassung lassen sich die Auswirkungen der Parameter auf das Entscheidungsverhalten sowie die bereits beschriebenen Ursachen und Effekte gut erkennen.

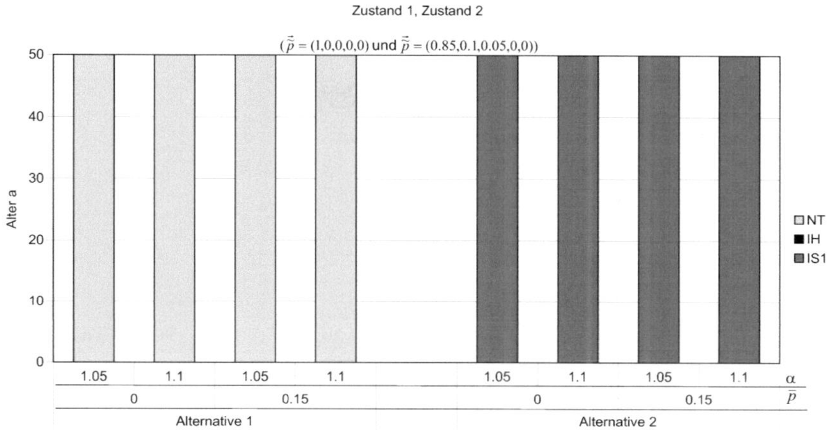

Abbildung 7.44: Sensitivitätsanalyse optimaler Entscheidungen für Parameter Diskontierungsfaktor α, direkte Ausfallwahrscheinlichkeit $\overline{p}$ und Austauschwahrscheinlichkeitsvektor $\vec{\tilde{p}}$ bei den Zuständen 1 und 2 des Elements Heizung der Alternativen E7-A1 und E7-A2 (Fall 5 - Gesamtoptimierung, unter Berücksichtigung von nicht-identischem Ersatz)

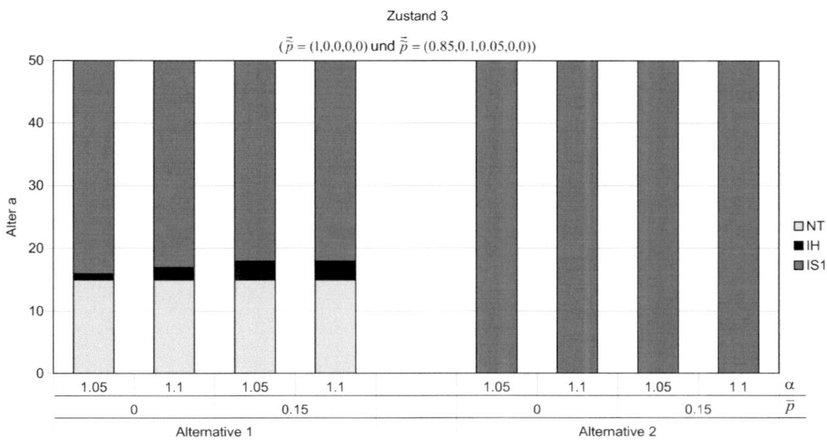

Abbildung 7.45: Sensitivitätsanalyse optimaler Entscheidungen für Parameter Diskontierungsfaktor α, direkte Ausfallwahrscheinlichkeit $\overline{p}$ und Austauschwahrscheinlichkeitsvektor $\vec{\tilde{p}}$ bei Zustand 3 des Elements Heizung der Alternativen E7-A1 und E7-A2 (Fall 5 - Gesamtoptimierung, unter Berücksichtigung von nicht-identischem Ersatz)

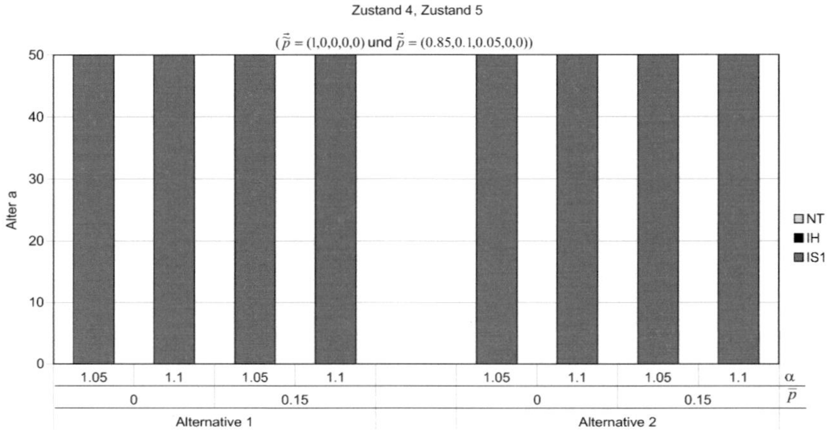

Abbildung 7.46: Sensitivitätsanalyse optimaler Entscheidungen für Parameter Diskontierungsfaktor α, direkte Ausfallwahrscheinlichkeit $\overline{p}$ und Austauschwahrscheinlichkeitsvektor $\vec{\bar{p}}$ bei den Zuständen 4 und 5 des Elements Heizung der Alternativen E7-A1 und E7-A2 (Fall 5 - Gesamtoptimierung, unter Berücksichtigung von nicht-identischem Ersatz)

In den Zuständen 1 und 2 (vgl. Schaubild 7.44) ist für alle Elementalternativen die optimale Entscheidung unabhängig von Elementalter und der gewählten Parametrisierung. Es wird bei Alternative 1 die Handlung „keine Aktivität" gewählt, bei Alternative 2 eine Instandsetzung mit Element 1. Diese Handlungsempfehlung für Element E7-A2 findet sich durchgängig auch in den anderen Zuständen. Für Alternative 1 ist bei Zustand 3 (vgl. Schaubild 7.45) die optimale Handlung selektiv in Abhängigkeit vom Alter vorzunehmen. Es bestehen jeweils für die Handlungen „keine Aktivität", „Instandhaltung" sowie „Instandsetzung" Altersintervalle oder auch Altersbänder, in denen diese optimal sind. Bei den Instandsetzungsentscheidungen handelt es sich jedoch immer um einen Ersatz mit Element 1. Je nach Parametrisierung variieren diese Intervalle, allerdings nicht in dem Maße, wie dies bei dem Fallbeispiel Fenster der Fall ist. In den Zuständen 4 und 5 (vgl. Schaubild 7.46) bildet ein Ersatz durch die Alternative E7-A1 unabhängig von Elementalter und Parametrisierung auch bei diesem Element die optimale Entscheidung.

Insgesamt hat die Parametrisierung bei dem Element Heizung einen wesentlich geringeren Einfluss als bei dem Element Fenster. Hinsichtlich der Auswirkungen auf den Kapitalwert sind wie bei dem Element Fenster unterschiedliche Austauschwahrscheinlichkeitsvektoren eher zu vernachlässigen.

Kapitalwerte C_0 bei $\vec{\tilde{p}} = (1,0,0,0,0)$		α										
		1	1,01	1,02	1,03	1,04	1,05	1,06	1,07	1,08	1,09	1,1
$\overline{p}$	0,00	-137.303,04	-71.752,01	-44.535,14	-31.437,02	-24.222,43	-19.785,46	-16.817,79	-14.704,97	-13.124,81	-11.905,02	-10.937,21
	0,01	-144.850,92	-75.596,72	-46.887,44	-33.080,39	-25.477,63	-20.801,76	-17.673,34	-15.440,75	-13.774,74	-12.487,66	-11.465,52
	0,02	-152.400,93	-79.453,92	-49.247,72	-34.730,83	-26.738,48	-21.822,21	-18.528,23	-16.179,25	-14.426,42	-13.071,28	-11.994,22
	0,03	-159.933,95	-83.315,99	-51.617,08	-36.388,44	-28.004,39	-22.843,96	-19.384,72	-16.919,66	-15.079,14	-13.655,25	-12.522,72
	0,04	-167.457,73	-87.188,28	-53.995,51	-38.052,44	-29.274,30	-23.865,26	-20.243,35	-17.661,18	-15.732,18	-14.238,94	-13.050,47
	0,05	-174.987,95	-91.071,12	-56.382,27	-39.721,46	-30.541,00	-24.888,99	-21.103,16	-18.402,98	-16.384,83	-14.821,73	-13.576,93
	0,06	-182.525,30	-94.964,78	-58.775,60	-41.389,21	-31.810,43	-25.914,01	-21.963,20	-19.144,25	-17.036,40	-15.403,03	-14.101,58
	0,07	-190.074,15	-98.867,36	-61.170,88	-43.056,95	-33.081,29	-26.939,17	-22.822,51	-19.884,18	-17.686,20	-15.982,25	-14.623,49
	0,08	-197.634,26	-102.774,59	-63.561,19	-44.726,25	-34.352,15	-27.963,33	-23.680,16	-20.622,02	-18.333,59	-16.558,71	-15.142,41
	0,09	-205.197,91	-106.672,10	-65.952,95	-46.395,26	-35.621,57	-28.985,37	-24.535,25	-21.357,01	-18.977,96	-17.131,42	-15.658,32
	0,10	-212.747,12	-110.566,87	-68.343,69	-48.062,06	-36.888,17	-30.004,21	-25.386,93	-22.088,46	-19.618,11	-17.700,73	-16.170,79
	0,11	-220.276,70	-114.458,29	-70.730,62	-49.724,86	-38.150,61	-31.018,83	-26.234,37	-22.815,41	-20.254,12	-18.266,15	-16.679,42
	0,12	-227.793,66	-118.341,84	-73.111,18	-51.381,89	-39.407,61	-32.028,25	-27.076,83	-23.537,14	-20.885,71	-18.827,26	-17.183,84
	0,13	-235.290,55	-122.213,30	-75.482,93	-53.031,49	-40.657,96	-33.031,56	-27.912,83	-24.253,74	-21.512,37	-19.383,64	-17.683,75
	0,14	-242.758,44	-126.069,01	-77.843,46	-54.672,05	-41.900,55	-34.027,51	-28.742,66	-24.964,65	-22.133,68	-19.934,97	-18.178,85
	0,15	-250.191,67	-129.905,10	-80.190,51	-56.302,12	-43.134,33	-35.015,45	-29.565,77	-25.669,37	-22.749,25	-20.480,93	-18.668,91

Kapitalwerte C_0 bei $\vec{\tilde{p}} = (0.85,0.1,0.05,0,0)$		α										
		1	1,01	1,02	1,03	1,04	1,05	1,06	1,07	1,08	1,09	1,1
$\overline{p}$	0,00	-137.457,18	-71.824,89	-44.575,27	-31.461,79	-24.239,01	-19.797,20	-16.826,42	-14.711,06	-13.129,49	-11.908,68	-10.940,10
	0,01	-145.012,09	-75.673,30	-46.929,78	-33.106,79	-25.495,53	-20.814,61	-17.682,94	-15.447,74	-13.780,23	-12.492,04	-11.469,08
	0,02	-152.567,40	-79.533,41	-49.292,11	-34.758,80	-26.757,66	-21.836,15	-18.538,32	-16.187,11	-14.432,68	-13.076,36	-11.998,40
	0,03	-160.104,87	-83.398,24	-51.663,47	-36.417,96	-28.024,82	-22.858,41	-19.395,76	-16.928,36	-15.086,14	-13.661,00	-12.527,50
	0,04	-167.633,23	-87.273,39	-54.043,90	-38.083,47	-29.295,36	-23.880,77	-20.255,30	-17.670,68	-15.739,90	-14.245,33	-13.055,83
	0,05	-175.168,21	-91.159,13	-56.432,63	-39.753,94	-30.563,21	-24.905,53	-21.115,99	-18.413,25	-16.393,23	-14.828,73	-13.582,85
	0,06	-182.710,44	-95.055,73	-58.827,86	-41.422,35	-31.833,82	-25.931,54	-21.976,88	-19.155,25	-17.045,45	-15.410,61	-14.108,03
	0,07	-190.264,51	-98.961,15	-61.223,97	-43.091,52	-33.105,83	-26.957,64	-22.836,99	-19.895,89	-17.695,88	-15.990,39	-14.630,36
	0,08	-197.829,68	-102.871,00	-63.616,14	-44.762,21	-34.377,78	-27.982,71	-23.695,42	-20.634,40	-18.343,86	-16.567,30	-15.149,77
	0,09	-205.397,87	-106.769,89	-66.009,74	-46.432,56	-35.648,25	-29.005,62	-24.551,25	-21.370,03	-18.988,80	-17.140,53	-15.666,15
	0,10	-212.949,79	-110.667,35	-68.402,25	-48.100,64	-36.915,86	-30.025,29	-25.403,63	-22.102,10	-19.629,41	-17.710,33	-16.179,07
	0,11	-220.484,06	-114.561,42	-70.790,86	-49.764,66	-38.179,26	-31.040,69	-26.251,75	-22.829,54	-20.265,95	-18.276,22	-16.688,11
	0,12	-228.005,77	-118.447,47	-73.173,05	-51.422,87	-39.437,17	-32.050,87	-27.094,83	-23.551,84	-20.898,03	-18.837,77	-17.192,94
	0,13	-235.507,05	-122.321,38	-75.546,35	-53.073,58	-40.688,40	-33.054,89	-27.931,36	-24.268,97	-21.525,17	-19.394,50	-17.090,22
	0,14	-242.979,31	-126.179,41	-77.908,36	-54.715,21	-41.931,81	-34.051,42	-28.761,78	-24.980,39	-22.146,92	-19.946,30	-18.188,68
	0,15	-250.416,72	-130.017,73	-80.256,82	-56.346,29	-43.166,30	-35.040,02	-29.585,45	-25.685,60	-22.762,91	-20.492,63	-18.679,08

Abbildung 7.47: Sensitivitätsanalyse resultierender Kapitalwerte C_0 für Parameter Diskontierungsfaktor α, direkte Ausfallwahrscheinlichkeit $\overline{p}$ und Austauschwahrscheinlichkeitsvektor $\vec{\tilde{p}}$ für Element Heizung der Alternative E7-A1 (Fall 5 - Gesamtoptimierung, unter Berücksichtigung von nicht-identischem Ersatz)

Kapitalwerte C_0 bei $\vec{\tilde{p}} = (1,0,0,0,0)$		α										
		1	1,01	1,02	1,03	1,04	1,05	1,06	1,07	1,08	1,09	1,1
$\overline{p}$	0,00	-140.493,39	-74.979,62	-47.762,78	-34.649,36	-27.415,13	-22.957,13	-19.967,76	-17.832,84	-16.230,56	-14.988,28	-13.997,64
	0,01	-148.049,61	-78.795,93	-50.071,89	-36.245,63	-28.622,24	-23.925,07	-20.774,89	-18.520,48	-16.832,34	-15.522,80	-14.477,93
	0,02	-155.571,17	-82.609,85	-52.384,90	-37.847,78	-29.834,54	-24.896,91	-21.581,40	-19.210,66	-17.435,75	-16.058,23	-14.958,56
	0,03	-163.060,74	-86.424,46	-54.705,78	-39.456,66	-31.051,66	-25.869,98	-22.389,40	-19.902,64	-18.040,12	-16.593,99	-15.439,01
	0,04	-170.536,87	-90.248,07	-57.035,27	-41.071,68	-32.272,60	-26.842,62	-23.199,41	-20.595,65	-18.644,79	-17.129,48	-15.918,79
	0,05	-178.018,20	-94.081,78	-59.372,85	-42.691,54	-33.490,46	-27.817,57	-24.010,55	-21.288,91	-19.249,09	-17.664,16	-16.397,39
	0,06	-185.506,22	-97.926,07	-61.716,84	-44.310,18	-34.710,95	-28.793,76	-24.821,90	-21.981,68	-19.852,39	-18.197,45	-16.874,35
	0,07	-193.005,49	-101.779,12	-64.062,72	-45.928,79	-35.932,80	-29.770,07	-25.632,56	-22.673,21	-20.454,06	-18.728,85	-17.342,88
	0,08	-200.515,88	-105.636,72	-66.403,74	-47.548,92	-37.154,65	-30.745,43	-26.441,66	-23.362,77	-21.053,50	-19.257,71	-17.777,05
	0,09	-208.029,71	-109.484,72	-68.746,16	-49.168,77	-38.375,12	-31.718,77	-27.248,35	-24.049,68	-21.650,13	-19.771,92	-18.202,63
	0,10	-215.529,15	-113.329,98	-71.087,58	-50.786,46	-39.592,88	-32.689,07	-28.051,81	-24.733,28	-22.242,86	-20.254,36	-18.627,71
	0,11	-223.009,05	-117.171,91	-73.425,25	-52.400,27	-40.806,63	-33.655,34	-28.851,28	-25.412,67	-22.815,01	-20.732,08	-19.052,10
	0,12	-230.476,36	-121.006,04	-75.756,67	-54.008,48	-42.015,16	-34.616,66	-29.646,03	-26.087,00	-23.361,08	-21.208,67	-19.475,35
	0,13	-237.923,68	-124.828,23	-78.079,46	-55.609,47	-43.217,29	-35.572,17	-30.434,71	-26.737,28	-23.902,94	-21.683,74	-19.896,97
	0,14	-245.342,14	-128.634,83	-80.391,25	-57.201,70	-44.411,96	-36.520,66	-31.216,86	-27.364,81	-24.442,70	-22.156,84	-20.316,51
	0,15	-252.726,13	-132.422,07	-82.689,84	-58.783,73	-45.598,16	-37.461,53	-31.974,46	-27.987,75	-24.979,95	-22.627,49	-20.734,18

Kapitalwerte C_0 bei $\vec{\tilde{p}} = (0.85,0.1,0.05,0,0)$		α										
		1	1,01	1,02	1,03	1,04	1,05	1,06	1,07	1,08	1,09	1,1
$\overline{p}$	0,00	-140.665,11	-75.069,25	-47.818,60	-34.689,01	-27.445,86	-22.982,35	-19.989,28	-17.851,28	-16.247,05	-15.003,25	-14.011,38
	0,01	-148.227,62	-78.888,33	-50.129,21	-36.286,28	-28.653,72	-23.950,89	-20.796,89	-18.539,36	-16.849,21	-15.538,09	-14.491,95
	0,02	-155.753,57	-82.704,44	-52.443,64	-37.889,44	-29.866,78	-24.923,32	-21.603,44	-19.229,97	-17.452,98	-16.073,83	-14.972,84
	0,03	-163.246,87	-86.521,18	-54.765,94	-39.499,32	-31.084,65	-25.896,47	-22.411,95	-19.922,36	-18.057,70	-16.609,88	-15.453,55
	0,04	-170.726,95	-90.347,07	-57.096,90	-41.115,34	-32.305,77	-26.869,72	-23.222,46	-20.615,78	-18.662,71	-17.145,67	-15.933,57
	0,05	-178.212,44	-94.183,13	-59.435,93	-42.736,18	-33.524,33	-27.845,27	-24.034,08	-21.309,44	-19.267,34	-17.680,62	-16.412,41
	0,06	-185.704,79	-98.029,83	-61.781,33	-44.355,04	-34.745,56	-28.822,03	-24.845,89	-22.002,58	-19.870,95	-18.214,18	-16.889,59
	0,07	-193.208,75	-101.885,22	-64.127,61	-45.974,65	-35.968,15	-29.798,91	-25.657,00	-22.694,47	-20.472,92	-18.745,82	-17.356,01
	0,08	-200.723,69	-105.744,97	-66.470,05	-47.595,76	-37.190,71	-30.774,81	-26.466,52	-23.384,38	-21.072,65	-19.274,85	-17.787,34
	0,09	-208.241,59	-109.593,92	-68.813,89	-49.216,54	-38.411,86	-31.748,67	-27.273,62	-24.071,62	-21.669,55	-19.784,86	-18.213,06
	0,10	-215.743,30	-113.441,46	-71.156,67	-50.835,14	-39.630,26	-32.719,46	-28.077,47	-24.755,53	-22.262,22	-20.266,57	-18.638,37
	0,11	-223.227,47	-117.285,64	-73.495,65	-52.449,82	-40.844,64	-33.686,20	-28.877,31	-25.435,14	-22.830,34	-20.744,53	-19.062,99
	0,12	-230.699,12	-121.121,89	-75.828,34	-54.058,87	-42.053,77	-34.647,97	-29.672,42	-26.108,29	-23.375,76	-21.221,36	-19.486,43
	0,13	-238.150,45	-124.946,15	-78.152,34	-55.660,65	-43.256,47	-35.603,91	-30.461,35	-26.755,36	-23.917,90	-21.696,68	-19.908,18
	0,14	-245.572,91	-128.754,74	-80.465,28	-57.253,63	-44.451,67	-36.552,71	-31.242,32	-27.382,71	-24.457,93	-22.169,98	-20.327,93
	0,15	-252.960,73	-132.543,87	-82.764,97	-58.836,39	-45.638,30	-37.493,97	-31.996,72	-28.005,95	-24.995,44	-22.640,78	-20.745,80

Abbildung 7.48: Sensitivitätsanalyse resultierender Kapitalwerte C_0 für Parameter Diskontierungsfaktor α, direkte Ausfallwahrscheinlichkeit $\overline{p}$ und Austauschwahrscheinlichkeitsvektor $\vec{\tilde{p}}$ für Element Heizung der Alternative E7-A2 (Fall 5 - Gesamtoptimierung, unter Berücksichtigung von nicht-identischem Ersatz)

In den Tabellen 7.47 und 7.48 sind die Kapitalwerte C_0 der Elemente 1 und 2 für unterschiedliche Parametrisierungen dargestellt. Dabei wurde jeweils eine Tabelle für $\vec{\vec{p}} = (0,0,0,0,0)$ und $\vec{\vec{p}} = (0.85,0.1,0.05,0,0)$ dargestellt. Neben den zu vernachlässigenden Auswirkungen des Austauschwahrscheinlichkeitsvektors zeigen die Tabellen, dass sich die Kapitalwerte jeweils mit fallendem Diskontierungsfaktor α und steigender direkter Ausfallwahrscheinlichkeit verschlechtern. Dies ist einleuchtend. Ein höherer Diskontierungsfaktor hat lediglich einen Einfluss auf die Zeitwertigkeit, hierdurch werden künftige negative Zahlungen aus heutiger Sicht geringer bewertet. Ein höhere direkte Ausfallwahrscheinlichkeit führt dazu, dass schlechtere, mit höheren Zahlungen verbundene Zustände früher eintreten und dass letzten Endes öfters Instandsetzungen stattfinden. Die bisherigen in den einzelnen Beispielen vorgestellten Kapitalwerte lassen sich auch in diesen Tabellen wiederfinden. Bei einer Entscheidung über eine Neuinvestition ergibt sich aus den Kapitalwerten, dass das Element E7-A1 unabhängig von der untersuchten Parametrisierung stets vorzuziehen ist.

Wie bereits in Kapitel 5.3 verdeutlicht wurde, resultieren aus den Ergebnissen der vorgestellten Beispiele optimale Instandhaltungsstrategien, die als zustands- und zeitabhängige Strategien beschrieben werden können und als selektive Strategien bezeichnet werden. Ein über das Kapitalwertkriterium durchgeführter Vergleich dieser Strategie S0 mit anderen, herkömmlichen Strategien verdeutlicht die Relevanz der Ergebnisse. Eine derartige Analyse wird für das Element E7-A1 für eine individuelle Betrachtung vorgenommen, d.h. nicht-identischer Ersatz wurde nicht berücksichtigt, da auch traditionelle, in der Praxis verwendete Strategien keine integrative Betrachtung vornehmen, sondern lediglich Entscheidungsregeln formulieren, wie z.B. ein Element in bestimmten Zeitintervallen (zeitabhängige Strategie) oder ab einem bestimmten Zustand (zustandsabhängige Strategie) zu ersetzen. Eine Entscheidung für das Element 1 wurde getroffen, da bei einer integrativen Betrachtung andere Elemente ohnehin nur zu Beginn des Planungshorizontes eingesetzt werden würden. Spätestens bei der ersten Instandsetzungsentscheidung würde das Element E7-A1 zum Einsatz kommen. Wie bei dem Fallbeispiel Fenster erläutert wurde, ist die Parametrisierung ebenfalls nicht entscheidend, wenn diese identisch für alle zu vergleichenden Strategien herangezogen wird.

Im Rahmen der Analyse werden sowohl zustands- und zeitabhängige Strategien als auch Kombinationen aus diesen miteinander verglichen. Im Einzelnen sind dies folgende Strategien:

1. Zustandsabhängige Strategien
    - S1-NT: Instandsetzung in Zustand 5, ansonsten keine Handlung
    - S1-IH: Instandsetzung in Zustand 5, ansonsten Instandhaltung
    - S2-NT: Instandsetzung in den Zuständen 4 und 5, ansonsten keine Handlung
    - S2-IH: Instandsetzung in den Zuständen 4 und 5, ansonsten Instandhaltung
    - S3: Instandsetzung in Zustand 5, ansonsten das Optimum aus keiner Handlung und Instandhaltung
    - S4: Instandsetzung in den Zuständen 4 und 5, ansonsten das Optimum aus keiner Handlung und Instandhaltung
2. Zeitabhängige Strategien
    - S5-NT: Instandsetzung zu einem bestimmten Elementalter, ansonsten keine Handlung
    - S5-IH: Instandsetzung zu einem bestimmten Elementalter, ansonsten Instandhaltung
    - S6: Instandsetzung zu einem bestimmten Elementalter, ansonsten das Optimum aus keiner Handlung und Instandhaltung
3. Zustands- und zeitabhängige Strategien (zeitabhängig im Sinne der Betrachtung des Alters)
    - S7-NT: Instandsetzung in Zustand 5 oder zu einem bestimmten Elementalter, ansonsten keine Handlung
    - S7-IH: Instandsetzung in Zustand 5 oder zu einem bestimmten Elementalter, ansonsten Instandhaltung
    - S8: Instandsetzung in Zustand 5 oder zu einem bestimmten Elementalter, ansonsten das Optimum aus keiner Handlung und Instandhaltung
    - S9-NT: Instandsetzung in den Zuständen 4 und 5 oder zu einem bestimmten Elementalter, ansonsten keine Handlung
    - S9-IH: Instandsetzung in den Zuständen 4 und 5 oder zu einem bestimmten Elementalter, ansonsten Instandhaltung
    - S10: Instandsetzung in den Zuständen 4 und 5 oder zu einem bestimmten Elementalter, ansonsten das Optimum aus keiner Handlung und Instandhaltung

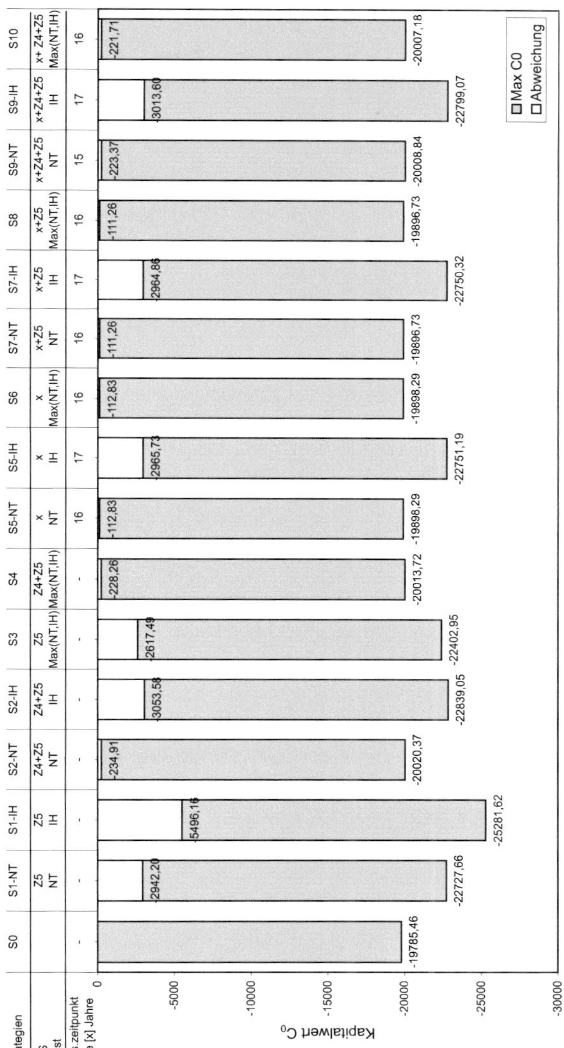

Abbildung 7.49: Vergleich und Abweichung der Kapitalwerte C_0 zwischen selektiver und alternativen Strategien (Alternative E7-A1, Anfangszustand (1,0), Planungshorizont T=150, Fall 5: Gesamtoptimierung, Diskontierungsfaktor $\alpha = 1.05$, Austauschwahrscheinlichkeitsvektor $\vec{\overline{p}} = (1,0,0,0,0)$) und direkte Ausfallwahrscheinlichkeit $\overline{p} = 0$

Wie bei dem Fallbeispiel Fenster lässt sich aus der Gegenüberstellung der Kapitalwerte in Abbildung 7.49 zusammenfassend erkennen, dass die selektive Strategie zu einer optimalen Wirtschaftlichkeit führt. Zur Übersichtlichkeit sind in dieser Abbildung auch die Abweichungen zum Kapitelwert der selektiven Strategie aufgeführt. Es existieren jedoch auch Strategien in der Praxis, die der optimalen Strategie unter wirtschaftlichen Gesichtspunkten sehr nahe kommen und damit eine gute Approximation darstellen können. Im Gegensatz zum Fallbeispiel Fenster sind dies hier jedoch zeitabhängige Strategien (S5-NT und S6), die einen Ersatz alle 16 Jahre vorsehen sowie die noch minimal besseren zustands- und zeitabhängigen Strategien, bei denen ein Ersatz in Zustand 5 oder spätestens alle 16 Jahren vorgesehen ist (S7-NT, S8). Zustands- und zeitabhängige Strategien mit einem Ersatz in den beiden schlechtesten Zuständen sind jedoch auch nicht viel schlechter.

Auch bei diesem Beispiel finden sich infolgedessen Abweichungen hinsichtlich der zu wählenden Handlungen zum einen generell in Bezug auf die Zeitbetrachtung, zum anderen in Bezug auf die Zustandsbetrachtung in Zustand 3. Bei der selektiven Strategie wird ein Ersatz generell in den Zuständen 4 und 5 gefordert, in Zustand 3 ist ein solcher lediglich ab einem Alter von 19 Jahren vorgesehen. Allerdings behandeln in der Praxis existierende Strategien wie bereits erwähnt lediglich die Thematik optimaler Instandsetzungsentscheidungen. Andere mögliche Handlungen wie nicht-identischer Ersatz sowie Instandhaltung werden bei diesen Strategien nicht integrativ mit berücksichtigt. Insofern sind die Unterschiede plausibel und die selektive Strategie ist gegenüber einer zeitabhängigen Strategie, welchen einen Ersatz in bestimmten Zeitabständen fordert, ohne dabei den aktuellen Zustand zu berücksichtigen, überlegen. Generell kann aus den verschiedenen Fallstudien erkannt werden, dass je nach Element unterschiedliche Strategien der Praxis die optimale, selektive Strategie approximieren können.

Eine Beleuchtung der Fragestellung, inwieweit die in den Untersuchungen nicht berücksichtigten Inspektionskosten die Ergebnisse beeinflussen können, wurde generell bereits in Kapitel 5.3 für das Element Fenster vorgenommen. Aus den Kapitalwertdifferenzen lässt sich auch für das Fallbeispiel Heizung eine maximale Inspektionsannuität g_{Insp}^{Sx} berechnen, die die maximalen jährlichen zusätzlichen Zahlungen verdeutlicht, welche bei der selektiven Strategie gegenüber einer anderen Strategie Sx entstehen dürfen, damit die selektive Strategie weiter vorteilhaft ist. Dies müssen nicht zwangsläufig Zahlungen für Inspektionen sein, sondern könnten auch andere Zahlungsarten darstellen. Insgesamt ist es ohnehin fraglich, inwieweit die Inspektionskosten bei verschiedenen Strategien abweichen.[43] Eine Darstellung der berechneten Inspektionsannuitäten erfolgt in Abbildung 7.50.

7.3 Zusammenfassung und Schlussfolgerungen

Das Modell eignet sich prinzipiell zur Anwendung bei allen typischen Gebäudeelementen. Für die Kalibrierung des Modells ist eine elementspezifische Vorgehensweise notwendig, bei der jeweils die entsprechenden entscheidungsrelevanten Modellgrößen zu bestimmen sind. Vor allem bezüglich der Bestimmung von Zahlungsströmen auf der Elementebene existiert eine Allokationsproblematik, da einzelne Zahlungsarten, insbesondere Zahlungen für Heizung/Wärme, auf Gebäudeebene oder gemeinsam in Verbindung mit mehreren Elementen auftreten. Dementsprechend ist über eine Berücksichtigung bzw. Aufteilung dieser auf der Elementebene zu entscheiden. Dies erhöht natürlich den Aufwand entsprechend und setzt auch für eine Anwendbarkeit eine gewisse immobilienspezifische sowie technische Kompetenz zur Lösung derartiger Fragestellungen voraus. Um die Anwendbarkeit des Modells und auch die Allokationsproblematik zu erläutern, wurden dementsprechend Gebäudeelemente mit größerer Komplexität ausgewählt. Bei einer Mehrzahl der weiteren Elemente ist dies nicht in diesem Maße der Fall, dementsprechend ist der Aufwand der Modellerstellung dort wesentlich geringer.

Neben der Zurechnungsproblematik spielen Verfügbarkeit und Qualität der benötigten Inputgrößen eine wesentliche Rolle. Für das Modell wird zum einen Datenmaterial zur Analyse des Alterungsverhaltens und zur Bestimmung der Übergangswahrscheinlichkeiten benötigt, zum anderen sind Informationen zur Bestimmung der bei dem Element über den Lebenszyklus auftretenden Zahlungsströme notwendig. Der benötigte Datenumfang ist bei derartigen Optimierungsmodellen daher insgesamt sicher größer als bei anderen Entscheidungsverfahren, allerdings besitzen die Ergebnisse eine dementsprechend bessere Qualität und sind genauer sowie verlässlicher. Dies hängt natürlich teilweise auch mit der per se besseren Datenqualität bei der Erhebung detaillierter Daten zusammen. Je genauer Inputgrößen und damit das benötigte Datenmaterial beschrieben sind, desto größer ist beispielsweise die Wahrscheinlichkeit, dass keine Missinterpretationen bzgl. der Begrifflichkeit vorlagen.

Sowohl bezüglich der Datenverfügbarkeit als auch der Datenqualität ist ein Verbesserungsbedarf erkennbar. Informationen bzw. Datenmaterial sind teilweise nur beschränkt vorhanden oder nicht frei verfügbar. So existieren ne-

[43]vgl. hierzu Erläuterungen in Kapitel 5.3.

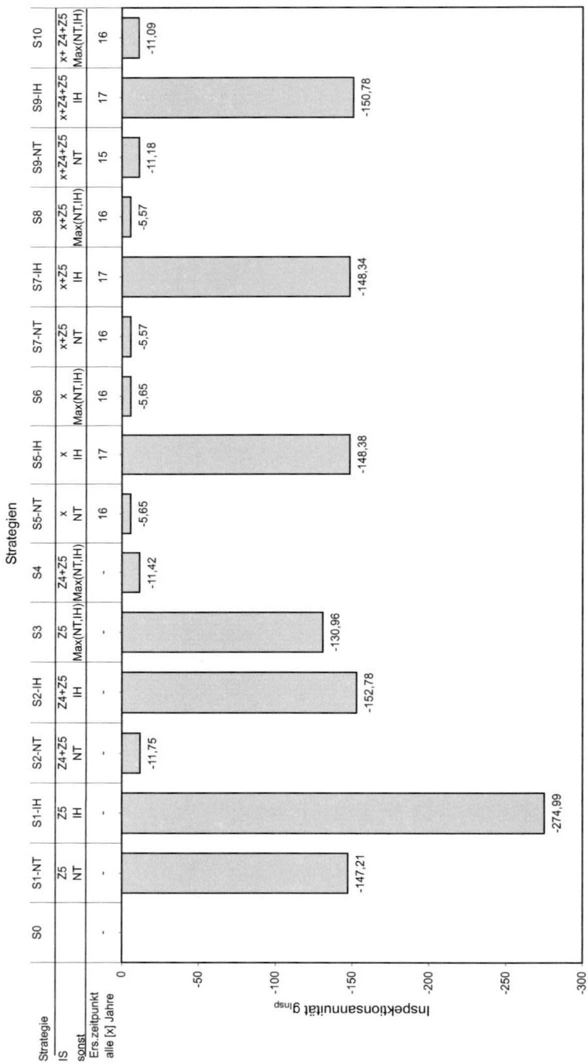

Abbildung 7.50: Maximale Inspektionsannuitäten g_{Insp} der alternativen Strategien (Alternative E7-A1, Anfangszustand (1,0), Planungshorizont T=150, Fall 5: Gesamtoptimierung, Diskontierungsfaktor $\alpha = 1.05$), Austauschwahrscheinlichkeitsvektor $\vec{\bar{p}} = (1,0,0,0,0)$) und direkte Ausfallwahrscheinlichkeit $\overline{p} = 0$

ben der Untersuchung von IP-Bau[44] keine weiteren adäquaten Studien zur Ermittlung des Alterungsverhaltens, die Ermittlung einzelner Zahlungsströme auf Elementebene ist teilweise nur über Expertenschätzungen möglich. Falsche Zuordnungen von Werten zu bestimmten Begrifflichkeiten, beispielsweise bei Daten hinsichtlich Lebensdauern von Elementen, oder anderen Unterschieden in der Vorgehensweise zur Erhebung und Ermittlung von Daten, können zu Auswirkungen auf die Datenqualität führen. Die Datenqualität ist aufgrund fehlender Informationen hinsichtlich der Ermittlung des Datenmaterials meist nicht einschätzbar.

Eine Verbesserung der Verfügbarkeit und der Qualität von Daten sowie Informationen bei Gebäudeelementen wäre wünschenswert und sollte durchaus auch im Interesse anderer Marktteilnehmer, beispielsweise der Anbieter von Bauprodukten, liegen. Durch das aufgestellte Modell lässt sich ein Nachweis der wirtschaftlichen Vorteilhaftigkeit führen. Weiterhin könnten dem potentiellen Käufer Handlungsempfehlungen für die Nutzungsphase gegeben werden. Dies würde sicherlich zur Steigerung des Produktabsatzes sowie einer erhöhten Kundenbindung beitragen. Eine Verbesserungsmöglichkeit wäre die Integration von Informationen bezüglich Lebensdauer, Alterungsverhalten und auch resultierenden Zahlungsströmen während der Betriebsphase in bereits existierende Datenblätter, die von Herstellern ohnehin bezüglich technischer Produkteigenschaften herausgegeben werden. Derartige Informationen wären sicherlich auch aus dem Blickwinkel anderer Zielkriterien wichtig, insbesondere im Sinne einer nachhaltigen Entwicklung des Gebäudebestands. Um die Datenqualität zu sichern, wäre allerdings auch ein entsprechender Rahmen[45] notwendig. Das Allokationsproblem bleibt letzten Endes jedoch bei einer Betrachtung auf Elementebene bestehen. Hier gibt es keine absolut vorteilhafte Variante oder Lösung. Es lassen sich bei allen Alternativen Argumente für oder gegen diese finden.

Die Ermittlung optimaler Strategien erfolgte an exemplarischen Beispielen. Hierbei fand einerseits eine isolierte Betrachtung von Elementen statt, bei der die Ermittlung optimaler Instandhaltungsstrategien im Vordergrund steht. Andererseits wurden jedoch auch nicht-identische Ersatzinvestitionen über verschiedene Elementalternativen berücksichtigt. Hierdurch findet neben der Optimierung von Instandhaltungsentscheidungen auch implizit ein Variantenvergleich statt. Ergebnisse und Ergebnisstruktur sind element- sowie alternativenspezifisch und abhängig von den Inputgrößen zu sehen, so dass keine allgemeingültigen Aussagen getroffen werden können. Insgesamt lässt sich

[44] vgl. hierzu IP-Bau [82].

[45] z.B. über gesetzliche Vorgaben oder Normen zur Sicherung der Datenqualität bei der Ermittlung derartiger Daten.

jedoch die Tendenz erkennen, dass bei einer Betrachtung mehrerer Elementalternativen langlebigere Alternativen durchaus einen wirtschaftlichen Vorteil besitzen. Kommt es bei einer Berücksichtigung von mehreren Elementen zum erstmaligen Ersatz[46], so findet ein Austausch mit dem wirtschaftlich sinnvollsten Element statt. Anschließend kommt auch bei weiteren Ersatzhandlungen nur noch diese Alternative zum Einsatz.

Als Ergebnis resultiert für jedes Element eine Entscheidungsmatrix, aus der die optimale Handlung in Abhängigkeit vom Elementzustand, vom Elementalter und vom betrachteten Planungshorizont entnommen werden kann. Die Resultate dieser Entscheidungsmatrix lassen sich in einer Entscheidungsstruktur verdichten, indem kürzere Planungshorizonte, bei denen ein stark abweichendes Entscheidungsverhalten erkennbar ist, außer Acht gelassen werden. Hieraus resultieren für jeden Zustand Altersbereiche, in denen eine bestimmte Handlung unabhängig vom Planungshorizont optimal ist.

Um die Auswirkungen einzelner Parameter auf das Entscheidungsverhalten zu untersuchen, wurden Sensitivitätsanalysen hinsichtlich der direkten Ausfallwahrscheinlichkeit, der Austauschwahrscheinlichkeit und des Diskontierungsfaktors vorgenommen. Diese zeigen, dass die Ergebnisse sehr robust sind. Lediglich bei einer Vernachlässigung der Diskontierung kommt es zu einer wesentlich abweichenden Entscheidungsstruktur.

Aus der Entscheidungsmatrix lässt sich dann eine optimale Instandhaltungsstrategie ableiten, die als selektive Instandhaltungsstrategie bezeichnet wurde. Bei dieser wird in einer jährlich rollierenden Vorgehensweise jeweils Zustand, Alter und Planungshorizont bestimmt. Die daraus resultierende optimale Handlung kann dann aus der Entscheidungsmatrix abgelesen werden. Die Ergebnisse der Analysen zeigen, dass die Strategien gegenüber den klassischen Strategien überlegen sind, dass es jedoch bestimmte Strategien gibt, die eine relativ gute Approximation darstellen. Ob es sich hierbei um eine zustands- oder zeitabhängige Strategie handelt, hängt jedoch vom Einzelfall ab. Eine pauschalisierte Verwendung von in der Praxis üblichen Instandhaltungsstrategien ist daher aus Sicht einer Optimierung der Wirtschaftlichkeit kritisch zu sehen.

[46]Dies kann bei äußerst nachteiligen Alternativen durchaus auch bereits in einem guten Zustand und bei geringem Alter als optimale Handlung resultieren.

8. Zusammenfassung und Ausblick

Das Hauptziel dieser Arbeit ist die Ermittlung wirtschaftlich optimaler Instandhaltungsstrategien für Gebäudeelemente unter Berücksichtigung eines stochastischen Alterungsprozesses. Hierfür wurde ein entsprechendes Modell mit einer geeigneten Methodik aufgestellt, mit der sich entsprechende Strategien ermitteln lassen. Über dieses lassen sich auch mehrere Alternativen eines Elementes miteinander vergleichen, somit kann beispielsweise ein nicht-identischer Ersatz berücksichtigt werden. Als Ausgangsbasis für die Entwicklung einer geeigneten Methodik wurde dabei zunächst die bisher sehr heterogene und teilweise auch missverständliche Literatur verschiedener Disziplinen analysiert und systematisiert. Als Ergebnis konnte aufgezeigt werden, dass bisher kein geeigneter Ansatz existierte, mit welchem wirtschaftlich optimale Instandhaltungsstrategien ermittelt werden konnten. Vorhandene Ansätze basierten auf Erfahrungswerten, hatten teilweise falsche Zielsetzungen oder Bewertungsmethodiken, integrierten nicht alle Handlungsmöglichkeiten oder berücksichtigen nicht adäquat den stattfindenden Alterungsprozesses und die hiermit verbundene Unsicherheit.

Aufbauend auf die Analyse der Literatur wurde ein geeignetes Entscheidungssystem modelliert, in dessen Rahmen optimale Instandsetzungsentscheidungen ermittelbar sind. Hierzu gehörte eine adäquate Zustandsmodellierung zur Beschreibung des Alterungsprozesses, die Entwicklung einer Handlungssystematik, die Bestimmung der geeigneten Bewertungsmethodik und die Bestimmung der entscheidungsrelevanten Zielgrößen, d.h. der entsprechenden monetären Konsequenzen von Handlungen und Alterungsprozess. Dieses Modell kann in die Klasse der Semi-Markovschen Entscheidungsprozesse mit endlichem Planungshorizont eingeordnet werden. Die für das Modell notwendigen Größen wurden entsprechend bestimmt und festgelegt. Hierzu gehörte auch die Ermittlung von Übergangswahrscheinlichkeiten aus empirischen Daten und die Bestimmung relevanter Zahlungsströme. Zur Ermittlung von Lösungen des Entscheidungsmodells wurde ein entsprechendes Software-Modul in der Programmiersprache Java implementiert.

Aus dem Entscheidungsmodell resultieren Instandhaltungsstrategien, bei denen die optimalen Instandhaltungsentscheidungen in Abhängigkeit von Zustand und Alter des Elementes sowie in Abhängigkeit vom noch verbleibenden Planungshorizont zu wählen sind. Diese werden als selektive Strategien bezeichnet. Derartige Strategien führen dann zu einer Optimierung der Zielgröße, des erwarteten Kapitalwertes.

Die Analyse der Ergebnisse zeigt, dass sich für längere Planungshorizonte konstante Altersintervalle ergeben, in denen jeweils eine bestimmte Entscheidung immer optimal ist. Bei kürzeren Planungshorizonten kommt es aufgrund der Endlichkeit zu abweichenden Handlungsempfehlungen. Die ermittelten selektiven Strategien sind in dieser Modellwelt den bisherigen Strategien der Praxis überlegen. Es finden sich jedoch auch Strategien, welche eine relativ gute Approximation der Ergebnisse bilden.

Allgemein sind die Ergebnisse immer in Abhängigkeit von den Eingabegrößen, insbesondere hinsichtlich der Zahlungsströme, zu sehen. Lediglich die ermittelten Übergangswahrscheinlichkeiten sind vor dem Hintergrund der zugrundeliegenden Empirie allgemeiner verwendbar und könnten auch ohne weiteres für weitere Untersuchungen herangezogen werden. Einschränkungen sind hier lediglich hinsichtlich des zur Verfügung stehenden Datenumfangs zu machen. Da hier keine Einzeldaten vorlagen, konnten Qualität und Quantität der Daten nicht beurteilt werden.

Die prinzipielle Entscheidungsstruktur ist weitgehend robust gegenüber den weiteren Modellparametern. Lediglich bei einer Vernachlässigung der Diskontierung, d.h. der Wahl eines Diskontierungsfaktors von 1 kommt es aufgrund der Endlichkeit des Planungshorizontes und der fehlenden Zeitbewertung zu Veränderungen in der Struktur. Sollte es sich bei dem Planungshorizont aus Sicht des Entscheiders selbst um eine unsichere Größe handeln, ließen sich über eine stochastische Modellierung des Planungshorizontes bzw. der Betrachtung eines unendlich-stufigen Modells auch stationäre und damit einfachere Entscheidungsregeln ermitteln, welche sich unter Vernachlässigung eines kurzfristigen Planungshorizontes jedoch nicht prinzipiell von den hier ermittelten selektiven Strategien unterscheiden dürften.

Über die betrachteten Fallbeispiele des Fensters und der Heizung konnte die exemplarische Anwendung des Modells gezeigt werden. Dabei wurde auch die prinzipielle Vorgehensweise der Modellbestimmung verdeutlicht sowie die bereits beschriebenen Erkenntnisse im Rahmen der Ergebnisanalyse gewonnen. Eine Zusammenfassung sowie daraus resultierende Schlussfolgerungen wurden bereits in Kapitel 7.3 ausführlich dargestellt.

Diese Arbeit kann als Grundlage für weitere Untersuchungen verschiedenster Art dienen. Das Modell kann prinzipiell an allen Gebäudeelementen angewendet werden, hiermit lassen sich Entscheidungskataloge für verschiedene Gebäudeelemente erstellen. Ein erster Katalog für die in dieser Arbeit verwendeten Elemente findet sich bereits in Wilhelm [201].

Das Modell kann für eine Optimierung der Wirtschaftlichkeit bei Instandhaltungsentscheidungen in ein betriebliches Instandhaltungsmanagement eingebunden werden. Darüber hinaus kann es auch als Grundlage oder Entscheidungshilfe auf weiteren Managementebenen wie z.B. einer Liquiditäts- oder Finanzierungsplanung dienen.

Nachdem hier zunächst prinzipiell die Betrachtung einzelner Gebäudeelemente im Vordergrund stand, könnte das Modell auch Ausgangspunkt für weitere Untersuchungen bei Elementgruppen oder auf Gebäude- sowie Portfolioebene sein. Hierbei könnten die Auswirkungen einer simultanen Betrachtung auf die Ergebnisse untersucht werden. Allerdings würde die Komplexität einer integrativen Betrachtung entsprechend ansteigen und sich auf die Ermittlung von Lösungen auswirken. Eventuell könnten Optimierungen auf Portfolioebene, welche auf den Ergebnissen dieser Arbeit aufbauen, auch beispielsweise über numerische Verfahren erreicht werden.

Darüber hinaus ließe sich die hier vorgestellte Modellierung des Entscheidungsprozesses durchaus auch für andere Entscheidungsprozesse im Immobilienbereich heranziehen, bei denen der Alterungsprozess ebenfalls eine Rolle spielt. Eine Verwendung anderer Zielsetzungen, wie diese beispielsweise bei ökologischen Entscheidungspolitiken nötig sind, lassen sich auch mit diesem Modell darstellen. Alternativ ließen sich auch weitere Zielsetzungen wie z.B. finanzielle Budgetbeschränkungen als Nebenbedingungen integrieren. Insgesamt kann diese Arbeit somit als Basis für vielschichtige weitere Untersuchungen dienen.

A. Empirische Lebensdauern verschiedener Gebäudelemente

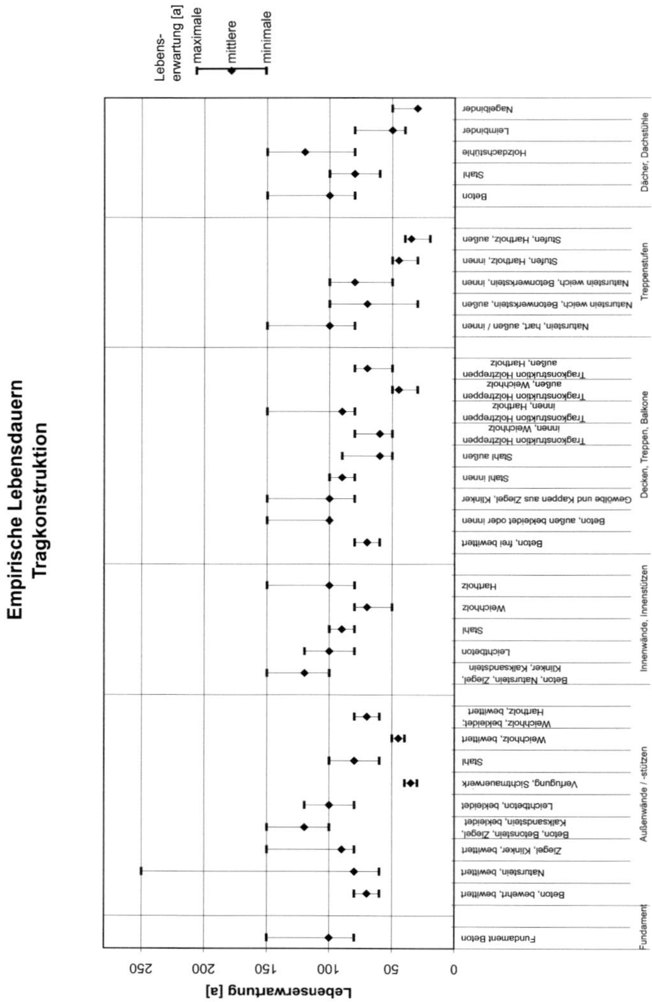

Abbildung A.1: Lebensdauern der Bauelemente „Tragkonstruktion", Quelle: in Anlehnung an Daten des Bundesministeriums für Verkehr, Bau- und Wohnungswesen [20], S. 6.11 ff.

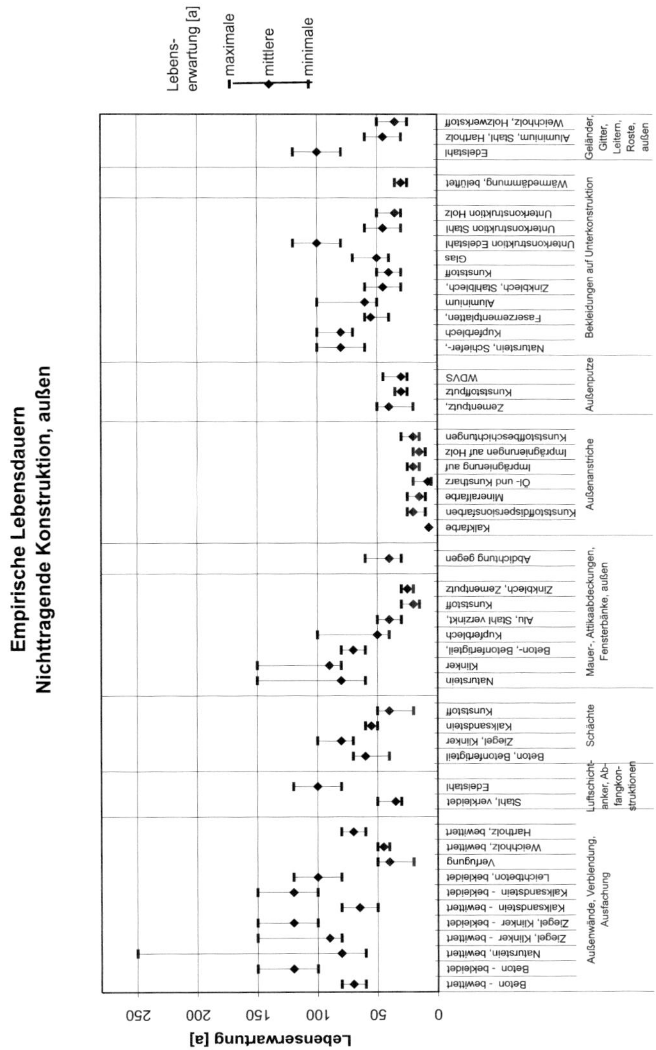

Abbildung A.2: Lebensdauern der Bauelemente „Nichtragende Konstruktion, außen“, Quelle: in Anlehnung an Daten des Bundesministeriums für Verkehr, Bau- und Wohnungswesen [20], S. 6.11 ff.

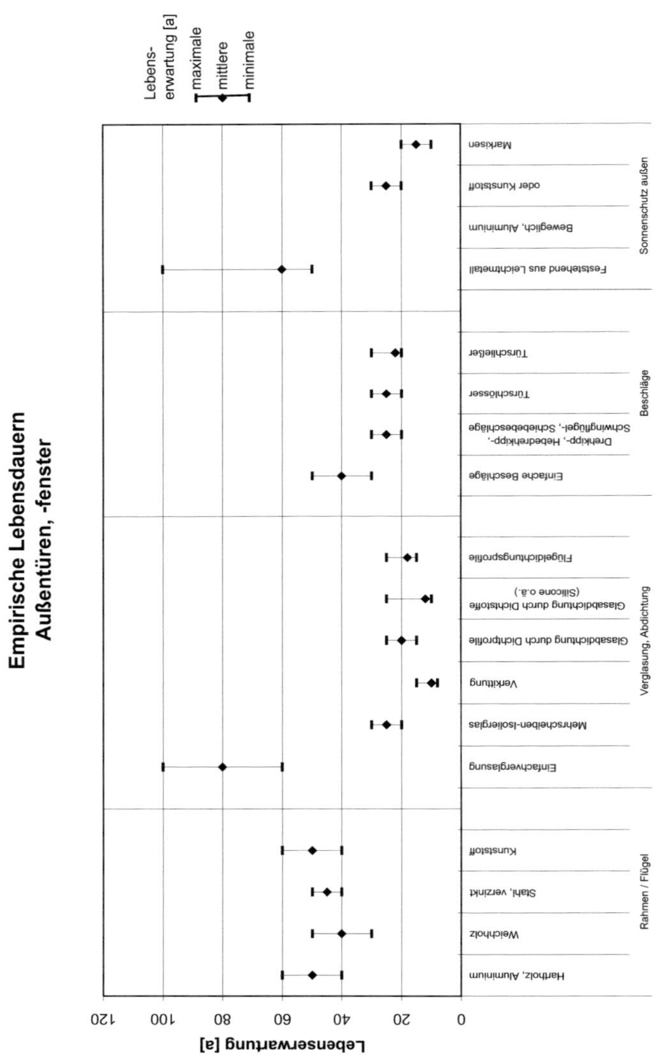

Abbildung A.3: Lebensdauern der Bauelemente „Außentüren und -fenster", Quelle: in Anlehnung an Daten des Bundesministeriums für Verkehr, Bau- und Wohnungswesen [20], S. 6.11 ff.

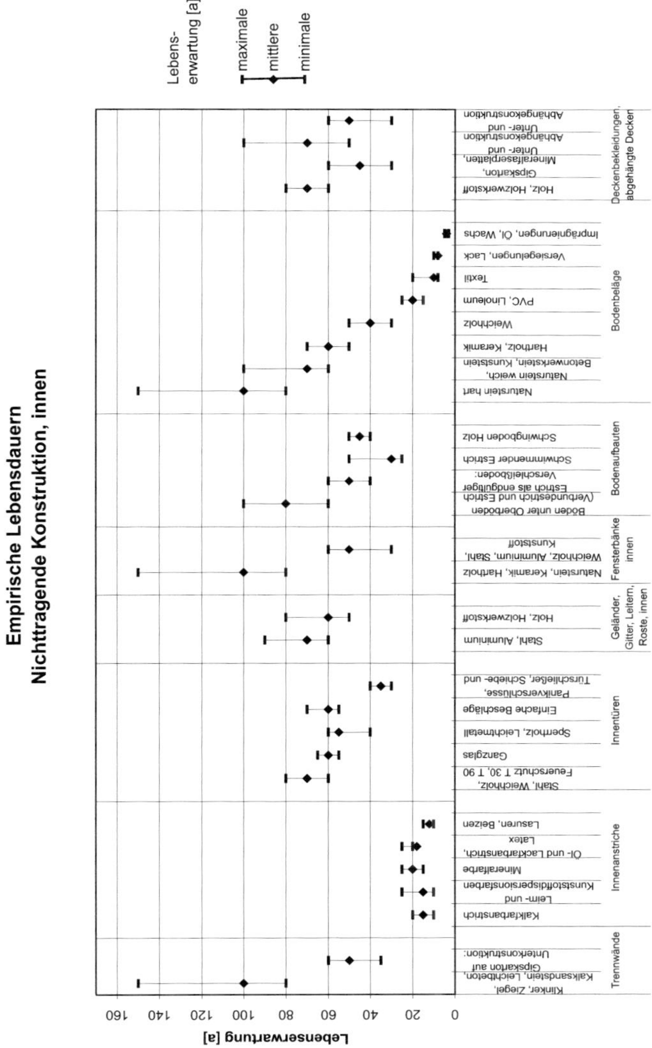

Abbildung A.4: Lebensdauern der Bauelemente „Nichttragende Konstruktion, innen", Quelle: in Anlehnung an Daten des Bundesministeriums für Verkehr, Bau- und Wohnungswesen [20], S. 6.11 ff.

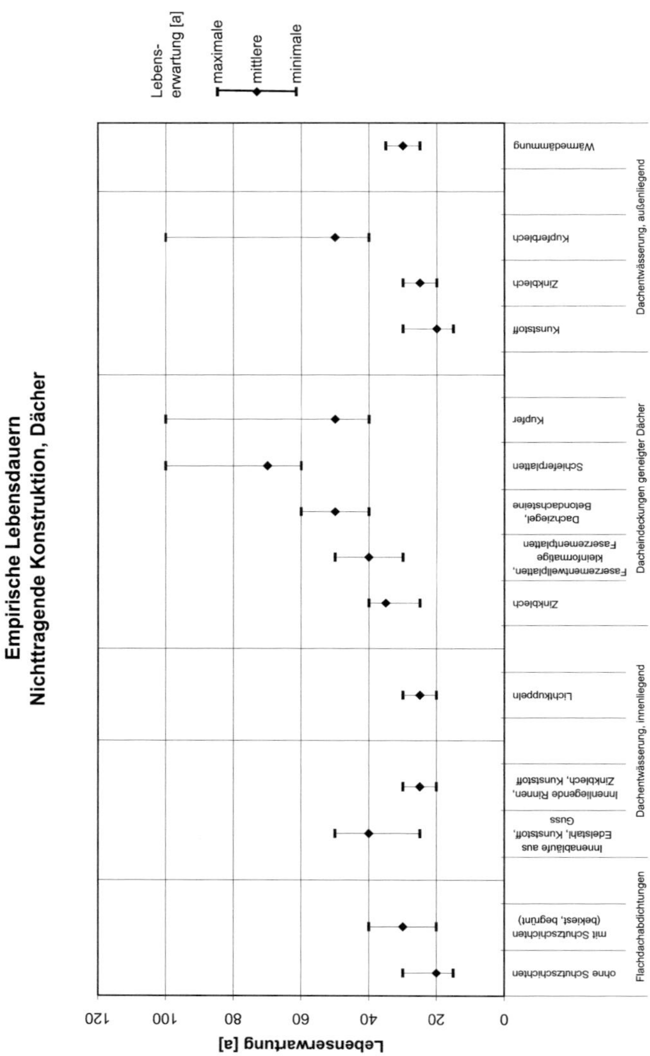

Abbildung A.5: Lebensdauern der Bauelemente „Nichttragende Konstruktion, Dächer“, Quelle: in Anlehnung an Daten des Bundesministeriums für Verkehr, Bau- und Wohnungswesen [20], S. 6.11 ff.

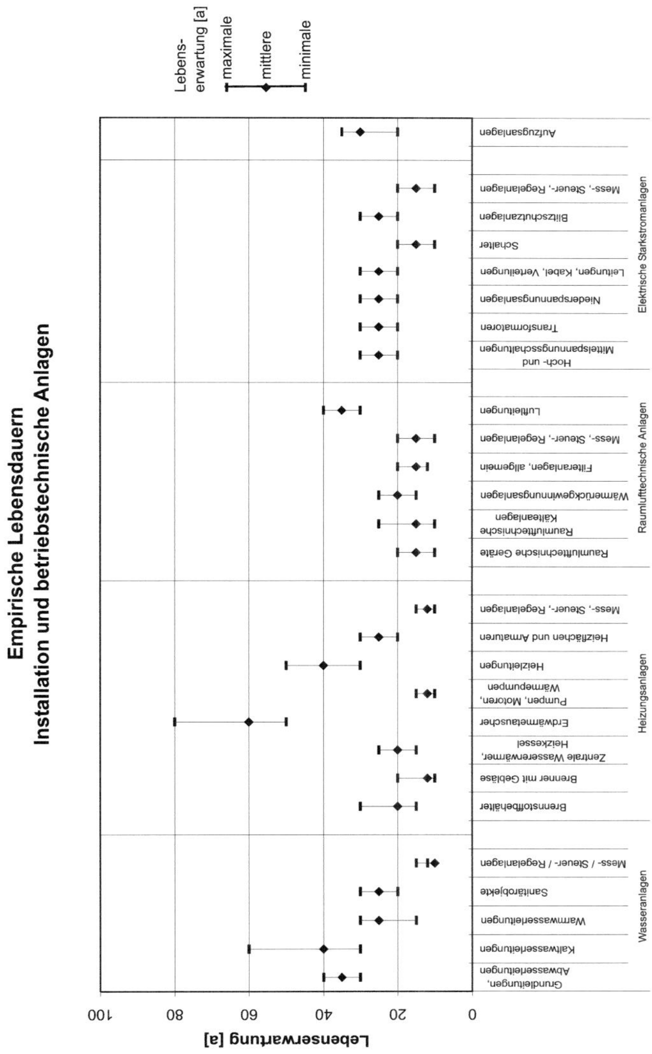

Abbildung A.6: Lebensdauern der Bauelemente „Installationen und betriebstechnische Anlagen“, Quelle: in Anlehnung an Daten des Bundesministeriums für Verkehr, Bau- und Wohnungswesen [20], S. 6.11 ff.

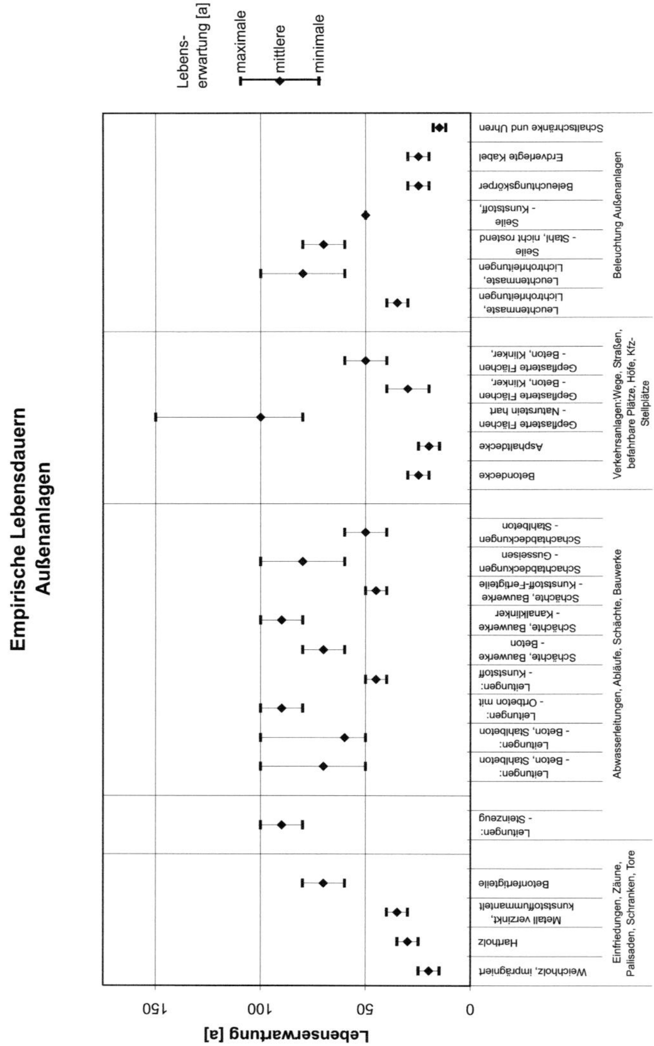

Abbildung A.7: Lebensdauern der Bauelemente „Außenanlagen“, Quelle: in Anlehnung an Daten des Bundesministeriums für Verkehr, Bau- und Wohnungswesen [20], S. 6.11 ff.

B. Parametertabellen für Elemente E1-E12

Elementtyp	Alternative	Instandhaltungs-qualität i	Folge-schäden	Verweilzeiten Ti,j,l [a]	Quantil j=1: 1%-Quantil				Quantil j=2: 99%-Quantil			
					z_1 $T_{i,1,1}$	z_2 $T_{i,1,2}$	z_3 $T_{i,1,3}$	z_4 $T_{i,1,4}$	z_1 $T_{i,2,1}$	z_2 $T_{i,2,2}$	z_3 $T_{i,2,3}$	z_4 $T_{i,2,4}$
E1 Rohbau massiv	E1-A1 Gute Qualität	i=1: 0% Qualität	nein	$T_{1,j,l}$	29,68	20,83	13,84	7,64	55,66	39,06	25,96	14,33
			ja	$T_{1,j,l}$	23,75	16,67	11,07	6,11	44,52	31,25	20,77	11,46
		i=2: 50% Qualität	nein	$T_{2,j,l}$	31,33	21,99	14,61	8,07	58,75	41,23	27,40	15,12
			ja	$T_{2,j,l}$	25,07	17,59	11,69	6,45	47,00	32,99	21,92	12,10
		i=3: 100% Qualität	nein	$T_{3,j,l}$	32,98	23,15	15,38	8,49	61,84	43,40	28,84	15,92
			ja	$T_{3,j,l}$	26,38	18,52	12,31	6,79	49,47	34,72	23,07	12,73
	E1-A2 Schlechte Qualität	i=1: 0% Qualität	nein	$T_{1,j,l}$	22,26	15,62	10,38	5,73	29,68	20,83	13,84	7,64
			ja	$T_{1,j,l}$	17,81	12,50	8,31	4,58	23,75	16,67	11,07	6,11
		i=2: 50% Qualität	nein	$T_{2,j,l}$	23,50	16,49	10,96	6,05	31,33	21,99	14,61	8,07
			ja	$T_{2,j,l}$	18,80	13,19	8,77	4,84	25,07	17,59	11,69	6,45
		i=3: 100% Qualität	nein	$T_{3,j,l}$	24,74	17,36	11,54	6,37	32,98	23,15	15,38	8,49
			ja	$T_{3,j,l}$	19,79	13,89	9,23	5,09	26,38	18,52	12,31	6,79
E2 Rohbau übriges	E2-A1 Gute Qualität	i=1: 0% Qualität	nein	$T_{1,j,l}$	28,80	21,60	13,95	7,65	36,00	27,00	17,44	9,56
			ja	$T_{1,j,l}$	20,16	15,12	9,76	5,36	25,20	18,90	12,20	6,70
		i=2: 50% Qualität	nein	$T_{2,j,l}$	30,40	22,80	14,72	8,08	38,00	28,50	18,40	10,10
			ja	$T_{2,j,l}$	21,28	15,96	10,31	5,65	26,60	19,95	12,88	7,07
		i=3: 100% Qualität	nein	$T_{3,j,l}$	32,00	24,00	15,50	8,50	40,00	30,00	19,37	10,63
			ja	$T_{3,j,l}$	22,40	16,80	10,85	5,95	28,00	21,00	13,56	7,44
	E2-A2 Schlechte Qualität	i=1: 0% Qualität	nein	$T_{1,j,l}$	18,00	13,50	8,72	4,78	25,20	18,90	12,20	6,70
			ja	$T_{1,j,l}$	12,60	9,45	6,10	3,35	17,64	13,23	8,54	4,69
		i=2: 50% Qualität	nein	$T_{2,j,l}$	19,00	14,25	9,20	5,05	26,60	19,95	12,88	7,07
			ja	$T_{2,j,l}$	13,30	9,98	6,44	3,53	18,62	13,97	9,02	4,95
		i=3: 100% Qualität	nein	$T_{3,j,l}$	20,00	15,00	9,69	5,31	28,00	21,00	13,56	7,44
			ja	$T_{3,j,l}$	14,00	10,50	6,78	3,72	19,60	14,70	9,49	5,21
E3 Dachhaut	E3-A1 Gute Qualität	i=1: 0% Qualität	nein	$T_{1,j,l}$	3,00	2,25	1,45	0,80	8,40	6,30	4,07	2,23
			ja	$T_{1,j,l}$	2,10	1,58	1,02	0,56	5,88	4,41	2,85	1,56
		i=2: 50% Qualität	nein	$T_{2,j,l}$	6,50	4,88	3,15	1,73	18,20	13,65	8,81	4,84
			ja	$T_{2,j,l}$	4,55	3,41	2,20	1,21	12,74	9,56	6,17	3,38
		i=3: 100% Qualität	nein	$T_{3,j,l}$	10,00	7,50	4,84	2,66	28,00	21,00	13,56	7,44
			ja	$T_{3,j,l}$	7,00	5,25	3,39	1,86	19,60	14,70	9,49	5,21
	E3-A2 Schlechte Qualität	i=1: 0% Qualität	nein	$T_{1,j,l}$	2,40	1,80	1,16	0,64	4,80	3,60	2,32	1,28
			ja	$T_{1,j,l}$	1,68	1,26	0,81	0,45	3,36	2,52	1,63	0,89
		i=2: 50% Qualität	nein	$T_{2,j,l}$	5,20	3,90	2,52	1,38	10,40	7,80	5,04	2,76
			ja	$T_{2,j,l}$	3,64	2,73	1,76	0,97	7,28	5,46	3,53	1,93
		i=3: 100% Qualität	nein	$T_{3,j,l}$	8,00	6,00	3,87	2,13	16,00	12,00	7,75	4,25
			ja	$T_{3,j,l}$	5,60	4,20	2,71	1,49	11,20	8,40	5,42	2,98
E4 Fassaden	E4-A1 Gute Qualität	i=1: 0% Qualität	nein	$T_{1,j,l}$	9,80	7,35	4,75	2,60	21,00	15,75	10,17	5,58
			ja	$T_{1,j,l}$	6,86	5,15	3,32	1,82	14,70	11,03	7,12	3,91
		i=2: 50% Qualität	nein	$T_{2,j,l}$	11,90	8,93	5,76	3,16	25,50	19,13	12,35	6,78
			ja	$T_{2,j,l}$	8,33	6,25	4,03	2,21	17,85	13,39	8,64	4,74
		i=3: 100% Qualität	nein	$T_{3,j,l}$	14,00	10,50	6,78	3,72	30,00	22,50	14,53	7,97
			ja	$T_{3,j,l}$	9,80	7,35	4,75	2,60	21,00	15,75	10,17	5,58
	E4-A2 Schlechte Qualität	i=1: 0% Qualität	nein	$T_{1,j,l}$	5,60	4,20	2,71	1,49	11,20	8,40	5,42	2,98
			ja	$T_{1,j,l}$	3,92	2,94	1,90	1,04	7,84	5,88	3,80	2,08
		i=2: 50% Qualität	nein	$T_{2,j,l}$	6,80	5,10	3,29	1,81	13,60	10,20	6,59	3,61
			ja	$T_{2,j,l}$	4,76	3,57	2,31	1,26	9,52	7,14	4,61	2,53
		i=3: 100% Qualität	nein	$T_{3,j,l}$	8,00	6,00	3,87	2,13	16,00	12,00	7,75	4,25
			ja	$T_{3,j,l}$	5,60	4,20	2,71	1,49	11,20	8,40	5,42	2,98
E5 Fenster	E5-A1 Gute Qualität	i=1: 0% Qualität	nein	$T_{1,j,l}$	8,40	6,30	4,07	2,23	19,60	14,70	9,49	5,21
			ja	$T_{1,j,l}$	5,88	4,41	2,85	1,56	13,72	10,29	6,64	3,65
		i=2: 50% Qualität	nein	$T_{2,j,l}$	10,20	7,65	4,94	2,71	23,80	17,85	11,53	6,32
			ja	$T_{2,j,l}$	7,14	5,36	3,46	1,90	16,66	12,50	8,07	4,43
		i=3: 100% Qualität	nein	$T_{3,j,l}$	12,00	9,00	5,81	3,19	28,00	21,00	13,56	7,44
			ja	$T_{3,j,l}$	8,40	6,30	4,07	2,23	19,60	14,70	9,49	5,21
	E5-A2 Schlechte Qualität	i=1: 0% Qualität	nein	$T_{1,j,l}$	4,80	3,60	2,32	1,28	9,60	7,20	4,65	2,55
			ja	$T_{1,j,l}$	3,36	2,52	1,63	0,89	6,72	5,04	3,25	1,79
		i=2: 50% Qualität	nein	$T_{2,j,l}$	6,40	4,80	3,10	1,70	12,80	9,60	6,20	3,40
			ja	$T_{2,j,l}$	4,48	3,36	2,17	1,19	8,96	6,72	4,34	2,38
		i=3: 100% Qualität	nein	$T_{3,j,l}$	8,00	6,00	3,87	2,13	16,00	12,00	7,75	4,25
			ja	$T_{3,j,l}$	5,60	4,20	2,71	1,49	11,20	8,40	5,42	2,98
E6 Elektro	E6-A1 Gute Qualität	i=1: 0% Qualität	nein	$T_{1,j,l}$	28,27	6,46	3,52	1,75	42,40	9,68	5,28	2,63
			ja	$T_{1,j,l}$	16,96	3,87	2,11	1,05	25,44	5,81	3,17	1,58
		i=2: 50% Qualität	nein	$T_{2,j,l}$	28,27	6,46	3,52	1,75	42,40	9,68	5,28	2,63
			ja	$T_{2,j,l}$	16,96	3,87	2,11	1,05	25,44	5,81	3,17	1,58
		i=3: 100% Qualität	nein	$T_{3,j,l}$	28,27	6,46	3,52	1,75	42,40	9,68	5,28	2,63
			ja	$T_{3,j,l}$	16,96	3,87	2,11	1,05	25,44	5,81	3,17	1,58
	E6-A2 Schlechte Qualität	i=1: 0% Qualität	nein	$T_{1,j,l}$	14,13	3,23	1,76	0,88	28,27	6,46	3,52	1,75
			ja	$T_{1,j,l}$	8,48	1,94	1,06	0,53	16,96	3,87	2,11	1,05
		i=2: 50% Qualität	nein	$T_{2,j,l}$	14,13	3,23	1,76	0,88	28,27	6,46	3,52	1,75
			ja	$T_{2,j,l}$	8,48	1,94	1,06	0,53	16,96	3,87	2,11	1,05
		i=3: 100% Qualität	nein	$T_{3,j,l}$	14,13	3,23	1,76	0,88	28,27	6,46	3,52	1,75
			ja	$T_{3,j,l}$	8,48	1,94	1,06	0,53	16,96	3,87	2,11	1,05

Abbildung B.1: Verweilzeiten $T_{i,j,l}$ für die Elemente E1-E6 (Angaben in Jahren $[a]$))

Elementtyp	Alternative	Instandhaltungs-qualität i	Folge-schäden	Verweilzeiten $T_{i,j,l}$ [a]	Quantil j=1: 1%-Quantil				Quantil j=2: 99%-Quantil			
					z_1 $T_{i,1,1}$	z_2 $T_{i,1,2}$	z_3 $T_{i,1,3}$	z_4 $T_{i,1,4}$	z_1 $T_{i,2,1}$	z_2 $T_{i,2,2}$	z_3 $T_{i,2,3}$	z_4 $T_{i,2,4}$
E7 Heizung	E7-A1 Gute Qualität	i=1: 0% Qualität	nein	$T_{1,j,l}$	5,40	12,01	6,61	2,97	10,80	24,03	13,23	5,95
			ja	$T_{1,j,l}$	2,70	6,01	3,31	1,49	5,40	12,01	6,61	2,97
		i=2: 50% Qualität	nein	$T_{2,j,l}$	5,70	12,68	6,98	3,14	11,40	25,36	13,96	6,28
			ja	$T_{2,j,l}$	2,85	6,34	3,49	1,57	5,70	12,68	6,98	3,14
		i=3: 100% Qualität	nein	$T_{3,j,l}$	6,00	13,35	7,35	3,30	12,00	26,70	14,70	6,61
			ja	$T_{3,j,l}$	3,00	6,67	3,67	1,65	6,00	13,35	7,35	3,30
	E7-A2 Schlechte Qualität	i=1: 0% Qualität	nein	$T_{1,j,l}$	2,70	6,01	3,31	1,49	6,30	14,02	7,72	3,47
			ja	$T_{1,j,l}$	1,35	3,00	1,65	0,74	3,15	7,01	3,86	1,73
		i=2: 50% Qualität	nein	$T_{2,j,l}$	2,85	6,34	3,49	1,57	6,65	14,79	8,14	3,66
			ja	$T_{2,j,l}$	1,43	3,17	1,75	0,78	3,33	7,40	4,07	1,83
		i=3: 100% Qualität	nein	$T_{3,j,l}$	3,00	6,67	3,67	1,65	7,00	15,57	8,57	3,85
			ja	$T_{3,j,l}$	1,50	3,34	1,84	0,83	3,50	7,79	4,29	1,93
E8 Übrige Haustechnik	E8-A1 Gute Qualität	i=1: 0% Qualität	nein	$T_{1,j,l}$	8,00	6,00	3,87	2,13	9,60	7,20	4,65	2,55
			ja	$T_{1,j,l}$	4,00	3,00	1,94	1,06	4,80	3,60	2,32	1,28
		i=2: 50% Qualität	nein	$T_{2,j,l}$	9,00	6,75	4,36	2,39	10,80	8,10	5,23	2,87
			ja	$T_{2,j,l}$	4,50	3,38	2,18	1,20	5,40	4,05	2,62	1,43
		i=3: 100% Qualität	nein	$T_{3,j,l}$	10,00	7,50	4,84	2,66	12,00	9,00	5,81	3,19
			ja	$T_{3,j,l}$	5,00	3,75	2,42	1,33	6,00	4,50	2,91	1,59
	E8-A2 Schlechte Qualität	i=1: 0% Qualität	nein	$T_{1,j,l}$	4,80	3,60	2,32	1,28	8,00	6,00	3,87	2,13
			ja	$T_{1,j,l}$	2,40	1,80	1,16	0,64	4,00	3,00	1,94	1,06
		i=2: 50% Qualität	nein	$T_{2,j,l}$	5,40	4,05	2,62	1,43	9,00	6,75	4,36	2,39
			ja	$T_{2,j,l}$	2,70	2,03	1,31	0,72	4,50	3,38	2,18	1,20
		i=3: 100% Qualität	nein	$T_{3,j,l}$	6,00	4,50	2,91	1,59	10,00	7,50	4,84	2,66
			ja	$T_{3,j,l}$	3,00	2,25	1,45	0,80	5,00	3,75	2,42	1,33
E9 Sanitär	E9-A1 Gute Qualität	i=1: 0% Qualität	nein	$T_{1,j,l}$	10,80	8,10	5,23	2,87	14,40	10,80	6,97	3,83
			ja	$T_{1,j,l}$	8,64	6,48	4,18	2,30	11,52	8,64	5,58	3,06
		i=2: 50% Qualität	nein	$T_{2,j,l}$	11,40	8,55	5,52	3,03	15,20	11,40	7,36	4,04
			ja	$T_{2,j,l}$	9,12	6,84	4,42	2,42	12,16	9,12	5,89	3,23
		i=3: 100% Qualität	nein	$T_{3,j,l}$	12,00	9,00	5,81	3,19	16,00	12,00	7,75	4,25
			ja	$T_{3,j,l}$	9,60	7,20	4,65	2,55	12,80	9,60	6,20	3,40
	E9-A1 Schlechte Qualität	i=1: 0% Qualität	nein	$T_{1,j,l}$	5,40	4,05	2,62	1,43	9,00	6,75	4,36	2,39
			ja	$T_{1,j,l}$	4,32	3,24	2,09	1,15	7,20	5,40	3,49	1,91
		i=2: 50% Qualität	nein	$T_{2,j,l}$	5,70	4,28	2,76	1,51	9,50	7,13	4,60	2,52
			ja	$T_{2,j,l}$	4,56	3,42	2,21	1,21	7,60	5,70	3,68	2,02
		i=3: 100% Qualität	nein	$T_{3,j,l}$	6,00	4,50	2,91	1,59	10,00	7,50	4,84	2,66
			ja	$T_{3,j,l}$	4,80	3,60	2,32	1,28	8,00	6,00	3,87	2,13
E10 Tapeten/ Teppich	E10-A1 Gute Qualität	i=1: 0% Qualität	nein	$T_{1,j,l}$	4,00	3,00	1,94	1,06	10,00	7,50	4,84	2,66
			ja	$T_{1,j,l}$	2,40	1,80	1,16	0,64	6,00	4,50	2,91	1,59
		i=2: 50% Qualität	nein	$T_{2,j,l}$	4,00	3,00	1,94	1,06	10,00	7,50	4,84	2,66
			ja	$T_{2,j,l}$	2,40	1,80	1,16	0,64	6,00	4,50	2,91	1,59
		i=3: 100% Qualität	nein	$T_{3,j,l}$	4,00	3,00	1,94	1,06	10,00	7,50	4,84	2,66
			ja	$T_{3,j,l}$	2,40	1,80	1,16	0,64	6,00	4,50	2,91	1,59
	E10-A2 Schlechte Qualität	i=1: 0% Qualität	nein	$T_{1,j,l}$	2,00	1,50	0,97	0,53	6,00	4,50	2,91	1,59
			ja	$T_{1,j,l}$	1,20	0,90	0,58	0,32	3,60	2,70	1,74	0,96
		i=2: 50% Qualität	nein	$T_{2,j,l}$	2,00	1,50	0,97	0,53	6,00	4,50	2,91	1,59
			ja	$T_{2,j,l}$	1,20	0,90	0,58	0,32	3,60	2,70	1,74	0,96
		i=3: 100% Qualität	nein	$T_{3,j,l}$	2,00	1,50	0,97	0,53	6,00	4,50	2,91	1,59
			ja	$T_{3,j,l}$	1,20	0,90	0,58	0,32	3,60	2,70	1,74	0,96
E11 Küche	E11-A1 Gute Qualität	i=1: 0% Qualität	nein	$T_{1,j,l}$	6,00	4,50	2,91	1,59	10,00	7,50	4,84	2,66
			ja	$T_{1,j,l}$	3,60	2,70	1,74	0,96	6,00	4,50	2,91	1,59
		i=2: 50% Qualität	nein	$T_{2,j,l}$	6,00	4,50	2,91	1,59	10,00	7,50	4,84	2,66
			ja	$T_{2,j,l}$	3,60	2,70	1,74	0,96	6,00	4,50	2,91	1,59
		i=3: 100% Qualität	nein	$T_{3,j,l}$	6,00	4,50	2,91	1,59	10,00	7,50	4,84	2,66
			ja	$T_{3,j,l}$	3,60	2,70	1,74	0,96	6,00	4,50	2,91	1,59
	E11-A2 Schlechte Qualität	i=1: 0% Qualität	nein	$T_{1,j,l}$	2,00	1,50	0,97	0,53	6,00	4,50	2,91	1,59
			ja	$T_{1,j,l}$	1,20	0,90	0,58	0,32	3,60	2,70	1,74	0,96
		i=2: 50% Qualität	nein	$T_{2,j,l}$	2,00	1,50	0,97	0,53	6,00	4,50	2,91	1,59
			ja	$T_{2,j,l}$	1,20	0,90	0,58	0,32	3,60	2,70	1,74	0,96
		i=3: 100% Qualität	nein	$T_{3,j,l}$	2,00	1,50	0,97	0,53	6,00	4,50	2,91	1,59
			ja	$T_{3,j,l}$	1,20	0,90	0,58	0,32	3,60	2,70	1,74	0,96
E12 Übriger Innenausbau	E12-A1 Gute Qualität	i=1: 0% Qualität	nein	$T_{1,j,l}$	14,00	10,50	6,78	3,72	18,00	13,50	8,72	4,78
			ja	$T_{1,j,l}$	8,40	6,30	4,07	2,23	10,80	8,10	5,23	2,87
		i=2: 50% Qualität	nein	$T_{2,j,l}$	14,00	10,50	6,78	3,72	18,00	13,50	8,72	4,78
			ja	$T_{2,j,l}$	8,40	6,30	4,07	2,23	10,80	8,10	5,23	2,87
		i=3: 100% Qualität	nein	$T_{3,j,l}$	14,00	10,50	6,78	3,72	18,00	13,50	8,72	4,78
			ja	$T_{3,j,l}$	8,40	6,30	4,07	2,23	10,80	8,10	5,23	2,87
	E12-A2 Schlechte Qualität	i=1: 0% Qualität	nein	$T_{1,j,l}$	6,00	4,50	2,91	1,59	14,00	10,50	6,78	3,72
			ja	$T_{1,j,l}$	3,60	2,70	1,74	0,96	8,40	6,30	4,07	2,23
		i=2: 50% Qualität	nein	$T_{2,j,l}$	6,00	4,50	2,91	1,59	14,00	10,50	6,78	3,72
			ja	$T_{2,j,l}$	3,60	2,70	1,74	0,96	8,40	6,30	4,07	2,23
		i=3: 100% Qualität	nein	$T_{3,j,l}$	6,00	4,50	2,91	1,59	14,00	10,50	6,78	3,72
			ja	$T_{3,j,l}$	3,60	2,70	1,74	0,96	8,40	6,30	4,07	2,23

Abbildung B.2: Verweilzeiten $T_{i,j,l}$ für die Elemente E7-E12 (Angaben in Jahren $[a]$))

Elementtyp	Alternative	Instandhaltungs-qualität i	Folge-schäden	Parameter der Weibull-Verteilungen z_1 $\alpha_{i,1}$	z_1 $\beta_{i,1}$	z_2 $\alpha_{i,2}$	z_2 $\beta_{i,2}$	z_3 $\alpha_{i,3}$	z_3 $\beta_{i,3}$	z_4 $\alpha_{i,4}$	z_4 $\beta_{i,4}$
E1 Rohbau massiv	E1-A1 Gute Qualität	i=1: 0% Qualität	nein	9,75	47,58	9,75	33,40	9,75	22,19	9,75	12,25
			ja	9,75	38,07	9,75	26,72	9,75	17,75	9,75	9,80
		i=2: 50% Qualität	nein	9,75	50,23	9,75	35,25	9,75	23,43	9,75	12,93
			ja	9,75	40,18	9,75	28,20	9,75	18,74	9,75	10,34
		i=3: 100% Qualität	nein	9,75	52,87	9,75	37,11	9,75	24,66	9,75	13,61
			ja	9,75	42,30	9,75	29,69	9,75	19,73	9,75	10,89
	E1-A2 Schlechte Qualität	i=1: 0% Qualität	nein	21,30	27,63	21,30	19,39	21,30	12,89	21,30	7,11
			ja	21,30	22,10	21,30	15,51	21,30	10,31	21,30	5,69
		i=2: 50% Qualität	nein	21,30	29,16	21,30	20,47	21,30	13,60	21,30	7,51
			ja	21,30	23,33	21,30	16,37	21,30	10,88	21,30	6,01
		i=3: 100% Qualität	nein	21,30	30,70	21,30	21,55	21,30	14,32	21,30	7,90
			ja	21,30	24,56	21,30	17,24	21,30	11,45	21,30	6,32
E2 Rohbau übriges	E2-A1 Gute Qualität	i=1: 0% Qualität	nein	27,46	34,05	27,46	25,54	27,46	16,49	27,46	9,05
			ja	27,46	23,84	27,46	17,88	27,46	11,54	27,46	6,33
		i=2: 50% Qualität	nein	27,46	35,94	27,46	26,96	27,46	17,41	27,46	9,55
			ja	27,46	25,16	27,46	18,87	27,46	12,19	27,46	6,68
		i=3: 100% Qualität	nein	27,46	37,84	27,46	28,38	27,46	18,32	27,46	10,05
			ja	27,46	26,49	27,46	19,86	27,46	12,83	27,46	7,04
	E2-A2 Schlechte Qualität	i=1: 0% Qualität	nein	18,21	23,17	18,21	17,38	18,21	11,22	18,21	6,16
			ja	18,21	16,22	18,21	12,17	18,21	7,86	18,21	4,31
		i=2: 50% Qualität	nein	18,21	24,46	18,21	18,35	18,21	11,85	18,21	6,50
			ja	18,21	17,12	18,21	12,84	18,21	8,29	18,21	4,55
		i=3: 100% Qualität	nein	18,21	25,75	18,21	19,31	18,21	12,47	18,21	6,84
			ja	18,21	18,02	18,21	13,52	18,21	8,73	18,21	4,79
E3 Dachhaut	E3-A1 Gute Qualität	i=1: 0% Qualität	nein	5,95	6,50	5,95	4,87	5,95	3,15	5,95	1,73
			ja	5,95	4,55	5,95	3,41	5,95	2,20	5,95	1,21
		i=2: 50% Qualität	nein	5,95	14,08	5,95	10,56	5,95	6,82	5,95	3,74
			ja	5,95	9,86	5,95	7,39	5,95	4,77	5,95	2,62
		i=3: 100% Qualität	nein	5,95	21,66	5,95	16,25	5,95	10,49	5,95	5,76
			ja	5,95	15,16	5,95	11,37	5,95	7,34	5,95	4,03
	E3-A2 Schlechte Qualität	i=1: 0% Qualität	nein	8,84	4,04	8,84	3,03	8,84	1,96	8,84	1,07
			ja	8,84	2,83	8,84	2,12	8,84	1,37	8,84	0,75
		i=2: 50% Qualität	nein	8,84	8,75	8,84	6,56	8,84	4,24	8,84	2,32
			ja	8,84	6,12	8,84	4,59	8,84	2,97	8,84	1,63
		i=3: 100% Qualität	nein	8,84	13,46	8,84	10,10	8,84	6,52	8,84	3,58
			ja	8,84	9,42	8,84	7,07	8,84	4,56	8,84	2,50
E4 Fassaden	E4-A1 Gute Qualität	i=1: 0% Qualität	nein	8,04	17,37	8,04	13,03	8,04	8,41	8,04	4,61
			ja	8,04	12,16	8,04	9,12	8,04	5,89	8,04	3,23
		i=2: 50% Qualität	nein	8,04	21,09	8,04	15,82	8,04	10,21	8,04	5,60
			ja	8,04	14,76	8,04	11,07	8,04	7,15	8,04	3,92
		i=3: 100% Qualität	nein	8,04	24,81	8,04	18,61	8,04	12,02	8,04	6,59
			ja	8,04	17,37	8,04	13,03	8,04	8,41	8,04	4,61
	E4-A2 Schlechte Qualität	i=1: 0% Qualität	nein	8,84	9,42	8,84	7,07	8,84	4,56	8,84	2,50
			ja	8,84	6,60	8,84	4,95	8,84	3,19	8,84	1,75
		i=2: 50% Qualität	nein	8,84	11,44	8,84	8,58	8,84	5,54	8,84	3,04
			ja	8,84	8,01	8,84	6,01	8,84	3,88	8,84	2,13
		i=3: 100% Qualität	nein	8,84	13,46	8,84	10,10	8,84	6,52	8,84	3,58
			ja	8,84	9,42	8,84	7,07	8,84	4,56	8,84	2,50
E5 Fenster	E5-A1 Gute Qualität	i=1: 0% Qualität	nein	7,23	15,87	7,23	11,90	7,23	7,69	7,23	4,22
			ja	7,23	11,11	7,23	8,33	7,23	5,38	7,23	2,95
		i=2: 50% Qualität	nein	7,23	19,27	7,23	14,45	7,23	9,33	7,23	5,12
			ja	7,23	13,49	7,23	10,12	7,23	6,53	7,23	3,58
		i=3: 100% Qualität	nein	7,23	22,67	7,23	17,00	7,23	10,98	7,23	6,02
			ja	7,23	15,87	7,23	11,90	7,23	7,69	7,23	4,22
	E5-A2 Schlechte Qualität	i=1: 0% Qualität	nein	8,84	8,08	8,84	6,06	8,84	3,91	8,84	2,15
			ja	8,84	5,65	8,84	4,24	8,84	2,74	8,84	1,50
		i=2: 50% Qualität	nein	8,84	10,77	8,84	8,08	8,84	5,22	8,84	2,86
			ja	8,84	7,54	8,84	5,65	8,84	3,65	8,84	2,00
		i=3: 100% Qualität	nein	8,84	13,46	8,84	10,10	8,84	6,52	8,84	3,58
			ja	8,84	9,42	8,84	7,07	8,84	4,56	8,84	2,50
E6 Elektro	E6-A1 Gute Qualität	i=1: 0% Qualität	nein	15,11	38,33	15,11	8,75	15,11	4,77	15,11	2,38
			ja	15,11	23,00	15,11	5,25	15,11	2,86	15,11	1,43
		i=2: 50% Qualität	nein	15,11	38,33	15,11	8,75	15,11	4,77	15,11	2,38
			ja	15,11	23,00	15,11	5,25	15,11	2,86	15,11	1,43
		i=3: 100% Qualität	nein	15,11	38,33	15,11	8,75	15,11	4,77	15,11	2,38
			ja	15,11	23,00	15,11	5,25	15,11	2,86	15,11	1,43
	E6-A2 Schlechte Qualität	i=1: 0% Qualität	nein	8,84	23,78	8,84	5,43	8,84	2,96	8,84	1,48
			ja	8,84	14,27	8,84	3,26	8,84	1,78	8,84	0,89
		i=2: 50% Qualität	nein	8,84	23,78	8,84	5,43	8,84	2,96	8,84	1,48
			ja	8,84	14,27	8,84	3,26	8,84	1,78	8,84	0,89
		i=3: 100% Qualität	nein	8,84	23,78	8,84	5,43	8,84	2,96	8,84	1,48
			ja	8,84	14,27	8,84	3,26	8,84	1,78	8,84	0,89

Abbildung B.3: Parameter der Weibull-Verteilungen für die Elemente E1-E6

Elementtyp	Alternative	Instandhaltungs-qualität i	Folge-schäden	Z_1 $\alpha_{i,1}$	Z_1 $\beta_{i,1}$	Z_2 $\alpha_{i,2}$	Z_2 $\beta_{i,2}$	Z_3 $\alpha_{i,3}$	Z_3 $\beta_{i,3}$	Z_4 $\alpha_{i,4}$	Z_4 $\beta_{i,4}$
E7 Heizung	E7-A1 Gute Qualität	i=1:	nein	8,84	9,09	8,84	20,22	8,84	11,13	8,84	5,00
		0% Qualität	ja	8,84	4,54	8,84	10,11	8,84	5,56	8,84	2,50
		i=2:	nein	8,84	9,59	8,84	21,34	8,84	11,75	8,84	5,28
		50% Qualität	ja	8,84	4,80	8,84	10,67	8,84	5,87	8,84	2,64
		i=3:	nein	8,84	10,10	8,84	22,46	8,84	12,37	8,84	5,56
		100% Qualität	ja	8,84	5,05	8,84	11,23	8,84	6,18	8,84	2,78
	E7-A2 Schlechte Qualität	i=1:	nein	7,23	5,10	7,23	11,35	7,23	6,25	7,23	2,81
		0% Qualität	ja	7,23	2,55	7,23	5,67	7,23	3,12	7,23	1,40
		i=2:	nein	7,23	5,38	7,23	11,98	7,23	6,59	7,23	2,96
		50% Qualität	ja	7,23	2,69	7,23	5,99	7,23	3,30	7,23	1,48
		i=3:	nein	7,23	5,67	7,23	12,61	7,23	6,94	7,23	3,12
		100% Qualität	ja	7,23	2,83	7,23	6,30	7,23	3,47	7,23	1,56
E8 Übrige Haustechnik	E8-A1 Gute Qualität	i=1:	nein	33,61	9,17	33,61	6,88	33,61	4,44	33,61	2,44
		0% Qualität	ja	33,61	4,59	33,61	3,44	33,61	2,22	33,61	1,22
		i=2:	nein	33,61	10,32	33,61	7,74	33,61	5,00	33,61	2,74
		50% Qualität	ja	33,61	5,16	33,61	3,87	33,61	2,50	33,61	1,37
		i=3:	nein	33,61	11,47	33,61	8,60	33,61	5,55	33,61	3,05
		100% Qualität	ja	33,61	5,73	33,61	4,30	33,61	2,78	33,61	1,52
	E8-A2 Schlechte Qualität	i=1:	nein	11,99	7,04	11,99	5,28	11,99	3,41	11,99	1,87
		0% Qualität	ja	11,99	3,52	11,99	2,64	11,99	1,71	11,99	0,94
		i=2:	nein	11,99	7,92	11,99	5,94	11,99	3,84	11,99	2,11
		50% Qualität	ja	11,99	3,96	11,99	2,97	11,99	1,92	11,99	1,05
		i=3:	nein	11,99	8,80	11,99	6,60	11,99	4,26	11,99	2,34
		100% Qualität	ja	11,99	4,40	11,99	3,30	11,99	2,13	11,99	1,17
E9 Sanitär	E9-A1 Gute Qualität	i=1:	nein	21,30	13,40	21,30	10,05	21,30	6,49	21,30	3,56
		0% Qualität	ja	21,30	10,72	21,30	8,04	21,30	5,19	21,30	2,85
		i=2:	nein	21,30	14,15	21,30	10,61	21,30	6,85	21,30	3,76
		50% Qualität	ja	21,30	11,32	21,30	8,49	21,30	5,48	21,30	3,01
		i=3:	nein	21,30	14,89	21,30	11,17	21,30	7,21	21,30	3,96
		100% Qualität	ja	21,30	11,91	21,30	8,94	21,30	5,77	21,30	3,17
	E9-A1 Schlechte Qualität	i=1:	nein	11,99	7,92	11,99	5,94	11,99	3,84	11,99	2,11
		0% Qualität	ja	11,99	6,34	11,99	4,75	11,99	3,07	11,99	1,68
		i=2:	nein	11,99	8,36	11,99	6,27	11,99	4,05	11,99	2,22
		50% Qualität	ja	11,99	6,69	11,99	5,02	11,99	3,24	11,99	1,78
		i=3:	nein	11,99	8,80	11,99	6,60	11,99	4,26	11,99	2,34
		100% Qualität	ja	11,99	7,04	11,99	5,28	11,99	3,41	11,99	1,87
E10 Tapeten/ Teppich	E10-A1 Gute Qualität	i=1:	nein	6,69	7,96	6,69	5,97	6,69	3,85	6,69	2,11
		0% Qualität	ja	6,69	4,77	6,69	3,58	6,69	2,31	6,69	1,27
		i=2:	nein	6,69	7,96	6,69	5,97	6,69	3,85	6,69	2,11
		50% Qualität	ja	6,69	4,77	6,69	3,58	6,69	2,31	6,69	1,27
		i=3:	nein	6,69	7,96	6,69	5,97	6,69	3,85	6,69	2,11
		100% Qualität	ja	6,69	4,77	6,69	3,58	6,69	2,31	6,69	1,27
	E10-A2 Schlechte Qualität	i=1:	nein	5,58	4,56	5,58	3,42	5,58	2,21	5,58	1,21
		0% Qualität	ja	5,58	2,74	5,58	2,05	5,58	1,33	5,58	0,73
		i=2:	nein	5,58	4,56	5,58	3,42	5,58	2,21	5,58	1,21
		50% Qualität	ja	5,58	2,74	5,58	2,05	5,58	1,33	5,58	0,73
		i=3:	nein	5,58	4,56	5,58	3,42	5,58	2,21	5,58	1,21
		100% Qualität	ja	5,58	2,74	5,58	2,05	5,58	1,33	5,58	0,73
E11 Küche	E11-A1 Gute Qualität	i=1:	nein	11,99	8,80	11,99	6,60	11,99	4,26	11,99	2,34
		0% Qualität	ja	11,99	5,28	11,99	3,96	11,99	2,56	11,99	1,40
		i=2:	nein	11,99	8,80	11,99	6,60	11,99	4,26	11,99	2,34
		50% Qualität	ja	11,99	5,28	11,99	3,96	11,99	2,56	11,99	1,40
		i=3:	nein	11,99	8,80	11,99	6,60	11,99	4,26	11,99	2,34
		100% Qualität	ja	11,99	5,28	11,99	3,96	11,99	2,56	11,99	1,40
	E11-A2 Schlechte Qualität	i=1:	nein	5,58	4,56	5,58	3,42	5,58	2,21	5,58	1,21
		0% Qualität	ja	5,58	2,74	5,58	2,05	5,58	1,33	5,58	0,73
		i=2:	nein	5,58	4,56	5,58	3,42	5,58	2,21	5,58	1,21
		50% Qualität	ja	5,58	2,74	5,58	2,05	5,58	1,33	5,58	0,73
		i=3:	nein	5,58	4,56	5,58	3,42	5,58	2,21	5,58	1,21
		100% Qualität	ja	5,58	2,74	5,58	2,05	5,58	1,33	5,58	0,73
E12 Übriger Innenausbau	E12-A1 Gute Qualität	i=1:	nein	24,38	16,91	24,38	12,68	24,38	8,19	24,38	4,49
		0% Qualität	ja	24,38	10,14	24,38	7,61	24,38	4,91	24,38	2,70
		i=2:	nein	24,38	16,91	24,38	12,68	24,38	8,19	24,38	4,49
		50% Qualität	ja	24,38	10,14	24,38	7,61	24,38	4,91	24,38	2,70
		i=3:	nein	24,38	16,91	24,38	12,68	24,38	8,19	24,38	4,49
		100% Qualität	ja	24,38	10,14	24,38	7,61	24,38	4,91	24,38	2,70
	E12-A2 Schlechte Qualität	i=1:	nein	7,23	11,33	7,23	8,50	7,23	5,49	7,23	3,01
		0% Qualität	ja	7,23	6,80	7,23	5,10	7,23	3,29	7,23	1,81
		i=2:	nein	7,23	11,33	7,23	8,50	7,23	5,49	7,23	3,01
		50% Qualität	ja	7,23	6,80	7,23	5,10	7,23	3,29	7,23	1,81
		i=3:	nein	7,23	11,33	7,23	8,50	7,23	5,49	7,23	3,01
		100% Qualität	ja	7,23	6,80	7,23	5,10	7,23	3,29	7,23	1,81

Abbildung B.4: Parameter der Weibull-Verteilungen für die Elemente E7-E12

Elementtyp	Alternative	Instandhaltungsqualität i	Folgeschäden	Parameter der kumulativen Weibull-Verteilungen Z_1		Z_2		Z_3		Z_4	
				$\alpha_{i,1\to1}$	$\beta_{i,1\to1}$	$\alpha_{i,1\to2}$	$\beta_{i,1\to2}$	$\alpha_{i,1\to3}$	$\beta_{i,1\to3}$	$\alpha_{i,1\to4}$	$\beta_{i,1\to4}$
E1 Rohbau massiv	E1-A1 Gute Qualität	i=1: 0% Qualität	nein	9,74	47,58	12,31	79,79	13,93	101,08	14,88	112,78
			ja	9,75	38,06	12,33	63,84	13,94	80,86	14,88	90,22
		i=2: 50% Qualität	nein	9,76	50,23	12,33	84,23	13,97	106,72	14,86	119,04
			ja	9,73	40,18	12,30	67,38	13,94	85,35	14,88	95,25
		i=3: 100% Qualität	nein	9,73	52,86	12,35	88,66	13,92	112,33	14,88	125,29
			ja	9,76	42,30	12,30	70,92	13,93	89,84	14,89	100,26
	E1-A2 Schlechte Qualität	i=1: 0% Qualität	nein	21,28	27,63	26,70	46,67	30,02	59,28	32,05	66,23
			ja	21,26	22,10	26,68	37,34	30,00	47,42	32,04	52,98
		i=2: 50% Qualität	nein	21,37	29,17	26,69	49,26	30,08	62,58	32,07	69,91
			ja	21,30	23,33	26,68	39,41	29,92	50,06	32,07	55,93
		i=3: 100% Qualität	nein	21,26	30,70	26,71	51,86	30,03	65,87	32,11	73,59
			ja	21,35	24,56	26,68	41,49	30,04	52,70	32,06	58,87
E2 Rohbau übriges	E2-A1 Gute Qualität	i=1: 0% Qualität	nein	27,39	34,05	34,39	59,24	38,69	75,45	41,39	84,33
			ja	27,44	23,84	34,44	41,47	38,69	52,82	41,27	59,03
		i=2: 50% Qualität	nein	27,46	35,95	34,41	62,53	38,70	79,65	41,28	89,02
			ja	27,45	25,16	34,42	43,77	38,71	55,75	41,32	62,31
		i=3: 100% Qualität	nein	27,48	37,83	34,45	65,82	38,67	83,84	41,29	93,71
			ja	27,45	26,49	34,47	46,07	38,67	58,69	41,28	65,59
	E2-A2 Schlechte Qualität	i=1: 0% Qualität	nein	18,19	23,17	22,88	40,20	25,74	51,15	27,52	57,14
			ja	18,24	16,22	22,95	28,14	25,76	35,80	27,46	40,00
		i=2: 50% Qualität	nein	18,16	24,46	22,90	42,43	25,82	54,00	27,50	60,32
			ja	18,23	17,12	22,91	29,70	25,85	37,80	27,58	42,23
		i=3: 100% Qualität	nein	18,21	25,75	22,91	44,67	25,76	56,84	27,50	63,49
			ja	18,15	18,02	22,81	31,26	25,76	39,79	27,55	44,44
E3 Dachhaut	E3-A1 Gute Qualität	i=1: 0% Qualität	nein	5,96	6,50	7,63	11,13	8,66	14,10	9,25	15,72
			ja	5,95	4,55	7,64	7,79	8,66	9,87	9,25	11,00
		i=2: 50% Qualität	nein	5,94	14,08	7,63	24,13	8,65	30,55	9,28	34,06
			ja	5,97	9,86	7,63	16,89	8,67	21,39	9,26	23,84
		i=3: 100% Qualität	nein	5,94	21,65	7,65	37,12	8,67	47,01	9,25	52,39
			ja	5,96	15,16	7,63	25,97	8,64	32,89	9,25	36,67
	E3-A2 Schlechte Qualität	i=1: 0% Qualität	nein	8,83	4,04	11,23	6,95	12,69	8,82	13,59	9,84
			ja	8,84	2,83	11,22	4,87	12,70	6,18	13,57	6,89
		i=2: 50% Qualität	nein	8,87	8,75	11,22	15,07	12,71	19,12	13,57	21,34
			ja	8,84	6,12	11,24	10,55	12,69	13,38	13,57	14,93
		i=3: 100% Qualität	nein	8,84	13,46	11,22	23,18	12,70	29,42	13,55	32,82
			ja	8,84	9,42	11,24	16,23	12,72	20,59	13,56	22,97
E4 Fassaden	E4-A1 Gute Qualität	i=1: 0% Qualität	nein	8,04	17,36	10,21	29,86	11,58	37,89	12,40	42,26
			ja	8,03	12,15	10,24	20,90	11,58	26,52	12,38	29,58
		i=2: 50% Qualität	nein	8,03	21,09	10,23	36,28	11,58	46,00	12,37	51,31
			ja	8,02	14,76	10,23	25,38	11,57	32,20	12,35	35,91
		i=3: 100% Qualität	nein	8,03	24,81	10,22	42,68	11,57	54,12	12,38	60,38
			ja	8,04	17,37	10,22	29,87	11,57	37,89	12,36	42,26
	E4-A2 Schlechte Qualität	i=1: 0% Qualität	nein	8,85	9,42	11,24	16,23	12,69	20,59	13,55	22,97
			ja	8,84	6,60	11,27	11,36	12,69	14,41	13,54	16,08
		i=2: 50% Qualität	nein	8,84	11,44	11,23	19,70	12,67	25,00	13,58	27,89
			ja	8,86	8,01	11,24	13,79	12,68	17,50	13,57	19,53
		i=3: 100% Qualität	nein	8,85	13,46	11,24	23,18	12,64	29,42	13,58	32,82
			ja	8,85	9,42	11,23	16,23	12,69	20,59	13,55	22,97
E5 Fenster	E5-A1 Gute Qualität	i=1: 0% Qualität	nein	7,23	15,87	9,23	27,26	10,44	34,55	11,18	38,53
			ja	7,24	11,11	9,21	19,08	10,44	24,18	11,15	26,98
		i=2: 50% Qualität	nein	7,24	19,27	9,24	33,10	10,43	41,95	11,21	46,79
			ja	7,24	13,49	9,23	23,17	10,44	29,37	11,18	32,74
		i=3: 100% Qualität	nein	7,26	22,67	9,21	38,94	10,43	49,36	11,16	55,05
			ja	7,24	15,87	9,24	27,25	10,45	34,55	11,14	38,53
	E5-A2 Schlechte Qualität	i=1: 0% Qualität	nein	8,83	8,08	11,23	13,91	12,72	17,65	13,58	19,69
			ja	8,85	5,65	11,22	9,74	12,69	12,35	13,56	13,78
		i=2: 50% Qualität	nein	8,81	10,77	11,22	18,55	12,69	23,53	13,57	26,25
			ja	8,82	7,54	11,23	12,98	12,70	16,47	13,58	18,37
		i=3: 100% Qualität	nein	8,86	13,46	11,24	23,18	12,69	29,41	13,56	32,81
			ja	8,85	9,42	11,24	16,23	12,69	20,59	13,53	22,97
E6 Elektro	E6-A1 Gute Qualität	i=1: 0% Qualität	nein	15,11	38,33	17,52	46,81	18,90	51,44	19,67	53,74
			ja	15,08	23,00	17,55	28,09	18,92	30,86	19,66	32,24
		i=2: 50% Qualität	nein	15,11	38,33	17,58	46,81	18,93	51,43	19,62	53,73
			ja	15,11	23,00	17,53	28,09	18,89	30,86	19,65	32,24
		i=3: 100% Qualität	nein	15,10	38,33	17,55	46,81	18,93	51,43	19,67	53,73
			ja	15,09	23,00	17,59	28,09	18,95	30,86	19,66	32,24
	E6-A2 Schlechte Qualität	i=1: 0% Qualität	nein	8,84	23,79	10,27	28,95	11,09	31,77	11,49	33,17
			ja	8,83	14,27	10,24	17,37	11,08	19,06	11,51	19,90
		i=2: 50% Qualität	nein	8,84	23,79	10,27	28,96	11,06	31,77	11,48	33,17
			ja	8,82	14,27	10,29	17,37	11,08	19,06	11,51	19,90
		i=3: 100% Qualität	nein	8,83	23,78	10,29	28,96	11,05	31,77	11,48	33,18
			ja	8,83	14,27	10,28	17,37	11,07	19,06	11,50	19,91

Abbildung B.5: Parameter der kumulativen Weibull-Verteilungen für die Elemente E1-E6

Elementtyp	Alternative	Instandhaltungs-qualität i	Folge-schäden	Parameter der kumulativen Weibull-Verteilungen							
				Z_1		Z_2		Z_3		Z_4	
				$\alpha_{i,1\to1}$	$\beta_{i,1\to1}$	$\alpha_{i,1\to2}$	$\beta_{i,1\to2}$	$\alpha_{i,1\to3}$	$\beta_{i,1\to3}$	$\alpha_{i,1\to4}$	$\beta_{i,1\to4}$
E7 Heizung	E7-A1 Gute Qualität	i=1: 0% Qualität	nein	8,83	9,09	10,94	28,91	12,60	39,57	13,50	44,34
			ja	8,85	4,54	10,95	14,45	12,60	19,79	13,49	22,17
		i=2: 50% Qualität	nein	8,83	9,59	10,93	30,52	12,62	41,77	13,48	46,80
			ja	8,84	4,79	10,96	15,26	12,57	20,88	13,46	23,40
		i=3: 100% Qualität	nein	8,84	10,10	10,93	32,12	12,61	43,97	13,49	49,25
			ja	8,85	5,05	10,93	16,06	12,58	21,98	13,47	24,63
	E7-A2 Schlechte Qualität	i=1: 0% Qualität	nein	7,23	5,10	8,97	16,19	10,36	22,14	11,13	24,79
			ja	7,24	2,55	8,97	8,10	10,34	11,07	11,11	12,39
		i=2: 50% Qualität	nein	7,24	5,39	8,98	17,09	10,34	23,37	11,09	26,17
			ja	7,25	2,69	8,95	8,55	10,35	11,68	11,11	13,08
		i=3: 100% Qualität	nein	7,23	5,67	8,95	17,99	10,32	24,60	11,09	27,55
			ja	7,23	2,83	8,98	9,00	10,35	12,30	11,08	13,77
E8 Übrige Haustechnik	E8-A1 Gute Qualität	i=1: 0% Qualität	nein	33,46	9,17	42,14	15,97	47,35	20,36	50,54	22,76
			ja	33,65	4,59	42,07	7,99	47,27	10,18	50,58	11,38
		i=2: 50% Qualität	nein	33,57	10,32	42,15	17,97	47,33	22,90	50,60	25,60
			ja	33,63	5,16	42,17	8,99	47,27	11,45	50,57	12,80
		i=3: 100% Qualität	nein	33,54	11,47	42,11	19,97	47,30	25,45	50,39	28,45
			ja	33,65	5,73	42,08	9,98	47,30	12,72	50,67	14,22
	E8-A2 Schlechte Qualität	i=1: 0% Qualität	nein	12,02	7,04	15,16	12,17	17,12	15,47	18,29	17,26
			ja	12,02	3,52	15,17	6,09	17,09	7,73	18,27	8,63
		i=2: 50% Qualität	nein	11,96	7,92	15,14	13,69	17,10	17,40	18,20	19,42
			ja	12,01	3,96	15,13	6,85	17,10	8,70	18,25	9,71
		i=3: 100% Qualität	nein	11,97	8,80	15,13	15,21	17,09	19,33	18,26	21,58
			ja	11,99	4,40	15,16	7,61	17,07	9,67	18,27	10,79
E9 Sanitär	E9-A1 Gute Qualität	i=1: 0% Qualität	nein	21,31	13,40	26,75	23,28	30,06	29,63	32,29	33,11
			ja	21,29	10,72	26,72	18,62	30,12	23,71	32,05	26,49
		i=2: 50% Qualität	nein	21,31	14,15	26,75	24,57	30,11	31,28	32,30	34,95
			ja	21,32	11,32	26,81	19,66	30,14	25,03	32,13	27,96
		i=3: 100% Qualität	nein	21,30	14,89	26,70	25,87	30,09	32,93	32,07	36,79
			ja	21,32	11,91	26,76	20,69	30,10	26,34	32,16	29,43
	E9-A1 Schlechte Qualität	i=1: 0% Qualität	nein	11,99	7,93	15,14	13,69	17,09	17,40	18,25	19,42
			ja	11,99	6,34	15,16	10,96	17,05	13,92	18,26	15,54
		i=2: 50% Qualität	nein	12,02	8,37	15,15	14,45	17,11	18,37	18,23	20,50
			ja	11,99	6,69	15,16	11,56	17,07	14,69	18,25	16,40
		i=3: 100% Qualität	nein	12,01	8,80	15,11	15,22	17,08	19,33	18,31	21,58
			ja	12,00	7,04	15,16	12,17	17,11	15,47	18,25	17,27
E10 Tapeten/ Teppich	E10-A1 Gute Qualität	i=1: 0% Qualität	nein	6,69	7,96	8,53	13,65	9,71	17,30	10,37	19,29
			ja	6,66	4,77	8,56	8,19	9,68	10,38	10,37	11,58
		i=2: 50% Qualität	nein	6,68	7,96	8,54	13,66	9,66	17,30	10,35	19,29
			ja	6,68	4,77	8,55	8,19	9,67	10,38	10,35	11,58
		i=3: 100% Qualität	nein	6,67	7,96	8,53	13,65	9,69	17,30	10,37	19,30
			ja	6,69	4,78	8,55	8,19	9,69	10,38	10,34	11,58
	E10-A2 Schlechte Qualität	i=1: 0% Qualität	nein	5,57	4,56	7,18	7,81	8,13	9,89	8,73	11,02
			ja	5,56	2,74	7,18	4,69	8,14	5,93	8,70	6,61
		i=2: 50% Qualität	nein	5,57	4,56	7,17	7,81	8,14	9,89	8,70	11,02
			ja	5,57	2,74	7,18	4,69	8,13	5,93	8,70	6,61
		i=3: 100% Qualität	nein	5,59	4,57	7,16	7,81	8,14	9,89	8,69	11,02
			ja	5,57	2,74	7,16	4,69	8,13	5,93	8,70	6,61
E11 Küche	E11-A1 Gute Qualität	i=1: 0% Qualität	nein	11,97	8,80	15,17	15,22	17,13	19,33	18,25	21,58
			ja	12,00	5,28	15,14	9,13	17,11	11,60	18,27	12,95
		i=2: 50% Qualität	nein	12,02	8,80	15,16	15,21	17,08	19,33	18,26	21,58
			ja	11,98	5,28	15,15	9,13	17,11	11,60	18,22	12,95
		i=3: 100% Qualität	nein	12,01	8,81	15,20	15,22	17,09	19,33	18,25	21,58
			ja	11,98	5,28	15,14	9,13	17,06	11,60	18,31	12,95
	E11-A2 Schlechte Qualität	i=1: 0% Qualität	nein	5,59	4,56	7,17	7,81	8,15	9,89	8,68	11,02
			ja	5,57	2,74	7,18	4,69	8,15	5,93	8,68	6,61
		i=2: 50% Qualität	nein	5,57	4,56	7,16	7,81	8,14	9,89	8,70	11,02
			ja	5,56	2,74	7,18	4,69	8,13	5,93	8,72	6,61
		i=3: 100% Qualität	nein	5,57	4,56	7,16	7,81	8,15	9,89	8,72	11,02
			ja	5,59	2,74	7,18	4,69	8,12	5,93	8,69	6,61
E12 Übriger Innenausbau	E12-A1 Gute Qualität	i=1: 0% Qualität	nein	24,40	16,91	30,61	29,39	34,38	37,42	36,72	41,82
			ja	24,38	10,14	30,55	17,63	34,32	22,45	36,80	25,10
		i=2: 50% Qualität	nein	24,41	16,91	30,59	29,39	34,47	37,43	36,73	41,82
			ja	24,38	10,14	30,60	17,63	34,34	22,46	36,79	25,10
		i=3: 100% Qualität	nein	24,38	16,91	30,60	29,39	34,39	37,43	36,70	41,83
			ja	24,45	10,14	30,51	17,63	34,40	22,46	36,79	25,10
	E12-A2 Schlechte Qualität	i=1: 0% Qualität	nein	7,22	11,33	9,21	19,47	10,46	24,68	11,16	27,52
			ja	7,24	6,80	9,25	11,68	10,42	14,81	11,17	16,51
		i=2: 50% Qualität	nein	7,23	11,34	9,23	19,47	10,45	24,68	11,16	27,52
			ja	7,25	6,80	9,24	11,68	10,40	14,81	11,15	16,52
		i=3: 100% Qualität	nein	7,25	11,34	9,22	19,47	10,46	24,68	11,16	27,52
			ja	7,22	6,80	9,25	11,68	10,45	14,81	11,17	16,51

Abbildung B.6: Parameter der kumulativen Weibull-Verteilungen für die Elemente E7-E12

Literaturverzeichnis

[1] AUFSCHLÄGER, E.: *Instandhaltungs- und Betriebskosten von Gebäuden.* Industriebau, 31(4):291 – 293, 1985.

[2] BACHOFNER, MONIKA, MATTHIAS HÄUSSLER und MARTIN WILHELM: *Optimum rental policies for investors and tenants.* Conference Paper for ERES 2003 in Helsinki, Universität Karlsruhe (TH), Stiftungslehrstuhl Ökonomie und Ökologie des Wohnungsbaus, Karlsruhe, 2003.

[3] BAHR, CAROLIN: *Realdatenanalyse zum Instandhaltungsaufwand öffentlicher Hochbauten - Ein Beitrag zur Budgetierung.* Doktorarbeit, Dissertation Universität Karlsruhe (TH), Karlsruhe, 2008.

[4] BAHR, CAROLIN und KUNIBERT LENNERTS: *Bestimmung des Instandhaltungsbudgets öffentlicher Hochbauten.* Zeitschrift für Immobilienökonomie, (1):47 – 63, 2009.

[5] BAILITIS, JANIS, DANILO DUNKEL und REINHARD FLÜGEL: *Das Übel an der Wurzel packen - Analyse und Steuerung von Instandhaltungskosten.* DW - Die Wohnungswirtschaft, Sonderdruck, 60, 2007.

[6] BAMBERG, GÜNTHER und ADOLF COENENBERG: *Betriebswirtschaftliche Entscheidungslehre.* Verlag Vahlen, München, 10. Auflage, 2000.

[7] BARON: *Kostenplanung für die Technische Gebäudeausrüstung - Kostenkennwerte für Anlagenteile.* Forschungsgutachten, Landesinstitut für Bauwesen und angewandte Bauschadensforschung NRW, Aachen, 1992.

[8] BAUER, CHRISTINE, SVEN WALLASCH, BEATRICE SCHUNKE, REINER KLOPFER, WULF ECKERMANN und EVA RIKS: *Wirtschaftliche Konzepte für die Bauwerksdiagnose und Dokumentation in der*

Instandhaltung, Instandsetzung und Modernisierung. Forschungsbericht F2406, Reihe Bau- und Wohnforschung, Fraunhofer IRB Verlag, Stuttgart, 2002.

[9] BEICHELT, FRANK: *Stochastische Prozesse für Ingenieure*. B.G. Teubner, Stuttgart, 1997.

[10] BERG, MENACHEM P.: *The marginal cost analysis and its application to repair and replacement policies*. European Journal of Operational Research, (82):214 – 224, 1995.

[11] BÜHLER, WOLFGANG und MARLIESE UHRIG-HOMBURG: *Bewertung von Unternehmen*, Kapitel Unternehmensbewertung mit Realoptionen, Seiten 123–152. Schäffer-Poeschel Verlag, Stuttgart, 2003.

[12] BIEDERMANN, HUBERT und JÜRGEN WOLFBAUER: *Handbuch Instandhaltung, Band 1: Instandhaltungsmanagement*, Kapitel Wirtschaftlichkeit und Controlling, Seiten 679–787. Verlag TÜV Rheinland, Köln, 1992.

[13] BLECKEN, UDO: *Ökonomische Bewertung und Marktpreisbildung der Baurisiken*. Baumanagement, (5):38 – 40, 2002.

[14] BON, RANKO: *Building as an Economic Process: An Introduction to Building Economics*. Prentice Hall, Englewood Cliffs, 1989.

[15] *Building services - component life manual*. Oxford, 2001.

[16] BULL, JOHN W.: *Life Cycle Costing for Construction*. Blackie Academic & Professional, London, 1993.

[17] BUNDESAMT FÜR WOHNUNGSWESEN: *Wohnbauten planen, beurteilen und vergleichen: Wohnungs-Bewertungs-System WBS Ausgabe 2000*. Schriftenreihe Wohnungswesen Band 69, Grenchen, 2000.

[18] BUNDESINSTITUT FÜR BAU-, STADT- UND RAUMFORSCHUNG (BBSR): *Bericht zur Lage und Perspektive der Bauwirtschaft 2009*. Bonn, 2009.

[19] BUNDESMINISTERIUM FÜR VERKEHR, BAU- UND WOHNUNGSWESEN: *Leitfaden Nachhaltiges Bauen*. Technischer Bericht, Bundesministerium für Verkehr, Bau- und Wohnungswesen, Berlin, 2001.

[20] BUNDESMINISTERIUM FÜR VERKEHR, BAU- UND WOHNUNGSWESEN: *Leitfaden Nachhaltiges Bauen - Überarbeitung Nutzungsdauern*

von Bauteilen - Zwischenbericht. Technischer Bericht, Bundesministerium für Verkehr, Bau- und Wohnungswesen, Berlin, 2008.

[21] BUNDESREGIERUNG DER BUNDESREPUBLIK DEUTSCHLAND, Berlin: *Perspektiven für Deutschland: Unsere Strategie für eine nachhaltige Entwicklung*, 2002.

[22] CHARETTE, ROBERT P. und HAROLD E. MARSHALL: *UNIFORMAT II Elemental Classification for Building Specifications, Cost Estimating, and Cost Analysis.* Zentralstelle für Baurationalisierung, 1999. NISTIR 6389.

[23] CHRISTEN, KURT und PAUL MEYER-MEIERLING: *Optimierte Zyklen und Finanzierung der Instandsetzung.* Schweizer Ingenieur und Architekt, (8):163 – 166, 1999.

[24] CHRISTEN, KURT und PAUL MEYER-MEIERLING: *Optimierung von Instandsetzungszyklen und deren Finanzierung bei Wohnbauten.* Forschungsbericht, ETH Zürich, Professur für Architektur und Baurealisation, Zürich, 1999.

[25] DAHMEN, ULRICH: *Die wirtschaftliche Nutzungsdauer von Anlagen unter Berücksichtigung von Instandhaltungsmaßnahmen*, Band 95 der Reihe *Schriften zur wirtschaftswissenschaftlichen Forschung.* Verlag Anton Hain, Meisenheim, 1975.

[26] DEKKER, ROMMERT: *Integrating optimisation, priority setting, planning and combining of maintenance acitvities.* European Journal of Operational Research, (82):225 – 240, 1995.

[27] DEKRA REAL ESTATE EXPERTISE GMBH: *Erster DEKRA Bericht zu Mängeln am Wohnungsbestand.* Saarbrücken, 2007.

[28] DEKRA REAL ESTATE EXPERTISE GMBH: *Auswertung immobilienwirtschaftlicher Daten zu Einfamilienhäusern.* Saarbrücken, 2008.

[29] DETERS, KARL: *Bauunterhaltungskosten beanspruchter Bauteile in Abhängigkeit von Baustoffen und Baukonstruktionen.* Forschungsbericht F2405, Reihe Bau- und Wohnforschung, Fraunhofer IRB Verlag, Stuttgart, 2001.

[30] DEUTSCHER BUNDESTAG, REFERAT ÖFFENTLICHKEITSARBEIT (HERAUSGEBER): *Konzept Nachhaltigkeit: Vom Leitbild zur Umsetzung.* Abschlussbericht der Enquete-Kommission „Schutz des Men-

schen und der Umwelt“ des 13. Deutschen Bundestages, Schweizerischer Ingenieur- und Architektenverein SIA, Bonn, 1998.

[31] DEUTSCHER MIETERBUND (DMB): *Wohnungsmängel und Mietminderung.* DMB-Verlag, Berlin, 2002.

[32] DEUTSCHES INSTITUT FÜR WIRTSCHAFTSFORSCHUNG (DIW): *Strukturdaten zur Produktion und Beschäftigung im Baugewerbe - Berechnungen für das Jahr 2008.* Wiesbaden, 2009.

[33] (DGQ), DEUTSCHE GESELLSCHAFT FÜR QUALITÄT E.V. (Herausgeber): *Das Lebensdauernetz: Leitfaden zur grafischen Bestimmung von Zuverlässigkeitskenngrößen der Weibull-Verteilung.* DGQ Verlag, Berlin, 1995.

[34] *DIN 18960: Nutzungskosten im Hochbau*, 2008.

[35] *DIN 276: Kosten im Bauwesen - Teil 1: Hochbau*, 2008.

[36] *DIN 31051: Instandhaltung: Begriffe und Maßnahmen*, 2003.

[37] *DIN 31052: Instandhaltung: Inhalt und Aufbau von Instandhaltungsanleitungen*, 1985.

[38] *DIN 32736: Gebäudemanagement: Begriffe und Leistungen*, 2000.

[39] *DIN ISO 8402: Begriffe zu Qualitätsmanagement und Statistik - Grundbegriffe des Qualitätsmanagements*, 1995.

[40] *DIN V 4108-6: Wärmeschutz und Energie-Einsparung in Gebäuden, Teil 6: Berechnung des Jahresheizwärme- und des Jahresheizenergiebedarfs*, 2000.

[41] *DIN V 4701-10: Energetische Bewertung heiz- und raumlufttechnischer Anlagen, Teil 10: Heizung, Trinkwassererwärmung, Lüftung*, 2000.

[42] DIN DEUTSCHES INSTITUT FÜR NORMUNG E.V.: *Wohnungsbau-Normen: Normen, Verordnungen, Richtlinien.* Werner Verlag, Düsseldorf, 22. Auflage, 2000.

[43] *Dr. Gablers Wirtschaftslexikon.* Verlag Dr. Gabler, Wiesbaden, 14. Auflage, 1997.

[44] DUYN SCHOTEN, FRANK A. VAN DER und CHARLES S. TAPIERO: *OR Models for Maintenance Management and Quality Control*. European Journal of Operational Research, (82):211 – 213, 1995.

[45] DUYN SCHOTEN, FRANK A. VAN DER und S.G. VANNESTE: *Maintenance optimization of a production system with buffer capacity*. European Journal of Operational Research, (82):323 – 338, 1995.

[46] EASTMAN, CHARLES M.: *Modeling of Buildings: Evolution and concepts*. Automation in Construction, 1(2):99 – 109, 1992.

[47] EDERER, OTHMAR: *Die Ermittlung des optimalen Ersatztermines von Anlagen unter Verwendung optimaler Reparaturkosten*. Band 134 der Reihe *Schriften zur wirtschaftswissenschaftlichen Forschung*. Forum Academicum, Königstein, 1979.

[48] EICKENHORST, HEINZ und LAJOS JOOS (Herausgeber): *Energieeinsparung in Gebäuden: Stand der Technik; Entwicklungstendenzen*. Vulkan-Verlag, Essen, 1998.

[49] ELLIS, HUGH, MINGXIANG JIAN und ROSS B. COROTIS: *Inspection, Maintenance, and Repair with Partial Observability*. Journal of Infrastructure Systems, 1(2):92 – 99, 1995.

[50] *Verordnung zur Änderung der Energieeinsparverordnung - ENEV 2009*, 2009.

[51] EWG RAT DER EUROPÄISCHEN GEMEINSCHAFTEN: *Richtlinie 89/106/EWG des Rates vom 21. Dezember 1988 zur Angleichung der Rechts- und Verwaltungsvorschriften der Mitgliedstaaten über Bauprodukte*, 1989.

[52] FISCHER, ANDREAS: *Wartungsverträge: Inspektion, Wartung und Instandsetzung technischer Einrichtungen*. Erich Schmidt Verlag, Berlin, 2. Auflage, 2003.

[53] FLOURENTZOU, F., E. BRANDT und C. WETZEL: *MEDIC - a method for predicting residual service life and refurbishment investment budgets*. Energy and Buildings, (31):167 – 170, 2000.

[54] FLOURENTZOU, F., J.-L. GENRE und C.-A. ROULET: *TOBUS software - an interactive decision aid tool for building retrofit studies*. Energy and Buildings, (34):193 – 202, 2002.

[55] FLOURENTZOU, F., J.-L. GENRE, C.-A. ROULET und D. CACCAVELLI (Herausgeber): *Epiqr-Tobus: A New Generation Of Refurbishment Decision Aid Methods*, Bari, 1999.

[56] FRANKE, GÜNTER und HERBERT HAX: *Finanzwirtschaft des Unternehmens und Kapitalmarkt*. Springer-Verlag, Berlin, 3. Auflage, 1994.

[57] GEFMA E.V. DEUTSCHER VERBAND FÜR FACILITY MANAGEMENT: *GEFMA 122: Betriebsführung von Gebäuden, gebäudetechnischen und Außenanlagen*, 1996.

[58] GEFMA E.V. DEUTSCHER VERBAND FÜR FACILITY MANAGEMENT: *GEFMA 200: Kostenrechnung im Facility Management - Nutzungskosten von Gebäuden und Diensten*, 1996.

[59] GEFMA E.V. DEUTSCHER VERBAND FÜR FACILITY MANAGEMENT: *GEFMA 108: Betrieb - Instandhaltung - Unterhalt von Gebäuden und gebäudetechnischen Anlagen - Begriffserläuterungen*, 2001.

[60] GIRLICH, HANS-JOACHIM: *Diskrete stochastische Entscheidungsprozesse*, Band 57 der Reihe *Mathematisch-Naturwissenschaftliche Bibliothek*. Teubner Verlag, Leipzig, 1973.

[61] GIRLICH, HANS-JOACHIM, PETER KÖCHEL und HEINZ-UWE KÜENLE: *Steuerung dynamischer Systeme: Mehrstufige Entscheidungen bei Unsicherheit*. Birkhäuser, Basel, 1990.

[62] GÖPPL, HERMANN und ERNST WOLF: *Ersatztheorie*. In: BÜSCHGEN, H.E. (Herausgeber): *Handwörterbuch der Finanzwirtschaft*, Seiten 356–363. Poeschel Verlag, Stuttgart, 1976.

[63] GÖPPL, HERRMANN und ORTWIN EMRICH: *Zur Lösung einiger Investitionsprobleme mittels Markoffscher Entscheidungsprozesse*. Operations-Research-Verfahren, 14:85 – 97, 1972.

[64] GRAF, SILVIO und DANIEL SAGER: *Mietzinsgestaltung und Finanzierung der Erneuerungsinvestitionen bei Wohnimmobilien*. Arbeitspapier, Zürcher Hochschule Winterthur and Credit Suisse Research, Winterthur and Zürich, 1998.

[65] GREDIG, JÜRG, BERNHARD RÜST und MARTIN WRIGHT: *Diagnosemethode für die Unterhalts- und Erneuerungsplanung verschiedener Gebäudearten (DUEGA)*. Schlussbericht Forschungsprojekt, Zentralschweizerisches Technikum Ingenieurschule Luzern, Pfäffikon, 1997.

[66] GUIGNIER, FREDERIC und SAMER MANDANAT: *Optimization of Infrastructure Systems Maintenance and Improvement Policies*. Journal of Infrastructure Systems, 5(4):124 – 134, 1999.

[67] HARDEN, HEINRICH und HANS KAHLEN (Herausgeber): *Planen, Bauen, Nutzen und Instandhalten von Bauten*. Facility Management 3. Kohlhammer, Stuttgart, 1993.

[68] HARTUNG, JOACHIM: *Statistik: Lehr- und Handbuch der angewandten Statistik*. Oldenburg, München, 11. Auflage, 1998.

[69] HAUF, MICHAEL V. und KLAUS HOMANN: *Für den Profi - Innovativer Ansatz zur Ermittlung der Instandhaltungsrückstellung für die Praxis*. Wohnungseigentum, 1996.

[70] HAUSER, GERD und GERHARD HAUSLADEN: *Energiebilanzierung von Gebäuden*. Karl Krämer Verlag, Stuttgart, 1998.

[71] HESS, JENS-UWE und HEIKO MEINEN: *Budgetplanung für Instandhaltungsmaßnahmen in Wohnungsunternehmen*. Bundesbaublatt, (11):29 – 32, 2002.

[72] HESS, JENS-UWE und HEIKO MEINEN: *Renditesteigerung durch Planung von Instandhaltungsbudgets*. Bundesbaublatt, (7-8):22 – 29, 2004.

[73] HENDRIKS, CH. F.: *Durable and sustainable construction materials*. Aeneas, Eindhoven, 2000.

[74] HERMANN, HEIDEMARIE, HANNA FANGOHR, WOLGANG OEHLER und REINHARD SCHOLLAND: *Optimierung von Investitions- und Instandhaltungskosten*. Bauforschungsbericht des Bundesministers für Raumordnung, Bauwesen und Städtebau F2151, Fraunhofer IRB Verlag, Stuttgart, 1989.

[75] HERMANS, MARIA H.: *Deterioration characteristics of building components*. Doktorarbeit, Dissertation Universität Eindhoven, Eindhoven, 1995.

[76] HERZOG, KATI: *Lebenszykluskosten von Baukonstruktionen*. Doktorarbeit, Dissertation Technische Universität Darmstadt, Darmstadt, 2005.

[77] HERZ, RAIMUND: *Alterung technischer Infrastruktur - Erneuerungsstrategien.* Arbeitspapier, Universität Karlsruhe (TH), Institut für Städtebau und Landesplanung, Karlsruhe, 1985.

[78] HIRSCHBERGER, HEINZ: *Senkung der Baufolgekosten durch systematische und zustandsabhängige Erhaltung von Gebäuden und langzeitkostenoptimale Baustoffwahl.* Forschungsbericht F2283, Reihe Bau- und Wohnforschung, Fraunhofer IRB Verlag, Stuttgart, 1998.

[79] HOMANN, KLAUS: *Immobiliencontrolling - Ansatzpunkte einer lebenszyklusorientierten Konzeption.* Doktorarbeit, Dissertation Freiburg, Wiesbaden, 1999.

[80] IP BAU: *Grobdiagnose -Zustandserfassung und Kostenschätzung von Gebäuden- Datenblätter Wohnbauten bzw. Wohn-Gewerbebauten.* IP Bau, Bundesamt für Konjunkturfragen, Bern, 1992.

[81] IP BAU: *Grobdiagnose -Zustandserfassung und Kostenschätzung von Gebäuden- Dokumentation.* IP Bau, Bundesamt für Konjunkturfragen, Bern, 1993.

[82] IP BAU: *Alterungsverhalten von Bauteilen und Unterhaltungskosten - Grundlagendaten für den Unterhalt und die Erneuerung von Wohnbauten.* IP Bau, Bundesamt für Konjunkturfragen, Bern, 1994.

[83] *ISO 15686-1: Buildings and construction assets - service life planning - Part 1: General principles*, 2000.

[84] *ISO 15686-2: Buildings and construction assets - service life planning - Part 2: Service life predicton procedures*, 2001.

[85] *ISO 15686-3: Buildings and construction assets - service life planning - Part 3: Performance audits and reviews*, 2002.

[86] *ISO 15686-5: Buildings and construction assets - service life planning - Part 5: Life-cycle costing*, 2008.

[87] *ISO 15686-6: Buildings and construction assets - service life planning - Part 6: Procedures for considering environmental impacts*, 2004.

[88] *ISO 15686-7: Buildings and construction assets - service life planning - Part 7: Performance evaluation for feedback of service life data from practice*, 2006.

[89] *ISO 15686-8: Buildings and construction assets - service life planning - Part 8: Reference service life and service-life estimation*, 2008.

[90] *ISO 15686-9: Buildings and construction assets - service life planning - Part 9: Guidance on assessment of service-life data*, 2008.

[91] JAKOB, MARTIN und EBERHARD JOCHEM: *Quantitative Erhebung des Erneuerungsverhaltens im Bereich Wohngebäude*. Dokumentierter Arbeitsbericht der empirischen Erhebung, Bundesamt für Energie, Bundesamt für Wohnungswesen und Kantone AG, BE, BL, TG, ZH, Zürich, 2003.

[92] JEHLE, PETER: *Ein Instandhaltungsmodell für Hochbauten*. Doktorarbeit, Dissertation Universität Essen, 1989.

[93] JOHNSTONE, IVAN M.: *Periodic refurbishment and reductions in national costs to sustain dwelling services*. Construction Management and Economics, (19):97 – 108, 2001.

[94] JOHNSTONE, IVAN M.: *The Impact of Short-life Dwellings on the Total Costs to Sustain Housing*. In: *Durability of Building Materials and Components, 9th International Conference*, Brisbane, 2002.

[95] KALUSCHE, WOLFDIETRICH: *Lebenszykluskosten von Gebäuden - Grundlage ist die neue DIN 18960:2008-02, Nutzungskosten im Hochbau*. Bauingenieur, 83(11):494 – 501, 2008.

[96] KANDEL, LUTZ, PETER KOPP, WOLFGANG KLUTHE, ACHIM LINHARDT und MICHAEL WEIS: *Baunutzungskostenplanung im Wohnungsbau: Untersuchung der Abhängigkeit der Investitions-, Betriebs- und Unterhaltskosten von Planungsentscheidungen im Wohnungsbau*. Technischer Bericht 090, Schriftenreihe 04: Bau- und Wohnforschung des Bundesministers für Raumordnung, Bauwesen und Städtebau, Bonn, 1983.

[97] KASANEN, EERO und LENOS TRIGEORGIS: *Merging Finance Theory and Decision Analysis*. In: TRIGEORGIS, LENOS (Herausgeber): *Real Options*, Seiten 47–68. Praeger Publishers, 1995.

[98] KASTNER, RICHARD H.: *Altbauten: Beurteilen/Bewerten*. Fraunhofer IRB-Verlag, Stuttgart, 2000.

[99] KATHULA, VANI S. und ROBERT MCKIM: *Sewer Deterioration Prediction*. In: *Infra '99 International Convention*, Montreal, Kanada, 1999.

[100] KÜHNE-BÜNING, LIDWINA und JÜRGEN H.B. HEUER (Herausgeber): *Grundlagen der Wohnungs- und Immobilienwirtschaft.* Fritz Knapp Verlag, Frankfurt, 3. Auflage, 1994.

[101] KILKA, MICHAEL: *Realoptionen: Optionspreistheoretische Ansätze bei Investitionsentscheidungen unter Unsicherheit*, Band 10 der Reihe *Schriftenreihe der SGZ-Bank.* Fritz Knapp Verlag, Frankfurt a.M., 1995.

[102] KIRCHNER, JOACHIM: *Ökonomische Auswirkungen mietrechtlicher Änderungen auf Modernisierungsinvestitionen.* Forschungsgutachten, Bundesamt für Bauwesen und Raumordnung, Darmstadt, 2000.

[103] KIRCHNER, JOACHIM: *Einfluss einer Verringerung der Modernisierungsumlage auf die Rentabilität.* Der Langfristige Kredit, (2):47 – 51, 2001.

[104] KLANK, FRIEDRICH: *Investitions- und Finanzplanung in Bauunternehmen, Theorie und Praxis.* Doktorarbeit, Dissertation Universität Karlsruhe (TH), Achern, 1975.

[105] KLEIBER, WOLFGANG, JÜRGEN SIMON und GUSTAV WEYERS: *Verkehrswertermittlung von Grundstücken: Kommentar und Handbuch zur Ermittlung von Verkehrs-, Beleihungs-, Versicherungs- und Unternehmenswerten unter Berücksichtigung von WertV und BauGB.* Bundesanzeiger, Köln, 3. Auflage, 1998.

[106] KLEINEFENN, ANDREAS: *Kostenplanung mit Baukosten und Baunutzungskosten auf der Basis von Gebäudeelementen.* Forschungsbericht Studien 37, Heft 72, Schulbauinstitut der Länder SBL, Berlin, 1976.

[107] KLEINER, YEHUDA: *Optimal scheduling of rehabilitation and inspection/condition assessment in large buried pipes.* In: *4th international Conference on Water Pipeline Systems - Managing Pipeline Assets in an Evolving Market*, Seiten 181 – 197, York, 2001. National Research Council Canada.

[108] KLEINER, YEHUDA: *Scheduling and renewal of large infrastructure assets.* Journal of Infrastructure Systems, 7(4):136 – 143, 2001.

[109] KLEINER, YEHUDA, B.J. ADAMS und J.S. ROGERS: *Water Distribution Network Renewal Planning.* Journal of Computing in Civil Engineering, 15(1):15 – 26, 2001.

[110] KLINGELE, MARTINA: *Integration von lebenszyklusbezogenen Bewertungsmethoden in den Planungsprozeß*. Doktorarbeit, Dissertation Universität Karlsruhe (TH), 1999.

[111] KRUG, KLAUS-EBERHARD: *Wirtschaftliche Instandhaltung von Wohngebäuden durch methodische Inspektion und Instandsetzungsplanung*. Doktorarbeit, Dissertation Technische Universität Braunschweig, Braunschweig, 1985.

[112] KRUSCHWITZ, LUTZ: *Investitionsrechnung*. Oldenbourg Verlag, München, 5. Auflage, 1993.

[113] KYLE, B.R., D.J. VANIER und Z. LOUNIS: *The Belcam Projekt: A Summary of three years of Research in Service Life Prediction and Information Technology*. In: *9th International Conference on the Durability of Building Materials and Components*, Seiten 1 – 10, Brisbane, Australia, 2002.

[114] LAUX, HELMUT: *Entscheidungstheorie*. Springer Verlag, Berlin, 4. Auflage, 1998.

[115] LÜCKE, WOLFGANG: *Investitionslexikon*. Verlag Franz Vahlen, München, 1975.

[116] LEVEN, THOMAS und RAINER OSWALD: *Gebäudeschäden durch Luftverschmutzung*. Querschnittsbericht zum Stand der Erkenntnisse 112, Schriftenreihe 04: Bau- und Wohnforschung des Bundesministers für Raumordnung, Bauwesen und Städtebau, Bonn, 1985.

[117] LINTNER, J.: *The Valuation of Risky Assets and the Selection of Risky Investment in Stock Portfolios and Capital Budget*. Review of Economics and Statistics, Seiten 13 – 37, 1965.

[118] LOHSE, MORITZ und ANDREAS PFNÜR: *EWOWI zwanzig zehn - Erfolgspotenziale der Wohnungswirtschaft 2010*. Arbeitspapier 12, Technische Universität Darmstadt, Arbeitspapiere zur immobilienwirtschaftlichen Forschung und Praxis, Darmstadt, 2008.

[119] LOUNIS, Z., M.A. LACASSE, A. SIEMES und K. MOSER: *Further steps towards a quantitative approach to durability design*. In: *Construction and the Environment - CIB World Building Congress*, Seiten 315 – 324, Gavle, Schweden, 1998.

[120] LOUNIS, Z. und D.J. VANIER: *Optimizaton of Bridge Maintenance Management using Markovian Models*. In: *5th International Conference on Short and Medium Span Bridges*, Seiten 1045 – 1053, Calgary, Alberta, 1998.

[121] LOUNIS, Z. und D.J. VANIER: *A Multiobjective and Stochastic System for Building Maintenance Management*. Journal of Computer Aided Civil and Infrastructure Engineering, 15(5):320 – 329, 2000.

[122] LOUNIS, Z. und D.J. VANIER: *Decision Support System for Service Life Asset Management: The Belcam Project*. In: *Supersited Session on Asset Management, APWA International Public Work Congress*, Seiten 67 – 77, Philadelphia, USA, 2001.

[123] LÜTZKENDORF, THOMAS, HOLGER KÖNIG, NIKLAUS KOHLER und JOHANNES KREISSIG: *Lebenszyklusanalyse in der Gebäudeplanung*. Detail Green Book, München, 2009.

[124] LÜTZKENDORF, THOMAS, THORSTEN SPEER und MARTIN WILHELM: *Entwicklungen der ökonomisch-ökologisch orientierten Errichtung und Sanierung von Wohnbauten*. Karlsruher Transfer, 15(Herbst):30 – 34, 2001.

[125] LUCKE, CLAUS: *Investitionsprojekte mit mehreren Realoptionen - Bewertung und Analyse*. Doktorarbeit, Dissertation Universität Karlsruhe (TH), Karlsruhe, 2001.

[126] *Management Enzyklopädie - Band 3*. München, 1970.

[127] MANDANAT, SAMER, RABI MISHALANI und WAN HASHIM WAN IBRAHIM: *Estimation of Infrastructure Transition Probabilities from Condition Rating Data*. Journal of Infrastructure Systems, 1(2):120 – 125, 1995.

[128] MANZ, KLAUS, ANDREAS DAHMEN und LUTZ HOFFMANN: *Kompaktstudium Wirtschaftswissenschaften: Band 10 - Entscheidungstheorie*. Verlag Franz Vahlen, München, 2. Auflage, 2000.

[129] MARCO, DANIEL, DANIEL HAAS, CLAUDE WILLEMIN und PATRICK EDELMAN: *Mer Habitat - Methode zur Erfassung der Schäden, Mängel und der Erneuerungskosten von Wohnbauten*. Schriftenreihe Wohnungswesen, Band 64, Bundesamt für Wohnungswesen, Grenchen, 1997.

[130] MARTEINSSON, B.: *Durability and the factor method of ISO 15686-1.* Building Research & Information, 31(6):416 – 426, 2003.

[131] MCKIM, ROBERT A., VANI S. KATHULA und RAJAR NASSAR: *Risk Assessment as a Predictive Modelling Tool for Sewer Degradation.* No-Dig Engineering, (4):15 – 18, 2001.

[132] MERMINOD, PIERRE und JACQUES VICARI: *Handbuch MER - Methode zur Ermittlung der Kosten der Wohnungserneuerung.* Schriftenreihe Wohnungswesen, Band 28, Bundesamt für Wohnungswesen, Grenchen, 1984.

[133] MERTENS, PETER: *Die gegenwärtige Situation der betriebswirtschaftlichen Instandhaltungstheorie.* Zeitschrift für Betriebswirtschaft ZFB, 38(7):805 – 836, 1968.

[134] MOSSIN, J.: *Equilibrium in an Capital Asset Market.* Econometrica, Seiten 768 – 783, 1966.

[135] MURFELD, EGON (Herausgeber): *Spezielle Betriebswirtschaftslehre der Grundstücks- und Wohnungswirtschaft.* Hammonia–Verlag, Hamburg, 2. Auflage, 1997.

[136] NEUMANN, KLAUS und MARTIN MORLOCK: *Operations Research.* Carl Hanser Verlag, München, 1993.

[137] OSWALD, RAINER und ET AL.: *Systematische Instandsetzung und Modernisierung im Wohnungsbestand.* Forschungsbericht T3010, Fraunhofer IRB Verlag, Stuttgart, 2003.

[138] PISTOHL, WOLFRAM: *Handbuch der Gebäudetechnik: Planungsgrundlagen und Beispiele - Band 2 Heizung/Lüftung/Energiesparen.* Werner Verlag, Düsseldorf, 3. Auflage, 2000.

[139] PLAT, H. TEMPELMANS: *Optimisation of the Life Span of Building Components.* In: LACASSE, MICHAEL A. und DANA J. VANIER (Herausgeber): *Durability of Building Materials and Components, 8th International Conference*, Seiten 2118 – 2125, Ottawa, 1999. Institute for Research in Construction.

[140] PREUSS, NORBERT: *Entscheidungsprozesse im Projektmanagement von Hochbauten.* Doktorarbeit, Dissertation Bergische Universität Wuppertal, Wuppertal, 1998.

[141] REICHELT, CLAUS: *Rechnerische Ermittlung der Kenngrößen der Weibull-Verteilung*, Band 56 der Reihe *1: Konstruktionstechnik Maschinenelemente*. VDI Verlag, Düsseldorf, 1978.

[142] RIEGEL, WOLFGANG: *Ein softwaregestütztes Berechnungsverfahren zur Prognose und Beurteilung der Nutzungskosten von Bürogebäuden*. Doktorarbeit, Dissertation Technische Universität Darmstadt, Darmstadt, 2004.

[143] RIEZLER, STEPHAN: *Lebenszyklusrechnung: Instrument des Controlling strategischer Projekte*. Doktorarbeit, Dissertation Universität Bochum, Wiesbaden, 1996.

[144] ROSS, S.A.: *The Arbitrage Theory of Capital Asset Pricing*. Journal of Economic Theory, Seiten 341 – 360, 1976.

[145] ROSS, SHELDON M.: *Introduction to Stochastic Dynamic Programming*. Academic Pr., San Diego, 1983.

[146] ROSS, SHELDON M.: *Stochastic Processes*. John Wiley, New York, 2. Auflage, 1996.

[147] RUF, HANS-ULRICH, MARIA CONEN und BRIGITTE DAUTZENBERG: *Kosten im Hochbau - Untersuchung über Aufwand und Nutzen von Kostenermittlungsverfahren*. Technischer Bericht, Landesinstitut für Bauwesen und angewandte Bauschadensforschung, Aachen, 1990.

[148] SALIGER, EDGAR: *Betriebswirtschaftliche Entscheidungstheorie*. Oldenburg Verlag, Oldenburg, 4. Auflage, 1998.

[149] SCHMITZ, HEINZ, REINHARD GERLACH und ULLI MEISEL: *Baukosten 2000 - Preiswerter Neubau von Ein- und Mehrfamilienhäusern*. Verlag für Wirtschaft und Verwaltung Hubert Wingen, Essen, 13. Auflage, 1999.

[150] SCHMITZ, HEINZ, EDGAR KRINGS, ULRICH J. DAHLHAUS und ULLI MEISEL: *Baukosten 2000 - Instandsetzung, Sanierung, Modernisierung, Umnutzung*. Verlag für Wirtschaft und Verwaltung Hubert Wingen, Essen, 14. Auflage, 1999.

[151] SCHRÖDER, JULES: *Zustandsbewertung grosser Gebäudebestände*. Schweizer Ingenieur und Architekt, 17:449 – 459, April 1989.

[152] SCHUB, ADOLF und KARLHANS STARK: *Life cycle cost von Bauobjekten: Methoden zur Planung von Erst- und Folgekosten.* Schriftenreihe der Gesellschaft für Projektmanagement. Verlag TÜV Rheinland, Köln, 1985.

[153] SCHULTE, KARL-WERNER: *Optimale Nutzungsdauer und optimaler Ersatzzeitpunkt bei Entnahmemaximierung*, Band 89 der Reihe *Schriften zur wirtschaftswissenschaftlichen Forschung.* Verlag Anton Hain, Meisenheim, 1975.

[154] SCHULTE, KARL-WERNER: *Immobilienökonomie - Band I: Betriebswirtschaftliche Grundlagen.* Oldenbourg Verlag, München, 2. Auflage, 2000.

[155] SCHULTE, KARL-WERNER: *Immobilienökonomie - Band II: Rechtliche Grundlagen.* Oldenbourg Verlag, München, 2001.

[156] SCHWAIGER, BÄRBEL: *Strukturelle und dynamische Modellierung von Gebäudebeständen.* Doktorarbeit, Dissertation Universität Karlsruhe (TH), Karlsruhe, 2002.

[157] SEPPELFRICKE, PETER: *Investitionen unter Unsicherheit: Eine theoretische empirische Untersuchung für die Bundesrepublik Deutschland.* Doktorarbeit, Dissertation Universität Kiel, Frankfurt a. M., 1996.

[158] SHARPE, W.F.: *A Simplified Model for Portfolio Analysis.* Management Science, Seiten 277 – 293, 1963.

[159] SHARPE, W.F.: *Capital asset Prices: A Theory of Market Equilibrium under Conditions of Risk.* Journal of Finance, Seiten 425 – 442, 1964.

[160] SIA, SCHWEIZERISCHER INGENIEUR- UND ARCHITEKTENVEREIN, Zürich: *Erhaltung von Bauwerken*, 1997.

[161] SIA, SCHWEIZERISCHER INGENIEUR- UND ARCHITEKTENVEREIN, Zürich: *SN 506480: Wirtschaftlichkeitsrechnung für Investitionen im Hochbau - Entwurf*, 2001.

[162] SIA, SCHWEIZERISCHER INGENIEUR- UND ARCHITEKTENVEREIN, Zürich: *Bauerneuerung: Projektieren mit Methode*, 2003.

[163] *SN 506500: Baukostenplan BKP*, 2001.

[164] *SN 506502: Elementkostengliederung EKG*, 2000.

[165] SORGER, GERHARD: *Entscheidungstheorie bei Unsicherheit, Grundlagen und Anwendungen.* Lucius & Lucius, Stuttgart, 2000.

[166] SPEDDING, ALAN (Herausgeber): *Building Maintenance: Economics and Management.* E. F..N. Spon, London, 1987.

[167] SPILKER, RALF und RAINER OSWALD: *Konzepte für die praxisorientierte Instandhaltungsplanung im Wohnungsbau.* Forschungsbericht Band 55, Reihe Bauforschung für die Praxis, Fraunhofer IRB Verlag, Stuttgart, 2000.

[168] STATISTISCHES BUNDESAMT: *Volkswirtschaftliche Gesamtrechnungen - Anlagevermögen nach Sektoren.* Wiesbaden, 2009.

[169] TEISBERG, ELIZABETH OLMSTED: *Methods for Evaluating Capital Investment Decisions under Uncertainty.* In: TRIGEORGIS, LENOS (Herausgeber): *Real Options*, Seiten 31–46. Praeger Publishers, 1995.

[170] TOMM, ARWED, OSWALD RENTMEISTER und HEINZ FINKE: *Geplante Instandhaltung: Ein Verfahren zur systematischen Instandhaltung von Gebäuden.* Forschungsbericht, Landesinstitut für Bauwesen und angewandte Bauschadensforschung LBB des Landes Nordrhein-Westfalen, Aachen, 1995.

[171] TREYNOR, J.: *Towards a Theory of the Market Value of Risky Assets.* unveröffentlichtes Manuskript, 1961.

[172] TRIGEORGIS, LENOS (Herausgeber): *Real Options in Capital Investment: Models, strategies and applications.* Praeger Publishers, Westport, 1995.

[173] VDI-GESELLSCHAFT PRODUKTIONSTECHNIK: *VDI 2891: Instandhaltungskriterien bei der Beschaffung von Investitionsgütern*, 1985.

[174] VDI-GESELLSCHAFT PRODUKTIONSTECHNIK: *VDI 2890: Planmäßige Instandhaltung, Anleitung zur Erstellung von Instandhaltungs- und Inspektionsplänen*, 1986.

[175] VDI-GESELLSCHAFT PRODUKTIONSTECHNIK: *VDI 2894: Personalplanung im Instandhaltungsbereich*, 1987.

[176] VDI-GESELLSCHAFT PRODUKTIONSTECHNIK: *VDI 2896: Instandhaltungs-Controlling innerhalb der Anlagenwirtschaft*, 1994.

[177] VDI-GESELLSCHAFT PRODUKTIONSTECHNIK: *VDI 2895: Organisation der Instandhaltung - Instandhalten als Unternehmensaufgabe*, 1996.

[178] VDI-GESELLSCHAFT PRODUKTIONSTECHNIK: *VDI 2898: DV-Einsatz in der Instandhaltung*, 1996.

[179] VDI-GESELLSCHAFT PRODUKTIONSTECHNIK: *VDI 2899: Entscheidungsfindung bei Eigen-/Fremdbezug von Instandhaltungsleistungen*, 1996.

[180] VDI-GESELLSCHAFT PRODUKTIONSTECHNIK: *VDI 2887: Qualitätsmanagement in der Instandhaltung*, 1998.

[181] VDI-GESELLSCHAFT PRODUKTIONSTECHNIK: *VDI 2889: Einsatz wissensbasierter Diagnosemethoden und -systeme in der Instandhaltung*, 1998.

[182] VDI-GESELLSCHAFT PRODUKTIONSTECHNIK: *VDI 2888: Zustandsorientierte Instandhaltung*, 1999.

[183] VDI-GESELLSCHAFT PRODUKTIONSTECHNIK: *VDI 2884: Beschaffung, Betrieb und Instandhaltung von Produktionsmitteln unter Anwendung von Life Cycle Costing (LCC)*, 2003.

[184] VDI-GESELLSCHAFT PRODUKTIONSTECHNIK: *VDI 2885: Einheitliche Daten für die Instandhaltungsplanung und Ermittlung von Instandhaltungskosten*, 2003.

[185] VDI-GESELLSCHAFT PRODUKTIONSTECHNIK: *VDI 2886: Benchmarking in der Instandhaltung*, 2003.

[186] VDI-GESELLSCHAFT PRODUKTIONSTECHNIK: *VDI 2892: Ersatzteilwesen in der Instandhaltung*, 2003.

[187] VDI-GESELLSCHAFT PRODUKTIONSTECHNIK: *VDI 2893: Auswahl und Bildung von Kennzahlen für die Instandhaltung*, 2003.

[188] VDI-GESELLSCHAFT TECHNISCHE GEBÄUDEAUSRÜSTUNG: *VDI 2067 Blatt 1: Wirtschaftlichkeit gebäudetechnischer Anlagen - Grundlagen und Kostenberechnung*, 1997.

[189] VDI-GESELLSCHAFT WERKSTOFFTECHNIK: *VDI 3822 Blatt 1: Schadensanalyse - Grundlagen, Begriffe, Definitionen, Ablauf einer Schadensanalyse*, 1997.

[190] VDI-VEREIN DEUTSCHER INGENIEURE: *VDI 6022 Blatt 1: Hygienische Anforderungen an Raumlufttechnische Anlagen, Büro und Versammlungsräume*, 1997.

[191] WALDMANN, KARL-HEINZ: *Stochastische Entscheidungsprozesse*. WIOR Report 458, Universität Karlsruhe (TH), Institut für Wirtschaftstheorie und Operations Research, Karlsruhe, 1995.

[192] WALDMANN, KARL-HEINZ und ULRIKE M. STOCKER: *Stochastische Modelle*. Springer-Verlag, Berlin, 1. Auflage, 2003.

[193] WEBER, HANNES und SIMONE BOSCH: *Bauqualität: Verfahrensqualität und Produktqualität bei Projekten des Wohnungsbaus*. Forschungsbericht F2394, Reihe Bau- und Wohnforschung, Fraunhofer IRB Verlag, Stuttgart, 2000.

[194] WEIBULL, WALODDI: *A Statistical theory of the strength of materials*, Band 151. Generalstabens Litografiska Anstalts Förlag, Stockholm, 1939.

[195] WEIBULL, WALODDI: *A Statistical Distribution Function of Wide Applicability*. Journal of Applied Mechanics, 18:293 – 297, 1951.

[196] WETZEL, CHRISTIAN: *EPIQR - ein Softwareprogramm zur Grobdiagnose von Altbauten*. Bauzeitung, 53(Heft 4):30 – 32, 1999.

[197] WETZEL, CHRISTIAN und ERWIN LINDAUER: *Kostenorientiertes Bewertungsverfahren für wärmetechnische Modernisierungsverfahren*. Bauphysik, 20(Heft 6):220 – 225, 1998.

[198] WÖHE, GÜNTER: *Einführung in die Allgemeine Betriebswirtschaftslehre*. Verlag Vahlen, München, 19. Auflage, 1996.

[199] WHITE, DOUGLAS JOHN: *Markov Decision Processes*. John Wiley, Chichester, 1993.

[200] WILHELM, MARTIN: *Investitionsentscheidungen im Lebenszyklus von Gebäuden - ein internetfähiges Analysetool*. In: DIETER PÖTSCHKE, MATHIAS WEBER (Herausgeber): *Internetanwendungen für den Mittelstand*, Berlin, 1999. Dr. Wilke-Verlag.

[201] WILHELM, MARTIN: *Entscheidungskatalog für optimale Instandhaltungs- und Instandsetzungsentscheidungen im Lebenszyklus von Immobilien - Ergebnisse einer Optimierung mittels eines Entscheidungsmodells für verschiedene Fenster- und Heizungselemente*. Arbeitspapier,

Universität Karlsruhe (TH), Stiftungslehrstuhl Ökonomie und Ökologie des Wohnungsbaus, Karlsruhe, 2009.

[202] WILHELM, MARTIN und MONIKA BACHOFNER: *Modelle zur Ermittlung wirtschaftlicher Instandsetzungs- und Modernisierungszeitpunkte von Immobilien.* Arbeitspapier Nr. 233, Universität Karlsruhe (TH), Institut für Entscheidungstheorie und Unternehmensforschung, Karlsruhe, 2000.

[203] WILHELM, MARTIN, DAVID LORENZ und THOMAS LÜTZKENDORF: *Real estate portfolio assessment - Merging dynamic portfolio management and property valuation.* In: *11th European Real Estate Society Conference (ERES 2004)*, Mailand, 2004.

[204] WILHELM, MARTIN und THOMAS LÜTZKENDORF: *Green Aspects and Dynamics in Real Estate Portfolio Analysis - Approaches to support the Sustainable Management of Housing Corporations.* In: *10th European Real Estate Society Conference (ERES 2003)*, Helsinki, 2003.

[205] WINKLER, WALTER: *Hochbaukosten - Flächen - Rauminhalte: Kommentar zu DIN 276, 277, 18022 und 18960.* Friedr. Vieweg & Sohn, Braunschweig, 10. Auflage, 1998.

[206] *Verordnung über einen energiesparenden Wärmeschutz bei Gebäuden (Wärmeschutzverordnung 95)*, 1994.

[207] ÖZEKICI, SÜLEYMAN: *Optimal maintenance policies in random environments.* European Journal of Operational Research, (82):283 – 294, 1995.

Karlsruher Schriften zur Bau-, Wohnungs- und Immobilienwirtschaft (ISSN 1863-8694)

Herausgeber: Prof. Dr.-Ing. habil. Thomas Lützkendorf

Die Bände sind unter www.ksp.kit.edu als PDF frei verfügbar oder als Druckausgabe bestellbar.

Band 1 David Philipp Lorenz
The Application of Sustainable Development Principles to the Theory and Practice of Property Valuation
2006
ISBN 978-3-86644-089-0

Band 2 Monika Bachofner
Analyse von Systemen der Wohneigentumsfinanzierung in Europa und die Beurteilung ihrer Effizienz
2008
ISBN 978-3-86644-255-9

Band 3 Christian Jaeger
IFRS-Controlling von Wohnungsunternehmen
Ein Beitrag zum wertorientierten Bestandsmanagement in der Wohnungswirtschaft
2009
ISBN 978-3-86644-443-0

Band 4 Oliver Urschel
Risikomanagement in der Immobilienwirtschaft
Ein Beitrag zur Verbesserung der Risikoanalyse und -bewertung
2010
ISBN 978-3-86644-492-8

Band 5 Martin Wilhelm
Instandhaltungsstrategien unter Berücksichtigung stochastischer Alterungsprozesse
Ein Beitrag zur systematischen Bewirtschaftung von Immobilien
2011
ISBN 978-3-86644-638-0